保安林制度の手引き

目　次

第1節　保安林制度の意義及び特性	1
1　保安林制度の意義	1
2　保安林の特性	1
3　森林計画制度等との相違	1
第2節　保安林制度の沿革	3
1　森林法制定以前	3
2　森林法制定以後	3
第3節　保安林制度と行政の概要	11
1　保安林の指定・解除の意義	11
2　保安林の指定	11
(1)　指定の権限	14
(2)　指定の目的	15
(3)　指定の必要性	15
(4)　指定の対象地	18
(5)　海岸保全区域に対する保安林の指定	18
(6)　原生自然環境保全地域に対する保安林の指定の除外	19
(7)　保健保安林等の指定に関する環境大臣への協議	19
(8)　林政審議会への諮問	19
3　指定施業要件	20
(1)　指定施業要件の指定基準	20
(2)　伐採の方法	20
1）主伐関係	22
2）間伐関係	23
(3)　伐採の限度	23
1）主伐関係	23
2）間伐関係	28
(4)　植栽関係	28
1）植栽の方法	28
2）期間	29
3）樹種	30
(5)　指定施業要件の定め方の実際	30
(6)　指定施業要件の変更	35
4　保安林の解除	35
(1)　解除の要件	35

(2)	解除の権限	36
(3)	解除の適否判定	36
	1）指定理由の消滅による解除	36
	2）公益上の理由による解除	36
	3）転用を目的とする保安林解除	37
(4)	解除予定保安林における作業許可等の取扱い	41
(5)	保健保安林等の解除に関する環境大臣への協議	42
(6)	林政審議会への諮問	42

5　保安林の指定・解除の手続 …… 42

(1)	手続の発端	42
(2)	認定による手続	43
(3)	森林管理局長が行う指定等の手続	43
	1）都道府県知事と森林管理局長との所管区分	43
	2）都道府県知事への意見の照会	44
(4)	申請による手続	44
	1）申請の資格	44
	2）申請書の添付書類等	45
	3）都道府県知事の経由	45
	4）申請書の進達	45
	5）申請の却下	45
	6）国有林の取扱い	46
(5)	保安林を転用する必要が生じた場合の事務手続	46
	1）転用を目的とした保安林解除の申請に係る事前相談	46
	2）保安林解除申請への対処	47
	3）林野庁への情報提供	48
	4）標準処理期間	48
	5）森林管理局長が行う転用を目的とした保安林の指定の解除の手続	49
(6)	予定通知等	49
	1）都道府県知事への通知	49
	2）告示、通知及び掲示	49
(7)	意見書の提出	49
	1）意見書の提出	49
	2）意見書の受理等	50
(8)	公開による意見の聴取	50
	1）意見の聴取の趣旨	50
	2）意見の聴取の期日等の通知及び公示	50
	3）意見聴取会の運営	50
(9)	指定又は解除の処分	50
	1）除斥期間	50

	2）告示及び通知	50
	3）森林所有者等への通知	51
6	保安林予定森林における制限	51
(1)	禁止行為の内容	51
(2)	禁止の手続	51
7	保安林における制限	53
(1)	立木の伐採許可	53
	1）許可を要する伐採	53
	2）許可を要しない伐採	53
	3）許可申請の手続	55
	4）許可の基準	56
	5）国有林を管理する国の機関が行う協議による伐採	58
	6）許可の条件	60
	7）処理上の注意事項	60
	8）許可又は不許可の決定通知	61
(2)	土地の形質の変更等の制限	62
	1）許可を要する行為	62
	2）許可を要しない行為	62
	3）許可申請の手続	63
	4）許可の基準	63
	5）許可申請の処理	64
	6）許可の条件	65
	7）国有林を管理する国の機関が行う協議による行為	65
	8）処理上の留意事項	66
(3)	択伐・間伐の届出	66
	1）届出を要する択伐・間伐	66
	2）届出の手続	66
	3）受理の基準	66
8	保安林における植栽の義務	73
(1)	指定施業要件による植栽指定	73
(2)	択伐による伐採跡地の植栽	73
(3)	複数の樹種の植栽	73
(4)	伐採跡地の残存木等の取扱い	73
(5)	植栽の猶予	73
9	監督処分	74
(1)	立木の違反伐採、土地の形質変更等の違反行為に対する監督処分	74
(2)	植栽の義務違反に対する監督処分	74
10	損失補償及び受益者負担	74
(1)	損失補償	74

		1）損失補償及び受益者負担に関する要綱 ……………………	74

　　　　　1）損失補償及び受益者負担に関する要綱 …………………………………… 74
　　　　　2）損失補償のための調査 ………………………………………………………… 75
　　　　　3）補償対象保安林 ………………………………………………………………… 75
　　　(2) 受益者負担等 ……………………………………………………………………… 76
　11　標識の設置 ……………………………………………………………………………… 76
　　　(1) 民有保安林の標識設置 …………………………………………………………… 76
　　　(2) 国有保安林の標識設置 …………………………………………………………… 76
　12　保安林台帳 ……………………………………………………………………………… 76
　　　(1) 台帳の調製・保管 ………………………………………………………………… 76
　　　(2) 台帳の閲覧 ………………………………………………………………………… 76
　　　(3) 国有林の保安林台帳の調製及び保管 …………………………………………… 77
　13　特定保安林制度 ………………………………………………………………………… 77
　　　(1) 特定保安林制度の恒久化 ………………………………………………………… 77
　　　(2) 特定保安林の指定 ………………………………………………………………… 77
　　　(3) 地域森林計画の変更等 …………………………………………………………… 79
　　　(4) 要整備森林に係る施業の勧告等 ………………………………………………… 79
　　　(5) 要整備森林における保安施設事業の実施 ……………………………………… 79
　14　保安林に係る権限の適切な行使 ……………………………………………………… 80
　15　罰則 ……………………………………………………………………………………… 80
　　　(1) 無許可での土地の形質変更等 …………………………………………………… 80
　　　(2) 無許可での立木竹の伐採等 ……………………………………………………… 80
　　　(3) 無届択伐又は無届間伐等 ………………………………………………………… 80
　　　(4) 保安林の標識の移動、汚損又は破壊 …………………………………………… 81
　　　(5) 立木伐採時の届出義務違反 ……………………………………………………… 81
　　　(6) 両罰規定 …………………………………………………………………………… 81
　16　保安林行政上の主要施策 ……………………………………………………………… 81
　　　(1) 保安林の現況 ……………………………………………………………………… 81
　　　(2) 保安林の配備 ……………………………………………………………………… 83
　　　(3) 民有保安林に係る関連措置 ……………………………………………………… 83
　　　　　1）民有林補助治山事業 ………………………………………………………… 83
　　　　　2）水源林造成事業 ……………………………………………………………… 83
　　　　　3）森林環境保全整備事業等 …………………………………………………… 84
　　　　　4）伐採調整資金 ………………………………………………………………… 84
　　　　　5）林業経営育成資金 …………………………………………………………… 84
　　　　　6）税制上の取扱い ……………………………………………………………… 84
第4節　保安施設地区制度 …………………………………………………………………… 85
　1　治山事業の定義 ………………………………………………………………………… 85
　2　治山事業と保安施設地区 ……………………………………………………………… 85
　　　(1) 旧森林法下における治山事業と保安林 ………………………………………… 85

			(2)	保安施設地区制度の創設 ……………………………………………………	85
		3	保安施設地区制度の概要 ………………………………………………………		86
			(1)	制度の内容 ………………………………………………………………	86
			(2)	国有林における運用と実務上の注意 ………………………………………	87
第5節		保安林を対象とする利用・開発との関係 ………………………………………			89
	1		保安林とレクリエーションの森 ………………………………………………		89
	2		保安林と分収林・共用林野などの関係 …………………………………………		89
	3		鉱業用地としての使用 …………………………………………………………		89
		(1)	鉱業と公益との調整 …………………………………………………………		89
		(2)	鉱区についての保安林指定等 ………………………………………………		90
		(3)	鉱業のための保安林解除 ……………………………………………………		90
	4		国有保安林の貸付等 ……………………………………………………………		90
		(1)	農林業の構造改善等のための国有林野の活用 ………………………………		90
		(2)	売払い …………………………………………………………………………		91
第6節		保安林制度と類似の制度 …………………………………………………………			92
	1		民有林の開発行為の許可制度（林地開発許可制度）（森林法） ………………		92
	2		砂防指定地（砂防法） …………………………………………………………		92
	3		地すべり防止区域（地すべり等防止法） ………………………………………		93
	4		急傾斜地崩壊危険区域（急傾斜地の崩壊による災害の防止に関する法律） ……		93
	5		海岸保全区域（海岸法） ………………………………………………………		94
	6		自然環境保全地域及び都道府県自然環境保全地域（自然環境保全法） ………		95
		(1)	自然環境保全地域 ……………………………………………………………		95
		(2)	都道府県自然環境保全地域 …………………………………………………		96
	7		国立公園及び国定公園の特別地域（自然公園法） ……………………………		96
	8		史跡名勝天然記念物（文化財保護法） …………………………………………		96
	9		市街化区域等（都市計画法） …………………………………………………		97
		(1)	市街化区域 ……………………………………………………………………		97
		(2)	用途地域 ………………………………………………………………………		97
		(3)	風致地区 ………………………………………………………………………		97
	10		特別緑地保全地区等（都市緑地法） ……………………………………………		98
	11		漁業法による制限区域（漁業法） ………………………………………………		98
	12		森林地域（国土利用計画法） ……………………………………………………		98
	13		その他 …………………………………………………………………………		99
第7節		林地開発許可制度 ………………………………………………………………			100
	1		林地開発許可制度の概要 ………………………………………………………		100
		(1)	林地開発許可制度の制定 ……………………………………………………		100
		(2)	林地開発許可制度の内容 ……………………………………………………		100
	2		林地開発における許可基準 ……………………………………………………		102
		2-1	林地開発許可の要件 …………………………………………………………		102

— v —

2-2　主な許可基準の概要 …………………………………………… 102
　　　(1)　災害を発生されるおそれに関する事項 ……………………… 104
　　　　1) 土砂の移動量 ……………………………………………… 104
　　　　2) 切土、盛土又は捨土 ……………………………………… 104
　　　　3) 法面崩壊防止の措置 ……………………………………… 105
　　　　4) 法面保護の措置 …………………………………………… 106
　　　　5) 土砂流出防止の措置 ……………………………………… 106
　　　　6) 排水施設 …………………………………………………… 107
　　　　7) 洪水調節池等の設置等 …………………………………… 109
　　　　8) 静砂垣等の設置等 ………………………………………… 110
　　　　9) 設計雨量強度における降雨量変化倍率の適用 ………… 110
　　　　10) 仮設防災施設の設置等 …………………………………… 110
　　　　11) 防災施設の維持管理 ……………………………………… 110
　　　(2)　水害を発生させるおそれに関する事項 ……………………… 110
　　　(3)　水の確保に著しい支障を及ぼすおそれに関する事項 ……… 111
　　　　1) 貯水池等の設置等 ………………………………………… 111
　　　　2) 沈砂池の設置等 …………………………………………… 111
　　　(4)　環境を著しく悪化させるおそれに関する事項 ……………… 112
　　　　1) 森林又は緑地の残置又は造成 …………………………… 112
　　　　2) 騒音、粉じん等の著しい影響の緩和、風害等から周辺の植生の保全等 … 114
　　　　3) 景観の維持 ………………………………………………… 114
　　　　4) 残置森林等の維持管理 …………………………………… 114
　　　(5)　太陽光発電設備の設置を目的とする開発行為について …… 114
　　　　1) 災害を発生させるおそれに関する事項 ………………… 114
　　　　2) 残置し、若しくは造成する森林又は緑地について …… 115
　　　　3) その他配慮事項 …………………………………………… 116
第8節　盛土規制法について ………………………………………………… 118
　1　新たな法制度の創設 ………………………………………………… 118
　2　盛土規制法の考え方 ………………………………………………… 118
　3　盛土規制法の運用 …………………………………………………… 120
　4　森林・林業分野の取扱い …………………………………………… 121
　　(1)　特定盛土等規制区域の指定の対象とする区域 ………………… 121
　　(2)　盛土規制法による許可等を要しないもの ……………………… 121
　　(3)　保安林制度等との関係 …………………………………………… 122

○ **関係法令（保安林、林地開発許可）**
- 森林法（抄）（昭和26年法律第249号） ································· 127
- 森林法施行令（抄）（昭和26年政令第276号） ····························· 150
- 森林法施行規則（抄）（昭和26年農林省令第54号） ························· 155

○ **関係通知（保安林）**
- 森林法に基づく保安林及び保安施設地区関係事務に係る処理基準について
  （平成12年4月27日付け12林野治第790号農林水産事務次官依命通知） ················ 171
- 保安林及び保安施設地区の指定、解除等の取扱いについて
  （昭和45年6月2日付け45林野治第921号林野庁長官通知） ·········· 208
- 森林管理局長が行う保安林及び保安施設地区の指定、解除等の手続について
  （昭和45年8月8日付け45林野治第1552号林野庁長官通知） ············· 268
- 保安林の指定の解除に係る事務手続について
  （令和3年6月30日付け3林整治第478号林野庁長官通知） ············· 281

○ **関係通知（林地開発許可）**
- 開発行為の許可制に関する事務の取扱いについて
  （平成14年3月29日付け13林整治第2396号農林水産事務次官依命通知） ··········· 301
- 開発行為の許可基準等の運用について
  （令和4年11月15日付け4林整治第1188号林野庁長官通知） ············· 306
- 開発行為を伴う国有林野事業の実施上の取扱いについて
  （昭和49年10月31日付け49林野計第483号林野庁長官通知） ············· 332

○ **盛土規制法関係**
- 宅地造成及び特定盛土等規制法（昭和36年法律第191号） ······················· 337
- 宅地造成及び特定盛土等規制法施行令（抄）（昭和37年政令第16号） ····················· 353
- 宅地造成及び特定盛土等規制法施行規則（抄）（昭和37年建設省令第16号） ············ 355
- 宅地造成、特定盛土等又は土石の堆積に伴う災害の防止に関する基本的な方針
  （令和5年5月29日農林水産省、国土交通省告示第5号） ···················· 357
- 宅地造成及び特定盛土等規制法の施行に当たっての留意事項について（技術的助言）（抄）
  （令和5年5月26日付け国官参宅第12号国土交通省都市局長、5農振第650号農林水産省農村振興局長、5林整治第244号林野庁長官通知） ·············· 373

凡　例

法令等の名称は、次の略号を用いた。
○森林法（昭和26年法律249号）…………法
○森林法施行令（昭和26年政令276号）…………令
○森林法施行規則（昭和26年省令54号）…………規則
○森林法に基づく保安林及び保安施設地区関係事務に係る処理基準について（平12年4月27日付け12林野治第790号農林水産事務次官依命通知）…………処理基準
○保安林及び保安施設地区の指定、解除等の取扱いについて（昭45年6月2日付け45林野治第921号林野庁長官通知）…………基本通知
○森林管理局長が行う保安林及び保安施設地区の指定、解除等の手続について（昭和45年8月8日付け45林野治第1552号林野庁長官通知）…………局長通知
○保安林の指定の解除に係る事務手続について（令和3年6月30日付け3林整治第478号林野庁長官通知）…………事務手続通知
○開発行為の許可制に関する事務の取扱いについて（平成14年3月29日付け13林整治第2396号農林水産事務次官依命通知）…………事務取扱通知
○開発行為の許可基準等の運用について（令和4年11月15日付け4林整治第1188号林野庁長官通知）…………運用通知

第1節　保安林制度の意義及び特性

1　保安林制度の意義

　保安林制度は、水源のかん養、災害の防備、生活環境の保全・形成、保健休養の場の提供、その他公共の目的を達成するために、特定の森林を保安林として指定し、その森林の保全とその森林における適切な施業を確保することによって森林のもつ公益的機能を維持増進するための制度であり、保安林における特定の行為についての不作為義務と作為義務を内容としている。

　不作為義務としては、立木の伐採の制限（法第34条第1項、第34条の2、第34条の3）と立竹の伐採、立木の損傷、家畜の放牧、開墾その他の土地の形質の変更等の制限（法第34条第2項）があり、作為義務としては、植栽の義務（法第34条の4）がある。

　保安林制度の法律的性格は、公益上必要な森林の保全のためにその森林の所有権に加えられる公法上の制限であり、公用制限の一種である。

(注)　公用制限（我妻栄編　新法律学辞典）
　　　特定の公益事業の需要を充たすために特定の財産権に加えられる公法上の制限。
　　　公用制限の対象となる権利の物体たる財産は不動産たることがあり（沿道沿岸土地の制限、保安林の制限）、動産たることもあり（重要文化財）、また無体財産たることもある（特許権の制限）。これらのうち土地に対する公用制限が最も普通の例である。これを公用地役という。制限の内容からいえば、作為を内容とするもの（造林義務）、不作為を内容とするもの（保安林の伐採禁止）、受忍を内容とするもの（土地の立入、障害物除去の受忍）等がある。

2　保安林の特性

以上によって、指定される保安林の特性を列挙すると次のようになる。
（1）　保安林は、公益的機能をもった森林である。
　　　保安林の公益性は広義であるが、直接的である。そして、この公益性にもとづく保安林指定についての価値判断は、受益対象との関係において相対的になされる。
（2）　保安林は、法律（森林法）に基づく一定の行政処分により指定された森林である。
　　　いかに公益的に重要な森林であっても、保安林指定の手続を経なければ、保安林にはなりえない。
（3）　保安林の内容的特性は、法律によってその私有財産権が制約される点にある。
　　　法律によって制約されるということは、社会的な必要を国家が認めているということである。
（4）　保安林は、単純な区域概念ではない。
　　　保安林は、森林であり、不動産登記法（旧土地台帳法）上では地目の扱いを受けている。

3　森林計画制度等との相違

　森林法においては、保安林制度のほか、森林計画等（第2章）、営林の助長及び監督等（第2章の

２）についても規定している。森林計画は、森林の整備及び保全に関するマスタープランとして、保安林を含む関連施策の方向を明らかにするものであり、望ましい森林施業の指針が示されている。また、保安林以外の民有林の開発許可制度のほか、営林の助長・監督として、施業の勧告や、保安林以外の民有林における伐採及び伐採後の造林の届出等が措置されている。

　これらの措置は、全ての森林は、程度の差こそあれ多面的な機能を有していることから、その機能の維持増進のため、財産権に内在する責務の範囲で森林の土地の利用の適正化を図るとともに、広く森林所有者等の自発的意思による適切な森林施業の実施を促進しようとするものである。

　一方、保安林制度は、特定の公益目的達成のために特に重要な森林に限って規制措置を講ずるものであり、これらが相まって、森林法の目的たる「国土の保全と国民経済の発展」に重要な役割を果たしているといえる。

第2節　保安林制度の沿革

1　森林法制定以前

　保安林に相当する森林の歴史は非常に古く、平安時代には既に、水源のかん養や風致の保護を目的とする禁伐林が存在し、江戸時代においては留林、御留山、水止山等類似のものがみられる。明治維新以後においては官有林のうち国土保全上必要なものを禁伐林とする等の措置が行われた。

2　森林法制定以後

○1897年（明治30年）
　（第1次）「森林法」が、法律第46号として制定公布され、翌31年1月1日から施行された。これが保安林制度の創設であり、このとき、ほぼ今日の保安林制度が確立された。なお、従来の禁伐林、風致林及び伐木停止林は、全て保安林とされた（法第30条）。また、このとき以来、保安林制度は森林法の中核をなしている。

○1907年（明治40年）
　（第2次）「森林法」が、法律第43号として制定公布され、翌41年1月1日から施行された。
　この（第2次）森林法で、保安林における皆伐禁止の規定及び保安林買上げの規定が廃止された。

○1911年（明治44年）
　森林法の一部改正があり、保安林に関する大臣の権限の一部を地方長官に委任することができるようになり、民有林に対する編入または不編入の処分権限が委任された。（異議意見書が提出されたもの及び地方長官と地方森林会の意見が一致しないものを除く。）
　（注）現行法では、保安林の「指定」というが、旧法では「編入」といった。また委任の内容も異なっている。

○1944年（昭和19年）
　戦時特例として、国有地、御料地以外の保安林編入及び特定の解除に係るもの等の権限が地方長官に委譲された。

○1948年（昭和23年）
　戦時特例が廃止され、権限関係も旧に復した。

○1951年（昭和26年）
　（第3次）「森林法」が、6月26日法律第249号として制定され、8月1日から施行された。
　保安林制度については、趣旨においては従来と変更はなく、保安林種の追加、編入（指定）、解除の権限委任関係その他手続関係において若干の改正があった。この内容がほとんど現在まで引継がれている。
　改正の要点は次のとおり。
　1）　保安林指定の対象地を「森林」に限り、新たに保安施設地区制度を設ける。
　2）　従来の土砂打止林を土砂流出防備林と土砂崩壊防備林に改める。
　3）　従来の水源涵養林を流域保全を目的とする水源かん養林と局所的な用水源の保全を目的とす

る干害防備林に区分する。
  4) 従来の衛生林を保健林に改める。
  5) 防霧林、防火林を新設する。
  6) 異議意見に対しては公開による聴聞を行うこととする。
  7) 森林法第25条第1項第4号から第11号までに掲げる目的を達成するための民有保安林の指定、解除の権限を都道府県知事に委任する。(令第5条)

○1954年(昭和29年)
「保安林整備臨時措置法」(以下「措置法」という。)が、10年間の時限として公布(5月1日、法律第84号)され、保安林整備計画の作成、同計画の実施に必要な森林計画の変更、国による保安林等の買入れが規定された。同年10月、同法第2条の保安林整備計画が定められ、実施に入った。

○1962年(昭和37年)
「森林法の一部を改正する法律」(4月、法律第68号)により、森林法の一部が改正され、7月2日から施行された。保安林制度に関する改正点は、次のとおり。
  1) 森林計画制度による伐採許可制度を廃止し、保安林制度による指定施業要件の指定及びこれに基づく許可に改める。(法第33条、第34条第1項)
  2) 制限事項に、下草、落葉、落枝の採取を追加する。(法第34条第2項)
  3) 保安林における植栽の義務を明定し、違反者には造林命令が出されることになる。(法第34条の2、第38条第3項)
  4) 民有の保安林、保安施設地区の標識設置を都道府県知事の義務とし、国有のそれを農林水産大臣の義務とする。(法第39条、第44条)
  5) 保安林台帳、保安施設地区台帳の調製、保管を都道府県知事の義務とする。(法第39条の2、第46条の2)
  6) 保安林の適正な管理について農林水産大臣及び都道府県知事の責任を明確にする。(法第39条の3)

○1964年(昭和39年)
措置法の一部が改正(4月、法律第70号)され、従来の有効期間(10年)が10年延長され通算20年(昭和49年4月30日まで)となった。
同12月、保安林整備計画の改訂計画が定められ、実施に入った。

○1967年(昭和42年)
昭和37年の改正森林法による指定施業要件の指定事務を完結した。(最終指定7月1日)

○1971年(昭和46年)
「環境庁設置法」(昭和46年5月31日法律第88号)附則第16条(森林法の一部改正)及び第17条(措置法の一部改正)により、国有林に係る保健又は風致の保存を目的とする保安林の指定又は解除をしようとするとき(保安林整備計画について協議をしている場合を除く。)及び同目的の保安林について保安林整備計画を定めようとするときにおける、環境庁長官への協議が義務付けされた。

○1972年(昭和47年)
自然環境保全法(昭和47年6月22日法律第85号)附則第6条(森林法の一部改正)により、保安林

と原生自然環境保全地域の指定は、重複できないこととなった。

〇1974年（昭和49年）
1) 措置法の一部が改正（4月、法律第38号）され、従来の有効期間（20年）が更に10年延長され通算30年（昭和59年4月30日まで）となった。
2) 「森林法及び森林組合合併助成法の一部を改正する法律」（5月、法律第39号）により、森林法の一部が改正され、民有林（保安林、保安施設地区及び海岸保全区域内の森林を除く）において1haを超える開発行為をする場合は、原則として都道府県知事の許可が必要となった（林地開発許可制度）。

〇1984年（昭和59年）
措置法の一部が改正（4月、法律第22号）され、従来の有効期間（30年）が更に10年延長され通算40年（平成6年4月30日まで）となった。保安林としての所期の機能を十全に発揮していないものについて、早急に森林の整備措置を講じ、保安林機能の回復を図るため、特定保安林制度が創設され、整備計画事項として特定保安林の指定に関する事項が定められた（措置法第2条第2項第5号、第8条から第11条）。

〇1989年（平成元年）
「森林の保健機能の増進に関する特別措置法」（12月、法律第71号）により、保安林の区域内において森林保健施設を整備するために行う立木等の伐採は、保安林における制限（法第34条第1項、第34条の2第1項、第34条の3第1項、第34条の4、第34条第2項）の規定は適用しないこととなった。

〇1994年（平成6年）
措置法の一部が改正（4月、法律第31号）され、有効期間が平成16年3月31日までとなった。

〇1996年（平成8年）
「木材の安定供給の確保に関する特別措置法」（平成8年法律第47号）第10条に定める要件を満たすとして都道府県知事が認定した計画に基づいて保安林の区域内の立木を伐採する場合には、特例として許可（法第34条第1項）がなされたものとみなすこととされた。

〇1998年（平成10年）
1) 「森林法等の一部を改正する法律」（10月、法律第139号）により、森林法が改正され、保安林における間伐について、都道府県知事の許可制から都道府県知事への届出制にされた。
2) また、同法により措置法も改正され、保安林の要整備森林に対する施業の勧告について、従来どおり都道府県知事が行うこととされた。

〇1999年（平成11年）
1) 「地方分権の推進を図るための関係法律の整備等に関する法律」（7月、法律第87号）により森林法の一部が改正され、農林水産大臣が指定する重要流域以外の流域内に存する1～3号民有保安林については、その指定・解除の権限を都道府県知事に移譲（法定受託事務）することとされた。また、4号以下の民有保安林については自治事務とされた。
2) 同法により、措置法の一部も改正され、農林水産大臣は、措置法による保安林整備計画を実施するため特に必要があると認められる場合は、都道府県知事に対し指定又は解除に関し必要な指示をすることができることとされた。これに伴い、森林法施行令の一部（12月、政令第416

号)、森林法施行規則の一部(平成12年2月、省令第11号)が改正された。
○2001年(平成13年)
　森林及び林業を巡る情勢の変化を踏まえ、「森林・林業基本法」が制定(7月、法律第107号)され、新たな理念の下に森林の整備を推進することとし、保安林については、森林・林業基本計画(10月閣議決定)において、森林の保全の確保のため、保安林の指定の推進と指定施業要件の見直しを行うこととした。
　このため、218流域全ての第5期保安林整備計画を一斉に変更し、保安林の指定計画を見直すとともに、保安林における森林施業の方法等を見直した(平成14年3月)。
　また、平行して、森林法施行令の一部(9月、政令第304号)、森林法施行規則の一部(11月、省令第141号)改正等により指定施業要件の基準の見直しを行った。
○2003年(平成15年)
　「森林法の一部を改正する法律」(5月、法律第53号)により、森林法の一部が改正され、保安林における人工林の択伐による立木の伐採手続きを許可制から事前届出制へと簡素化するとともに、全国森林計画及び地域森林計画の計画事項の見直し(基本的事項に森林の保全を追加)が行われた。
○2004年(平成16年)
　措置法が平成15年度末をもって失効。このため、「森林法の一部を改正する法律」(3月、法律第20号)により森林法の一部が改正され、特定保安林制度の恒久化・拡充がなされた。
○2006年(平成18年)
　新たな森林・林業基本計画(9月閣議決定)において、天然力を活用した森林整備を円滑に推進することができるよう、保安林制度の運用を見直すこととした。これを踏まえ、森林法施行規則の一部を改正(平成19年3月、省令第24号)し、植栽義務に係る運用の見直しを行った。
○2011年(平成23年)
　1)「森林法の一部を改正する法律」(4月、法律第20号)により森林法の一部が改正され、森林の土地の所有者となった旨の届出、保安林に係る権限の適切な行使、地方公共団体が行う保安林等の買入に係る財政措置、罰金の上限引上げ等が措置された。
　2)「東日本大震災復興特別区域法」(平成23年法律第122号。以下「復興特区法」という。)第46条第2項に規定する復興整備事業の実施に係る保安林の指定及び解除(法第25条の2及び第26条の2に係るものに限る。)並びに保安林における立木の伐採等の許可(法第34条第1項、第34条第2項)について復興特区法に規定する復興整備計画に記載し、所定の手続を経て当該計画が公表されたときは、特例として当該許可等がなされたものとみなすこととされた。
○2012年(平成24年)
　「福島復興再生特別措置法」(平成24年法律第25号。以下「福島特措法」という。)第66条に規定する地熱資源開発事業の実施に係る保安林の指定及び解除並びに保安林における立木の伐採等の許可(法第34条第1項、第34条第2項)について福島特措法に規定する地熱資源開発計画に記載し、所定の手続を経て当該計画が公表されたときは、特例として当該許可等がなされたものとみなすこととされた。
○2013年(平成25年)

1)「大規模災害からの復興に関する法律」(平成25年法律第55号。以下「大規模災害復興法」という。)第10条第2項第4号に規定する復興整備事業の実施に係る保安林の指定及び解除(法第25条の2及び第26条の2に係るものに限る。)並びに保安林における立木の伐採等の許可(法第34条第1項、第34条第2項)について大規模災害復興法に規定する復興計画に記載し、所定の手続を経て当該計画が公表されたときは、特例として当該許可等がなされたものとみなすこととされた。

2)「農林漁業の健全な発展と調和のとれた再生可能エネルギー電気の発電の促進に関する法律」(平成25年法律第81号。以下「農山漁村再エネ法」という。)第7条に規定する再生可能エネルギー発電設備の整備に係る保安林における立木の伐採等の許可(法第34条第1項、第34条第2項)について農山漁村再エネ法に規定する設備整備計画に記載し、所定の手続を経て当該計画が認定されたときは、特例として当該許可がなされたものとみなすこととされた。

○2016年(平成28年)

1)「森林法等の一部を改正する法律」(5月、法律第44号)により森林法の一部が改正され、特定保安林制度における立木所有権の移転等の協議勧告の対象として地方公共団体及び森林研究・整備機構が位置付けられるとともに、違法な森林の土地の開発に係る罰則(法206条)が改正された(「150万円以下の罰金」を「3年以下の懲役又は300万円以下の罰金」に強化。)。

2)同法により「木材の安定供給の確保に関する特別措置法」の一部が改正され、第4条に規定する事業計画に基づいて保安林の土地の形質変更を行う場合には、特例として許可(法第34条第2項)がなされたものとみなすこととされた。

3)「地域の自主性及び自立性を高めるための改革の推進を図るための関係法律の整備に関する法律」(5月、法律第47号)により森林法の一部が改正され、治山事業施行地を含む4〜11号保安林の解除を行う場合の農林水産大臣への同意協議を、同意を要さない協議へと見直した。

4)「平成26年の地方からの提案等に関する対応方針」(平成27年1月30日閣議決定)を受け、平成28年3月31日付けで「森林法第25条第1項の規定に基づき農林水産大臣の指定する重要流域を指定する件」(平成12年2月24日付け農林水産省告示第282号)の一部を改正し、日高川流域及び日置川流域について重要流域の指定を外すことにより、当該流域の指定・解除の権限を両県知事に移譲した。

○2017年(平成29年)

「平成26年の地方からの提案等に関する対応方針」(平成27年1月30日閣議決定)を受け、「森林法第25条第1項の規定に基づき農林水産大臣の指定する重要流域を指定する件」(平成29年3月21日付け農林水産省告示第401号)により、岩手県境から北上川まで流域については岩手県知事及び宮城県知事に、酒匂川流域については神奈川県知事及び静岡県知事に、それぞれ当該流域の指定・解除の権限を移譲した。

○2020年(令和2年)

規制改革実施計画(令和2年7月17日閣議決定)において、所管する行政手続等の押印見直しが求められたことから、森林法施行規則の一部(12月、省令第83号)、森林法施行規則の規定に基づき申請書等の様式を定める件の一部(12月、告示第2445号)改正等により、各種様式等の署名押印を廃止

した。
○2021年（令和3年）
1）「地球温暖化対策の推進に関する法律」（平成10年法律第117号）（以下「温対法」という。）が一部改正され、温対法第22条の2に規定する地域脱炭素化促進事業に係る保安林の立木伐採等の許可（法第34条第1項、第34条第2項）について温対法に規定する地域脱炭素化促進事業計画に記載し、所定の手続を経て当該計画が認定されたときは、特例として当該許可がなされたものとみなすこととされた。

2）「森林・林業基本計画」（令和3年6月15日閣議決定）において、保安林の解除に係る事務の迅速化・簡素化等を行い、森林の公益的機能の発揮と調和する再生可能エネルギーの利用促進を図ることとされ、また、「規制改革実施計画」（令和3年6月18日閣議決定）においては、保安林の解除事務の見える化を通じた迅速化・簡素化のため、事前相談等の事務手続の流れの再整理等を行うこととされたことを踏まえ、保安林の指定の解除に係る手続等の見直しを行った。

○2022年（令和4年）
保安林の指定施業要件の植栽の基準について「満1年未満の苗」や「植栽本数」の取扱いが見直さるとともに、林地開発許可制度における開発行為の許可基準の改正を踏まえ、保安林の転用解除に係る事業又は施設の設置の基準等の改正がなされた。

地方分権一括法による森林法の改正（平成11年）の概要等

1 保安林関係
（1） 民有林の1～3号保安林（重要流域を除く。）の指定・解除権限を都道府県知事に移譲するとともに、機関委任事務を廃止し、事務区分を以下のとおり見直す。（法第25条、第25条の2、第26条、第26条の2）

（現行）

保安林の区分		権限・事務区分
民有林	1～3号	農林水産大臣（国の直接執行）
	4号以下	都道府県知事（機関委任事務）
国有林		農林水産大臣（国の直接執行）

（改正後）

保安林の区分		権限・事務区分
民有林	1～3号 重要流域	農林水産大臣（国の直接執行）
	1～3号 重要流域以外	都道府県知事（法定受託事務）
	4号以下	都道府県知事（自治事務）
国有林		農林水産大臣（国の直接執行）

（注1）「1～3号」は法第25条第1項第1号から第3号まで、「4号以下」は同項第4号から11号までに掲げる目的を達成するための保安林。
（注2）「重要流域」とは、二以上の都府県の区域にわたる流域その他の国土保全上又は国民経済上特に重要な流域で農林水産大臣が指定するもの（法第25条第1項）。
（注3）指定施業要件の変更に係る事務についても同様の区分である。

（2） 保安林の指定・解除以外の次に掲げる事務については、機関委任事務を廃止し、事務区分を以下のとおり見直す。（法第30条、第30条の2、第34条、第39条の2ほか）
・保安林予定森林等の告示
・立木伐採許可及び土地の形質変更許可
・保安林台帳の調製・保管等

（現行）

保安林の区分	権限・事務区分
民有林	都道府県知事（機関委任事務）
国有林	

（改正後）

保安林の区分		権限・事務区分
民有林	1～3号	都道府県知事（法定受託事務）
	4号以下	都道府県知事（自治事務）
国有林		都道府県知事（法定受託事務）

（3） 保安林の損失補償の事務について、都道府県を補償主体として追加する。（法第35条）

2 保安施設地区関係
保安施設地区関係に係る次に掲げる事務については、機関委任事務を廃止して、都道府県の法定受託事務とする。（法第44条、第46条の2）
・保安施設地区において保安林の規定を準用する行為規制等の事務

・保安施設地区台帳の調製及び保管

3　その他

　以上の保安林の指定・解除等に係る権限及び事務の見直しに伴い、法定受託事務については「森林法に基づく保安林及び保安施設地区関係事務に係る処理基準について」（平12年4月27日付け12林野治第790号農林水産事務次官依命通知）（以下「処理基準」という。）、また、自治事務については地方自治法（昭和22年法律第67号）第245条の4の規定に基づく技術的な助言としての「保安林及び保安施設地区の指定、解除等の取扱いについて」（昭和45年6月2日付け45林野治第921号林野庁長官通知）（以下「基本通知」という。）により、それぞれ処理されることとなった。

　なお、以下の解説において、処理基準と基本通知の双方に概ね共通のものとして規定されている事項については、（基本通知）と表記している。

第3節　保安林制度と行政の概要

1　保安林の指定・解除の意義

　保安林の指定・解除は、農林水産大臣又は都道府県知事が行う行政処分である。

　保安林の指定は、公益目的を達成するために本来自由であるべき森林の経営に制限を課すもので、これによって普通林よりも厳しい制約が生ずる。

　保安林の解除は、保安林であるために存在する一切の制約が解消されることである。

　保安林の指定・解除が行政処分として有効に成立するためには、その主体、内容、手続、形式等の全ての点について法の定める要件に適合しなければならない。

　すなわち、保安林の指定・解除は、森林法及びその関係法令に従って、その権限を有する者（農林水産大臣及び都道府県知事）によりその権限内の事項について行われることが必要であり、その内容については、指定にあっては、指定しようとする森林が法第25条第1項に定められた目的に合致し、解除にあっては、法第26条及び法第26条の2に定められた条件に適合することが必要であり、その手続においては、法の定める一定の手続を踏み、法の定める文書の形式による等一定の形式をもってしなければならない。

2　保安林の指定

　保安林の指定は、行政処分であるからその根拠法規に適合し、かつ、行政目的に合致することが必要である。

　保安林指定の要件を森林法に即して摘記すれば、次のとおりとなる。

① 指定が権限を有する者によって行われること。
② 指定の目的が法第25条第1項に列挙されたものであること。
③ 指定の必要性が存在すること。
④ 指定の対象地が法第2条で規定している森林であってその範囲が特定されていること。
⑤ 自然環境保全法による原生自然環境保全地域内の森林でないこと。
⑥ 海岸法（昭和31年法律第101号）による海岸保全区域内の森林については、海岸管理者に協議したものであること。
⑦ 国有林に係る公衆の保健及び風致の保存を目的とする指定にあっては、環境大臣に協議したものであること。
⑧ 森林法に定められた手続が適正に行われること。

重要流域区分図

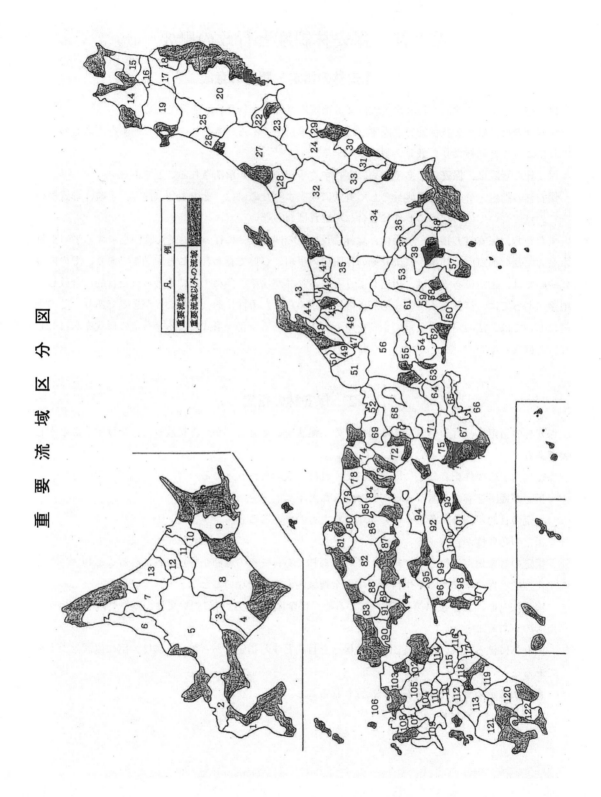

No.	流域名	関係都道府県	No.	流域名	関係都道府県
1	檜山地区	北海道	38	多摩川～相模川	神奈川
2	尻別川	北海道	39	相模川	神奈川、山梨
3	鵡川	北海道	40	酒匂川	神奈川、静岡
4	沙流川	北海道	41	関川	新潟、長野
5	石狩川	北海道	42	姫川	新潟、長野
6	留萌地区	北海道	43	新潟県境～黒部川	新潟、富山
7	天塩川	北海道	44	黒部川	富山
8	十勝川	北海道	45	常願寺川	富山
9	釧路川	北海道	46	神通川	富山、岐阜
10	網走川	北海道	47	庄川	富山、岐阜
11	常呂川	北海道	48	庄川～石川県境	富山
12	湧別川	北海道	49	手取川	石川
13	渚滑川	北海道	50	手取川～福井県境	石川
14	岩木川	青森	51	九頭竜川	福井、岐阜
15	駒込川～奥入瀬川	青森	52	九頭竜川～京都府境	福井
16	奥入瀬川～五戸川	青森、秋田	53	富士川	長野、山梨、静岡
17	馬淵川	青森、岩手	54	矢作川	長野、岐阜、愛知
18	新井田川	青森、岩手	55	庄内川	岐阜、愛知
19	米代川	岩手、秋田	56	木曽川	長野、岐阜、愛知、三重
20	北上川	岩手、宮城	57	北伊豆	静岡
21	岩手県境～北上川	岩手、宮城	58	安倍川	静岡
22	鳴瀬川	宮城	59	大井川	静岡
23	名取川	宮城	60	大井川～天竜川	静岡
24	阿武隈川	宮城、山形、福島	61	天竜川	静岡、愛知、長野
25	雄物川	秋田	62	豊川～矢作川	愛知
26	子吉川	秋田	63	鈴鹿川	三重
27	最上川	山形	64	鈴鹿川～宮川	三重
28	荒川	山形、新潟	65	宮川	三重
29	宮城県境～請戸川	宮城、福島	66	宮川～熊野川	三重、奈良
30	夏井川～茨城県境	福島、茨城	67	熊野川	三重、奈良、和歌山
31	久慈川	福島、茨城、栃木	68	淀川	三重、滋賀、京都、大阪、奈良
32	阿賀野川	福島、群馬、新潟	69	由良川	京都、兵庫
33	那珂川	茨城、栃木	70	神崎川	京都、大阪、兵庫
34	利根川	茨城、栃木、群馬、埼玉、千葉、長野	71	大和川	大阪、奈良
35	信濃川	群馬、新潟、長野	72	加古川	兵庫
36	荒川	埼玉、東京	73	揖保川	兵庫
37	多摩川	東京、山梨	74	円山川	兵庫

75	紀ノ川	奈良、和歌山	99	仁淀川	愛媛、高知
76	日高川	奈良、和歌山	100	物部川	高知
77	日置川	奈良、和歌山	101	物部川〜徳島県境	徳島、高知
78	千代川	鳥取	102	山国川	福岡、大分
79	天神川	鳥取	103	遠賀川	福岡
80	日野川	鳥取	104	矢部川	福岡、熊本
81	斐伊川	島根	105	筑後川	福岡、佐賀、熊本、大分
82	江の川	島根、広島	106	川上川	佐賀
83	高津川	島根	107	川上川〜長崎県境	佐賀
84	吉井川	岡山	108	佐賀北部	佐賀
85	旭川	岡山	109	中半島部	長崎
86	高梁川	岡山、広島	110	菊池川	熊本、大分
87	芦田川	岡山、広島	111	白川	熊本
88	太田川	広島	112	緑川	熊本
89	太田川〜山口県境	広島、山口	113	球磨川	熊本、宮崎、鹿児島
90	厚東川〜佐波川	山口	114	大分川	大分
91	錦川	島根、山口	115	大野川	熊本、大分
92	吉野川	徳島、愛媛、高知	116	番匠川	大分
93	那賀川	徳島	117	北川	大分、宮崎
94	香川地区	香川	118	五ヶ瀬川	熊本、宮崎
95	重信川	愛媛	119	一ツ瀬川	宮崎
96	肱川	愛媛	120	大淀川	熊本、宮崎、鹿児島
97	四万十川〜愛媛県境	愛媛、高知	121	川内川	熊本、宮崎、鹿児島
98	四万十川	愛媛、高知	122	肝属川〜宮崎県境	鹿児島

(注1)平成28年4月1日に、76日高川流域及び77日置川流域について、当該流域の指定・解除の権限を奈良県知事及び和歌山県知事に移譲した。
(注2)平成29年4月1日に、21岩手県境〜北上川流域については岩手県知事及び宮城県知事に、40酒匂川流域については神奈川県知事及び静岡県知事に、それぞれ当該流域の指定・解除の権限を移譲した。

(1)指定の権限

　保安林の指定の権限は、農林水産大臣（法第25条第1項）及び都道府県知事（法第25条の2第1項・第2項）にある。
　すなわち、その指定流域、目的及び指定対象地の所有形態（民有林であるか、国有林であるか）によってその権限が異なる。つまり、民有林の場合は、重要流域（p12の図及びp13〜14の表を参照）の水源かん養、土砂流出防備、土砂崩壊防備のための保安林については農林水産大臣、重要流域以外の水源かん養、土砂流出防備、土砂崩壊防備のための保安林については都道府県知事、更に、全ての流域のその他の保安林（飛砂防備、防風、水害防備、潮害防備、干害防備、防雪、防霧、なだれ防止、落石防止、防火、魚つき、航行目標、保健、風致のためのもの）については都道府県知事の権限であり、国有林の場合は、指定目的にかかわらず全てが農林水産大臣の権限である。

この権限の配分は、民有林については国土保全の基幹的な部分を占めるいわゆる流域保全のための保安林のうち、重要流域内の保安林に関しては農林水産大臣に、重要流域以外の保安林及び比較的局所的な影響にとどまる保安林に関しては都道府県知事になされたものである。

(注) 森林法上の民有林、国有林
　　森林法において「国有林」とは、国が森林所有者である森林及び国有林野の管理経営に関する法律（昭和26年法律第246号）第10条第1号に規定する分収林である森林をいい、「民有林」とは、国有林以外の森林をいうと定義されている（法第2条第3項）。
　　すなわち、民有林、国有林の区分は、分収林に関する例外を除けば森林所有者が国であるか、国以外であるかによってなされる。また、「森林所有者」については、同条第2項に規定され「権原に基き森林の土地の上に木竹を所有し、及び育成することができる者をいう。」としている。
　　国有林野の管理経営に関する法律に規定する分収林については、国以外の者である分収契約者の相手方も森林所有者であることから、観念の重複を整理する見地で、森林法においては、これを国有林の範疇に含ませ、民有林と区分することとしている。
　　なお、公有林野等官行造林法（大正9年法律第7号）に基づく官行造林地については、木竹の育成の権原は国に属するため、国有林である。
　　従来、国有林の扱いをすべきか民有林の扱いをすべきかという点について照会が行われたものに、官地民木林（昭和27.8.6・27林野第11,271号青森局経営部長あて林野庁指導部長回答）及び国有林野内の植樹敷貸地（昭和26.10.25・26林野13,327号秋田局長あて林野庁長官から回答）があるが、これらはいずれも民有林として扱われる。

（2）指定の目的

保安林の指定は、公益目的の達成のために行なわれるものであるが、その目的は限定されており、法第25条第1項第1号から第11号までに列記されている。

第1号から第3号までは、水源の涵養、国土の荒廃を予防して洪水等の災害を防止するのが目的であり、第4号から第7号までは比較的局所的な災害予防を目的とし、第8号及び第9号は産業保護を目的とし、更に、第10号及び第11号は国民生活の向上に資するための生活環境の保全・形成及び森林レクリエーションの場の提供ないし風致の保存等を目的としている。

保安林の指定がなされると、これらの保安林は、指定目的を冠して「○○保安林」と呼ばれるが、その種類は17種である（処理基準、基本通知）。

法第25条第1項に列挙された目的と保安林の種類を対比すると、次ページの表のとおりである。

（3）指定の必要性

保安林の指定は、法第25条第1項第1号から第11号までに掲げる目的を達成するために、森林の公益的機能を発揮させることが特に必要である場合に行われ、指定が必要であるかどうかの判断は、指定権限を有する農林水産大臣又は都道府県知事の公益判断に委ねられている。

以下、保安林の指定は、いかなる公益的機能の発揮を期待してなされるものであるかについて、保安林の種類ごとに略述する。

なお、保安林の種類別の面積の現況は、p82の表を参照されたい。

(注) 2以上の目的のために指定された保安林（兼種保安林）
　　一つの森林に2以上の保安機能を発揮させる必要がある場合には、2以上の目的をもつ保安林として指定され、この保安林を実務上、「兼種保安林」という。この場合の指定は、それぞれの目的ごとに独立したものとして行われる。

法第25条第1項に列記する目的		保安林の種類	
第1号	水源のかん養	1	水源かん養保安林
2	土砂の流出の防備	2	土砂流出防備保安林
3	土砂の崩壊の防備	3	土砂崩壊防備保安林
4	飛砂の防備	4	飛砂防備保安林
5	風害　　　　　　　　　　　　　　水害　　　　　　　　　　　　　　潮害　　の防備　　　　　　　　　　干害　　　　　　　　　　　　　　雪害　　　　　　　　　　　　　　霧害	5　　　　　　　　　　　　　　6　　　　　　　　　　　　　　7　　　　　　　　　　　　　　8　　　　　　　　　　　　　　9　　　　　　　　　　　　　　10	防風保安林　　　　　　　　　　水害防備保安林　　　　　　　　潮害防備保安林　　　　　　　　干害防備保安林　　　　　　　　防雪保安林　　　　　　　　　　防霧保安林
6	なだれ　　　　　　　　　　　　落石　　の危険の防止	11　　　　　　　　　　　　　12	なだれ防止保安林　　　　　　　落石防止保安林
7	火災の防備	13	防火保安林
8	魚つき	14	魚つき保安林
9	航行の目標の保存	15	航行目標保安林
10	公衆の保健	16	保健保安林
11	名所又は旧跡の風致の保存	17	風致保安林

1）水源かん養保安林

　流域保全上重要な地域にある森林の河川への流量調節機能を高度に保ち、洪水を緩和したり、各種用水を確保したりする。

2）土砂流出防備保安林

　下流に重要な保全対象がある地域で土砂流出の著しい地域や崩壊、流出のおそれがある区域において、林木及び地表植生その他の地被物の直接間接の作用によって、林地の表面侵食及び崩壊による土砂の流出を防止する。

3）土砂崩壊防備保安林

　崩落土砂による被害を受けやすい道路、鉄道その他の公共施設等の上方において、主として林木の根系の緊縛その他の物理的作用によって林地の崩壊の発生を防止する。

4）飛砂防備保安林

　海岸の砂地を森林で被覆することにより飛砂の発生を防止し、飛砂が海岸から内陸に進入するのを遮断防止することにより、内陸部における土地の高度利用、住民の生活環境の保護を図る。

5）防風保安林

　林冠をもって障壁を形成して風の力を枝葉と幹で分散することでそのエネルギーを弱め、風速を緩和して風害を防止する。

6）水害防備保安林

　河川の洪水時における氾濫に当たって、主として樹幹による水制作用及びろ過作用並びに樹根によ

る侵食防止作用によって水害の防止・軽減を図る。

7）潮害防備保安林

　津波又は高潮に際して、主として林木の樹幹によって波のエネルギーを弱めて被害を防ぐほか、林冠によって強風による空気中の海水微粒子を捕捉して塩害を防止する。

8）干害防備保安林

　洪水を緩和し、又は各種用水を確保する森林の水源涵養機能により、局所的な用水源を保護する。（昭和26年の森林法（現行法）が制定されるまでは、水源涵養林の名で設けられてきたもので、現行法では流域の保全のために必要なものを水源かん養保安林として局所的なものと区別することになった。）

9）防雪保安林

　飛砂防備保安林や防風保安林と同様の機能によって吹雪（気象用語では「飛雪」という。）を防止する。

10）防霧保安林

　森林によって空気の乱流を発生させて霧の移動を阻止したり、霧粒を捕捉したりすることで霧の害を防止する。

11）なだれ防止保安林

　森林によって雪庇の発生や雪が滑り出すのを防いだり、雪の滑りの勢いを弱めたり、方向を変えたりすること等により雪崩を防止する。

12）落石防止保安林

　林木の根系によって岩石を緊結固定して崩壊、転落を防止したり、転落する石塊を山腹で阻止したりすることで、落石による危険を防止する。

13）防火保安林

　耐火樹又は防火樹からなる防火樹帯により火炎に対して障壁を作り、火災の延焼を防止する。

14）魚つき保安林

　水面に対する森林の陰影の投影、魚類等に対する養分の供給、水質汚濁の防止等の作用により魚類の生息と繁殖を助ける。

15）航行目標保安林

　海岸又は湖岸の付近にある森林で地理的目標に好適なものを、主として付近を航行する漁船等の目標とすることで、航行の安全を図る。

16）保健保安林

　森林の持つレクリエーション等の保健、休養の場としての機能や、局所的な気象条件の緩和機能、じん埃、ばい煙等のろ過機能を発揮することにより、公衆の保健、衛生に貢献する。

17）風致保安林

　名所や旧跡等の趣のある景色が森林によって価値づけられている場合に、これを保存する。

（4）指定の対象地

保安林指定の対象は、森林法上の森林に限られる。森林の定義は法第2条に定められているが、木竹が集団して生育している土地（いわゆる林地）とその土地の上にある立木竹（いわゆる林木）とを包括して「森林」というとともに、皆伐跡地のように現に木竹が生育していなくとも、それが木竹の集団的な生育に供される土地であると客観的に認められるものは、「森林」に含まれる。

一般的な森林の概念は上述のとおりであるが、以上の考え方からは「森林」に該当する場合であっても、「主として農地（注1）又は住宅地若しくはこれに準ずる土地（注2）として使用される土地及びこれらの上にある立木竹」については「森林」から除外されている（法第2条第1項ただし書）。これは、その土地についての土地利用その他の人為活動が、いわゆる明らかに森林経営以外のものである場合に、これを森林法の対象として扱うことがむしろ不適当であるとの趣旨によるものである。

また、森林法の適用を厳密に解すれば、岩盤露出箇所等は森林の定義からは外れるが、森林法の趣旨及び現地を特別に区画して管理する必要性、実益並びに保安林管理上の実害等を考慮して個々に判断するものとし、敢えて一律に潔癖に除外する必要はないものとしている。

(注1) 主として農地として使用される土地

リンゴ畑、蜜柑畑等を意味する。なお、自作農創設特別措置法（この法律は、昭和27年に廃止され、現在では農地法に吸収されている。）その他関係法令に基づき買収された森林については、開拓計画によって開墾すべきものと定められたものはこの範疇として扱われる。

なお、森林と牧野との関係については、森林と牧野とは互いに相排斥する概念ではないという考え方を採り、牧野であるものであっても森林法の定義の上から森林の範囲に入るべきものはやはり牧野であると同時に森林として取扱うこととしている。（改正森林法の施行に関する件、昭和26年8月15日付け26林野第10953号林野庁長官通知）。

(注2) 住宅地若しくはこれに準ずる土地として使用される土地

市街地にある小規模の公園、官公庁舎、学校等の公共施設及び工場その他事業所の敷地、宗教法人法（昭和26年法律第126号）第3条第2号及び第3号に掲げる神社、寺院等をめぐる一画の土地及び参道として用いられる土地、墓地等である（改正森林法の施行に関する件、(前出)）。

（5）海岸保全区域に対する保安林の指定

海岸法第3条の規定により指定される海岸保全区域については、原則として、保安林の指定をすることができない（法第25条第1項ただし書）。ただし、農林水産大臣は、特別の必要があると認めるときは、海岸管理者に協議して海岸保全区域内の森林を保安林として指定することができる（法第25条第2項）。

これは、海岸保全を目的とする行政が同一の土地に重複して行われることによる非能率、国民への迷惑の除去、行政責任の明確化等の見地から不必要な制限を省こうとする趣旨であるが、実際の処理においては、「特別の必要」についての考え方が問題になる。

「特別の必要」があるかどうかは、海岸法による海岸保全事業を実施すれば保安林の指定は要らなくなるかどうかということと同じである。例えば、海岸堤防によって海岸侵食や越波が防止されたとしても背後に対する潮風等を防ぐ防潮林の整備が必要となる場合もあるし、保安林が侵食されつつあるとき、ここに海岸堤防が必要となる場合もある。このような問題が生じたときに、具体的な対策と

して、海岸法に基づいて行うか、森林法に基づいて（保安施設事業として）行うかについて、その適正な実施のために両者が協議することになっている。

海岸法第3条には、保安林又は保安施設地区に対しては、特別の必要がない限り海岸保全区域の指定をしない旨の規定がある。

(注) 保安林、保安施設地区に対する海岸保全区域の指定

海岸保全区域を保安林に指定しないと同様、保安林、保安施設地区を海岸保全区域として指定することができないとする一方、特別の必要がある場合に限り、都道府県知事から農林水産大臣（森林法第25条の2の規定により都道府県知事が指定した保安林については、当該保安林を指定した都道府県知事）に協議して、海岸保全区域として指定することができることとしている（海岸法第3条第1項・第2項）。

なお、この協議に対する農林水産省の方針及び協議事項については、林野庁長官通知「保安林又は保安施設地区に係る海岸保全区域の指定に関する協議について（昭和32年8月12日付け32林野第10847号）」で示されているが、農林水産省の方針として次のとおり示されている。

海水の浸水または海水による浸しょくを防止するため特に必要があり、かつ、次の各条件に該当する場合には原則として、海岸保全区域として指定することに同意する。
(1) 施行を予定している海岸保全施設と同程度の機能を有する森林法第41条に規定する保安施設事業の実務計画がたてられていないとき。
(2) 指定しようとする海岸保全区域が、施行を予定している工作物の敷地およびその周辺5メートル程度の区域の範囲内にあるとき。

（6）原生自然環境保全地域に対する保安林の指定の除外

自然環境保全法第14条第1項の規定により指定される原生自然環境保全地域については、保安林として指定することができない（法第25条第1項ただし書き）。

自然環境保全法（第14条第1項）には、原生自然環境保全地域の指定は保安林を除く旨の規定がある。

（7）保健保安林等の指定に関する環境大臣への協議

農林水産大臣は、保健保安林又は風致保安林の指定をしようとするときは、環境大臣に協議しなければならない（法第25条第3項）。

（8）林政審議会への諮問

農林水産大臣は、保安林の指定をしようとするときは、林政審議会に諮問することができる（法第25条第4項）。

これは、保安林の指定が一般公共の目的のためにする財産権の制限を伴うものであるから、その必要性と公平性に関する判断を適正にするために、農林水産大臣が必要と認めた場合には諮問を認められているものである。

都道府県知事の権限に属するものについては、都道府県知事は都道府県森林審議会へ諮問することができる（法第25条の2第3項）。

3 指定施業要件

　保安林の指定目的を達成するためには、その森林の公益的機能を維持し又は向上させるために必要な施業が確保されなければならない。そのため、保安林指定の処分の内容として「指定施業要件」を定め、立木の伐採許可申請等に対する許可の基準としている（法第33条）。また、その後の状況の変化があった場合には、これに即応し得るように指定施業要件を変更することができることとしている（法第33条の2、第33条の3）。

　指定施業要件として定めるべき事項は①立木の伐採の方法、②立木の伐採の限度、③立木を伐採した後において当該伐採跡地について行なう必要のある植栽の方法、期間及び樹種である（法第33条第1項）。

(1) 指定施業要件の指定基準

　指定施業要件の内容は、その指定によって生ずべき制限が、その保安林の指定目的を達成するために必要最小限度のものとなることを旨とし、政令で定める基準に準拠して定めなければならない（法第33条第5項）。この「政令で定める基準」は、令第4条及び同別表第2であるが、政令では原則的な点について定め、その細目を省令（規則第53条～第57条）、処理基準及び基本通知で定めている。

　以下、令別表第2の順序に従って説明する。

(2) 伐採の方法

　主伐と間伐に分けて定める。主伐に関しては、伐採種（主伐における伐採方式）と伐採することができる立木の年齢（伐期齢）を定める。間伐に関しては、間伐をすることができる箇所を定める。

「基本通知」別表1　指定施業要件として定める保安林の種類ごとの伐採種（主伐に係るもの）

保安林の種類	指定施業要件における伐採種（主伐）
水源かん養保安林	1　林況が粗悪な森林並びに伐採の方法を制限しなければ、急傾斜地、保安施設事業の施行地等の森林で土砂が崩壊し、又は流出するおそれがあると認められるもの及びその伐採跡地における成林が困難になるおそれがあると認められる森林にあっては、択伐（その程度が特に著しいと認められるものにあっては、禁伐） 2　その他の森林にあっては、伐採種を定めない。
土砂流出防備保安林	1　保安施設事業の施行地の森林で地盤が安定していないものその他伐採すれば著しく土砂が流出するおそれがあると認められる森林にあっては、禁伐 2　地盤が比較的安定している森林にあっては、伐採種を定めない。 3　その他の森林にあっては、択伐
土砂崩壊防備保安林	1　保安施設事業の施行地の森林で地盤が安定していないものその他伐採すれば著しく土砂が崩壊するおそれがあると認められる森林にあっては、禁伐 2　その他の森林にあっては、択伐
飛砂防備保安林	1　林況が粗悪な森林及び伐採すればその伐採跡地における成林が著しく困難になるおそれがあると認められる森林にあっては、禁伐 2　その地表が比較的安定している森林にあっては、伐採種を定めない。 3　その他の森林にあっては、択伐
防風保安林 防霧保安林	1　林帯の幅が狭小な森林（その幅がおおむね20メートル未満のものをいうものとする。）その他林況が粗悪な森林及び伐採すればその伐採跡地における成林が困難になるおそれがあると認められる森林にあっては、択伐（その程度が特に著しいと認められるもの（林帯については、その幅がおおむね10メートル未満のものをいうものとする。）にあっては、禁伐 2　その他の森林にあっては、伐採種を定めない。
水害防備保安林 潮害防備保安林 防雪保安林	1　林況が粗悪な森林及び伐採すればその伐採跡地における成林が著しく困難になるおそれがあると認められる森林にあっては、禁伐 2　その他の森林にあっては、択伐
干害防備保安林	1　林況が粗悪な森林並びに伐採の方法を制限しなければ、急傾斜地等の森林で土砂が流出するおそれがあると認められるもの及び用水源の保全又はその伐採跡地における成林が困難になるおそれがあると認められる森林にあっては、択伐（その程度が特に著しいと認められるものにあっては、禁伐） 2　その他の森林にあっては、伐採種を定めない。
なだれ防止保安林 落石防止保安林	1　緩傾斜地の森林その他なだれ又は落石による被害を生ずるおそれが比較的少ないと認められる森林にあっては、択伐 2　その他の森林にあっては、禁伐
防火保安林	禁伐
魚つき保安林	1　伐採すればその伐採跡地における成林が著しく困難になるおそれがあると認められる森林にあっては、禁伐 2　魚つきの目的に係る海岸、湖沼等に面しない森林にあっては、伐採種を定めない。 3　その他の森林にあっては、択伐
航行目標保安林	1　伐採すればその伐採跡地における成林が著しく困難になるおそれがあると認められる森林にあっては、禁伐 2　その他の森林にあっては、択伐
保健保安林	1　伐採すればその伐採跡地における成林が著しく困難になるおそれがあると認められる森林にあっては、禁伐 2　地域の景観の維持を主たる目的とする森林のうち、主要な利用施設又は眺望点からの視界外にあるものにあっては、伐採種を定めない。 3　その他の森林にあっては、択伐
風致保安林	1　風致の保存のため特に必要があると認められる森林にあっては、禁伐 2　その他の森林にあっては、択伐

1）　主伐関係
　ア　伐採種

　　　令別表第2では保安林種別に伐採方法の原則が示されているが、その運用については「基本通知」別表1（p21）によることになっている。つまり、原則を踏まえつつ、必要に応じて、現地の森林の実情に適合するような指定施業要件を定めることができるようになっている。

　　　なお、保安林制度で用いている伐採種の区分は、「伐採種を定めない」、「択伐」、「禁伐」の3種である。

　　　令別表第2で、保安林の種類（以下「保安林種」という。）ごとに定めている伐採種の原則は、次のとおりである。

　　伐採種を定めない（皆伐を許容する。）；水源かん養、防風、干害防備及び防霧保安林
　　択伐　　土砂流出防備、土砂崩壊防備、飛砂防備、水害防備、潮害防備、防雪、魚つき、航行目
　　　　　　標、保健及び風致保安林
　　禁伐　　なだれ防止、落石防止及び防火保安林、保安施設地区内の森林

　（注1）伐採種を定めない
　　　　「伐採種」というのは、主伐をする場合の伐採方式をいうが、これを定めない。つまり、自由な伐採方式を採ってもよい、という意味である。ところで、保安林制度の伐採制限では、「伐採種を定めないもの」、「択伐によるもの」、「伐採を禁止する（禁伐とする）もの」の3種に区分して規制を行っているので、伐採種を定めないものについては皆伐による伐採をしてもよいことになり、伐採の限度を定めるに当たっては、皆伐されることを予定して「皆伐による伐採の限度」を設けている。しかしながら、このことは、皆伐を強制しているものではないのは当然である。したがって、「択伐による伐採の限度」の範囲内の伐採については、「択伐」として取り扱うこととなる。

　（注2）択伐
　　　　ここでいう「択伐」とは、森林の構成を著しく変化させることなく逐次更新を確保することを旨として行なう主伐であって、次に掲げるものをいう（基本通知）。
　　　　（ア）伐採区域の立木をおおむね均等な割合で単木的に又は10m未満の幅の帯状に選定してする伐採
　　　　（イ）樹群を単位とする伐採で、その伐採によって生ずる無立木地の面積が0.05ha未満であるもの

　イ　伐期齢

　　　主伐についての基準としては、「伐採種」のほか「伐期齢」の規定がある。令別表第2には、「伐採の禁止を受けない森林につき伐採することができる立木は、原則として、標準伐期齢以上のものとする。」とあり、実際の伐期齢については、規則第54条において、「標準伐期齢を下らない範囲内において、当該保安林又は保安施設地区の指定の目的、当該森林の立木の生育状況等を勘案して定める」としている。

　（注）標準伐期齢は、法第10条の5第2項第2号にて、市町村森林整備計画の中で定めるべき事項として揚げられている。
　　　市町村森林整備計画は、民有林についての計画であるが、その内容の一つである標準伐期齢については、国有保安林にも適用される。標準伐期齢が明確でない場合には、近傍類似の民有林について定められている標準伐期齢による。

　ウ　樹種・林相の改良のための特例措置

　　　以上の原則及びその運用方針にかかわらず、どんな種類の保安林にも伐採種及び伐期齢について、樹種、林相の改良のための伐採の方法に関する特例を定めることができる。ただし、これは、保安林の公益的機能の維持又は強化を図るためにそうすることが現に必要、あるいは10年以内にその必要性が生ずると見込まれる場合であり、かつ、指定目的達成上支障を来さない

と認められるときに限って、10年を超えない範囲内で有効期間を定めた上で許される特別措置であり、これによる実行（伐採の許可）についても厳格にすることとされている。

また、特例とはいっても、本則からの著しい隔絶はありえないわけで、禁伐とする森林については、皆伐とすることを定めることはできない（基本通知）。

2）　間伐関係

間伐関係の基準としては、保安林種を問わず、次によることとなっている。

ア　対象となる伐採種

間伐は、主伐に係る伐採種を定めない森林及び択伐とする森林で択伐林型を造成するために間伐を必要とする森林（例えば、海岸砂地造林による造林地などで一斉林型を択伐林型に誘導しようとする場合など）を対象としており、主伐が禁止された森林は原則として間伐についても禁止する。ただし、主伐禁止の森林であっても、当該保安林の指定目的の達成上、保育のために間伐が必要とされる場合はこれを認める（基本通知）。

イ　対象箇所

間伐できる箇所は、原則として樹冠疎密度が8/10以上の箇所とする（令別表第2の第1号（二）イ）。この場合の樹冠疎密度とは、「おおむね20メートル平方の森林の区域に係る樹冠投影面積を当該区域の面積で除して算出する」とされている（規則第53条）。「おおむね20メートル平方」というのは、森林における樹群の構成単位を意味している。

（3）伐採の限度

伐採の限度は、主伐についてはそれぞれ伐採種に応じて、間伐については間伐を許容される森林がある場合に指定される。

伐採の限度の基準については、令別表第2の第2号、規則第55条及び第56条並びに基本通知に定められている。

1）　主伐関係

ア　皆伐面積の限度

皆伐面積の限度としては次の（ア）、（イ）、（ウ）の3種類の限度を定めている。

（ア）　同一の単位とされる保安林等における伐採年度ごとの皆伐面積の合計[注1]

立木の伐採限度については、指定の目的に係る受益の対象が同一である保安林又はその集団を単位として定めることができる（法第33条第4項）が、同一単位の保安林又はその集団について認められる皆伐面積の合計の限度についての基準が示されている。

更に、令別表第2の第2号に表現されていることを具体的に基本通知等で指示しているが、分かりやすいように算式で説明する。

$$A = \frac{F}{u} + a$$

A：1伐採年度（毎年4月1日から翌年3月31日までの期間をいう。以下同じ。）における皆伐面積の合計[注2]

F：同一の単位とされている保安林又はその集団のうち、択伐又は禁伐とされている森林以外のものの面積の合計

　　　　（樹種又は林相を改良するため伐採方法の特例として皆伐が許容されている森林を含む）

u：伐採の限度を算出する基礎となる伐期齢[注3]

　その保安林の指定目的達成のため適当と認められる樹種について、法第10条の5第2項第2号の標準伐期齢を基準として（標準伐期齢を下らない範囲内で指定目的・立木の生育状況などを考慮して）定める伐期齢に相当する数—実際には各樹種の平均の標準伐期齢

a：（前伐採年度の総年伐面積）−（前伐採年度における法第34条第1項の許可をした面積）

　※　前伐採年度の総年伐面積 = $\dfrac{F'}{u'}$

　F'：前年度における前掲のFに相当するもの
　u'：前年度における前掲のuに相当するもの

（注1）同一の単位とされる保安林等

　同一の単位とされる保安林等とは、「指定施業要件を定めるについて同一の単位とされている保安林若しくはその集団又は保安施設地区若しくはその集団の森林」をいい（令第4条の2第4項）、指定施業要件を定める場合及び伐採の限度を定める場合に一括するための範囲として用いられる。

　ここで「保安林」というのは、ある同一の時期に同一の目的で保安林に指定された森林を指し、これらが2以上あるときには「保安林の集団」という。

　このように、指定施業要件及び伐採の限度を定めるのに、個々の保安林を単位とせず、これらを一括して単位とする理由は、保安林の施業制限は、受益物件を中心として総合的見地に立って行うことが必要であるからである。

　なお、水源かん養保安林については、水系を単位に受益対象を捉えて同一の単位を定める必要があり、これは、あらかじめ区画することが可能なので、指定施業要件の指定を円滑、適正にするために、全国について同一の単位とすべき保安林又はその集団の範囲を「単位区域概況表」として定めており、この単位区域の数は全国で571となっている（林野庁長官通知「水源かん養保安林等の指定施業要件を定める場合において同一の単位とすべき区域について」（昭和37年11月13日付け37林野治第1498号））。

　単位区域は、本来、保安林の指定目的ごとに設けられるものであるが、特に土砂流出防備保安林については、流域保全の性格が強いことから、特別に不適当でない限り、あらかじめ定められた水源かん養保安林の単位区域を用いることにしている。

（注2）1伐採年度における皆伐面積の合計

　民有林、国有林合計の限度であり、伐採規制の目安として内訳をするのは認められるとしても、厳格にそれぞれの限度として運用するのは縮減（令第4条の3）の場合以外は許されない。

　要するに、基本的な考え方は、毎年度、全面積／伐期齢の限度で皆伐を許容して保続を図っていくということである。そして、前年度の伐採許可面積が当該年度の総年伐面積より少ない場合には、その分だけ許可可能な限度面積が大きくなる。ただし、翌年度に繰越して加算されるのは、総年伐面積に達しなかった面積であるから、翌年度の限度として公表される面積は、常にF／u×2より大きくなることはない。

（注3）伐採の限度を算出する基礎となる伐期齢

　指定施業要件において植栽の樹種が定められている森林にあっては当該樹種の標準伐期齢とし、それ以外の森林にあっては更新期待樹種の標準伐期齢とする。ただし、同一の単位とされる保安林に樹種が2以上ある場合には、次式によって算出して得た平均年齢とし、当該年齢は整数にとどめ小数点以下は四捨五入する（基本通知）。

　　$u = a_1 u_1 + a_2 u_2 + a_3 u_3 + \cdots\cdots$

　　u：平均年齢
　　u_1、u_2、u_3：各樹種の標準伐期齢
　　a_1、a_2、a_3：各樹種の期待専有面積歩合

(イ) 皆伐することができる１箇所当たりの面積[注]

　　地形、気象、土壌等の状況により特に保安機能の維持又は強化を図る必要がある森林については、20haを超えない範囲内において、当該森林の地形等の状況を勘案して１箇所当たりの皆伐面積の限度を指定することとしている（規則第55条）。

　　更に、その運用方針として、保安林種等に応じて、次に示す範囲内で伐採跡地からの土砂の流出の危険性、急激な疎開による周辺の森林への影響等に配慮して個別にきめ細かく定めることとしている（基本通知）。

① 水源かん養保安林（急傾斜地の森林及び保安施設事業の施行地等の森林その他森林施業上これと同一の取扱いをすることが適当と認められる森林に限る。）－20ha以下

② 土砂流出防備保安林、飛砂防備保安林、干害防備保安林、保健保安林－10ha以下

③ その他の保安林（当該森林の地形、気象、土壌等の状況を勘案し、特に保安機能の維持又は強化を図る必要があるものに限る。）－20ha以下

　　なお、ここで注意することは、上記の限度は、同一の単位とされる保安林について必ずしも同一とする必要はないことである（基本通知）。

(ウ) 防風保安林又は防霧保安林における皆伐についての残存林分の条件

　　これらの保安林の皆伐については、原則として、その保安林のうちその立木の全部又は相当部分がおおむね標準伐期齢以上である部分が幅20m以上にわたり帯状に残存することとなるようにすることとしている。

(注) 皆伐することができる「１箇所」の定義（基本通知）(p26を参照)

　　令別表第２の第２号（１）ロの１箇所とは、立木の伐採により生ずる連続した伐採跡地（連続しない伐採跡地があっても、相隣する伐採跡地で当該伐採跡地間の距離（当該伐採跡地間に介在する森林（未立木地を除く。）又は森林以外の土地のそれぞれについての距離をいう。）が20メートル未満に接近している部分が20メートル以上にわたっているものを含む。）をいう。(例１)

　　ただし、形状が一部分くびれている伐採跡地でそのくびれている部分の幅が20メートル未満であり、その部分の長さが20メートル以上にわたっているものを除く。(例２)

　　なお、形状が細長い伐採跡地であらゆる部分の幅が20メートル未満であるもの及びその幅が20メートル以上の部分があってもその部分の長さが20メートル未満であるものについては、令別表第２の第２号（一）ロの規定は適用されないものとする。(例３)

(例1) 1箇所となるもの

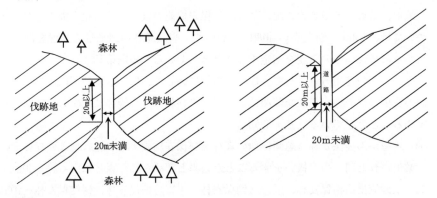

(例2) 1箇所とならないもの

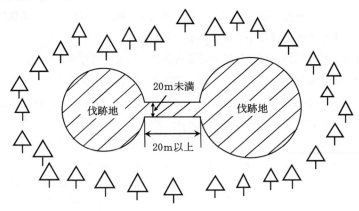

(例3) 1箇所当たりの皆伐限度面積の適用が除外されるもの

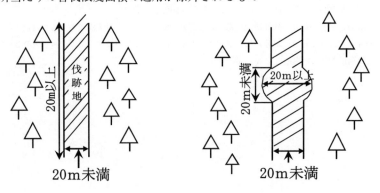

イ 択伐の伐採材積の限度

伐採年度ごとに択伐による伐採をすることができる立木の材積は、原則として、次の数に相当する材積を超えてはならないこととしている（令別表第2の第2号（一）二、規則第56条第1項）。

伐採限度材積＝当該伐採年度の初日におけるその森林の立木材積 × 択伐率

※ 択伐率； $\dfrac{当該伐採年度の初日における立木材積 - 前回の択伐後の立木材積}{当該伐採年度の初日における立木材積}$

この択伐率については、規則第56条、基本通知等において、それぞれ次のように算出方法を示している。

(ア) 保安林指定後最初に択伐を行う森林

$3/10$（植栽義務が定められている森林については$4/10$）×（係数）

ただし、植栽義務が定められている森林につき、算出された率が（ウ）の算式により算出された率を超えるときは、（ウ）の算式により算出された率とする。

また、上式の係数は、当該森林の立木の材積その他立木の構成状態に応じて、指定施業要件を定める者が定めることとしているが、基本通知で次の運用方針が示されている。

a 標準伐期齢以上の立木の材積が全立木材積の30％（植栽義務が定められている森林については40％）以上である森林は、その森林の立木度をもって係数とする。

この場合の立木度は、現在の林分蓄積とその林分の林齢に相応する期待蓄積とを対比して10分率をもって表わすものとし、蓄積を掲上するに至っていない幼齢林分においては、蓄積に代えて本数を用いる（bについても同じ。）。

b その他の森林については、その森林の標準伐期齢以上の立木の材積が全立木材積の30％（植栽義務が定められている森林については40％）以上となる時期において推定される立木度とし、保安林指定時の当該森林の立木度を将来の成長状態を加味して±1/10の範囲内で調整して定める。

これを具体例で説明すると、例えば、標準伐期齢が40年とされている現在15年生の一斉林について、最初に行う択伐率を定めるには、25年後の立木度を推定して求め、これを係数として用いる。この場合、25年後の立木度は、現在の立木度に基づいて将来の成長状態を予測して±1/10の範囲内で調整する。例えば、現在の立木度が0.8であり、今後もこの状態で推移するとし、将来の成長が期待され立木度が増加すると見込まれる場合には、その分を調整して立木度を増すのであるが、いかに将来が期待される場合においても0.1しか加算できないので、0.9が係数の上限となる。

(イ) 保安林指定後第2回以後の択伐をする森林で植栽義務が定められていないもの

$\dfrac{当該伐採年度の初日における立木材積 - 前回の択伐後の立木材積}{当該伐採年度の初日における立木材積}$

ただし、算出された率が3/10を超えるときは3/10とする。

（ウ）保安林指定後第2回以後の択伐をする森林で植栽義務が定められているもの
　　　上記（イ）により算出された率又は次の算式により算出された率のいずれか小さい率とする。ただし、算出された率が4/10を超えるときは4/10とする。

$$\frac{Vo - Vs \times \frac{7}{10}}{Vo}$$

　　　Voは、当該伐採年度の初日における当該森林の立木の材積。
　　　Vsは、当該森林と同一の樹種の単層林が標準伐期齢に達しているものとして算出される当該単層林の立木の材積。原則として森林簿等に示されている当該森林の樹種に係る地位級に対応する収穫表に基づき、当該樹種の単層林が標準伐期齢（当該森林が複数の樹種から構成されている場合にあっては、伐採時点の構成樹種がp24の（注3）の式によって算出して得た平均年齢）に達した時点の収穫予想材積。
　　　なお、前回の伐採後の立木材積が不明である場合には、（イ）の式に代えて、年成長率（年成長率が不明な場合は、当該伐採年度の初日におけるその森林の立木の材積に対する当該森林の総平均成長量の比率）に前回の伐採年度から伐採をしようとする前伐採年度までの年度数を乗じて算出する（基本通知）。
　2）間伐関係
　　　伐採年度ごとに伐採をすることができる立木の材積は、原則として、当該伐採年度の初日におけるその森林の立木の材積の10分の3.5を超えず、かつ、その伐採によりその森林に係る樹冠疎密度が10分の8を下ったとしても当該伐採年度の翌伐採年度の初日から起算しておおむね5年後においてその森林の当該樹冠疎密度が10分の8以上に回復することが確実であると認められる範囲内の材積を超えないものとしている（令別表第2の第2号（二））。

（4）植栽関係

　植栽については、立木を伐採した後において植栽によらなければ的確な更新が困難と認められる伐採跡地について、植栽の方法、期間及び樹種を指定することとしている（法第33条第1項、令別表第2の注）。
　なお、法第34条第2項の許可又は規則第63条第1項第5号の協議の同意を伴う場合において、保安機能の維持上問題がないと認められるときは、当該指定施業要件を変更し、当該許可又は当該同意の際に条件として付した行為の期間内に限り植栽することを要しないとすることができるものとしている（基本通知）。
　1）植栽の方法
　　　満1年以上の苗を、おおむね、1ヘクタール当たり伐採跡地につき的確な更新を図るために必要なものとして農林水産省令で定める植栽本数以上の割合で均等に分布するように植栽するものとしている（令別表第2の第3号（一））。
　　　ただし、満1年未満の苗木であっても、樹勢や根張り等が健全であり、かつ、都道府県等が

定める山行苗木の流通規格に定められている同一樹種の2年生以上の苗の根元径及び苗長と比較することにより満1年以上の苗と同等の大きさを有するものについては、植栽可能としている（規則第57条第1項、基本通知）。

ここで、農林水産省令で定める植栽本数とは、次に示すとおりである。

ア 保安林又は保安施設地区内の森林において植栽する樹種ごとに、次の算式により算出された本数とする（規則第57条第2項、同付録第8）。ただし、その算出された本数が3,000本を超えるときは、3,000本とする。

$$3{,}000 \times \left[\frac{5}{V}\right]^{2/3}$$

Vは、当該森林において、植栽する樹種ごとに、同一の樹種の単層林が標準伐期齢に達しているものとして算出される1ヘクタール当たりの当該単層林の立木の材積を標準伐期齢で除して得た数値で、原則として、当該森林の森林簿又は森林調査簿（以下「森林簿等」という。）に示されている植栽する樹種に係る地位級（樹種別に伐期総平均成長量を立方メートル単位の等級に区分したものをいう）をもって表すこと等としている（基本通知）。

ただし、急傾斜地である等個々の森林の地形や土壌の現況から土砂の流出や崩壊等が発生しやすい立地等ではないとともに、苗の活着及び生育に不向きな立地ではなく、伐期に至るまで施業が継続的に実施されているなど植栽後の苗の管理が適切に実施できる立地にある場合は、市町村森林整備計画に定められた植栽本数であって、当該市町村のおおむね過半の区域において特定の森林所有者等に偏ることなく幅広い関係者が施業した実績のある方法に基づく本数であり、当該林分における保育作業（鳥獣害対策を含む。）の実績から、確実な更新が可能と見込まれる植栽本数まで縮減可能としている（規則第57条第2項、基本通知）。

イ 択伐による伐採をすることができる森林についての植栽本数は、アにより算出された本数に、当該伐採年度の初日における当該森林の立木の材積から当該択伐を終えたときの当該森林の立木の材積を減じて得た材積を当該伐採年度の初日における当該森林の立木の材積で除して得られた率を乗じて得た本数としている（規則第57条第3項）。

アによる算出結果は、次のとおりである。

規則付録第8の算式による植栽本数

V	5	6	7	8	9	10	11	12	13	14	15	16	17	18	19	20
$(5/V)^{2/3}$	1.000	0.886	0.800	0.732	0.676	0.630	0.592	0.558	0.529	0.504	0.481	0.461	0.443	0.426	0.411	0.397
植栽本数	3,000	2,700	2,400	2,200	2,100	1,900	1,800	1,700	1,600	1,600	1,500	1,400	1,400	1,300	1,300	1,200

2） 期間

伐採が終了した日を含む伐採年度の翌伐採年度の初日から起算して2年以内に植栽するものとする（令別表第2の第3号（二））。

3）樹種

　　樹種については、保安機能の維持又は強化を図り、かつ、経済的利用に資することができる樹種として指定施業要件を定める者が指定する樹種を植栽することとしている（令別表第2の第3号（三））。

　　なお、樹種については、当該保安林の指定目的、地形、気象、土壌等の状況及び樹種の経済的特性等を踏まえて、木材生産に資することができる樹種に限らず、幅広い用途の経済性の高い樹種を定めることができるものとしており、基本通知において次のような樹種が例示的に示されている。

　ア　木材生産に資する樹種の例
　　　スギ、ヒノキ、カラマツ、エゾマツ、ヒバ等
　イ　高木性の広葉樹の例
　　　クヌギ、ナラ、カシワ、ブナ、シイ等
　ウ　深根性の樹種の例
　　　ケヤキ、カシ、アカマツ、クロマツ等
　エ　趣のある林相を構成する樹種の例
　　　シラカバ、ヤマザクラ、カエデ等
　オ　防火等特定の指定目的の達成のために必要とされる樹種の例
　　　サンゴジュ、ヤマモモ、ナナカマド等

（5）指定施業要件の定め方の実際

　指定施業要件は、現況を正しく把握して、これに基づき正しく指定基準に準拠したものでなければならないとともに、これによって生ずる制限が指定目的を達成するために必要最小限度のものでなければならないことが明示（法第33条第5項）されている。

　前述したとおり、指定施業要件は、保安林指定の一内容として定められるものであるが、指定に係る告示及び告示附属明細書において、これに多くのスペースをさいている。告示という限られたスペースでその要点を多数の人に知らせるとともに、より詳しい内容について、「保安林指定告示附属明細書」として縦覧に供するという方法をとっており、告示と告示附属明細書が合体してはじめて告示としての形式が整うことになる（p31及びp32～35の文例を参照）。

保安林の指定に係る法第33条第1項の規定に関する告示及び
告示に伴い縦覧に供する告示附属明細書の文例

○農林水産省告示第　　　号

森林法（昭和二十六年法律第二百四十九号）第二十五条第一項の規定により、次のように保安林を指定する。

令和　　年　　月　　日

農林水産大臣　○○○○

一　保安林の所在場所
　　○○県○○郡○○町大字○○字長谷一から九まで、一五、一六、一八、二〇、字城山八、九、一三、二〇（次の図に示す部分に限る。）字城山一三（次の図に示す部分に限る。）

二　指定の目的　土砂の流出の防備

三　指定施業要件
　（一）立木の伐採の方法
　　1　次の森林については、主伐に係る立木の伐採を禁止する。
　　　　字城山八
　　2　次の森林については、主伐に係る伐採種を定めない。
　　　　字城山一三（次の図に示す部分に限る。）、二〇
　　3　その他の森林については、主伐は、択伐による。
　　4　主伐として伐採をすることができる立木は、当該立木の所在する市町村に係る市町村森林整備計画で定める標準伐期齢以上のものとする。
　　5　間伐その他特別の場合の伐採に係るものは、次のとおりとする。
　（二）立木の伐採の限度並びに植栽の方法・期間及び樹種　次のとおりとする。
　　（「次の図」及び「次のとおり」は、省略し、その図面及び関係書類を○○県庁及び○○町役場に備え置いて縦覧に供する。）

注意事項

1　同一の告示で二以上の保安林の指定をするときは、保安林（当該時において同一の指定目的に係る森林の全部）ごとにそれぞれ一、二、……の番号を付して整理し、記載例の一、二、三の番号は、（一）、（二）、（三）、1、2、3、4、5の番号は（1）、（2）、（3）、（4）、（5）とし、都道府県ごとに行う。

2　地番の一部について指定する場合において記載する「（次の図に示す部分に限る。）」は当該地番が二以上あるときは当該末尾の地番の次に「（以上○筆について次の図に示す部分に限る。）」と記載する。

3　国有林の保安林の所在場所に関しては、地番の次に「（国有林）」と記載する。この場合において、地番が二以上であるときは、当該末尾の地番の次に「（以上○筆国有林）」と記載する。

保 安 林 指 定 告 示 附 属 明 細 書
（令和　　年　　月　　日都道府県告示第　号附属）

1　保安林の所在場所

　　○○県○○郡○○町大字○○字長谷1から9まで、15、16、18、20字城山8、9、13、20（次の図に示す部分に限る。）

2　指定の目的

　　土砂の流出の防備

3　指定施業要件

　（1）　立木の伐採の方法

　　ア　次の森林については、主伐に係る伐採を禁止する。

　　　　　字城山8　所在の森林

　　イ　次の森林については、択伐による。

　　　　　字城山9、13、20（次の図に示す部分に限る。）　所在の森林

　　ウ　その他の森林については、主伐に係る伐採種を定めない。

　　エ　主伐に係る伐採をすることができる立木は、当該立木が所在する市町村に係る市町村森林整備計画で定める標準伐期齢以上のものとする。

　　オ　次の森林については、保安林の機能の維持又は強化を図るために樹種又は林相を改良することが必要であり、かつ、当該改良のためにする伐採が当該保安林の指定の目的の達成に支障を及ぼさないと認められるときは、令和　年3月31日までに行う伐採については、ア及びエにかかわらず択伐による伐採をすることができる。

　　　　　字城山8　所在の森林

　　カ　次の森林については、保安林の機能の維持又は強化を図るために……認められるときは、令和　年3月31日までに行う伐採については、イ及びエにかかわらず主伐に係る伐採をすることができる。

　　　　　字城山13　所在の森林

　　キ　次の森林については、保安林の機能の維持又は強化を図るため……認められるときは、令和　年3月31日までに行う伐採については、エにかかわらず伐採をすることができる。

　　　　　字長谷15　所在の森林

　　ク　間伐に係る伐採をすることができる箇所は、ア及びイに掲げる森林（字城山13を除く。）以外の森林のうち樹冠疎密度が10分の8以上の箇所とする。

　（2）　立木の伐採の限度

　　ア　伐採年度ごとに皆伐をすることができる面積の限度は○○川下流（○○市、○○郡○○町、○○郡○○町、○○郡、○○町、○○町、○○町、○○町、○○町、○○町の地域をいう。）の土砂の流出の防備のために指定された保安林（当該保安林が2以上あるときはその集団。以下アにおいて同じ。）のうちその立木の伐採につき択伐が指定されている森林（保安林の機能の維持又は強化を図るために皆伐による伐採をすることができるものを除く。）及び主伐に係る伐採の禁止を受けている森林以外の森林の面積を当該保安林についての植栽

の指定に係る樹種又は更新期待樹種の標準伐期齢（これらの樹種が２以上あるときはそれらの標準伐期齢の面積加重平均年齢）に相当する数で除して得た面積（以下「総年伐面積」という。）に前伐採年度における伐採につき森林法第34条第１項の許可をした面積が当該前伐採年度の総年伐面積に達していない場合にはその達するまでの部分の面積を加えて得た面積とする。

イ 採年度ごとに皆伐による伐採をすることができる１箇所当たりの面積の限度は、10ヘクタールとする。

ウ 伐採年度ごとに択伐による伐採をすることができる立木の材積の限度は、当該伐採年度の初日におけるその森林の立木の材積に択伐率（当該伐採年度の初日における当該森林の立木の材積から前回の択伐を終えたときの当該森林の立木の材積を減じて得た材積を当該伐採年度の初日における当該森林の立木の材積で除して得た割合をいい、その割合が10分の３を超えるときは、10分の３とする。）を乗じた材積とする。

ただし、保安林の指定後最初に行う択伐による伐採にあっては、次に掲げる森林ごとにそれぞれ次に掲げる率を乗じた材積とする。

宇城山18、20 所在の森林　100分の21
宇城山13、20 所在の森林　100分の27

エ （３）に定める森林についての、伐採年度ごとに択伐による伐採をすることができる立木の材積の限度は、当該伐採年度の初日におけるその森林の立木の材積に択伐率（当該伐採年度の初日における当該森林の立木の材積から前回の択伐を終えたときの当該森林の立木の材積を減じて得た材積を当該伐採年度の初日における当該森林の立木の材積で除して得た割合又は次の算式により算出された割合のいずれか小さい割合をいい、その割合が10分の４を超えるときは、10分の４とする。）を乗じた材積とする。

ただし、保安林の指定後最初に行う択伐による伐採にあっては、次に掲げる森林ごとにそれぞれ次に掲げる割合（（３）に定める森林につきその割合が次の算式により算出された割合を超える場合には、次の算式により算出された割合）を乗じた材積とする。

宇長谷１から９、15、16 所在の森林　100分の36
宇城山９ 所在の森林　100分の28

$$\frac{Vo - Vs \times \frac{7}{10}}{Vo}$$

Vo は、当該伐採年度の初日における当該森林の立木の材積

Vs は、当該森林と同一の樹種の単層林が標準伐期齢に達しているものとして算出される当該単層林の立木の材積

オ 伐採年度ごとに間伐に係る伐採をすることができる立木の材積の限度は、原則として、当該伐採年度の初日における森林の立木の材積の10分の3.5を超えず、かつ、その伐採によりその森林に係る樹冠疎密度が10分の８を下ったとしても当該伐採年度の翌伐採年度の初日から起算しておおむね５年後においてその森林の当該樹冠疎密度が10分の８までに回復するこ

とが確実であると認められる範囲内の材積とする。
 (3) 植　栽
　ア　次の森林については、伐採が終了した日を含む伐採年度の翌伐採年度の初日から起算して２年以内に、それぞれ、次に掲げる樹種の満一年生以上の苗（当該苗と同等の根元径及び苗長を有するものであることを確認した苗を含む。）を、おおむね、１ヘクタール当たり次に定める植栽本数以上の割合で均等に分布するように植栽するものとする。

　　　ただし、立竹を伐採し、立木を損傷し、家畜を放牧し、下草、落葉若しくは落枝を採取し、又は土石若しくは樹根の採掘、開墾その他の土地の形質を変更する行為について、都道府県知事の許可又は国有林を管理する国の機関があらかじめ都道府県知事に協議し当該協議の同意（以下「許可等」という。）がなされた場合において、当該許可等がなされた区域内において、当該許可等の際に条件として付した行為の期間に限り、植栽することを要しないものとする。

　　　　宇長谷１から９まで（次の図に示す部分に限る。）　所在の森林
　　　　　スギ（2,100本）、ヒノキ（2,200本）又はヤマザクラ（3,000本）
　　　　宇長谷15、16　所在の森林　アカマツ（2,700本）

　イ　択伐により伐採をすることができる次の森林については、伐採が終了した日を含む伐採年度の翌伐採年度の初日から起算して２年以内に、それぞれ、次に掲げる樹種の満一年生以上の苗（当該苗と同等の根元径及び苗長を有するものであることを確認した苗を含む。）を、おおむね、１ヘクタール当たり次に定める植栽本数に、当該伐採年度の初日における当該森林の立木の材積から当該択伐を終えたときの当該森林の立木の材積を減じて得た材積を当該伐採年度の初日における当該森林の立木の材積で除して得られる率を乗じて算出される植栽本数以上の割合で均等に分布するように植栽するものとする。

　　　ただし、立竹を伐採し、立木を損傷し、家畜を放牧し、下草、落葉若しくは落枝を採取し、又は土石若しくは樹根の採掘、開墾その他の土地の形質を変更する行為について、許可等がなされた場合において、当該許可等がなされた区域内において、当該許可等の際に条件として付した行為の期間内に限り、植栽することを要しないものとする。

　　　　宇城山９　所在の森林　スギ（3,000本）、ヒノキ（3,000本）又はケヤキ（3,000本）
　　　　宇長谷１から９まで（次の図に示す部分に限る。）所在の森林
　　　　　スギ（2,100本）、ヒノキ（2,200本）又はヤマザクラ（3,000本）
　　　　宇長谷15、16　所在の森林　アカマツ（2,700本）
　　　（「次の図」は、保安林指定調査地図のとおり。）

注意事項
１　保安林指定告示附属明細書は、指定に係る保安林ごとに作成する。
２　地番の一部について指定をする場合において記載する「（次の図に示す部分に限る。）」は、当該地番が２以上あるときは、当該末尾の地番の次に「（以上の〇筆について次の図に示す部分に限る。）」と記載する。
３　国有林の保安林の所在場所は、地番の次に「（国有林）」と記載する。この場合において、地番が

2以上であるときは、当該末尾の地番の次に「(以上○筆国有林)」と記載する。
4 その保安林の全部が禁伐であるときは、本文の3の(1)から(3)までにかかわらず、指定施業要件として「立木の伐採を禁止する。」と記載する。
5 その保安林の全部が択伐又は伐採種を定めないものであるときは、本文の3の(1)のアからウにかかわらず、立木の伐採方法として「主伐は、択伐による。」又は「主伐に係る伐採種を定めない。」と記載する。
6 その保安林の全部について機能の維持上問題があると認められるときは、本文の3の(3)のア及びイのただし書を記載しない。
7 択伐による伐採をすることができる保安林の全部につき、(3)の植栽の方法、期間及び樹種を指定するときは本文の3の(2)のウを、その保安林の全部につき、(3)の植栽の方法、期間及び樹種を指定しないときは本文の3の(2)のエ本文ただし書中の括弧書並びに(3)を記載しない。
8 樹種又は林相を改良するための特例の期限は、指定の日の属する伐採年度から起算して10年目に当たる伐採年度の年度末となるようにする(この場合における指定の日は、原則とし、予定告示の日から90日後とする。)。
　ただし、標準伐期齢に達するまでの期間が10年未満である森林について伐期齢に関する特例のみを定める場合の期限は、当該標準伐期齢に達する前伐採年度の年度末となるようにする。

(6) 指定施業要件の変更
　農林水産大臣又は都道府県知事は、保安林について、当該保安林に係る指定施業要件を変更しなければその保安林の指定目的を達成することができないと認められるに至ったとき、又は当該保安林に係る指定施業要件を変更してもその保安林の指定の目的に支障を及ぼさないと認められるに至ったときは、当該指定施業要件を変更することができる(法第33条の2第1項)。指定施業要件の変更についても申請の途が開かれており、申請をすることができる者及び変更の手続等については、保安林の指定、解除と同様の手続による(法第33条の2第2項、第33条の3)。
　保安林の指定施業要件は、保安林の現況と保安林の受益対象との関係において内容が定まるが、その後、このいずれかが変化することによって指定施業要件を是正する必要が生じた場合に変更されるものである。なお、指定施業要件の変更に係る告示等の書式は保安林の指定の際のものに準じている。

4　保安林の解除

(1) 解除の要件
　保安林解除の要件は、1)保安林の指定理由が消滅したとき(法第26条第1項、第26条の2第1項)、2)公益上の理由により必要が生じたとき(法第26条第2項、第26条の2第2項)の二つの場合であり、これ以外の理由で保安林の解除が行われることはない。

（2）解除の権限
　保安林解除の権限は、保安林指定の場合と全く同様で、重要流域以外の民有林の1～3号保安林と全ての流域の民有林の4号以下の保安林の解除については都道府県知事であり、それ以外の保安林については農林水産大臣である（法第26条、第26条の2）

（3）解除の適否判定
　1）　指定理由の消滅による解除
　　　農林水産大臣又は都道府県知事は、保安林について、その指定の理由が消滅したときは、遅滞なくその部分につき保安林の指定を解除しなければならない（法第26条第1項、第26条の2第1項）。
　　　保安林の指定は、指定時の森林の状況その他の事情等を総合的に勘案して公益上の必要から財産権に制限を課すものであるから、指定後の状況の変化によって保安林の指定の必要がなくなった場合には、私的財産権の尊重の立場から、農林水産大臣又は都道府県知事は遅滞なくその指定を解除する法律的義務を負うこととされている。
　　　これに該当するのは次の場合である（基本通知）。
　　ア　受益の対象が消滅したとき。
　　　　例えば、道路がその受益の対象となっている土砂崩壊防備保安林において、路線変更により道路が他に移転した場合等がこれに該当する。
　　イ　自然現象等により保安林が破壊され、かつ、森林に復旧することが著しく困難と認められるとき。
　　　　例えば、潮害防備保安林において、地盤沈下による海没等により保安林が消滅した場合がこれに該当する。
　　ウ　当該保安林の機能に代替する機能を果たすべき施設（以下「代替施設」という。）等が設置されたとき又はその設置が極めて確実と認められるとき。
　　エ　森林施業を制限しなくても受益の対象を害するおそれがないと認められるとき。
　　　　例えば、森林所有者と受益者が完全に一致する場合がこれに該当する。
　2）　公益上の理由による解除
　　　農林水産大臣又は都道府県知事は、公益上の理由により必要が生じたときは、その部分につき保安林の指定を解除することができる（法第26条第2項、第26条の2第2項）。
　　　これに該当する場合としては、森林を保安林として存置し、森林の保安的機能その他を十分に活用するという公益上の必要と、保安林として存置することをやめて他の公益目的に利用することとの比較衡量をした結果に従うことになるが、具体的には、保安林を次に掲げる事業の用に供する必要が生じたときである（基本通知）。
　　ア　土地収用法（昭和26年法律第219号）その他の法令により土地を収用し又は使用できることとされている事業のうち、国等（国、地方公共団体、地方公共団体の組合、独立行政法人、地方独立行政法人、地方住宅供給公社、地方道路公社及び土地開発公社をいう。以下同じ。）

が実施するもの
　イ　国等以外の者が実施する事業のうち、処理基準及び基本通知の別表4に掲げる事業に該当するもの
　ウ　ア又はイに準ずるもの
　　（注）この場合、注意を要するのは、例えば、ある事業が公益事業であるといっても直ちに保安林の解除を要するものではない。保安林も公益のために存在するものであるから、所定の要件を備えるものでなければ解除すべきではない。この要件については、次の「転用を目的とする保安林解除」を参照されたい。

3） 転用を目的とする保安林解除

　保安林解除の理由となり得るのは、前掲の指定理由の消滅又は公益上の理由により必要が生じた場合のいずれかであり、これは、解除の事案を権限者が審査して法律的に認定することであるが、角度をかえて、事案の内容を解除後の利用目的別に見ると、将来とも森林のまま維持するものと森林以外の用途に供する（以下「転用」という。）ものとの2種類に分けることができる。そして、この転用を目的とする保安林解除（以下「転用解除」という。）の要請の増大は、我が国の経済の発展と用地事情の窮迫がもたらしたものであるが、保安林解除の取扱いにおいても転用解除を他のものと区別して取扱う必要があるとされ、昭和36年5月、「保安林の転用にかかる解除の取扱いについて」（36林野治第420号林野庁長官通知）が定められ、以来、転用のための保安林解除という処理の一分野が形成され、昭和43年7月の森林法施行規則の改正（農林省令第51号）においては申請書の添付書類を整備するための改正も行われた。

　昭和49年5月、法律第39号により森林法の一部改正が行われ、保安林等以外の民有林について、林地開発許可制度が導入されたことに伴い、前記通知（36林野治第420号）が廃止され、法第25条第1項第1号から第7号までに掲げる目的を達成するため指定された保安林についての転用に係る解除については、新たに「保安林の転用に係る解除の取扱いについて」（昭和49年10月31日付け49林野治第2527号林野庁長官通知）が定められた。

　更に、我が国の経済・社会の発展に伴い、森林の保全と森林の適切な土地利用との調整がより重要な課題となっていく中で、極力森林の機能を維持していくため、前記通知（49林野治第2527号）が廃止され、新たに「保安林の転用に係る解除の取扱い要領の制定について」（平成2年6月11日付け2林野治第1868号林野庁長官通知）が定められ、より厳正かつ適切な処理が図られることとなった。

　その後、同通知は廃止され、転用解除についても、保安林の指定や指定施業要件等と併せて、新たに処理基準及び基本通知において整理され、次に掲げる要件を備えなければならないとされた。

　なお、保安林は、制度の趣旨からして森林以外の用途への転用を抑制すべきものであり、転用解除に当たっては、保安林の指定の目的並びに国民生活及び地域社会に果たすべき役割の重要性に鑑み、地域における森林の公益的機能が確保されるよう森林の保全と適正な利用との調整を図る等厳正かつ適切な措置を講ずるとともに、当該転用が保安林の有する機能に及ぼす影響の少ない区域を対象とするよう指導するものとしている（基本通知）。

ア 「指定理由の消滅」による解除
　(ア)　級地区分
　　a　第1級地
　　　　次のいずれかに該当する保安林を第1級地とし、当該保安林については、原則として解除は行わないものとする。
　　　(a)　法第10条の15第4項第4号に規定する治山事業の施行地（これに相当する事業の施行地を含む。）であるもの（事業施行後10年（保安林整備事業、防災林造成事業等により森林の整備を実施した区域にあっては事業施行後20年（法第39条の7第1項の規定により保安施設事業を実施した森林にあっては事業施行後30年））を経過し、かつ、現在その地盤が安定しているものを除く。）
　　　(b)　傾斜度が25度以上のもの（25度以上の部分が局所的に含まれている場合を除く。）その他地形、地質等からして崩壊しやすいもの
　　　(c)　人家、校舎、農地、道路等国民生活上重要な施設等に近接して所在する保安林であって、当該施設等の保全又はその機能の維持に直接重大な関係があるもの
　　　(d)　海岸に近接して所在するものであって、林帯の幅が150メートル未満（本州の日本海側及び北海道の沿岸にあっては250メートル未満）であるもの
　　　(e)　保安林の解除に伴い残置し、又は造成することとされたもの
　　b　第2級地
　　　　第1級地以外の保安林を第2級地とし、地域における保安林の配備状況及び当該転用の目的、態様、規模等を考慮の上、やむを得ざる事情があると認められ、かつ、当該保安林の指定の目的の達成に支障を来さないと認められる場合に限って転用解除を行うものとする。
　(イ)　用地事情
　　　転用の目的に係る事業又は施設の設置（以下「事業等」という。）による土地利用が、その地域における公的な各種土地利用計画に即したものであり、かつ、当該転用の目的、その地域における土地利用の状況等からみて、その土地以外に他に適地を求めることができない、又は著しく困難であること。
　　　ただし、都道府県（地方公営企業（地方公営企業法（昭和27年法律第292号）第2条の地方公営企業をいう。）を含む。）が事業主体となり製造場を整備する事業で、保安林の指定の解除を伴うもの（以下「製造場整備事業」という。）のうち、一定の要件を満たすもの（基本通知第2の1の(3)のアの(イ)を参照）については、これを適用しないものとする。
　(ウ)　面積
　　　転用に係る土地の面積が、次に例示するように当該転用の目的を実現する上で必要最小限度のものであること。
　　a　転用により設置しようとする施設等について、法令等により基準が定められている場合には、当該基準に照らし適正であること。
　　b　大規模かつ長期にわたる事業等のための転用解除の場合には、当該事業等の全体計画及

び期別実施計画が適切なものであり、かつ、その期別実施計画に係る転用面積が必要最低限度のものであること。
(エ) 実現の確実性
次の事項の全てに該当し、申請に係る事業等を実施することが確実であること。
a 事業等に関する計画の内容が具体的であり、当該計画どおり実施されることが確実であること。
b 事業等を実施する者（以下「事業者」という。）が当該保安林の土地を使用する権利を取得している、又は取得することが確実であること。
c 事業者が事業等を実施するため当該保安林と併せて使用する土地がある場合において、その土地を使用する権利を取得している、又は取得することが確実であること。
d b及びcの土地の利用又は事業等について、他の行政庁の免許、許可、認可その他の処分（以下「許認可等」という。）を必要とする場合には、当該許認可等がなされているかの確認又は当該申請に係る申請の状況の確認ができること。また、行政庁の処分以外に環境影響評価法（平成9年法律第81号）又は地方公共団体の条例等に基づく環境影響評価手続の対象となる場合には、その手続の状況の確認もできること。
e 事業者に当該事業等を実施するのに十分な信用、資力及び技術があることが確実であること。
(オ) 利害関係者の意見
転用解除に当たって、当該転用解除に利害関係を有する市町村の長の同意及び当該転用解除に直接の利害関係を有する者の同意を得ている、又は得ることができると認められるものであること。
(カ) その他の満たすべき基準
a 転用に当たっては、当該保安林の指定の目的の達成に支障を来さないよう、代替施設の設置等の措置が講じられた、又は確実に講じられることについて、ウの(ア)の規定による都道府県知事の確認があること。
この場合において、代替施設には、当該転用に伴って土砂が流出し、崩壊し、又は堆積することにより、付近の農地、森林その他の土地若しくは道路、鉄道その他これらに準ずる設備又は住宅、学校その他の建築物に被害を与えるおそれがある場合における当該被害を防除するための施設を含むものとする。
b aの代替施設の設置並びに事業等に伴う土砂の流出又は崩壊その他の災害の防止、周辺の環境保全等については、基本通知の別紙「転用の目的に係る事業又は施設の設置の基準」に適合するものであること。
c 転用に係る保安林の面積が、5ヘクタール以上である場合又は事業者が所有権その他の当該土地を使用する権利を有し、事業等に供しようとする区域（以下「事業区域」という。）内の森林の面積に占める保安林の面積の割合が10パーセント以上である場合（転用に係る保安林の面積が1ヘクタール未満の場合を除く。）であって、水資源の涵養又は生活環境の保全形成等の機能を確保するため代替保安林の指定を必要とするものにあって

は、原則として、当該転用に係る面積以上の森林が確保されるものであること
イ 「公益上の理由」による解除
　要件は、アの（ア）から（カ）と同様であるが、（ア）のａの第１級地については、転用の態様、規模等からみて国土の保全等に支障を来さないと認められるものを除き、原則として、解除は行わないこととする。また、国等が行う事業による転用の場合、（オ）の利害関係者の意見は不要である。
ウ　代替施設の設置等の確認に関する措置
　（ア）　確認
　　ａ　都道府県知事は、転用に係る解除予定保安林について、法第30条又は法第30条の２第１項の告示の日から40日を経過した後（法第32条第１項の意見書の提出があったときは、これについて同条第２項の意見の聴取を行い、法第29条に基づき通知した内容が変更されない場合又は法第30条の２第１項に基づき告示した内容を変更しない場合に限る。）に、事業者に対し、アの（カ）の代替施設の設置等を速やかに講じるよう指導するとともに、当該施設の設置等が講じられた、又は確実に講じられることについて確認を行うものとする。ただし、アの（イ）の製造場整備事業が、一定の要件（基本通知の第２の２の（５）のアの（ア）のａからｅ）を満たすことを都道府県知事が確認したときは、当該確認を要せず、代替施設の設置等を速やかに講じるよう指導するものとする。
　　　また、法第32条第２項の意見の聴取を行い、法第29条に基づき通知した内容が変更される場合又は法第30条の２第１項に基づき告示した内容を変更する場合には、法第29条又は法第30条の２第１項に基づき改めて通知又は告示を行うなどの手続を行うことが必要であり、事業者に対し、代替施設の設置等に着手しないよう指導するものとする。
　　ｂ　ａの確認は、次のものについて行う。
　（ａ）　法第26条第１項及び法第26条の２第１項の規定による解除
　（ｂ）　法第26条第２項及び法第26条の２第２項の規定による解除であって令第２条の３に規定する規模を超え、かつ、法第10条の２第１項第１号から第３号までに該当しないもの
　（イ）　確認報告
　　法第26条の２により規定されている保安林以外のものについては、都道府県知事は、（ア）の確認を了した場合には、速やかに林野庁長官に報告（基本通知に添付の別記様式「代替施設の配置等の確認について」による）するものとする。
　（ウ）　確認に当たっての留意事項
　　都道府県知事は、代替施設の設置等の確認に当たって、単に、当該保安林種ごとの指定目的に係る機能の代替施設だけでなく、防災施設、造成森林等の設置状況を確認するとともに、これらの代替施設以外にも、事業等に係る転用に伴う土砂の流出又は崩壊その他災害の防止、周辺の環境保全等の観点から措置すべき事項についても厳正に確認を行うものとする。
エ　解除の告示等

法第33条第1項の規定による解除の告示は、ウの（ア）の確認を了した後に行うものとする。
オ　その他留意事項
（ア）　事業者に対する指導等
　　転用解除に係る事務については、「保安林の指定の解除に係る事務手続について」（令和3年6月30日付け3林整治第478号林野庁長官通知）に基づき事前相談を適正に行うとともに、許認可等を必要とする場合又は環境影響評価法若しくは地方公共団体の条例等に基づく環境影響評価手続の対象となる場合には、当該許認可等を所管する行政庁と相互に緊密な連絡調整を図るものとする。
（イ）　都道府県森林審議会への諮問
　a　都道府県知事は、法第27条第3項の規定による意見書の提出に当たって、都道府県森林審議会の意見を聴取し、その結果に基づき適否を明らかにした上、意見書を提出するものとする。
　b　都道府県知事は、法第26条の2により規定されている転用解除について、解除に当たって都道府県森林審議会に対しaに準じて諮問を行い、その結果を参酌の上、解除の適否を判断するものとする。
（ウ）　事業実施期間が長期にわたる転用解除に係る事務
　a　保安林解除の予定通知
　　次に掲げる要件を全て満たすものについては、事業の全体計画に係る転用区域の全部又は一部について一括して法第29条の通知を行うことができるものとする。
　（a）　保安林の解除が、法第26条第2項に規定する「公益上の理由」によるもの又は当該事業が規則第5条に規定するものであること。
　（b）　事業者が、法第10条の2第1項第1号に規定するものであること。
　b　作業許可及び確定告示の取扱い
　　aによる解除予定保安林についての法第34条第2項の許可（以下「作業許可」という。）及び法第33条第1項の告示等（以下「確定告示等」という。）については、次により取り扱うものとする。
　（a）　代替施設の設置等のための作業許可の申請は、期別実施計画に従い予算措置等の見通しが得られた区域から計画的に行うよう事業者に指示するものとする。
　（b）　確定告示等については、代替施設の設置や地番の分筆の措置状況等を踏まえ、まとまりのある区域ごとに逐次行うこととする。

（4）解除予定保安林における作業許可等の取扱い

　解除予定保安林において法第30条又は法第30条の2第1項の告示の日から40日を経過した後（法第32条第1項の意見書の提出があったときは、これについて同条第2項の意見の聴取を行い、法第29条に基づき通知した内容が変更されない場合又は法第30条の2第1項に基づき告示した内容を変更しな

い場合に限る。）に行う代替施設の設置等につき、法第34条第2項に係る作業許可申請書が提出された場合には、次に掲げる順序に従い許可手続を進めるものとする（基本通知）。
　ただし、解除予定保安林の区域が小規模である等の理由により、次のアからウまでに掲げる行為（イに掲げる行為を必要としない場合にあっては、ア及びウに掲げる行為）を同時に許可せざるを得ない場合であってそれぞれの行為が終わった時点で次の工事に着手することを条件として許可するときは、この限りでない。
　　ア　代替施設の設置等のために必要な起工測量等（解除予定保安林の区域の測量及び当該区域の縦横断測量、当該測量のための測量杭の設置、ベンチマーク及び引照点の設置、丁張り等）のための土地の形質の変更等の行為
　　イ　事業計画書に基づき実施する工事に先行して代替施設（貯砂えん堤、沈砂池、調整池、流末排水施設等）を設置する場合の土地の形質の変更等の行為
　　ウ　事業計画書に基づき実施する工事と併せて代替施設（切盛法面の保護、土留施設、排水路等）を設置する場合の土地の形質の変更等の行為

（5）保健保安林等の解除に関する環境大臣への協議
　保安林の指定の場合と同じく、保健保安林又は風致保安林の解除をしようとするときは、農林水産大臣は環境大臣に協議しなければならない（法第26条第3項）。

（6）林政審議会への諮問
　保安林の指定の場合と同じく、農林水産大臣がしようとする解除についてその必要性と公平性に関する適正な判断を確保するために、農林水産大臣が必要と認めたときは林政審議会に諮問することができる。（法第26条第3項）。
　都道府県知事の権限に属するものについては、都道府県知事は都道府県森林審議会へ諮問することができる（法第26条の2第3項）。

5　保安林の指定・解除の手続

（p52の別図1参照）

（1）手続の発端
　保安林の指定・解除（指定施業要件の変更を含む。）（以下「指定等」という。）は、その権限を有する農林水産大臣又は都道府県知事がその必要を認めれば指定等をすることができるが、利害関係者等が申請することもできる（法第25条、第25条の2、第26条、第26条の2、第27条、第33条の2）こととしており、保安林の配備を実情に即したものとするようになっている。
　すなわち、前者は農林水産大臣又は都道府県知事の自らの意思に基づいて手続が発動されるのに対し、後者は申請に基づいて受動的に行われるものである。
　実務上は、前者を「認定による手続」、後者を「申請による手続」と呼んでいる。
　なお、両者の差異は手続の発端だけにとどまり、指定等の要否の判断や指定等のために必要な予定

通知（法第29条、第30条）から確定の処分（法第33条第１項）までの全ての手続について差異はない。

（２）認定による手続

　申請に基づかないで農林水産大臣又は都道府県知事が保安林の指定等を行う場合（すなわち、「認定による手続」を行う場合）においても、農林水産大臣又は都道府県知事は、必要な資料によってその指定等の適否を判断しなければならない。その資料は、農林水産大臣又は都道府県知事が自らの機関を用いて収集する。具体的には、農林水産大臣に対しては、都道府県知事の報告又は森林管理局長の上申という形で提出される。これをするのは、それぞれ通知で定められた特定の場合であって、都道府県知事又は森林管理局長に限られる。この場合の資料の内容は、申請に基づく資料（申請書及び都道府県知事の調書等）の内容と本質的には変わるものではない。

　現在、「認定による手続」によって指定等を行っているのは、次のものがある。

1）　森林管理局長の上申による国有林の管理経営に関する法律第２条に規定する国有林野（以下「国有林野」という。）、相続等により取得した土地所有権の国庫への帰属に関する法律（令和３年法律第25号）第12条第１項の規定により農林水産大臣が管理する土地のうち主に森林として利用されているもの（以下「国庫帰属森林」という。）及び旧公有林野等官行造林法（大正９年法律第７号）第１条の契約に係る森林、原野その他の土地（以下「官行造林地」という。）についての保安林の指定等（「森林管理局長が行う保安林及び保安施設地区の指定、解除等の手続について」昭和45年８月８日付け45林野治第1552号林野庁長官通知。以下「局長通知」という。）。

2）　森林管理局長の上申による国有林野事業のために必要な民有林の保安林（重要流域の１～３号保安林に限る）の解除（局長通知）。

3）　地域森林計画及び国有林の地域別の森林計画に基づく、それぞれの流域における森林に関する自然的条件、社会的要請及び保安林の配備状況等を踏まえた、保安林の計画的な指定等（「地域森林計画等に基づく計画的な保安林の指定、解除等について」（平成24年３月30日付け23林整治第2925号林野庁長官通知）。

（３）森林管理局長が行う指定等の手続

1）　都道府県知事と森林管理局長との所管区分

　　森林法上は、国有林の所有者たる国も一個の森林所有者であるが、林野行政における森林管理局の特殊性にかんがみ、保安林制度運用上は、森林管理局長に特別の任を課している。すなわち、農林水産大臣の認定による指定・解除の手続に必要な資料の提出（上申）をすること（前記（２）の１）及び２）である。

　　一方、都道府県知事は、自ら申請し又は市町村長及び直接の利害関係者の申請を処理し、また、農林水産大臣の認定による指定・解除の手続に必要な資料を提出（報告）する任を帯びている。

　　しかしながら、「認定による手続」と「申請による手続」のいずれを行うかによって、都道府県知事と森林管理局長との所管を異にすることとなるので、原則的な取扱い分野を定めておく

ことが適当であるとの見地から、基本通知及び局長通知で次のように定められている。
　ア　国有林野、国庫帰属森林及び官行造林地の保安林の指定の申請は、原則として、当該森林の所在地を管轄する森林管理局長が農林水産大臣に上申し、都道府県知事は国有林野、国庫帰属森林及び官行造林地以外の国有林又は民有林についての指定の申請を行う。ただし、都道府県知事が森林管理局長に協議して申請する場合はこの限りでない（基本通知）。
　イ　森林管理局長は、国有林野、国庫帰属森林及び官行造林地について保安林の指定等を必要と認めるときは、必要な調査を行い農林水産大臣に上申する。ただし、都道府県知事と協議して都道府県知事が申請することとしたものについてはこの限りではない（局長通知）。
　ウ　森林管理局長は、民有林の保安林について国有林野事業のための施設の設置及び直轄治山事業（法第10条の15第４項第４号に規定する治山事業で国が施行するものをいう。）の施行のために保安林の解除を必要とするときは、都道府県知事と協議して当該解除の上申をすることができる（局長通知）。
　２）　都道府県知事への意見の照会
　　森林管理局長は、保安林の指定等の上申をするときは、上申書に基本通知第１の３の（２）のア及びイの書類のほか当該国有林野、国庫帰属森林又は官行造林地の所在地を管轄する都道府県知事の当該保安林の指定等に関する意見書を添えて、農林水産大臣に提出する。都道府県知事の意見を求める場合には、基本通知第１の３の（２）のア及びイの書類を添えてするものとする（局長通知）。

（４）申請による手続

　保安林の指定等を希望する者で所定の資格を有する者は、その権限を有する農林水産大臣又は都道府県知事にその申請をすることができる。
　１）　申請の資格
　　保安林の指定等に利害関係を有する地方公共団体の長又はその指定等に直接の利害関係を有する者は、農林水産省令（規則第48条）で定める手続に従い、森林を保安林として指定等すべき旨を書面により農林水産大臣又は都道府県知事に申請することができる（法第27条第１項）。
　　指定等に直接の利害関係を有する者とは、特定の森林を保安林として指定等しないため、自己の権利又は利益を侵害され又は侵害されるおそれのある者を意味する。具体的には、次のいずれかに該当する者である（基本通知）。
　ア　保安林の指定等に係る森林の所有者その他権原に基づきその森林の立木竹又は土地の使用又は収益をする者
　イ　保安林の指定等により直接利益を受ける者又は現に受けている利益を直接害され、若しくは害されるおそれがある者
　　また、地方公共団体（都道府県、市町村、特別区、地方公共団体の組合及び財産区を意味する（地方自治法第１条の３）。）の長については、直接の利害関係のみならず間接の利害関係を有する場合にも保安林の指定等の申請を認めているが、これは、保安林の指定等が適正に行わ

れるのを確保するためである。
2） 申請書の添付書類等
　申請は、森林法（法第27条第1項）において、省令で定める次の手続きに従って行うこととされている。
ア　申請は、申請書に図面等を添えてすること（規則第48条）。
（注）申請書の様式は「森林法施行規則の規定に基づき申請書等の様式を定める件」（昭和37年7月2日農林省告示第851号）（以下、「申請書等様式告示」という。）による。
イ　申請者が国の機関の長又は地方公共団体の長以外の者であるときは当該申請者が当該申請に係る指定等に直接の利害関係を有する者であることを証する書類を添付すること（規則第48条第1項第2号、この書類の内容については基本通知で規定）。
ウ　申請者が転用を目的としてその解除を申請する者であるときは、ア及びイに示す書類のほか、次の各号に掲げる書類を添付すること（規則第48条第2項、この書類の内容については基本通知で規定）。
（ア）　転用の目的に係る事業又は施設に関する計画書
（イ）　転用に伴って失われる当該保安林の機能に代替する機能を果たすべき施設の設置に関する計画書
（ウ）　（ア）及び（イ）の事業又は施設の設置に関し、他の行政庁の免許、許可、認可その他の処分を必要とする場合には、当該処分に係る申請の状況を記載した書類（既に処分があったものについては、当該処分があったことを証する書類）
（エ）　転用の目的に係る事業を行い、又は施設を設置する者（国、地方公共団体及び独立行政法人等登記令第1条に規定する独立行政法人等を除く。）が、法人である場合には当該法人の登記事項証明書（これに準ずるものを含む）、法人でない団体である場合には代表者の氏名並びに規約その他当該団体の組織及び運営に関する定めを記載した書類、個人の場合にはその住民票の写し若しくは個人番号カードの写し又はこれらに類するものであって氏名及び住所を証する書類
（オ）　（ア）及び（イ）の事業又は施設の設置に必要な資力及び信用があることを証する書類
（カ）　（ア）から（オ）に掲げるもののほか、都道府県知事が必要と認める書類
3） 都道府県知事の経由
　都道府県知事以外の者が保安林の指定又は解除を農林水産大臣に申請する場合には、その森林の所在地を管轄する都道府県知事を経由しなければならない（法第27条第2項）。
4） 申請書の進達
　都道府県知事は、3）の場合には、遅滞なくその申請書に意見書を附して農林水産大臣に進達しなければならない（法第27条第3項）。
5） 申請の却下
　申請が次に該当するときは、都道府県知事はその申請を進達しないで却下することができる（法第27条第3項但し書）。
ア　法第27条第1項の条件を具備しないとき

例　申請資格を有しない者からの申請、省令で定められた手続（規定の様式、必要書類の添付）によらない申請
　　イ　法第28条の規定に違反するとき
　　　　農林水産大臣又は都道府県知事が法第27条第１項の申請に係る指定又は解除をしない旨の処分をしたときは、その申請をした者は、実地の状況に著しい変化が生じた場合でなければ、再び同一の理由で同項の申請をしてはならない（法第28条）。
　６）　国有林の取扱い
　　　　国有林野事業以外の用に供する転用のための解除にあたっては、森林管理局長が、当該事業者に規則第48条第２項の書類に準ずる書類の提出を求め、これを添付し、都道府県知事への意見照会を行った上で、農林水産大臣に上申する。

（５）保安林を転用する必要が生じた場合の事務手続

　保安林を森林以外の用途に供する必要が生じた場合の事前相談を含めた事務手続の運用は、「保安林の指定の解除に係る事務手続について」（令和３年６月30日付け３林整治第478号林野庁長官通知）（以下「事務手続通知」という。）において整理されており、その中で、申請書類一覧や書類の様式について示されている。その概要を以下に示す。
　１）　転用を目的とした保安林解除の申請に係る事前相談
　　　　転用を目的とした保安林の指定の解除の申請（以下「保安林解除申請」という。）をしようとする者（以下「事業者」という。）から、都道府県知事に対し、その申請に先立ち、申請書類の作成等に係る相談（以下「事前相談」という。）があった場合には、次により対処する。なお、事前相談は、事業者の任意で行われるものであって、その有無によって当該事業者に対して不利益となるものであってはならない。
　　ア　事前相談の手続きの流れや対象項目等
　　　（ア）　事前相談においては、事案の内容（転用の目的、開発行為の態様及び規模、事業の実施時期等）とともに、解除の要件等に係る具体的な相談項目について十分聴取の上、関連する法令等を示した上で留意事項（保安林解除申請の手続の流れ、申請書類の作成要領等）を説明する。
　　　（イ）　事前相談は、書面（電磁的記録を含む。）により行う。ただし、事業者からの情報提供にとどまるものについては、この限りではない。
　　　（ウ）　回答は、書面により行う。ただし、口頭や資料提示等により直ちに回答できるものについては、この限りでない。
　　　（エ）　事業者から、申請書類の確認を求められた場合には、申請書類の不備等の形式上明らかなものについて補正項目を助言する。
　　イ　事前相談の回答に要する期間
　　　　回答は、事前相談があった日から起算して14日以内に、事業者から申請書類の確認を求められた場合にあっては30日以内に行うよう努める。これらの期間内での回答が困難な場合

は、事業者にその理由及び回答時期の見通しを示すよう努める。

なお、回答に対する事業者からの応答は任意とされている。

ウ　事前相談内容の記録及び進行管理

事前相談で聴取した内容及び対応状況は記録するとともに、その進行管理に努め、事務処理の一層の迅速化を図る。

2）保安林解除申請への対処

保安林解除申請があった場合には、都道府県知事は、次により対処する。

ア　申請書類の形式の確認

申請書類に所定の添付書類（事務手続通知の別表「申請書類一覧」を参照。）が具備されていること及び申請書の記載事項に不備がないことを確認し、申請の形式上の要件に適合しないときは、遅滞なく申請者に対して補正を指示し、補正することができないものであるときは、当該申請を却下し、理由を付した書面により申請者にその旨を通知する。

イ　申請書類の内容の審査等

申請書類の形式の確認後は、遅滞なく当該申請書類の内容の審査等を開始し、事業計画が具体的で申請書類の内容に不備がないことを確認できたものについては、現地調査等所要の保安林解除調査を速やかに実施する。

申請書類の内容に不備がある場合で、当該不備が補正できるものであるときは、遅滞なく申請者にその補正を指示し、補正できないものであるときは、次により対処する。

（ア）　農林水産大臣の権限に係る保安林の指定の解除に当たっては、都道府県知事は当該申請書類にその旨を記載した意見書を付して、農林水産大臣に進達する。

（イ）　都道府県知事の権限に係る保安林の指定の解除に当たっては、都道府県知事は当該保安林の指定の解除をしない旨の処分をする。

保安林解除申請に係る事業の実施につき法令等に基づく行政庁の許認可（免許、許可、認可その他の処分）を併せて必要とする場合は、当該許認可に係る行政庁と緊密な連携をとりつつ、極力それらと並行的に審査を行うよう努める。

なお、当該事業の実施につき許認可を必要とするものであって、いまだ当該行政庁に対する許認可の申請がされていないものについては、速やかに当該申請手続を行うよう助言するとともに、当該申請を行った場合には、その許認可の種類、申請先行政庁及び申請年月日を報告するよう申請者に指示する。

ウ　申請の進行管理及び進行状況の開示

（ア）　申請に対する補正の指示の内容及び対応状況については記録（事務手続通知の別紙様式3を参照）し、相当期間対応が遅延している申請者に対しては、適宜補正の指示に対する対応状況を確認するなどにより、その進行管理に努め、事務処理の一層の迅速化を図る。

（イ）　申請者の求めに応じ、当該申請に係る審査の進行状況及び当該申請に対する処分の時期の見通しを示すよう努める。

エ　理由の提示

審査の結果、解除をしない旨の処分をするときは、申請者に対し、同時にその理由を書面により示す。
3）林野庁への情報提供
都道府県知事は、保安林解除申請（事前相談を含む）の対象地が農林水産大臣の権限に係る保安林又は法第26条の2第4項の規定による農林水産大臣協議を必要とする民有保安林であって、利害関係者との調整が難航している等、解除の要件等を満たすことが困難な事案があった場合は、書面をもって適宜林野庁に情報提供を行う。
4）標準処理期間
　ア　農林水産大臣の権限に係る保安林の指定の解除
　（ア）国有保安林（国有林野、国庫帰属森林又は官行造林地）
　　　森林管理局長等が関係書類を受理してから農林水産大臣に上申するまでの標準処理期間は60日以内とし、農林水産大臣が森林管理局長から上申書類を受理してから都道府県知事への解除予定通知を施行するまでの標準処理期間は90日以内としている。また、都道府県知事が農林水産大臣から解除予定通知を受理してから解除予定告示を行うまでの標準処理期間は14日以内に定めるようお願いするとしている。
　（イ）国有保安林（（ア）以外の国有林）又は重要流域内に存する1～3号民有保安林
　　　都道府県知事が申請書類を受理してから農林水産大臣に進達するまでの標準処理期間は60日以内に定めるようお願いするとしている。農林水産大臣が都道府県知事から進達書類を受理してから都道府県知事への解除予定通知を施行するまでの標準処理期間は90日以内としている。また、都道府県知事が農林水産大臣から解除予定通知を受理してから解除予定告示を行うまでの標準処理期間は14日以内に定めるようお願いするとしている。
　イ　都道府県知事の権限に係る保安林の指定の解除
　（ア）農林水産大臣と協議を必要とする民有保安林（法第26条の2第4項）
　　　都道府県知事が申請書類を受理してから農林水産大臣に協議書を提出するまでの標準処理期間は90日以内に定めるようお願いするとしている。農林水産大臣が都道府県知事から協議書を受理してから都道府県知事に協議結果通知を施行するまでの標準処理期間は60日以内（同項第1号に該当するもの（同項第2号に該当するものを除く。）にあっては30日以内）としている。また、都道府県知事が農林水産大臣から協議結果通知を受理してから解除予定告示を行うまでの標準処理期間は14日以内に定めるようお願いするとしている。
　（イ）（ア）以外の民有保安林
　　　都道府県知事が申請書類を受理してから解除予定告示を行うまでの標準処理期間は90日以内に定めるようお願いするとしている。
　ウ　標準処理期間に算入しない期間
　　次に掲げる期間については、標準処理期間に算入しない。
　（ア）都道府県又は林野庁（森林管理局、森林管理署若しくはその支署又は森林管理事務所を含む。）の指示により申請者等が関係書類等の補正に要した期間
　（イ）上記アの（ア）の国有保安林の指定の解除について、森林管理局長からの意見照会に

対し、当該保安林の所在地を管轄する都道府県知事が回答に要した期間
5）森林管理局長が行う転用を目的とした保安林の指定の解除の手続
　　1）から3）までを準用するほか、局長通知による。

(6) 予定通知等
1) 都道府県知事への通知
　　認定による手続又は申請による手続であるかを問わず、農林水産大臣は、保安林の指定又は解除をしようとするときは、あらかじめその旨及び次に示す必要事項を、その森林の所在地を管轄する都道府県知事に通知しなければならない（法第29条）。
　ア　指定をしようとするときにあってはその保安林予定森林の所在場所、当該指定の目的及び保安林の指定後における指定施業要件
　イ　解除をしようとするときにあってはその解除予定保安林の所在場所、保安林として指定された目的及び当該解除の理由
2) 告示、通知及び掲示
　　都道府県知事は、法第29条の通知を受けたときは、遅滞なく、農林水産省令第49条第1項及び第2項で定めるところにより、その通知の内容を告示し、その森林の所在する市町村の事務所に掲示等し公衆の閲覧に供するとともに、その森林の森林所有者及びその森林に関し登記した権利を有する者に通知しなければならない。この場合において、保安林の指定又は解除が法第27条第1項の規定による申請に係るものであるときは、その申請者にも通知しなければならない（法第30条）。
　　なお、都道府県知事は、国有林の保安林又は法第25条第1項第1号から第3号までに掲げる目的を達成するための民有林の保安林（同項に規定する重要流域内に存するものに限る。）につき法第30条（第33条の3において準用する場合を含む。）の規定による告示をしたときは、遅滞なく、当該告示の写しを林野庁長官宛て送付するものとしている（基本通知）。
　　また、都道府県知事が保安林の指定又は解除（法第25条の2、第26条の2）を行おうとするときの告示等については、上記の法第29条の通知を受けた場合に準じて行うこととしている（法第30条の2）。

(7) 意見書の提出
1) 意見書の提出
　　法第27条第1項に規定する者は、法第30条又は法第30条の2第1項の告示があった場合においてその告示の内容に異議があるときは、その告示の日から30日以内に、農林水産省令で定める手続に従い、法第30条の告示にあっては都道府県知事を経由して農林水産大臣に、第30条の2第1項の告示にあっては都道府県知事に、意見書を提出することができる（法第32条第1項）。
　　この場合、当該意見書を提出しようとする者が国の機関の長又は地方公共団体の長以外の者であるときは、当該意見書のほか、当該意見書を提出しようとする者が当該意見書の提出に係

る保安林の指定若しくは解除又は指定施業要件の変更に直接の利害関係を有する者であること
を証する書類を添付しなければならない（規則第51条）。
 2） 意見書の受理等
　　意見書の提出があったときは、都道府県知事は、意見書を受け取って形式的に適法かどうか
を審査し、不適法であって補正することができるものであるときは、直ちにその補正を求める
ものとし、法第32条第1項に規定する期間の経過後に差し出されたものその他不適法であって
補正することができないものであるときは、これを却下する（基本通知）。
　　また、意見書の提出に係る保安林の指定等が都道府県知事の権限に属するものである場合
は、都道府県知事は当該意見書の写しを農林水産大臣に送付しなければならない（法第32条第
2項）。

（8）公開による意見の聴取
 1） 意見の聴取の趣旨
　　農林水産大臣又は都道府県知事は、法第32条第1項の意見書の提出があったときは、公開に
よる意見の聴取を行わなければならない。
　　この意見の聴取は、一定の資格を有する者から提出された適法な異議意見書について、その
内容をよく聴いて指定等の適正な判断に資することを目的とするものであって、討論をして結
論を導き、あるいは反対意見の者を説得しようとするものではない。
　　また、意見の聴取において陳述された意見は、指定等の決定を下すに当たって尊重されるべ
きであるが、農林水産大臣又は都道府県知事を法的に拘束するものではない。
 2） 意見の聴取の期日等の通知及び公示
　　農林水産大臣又は都道府県知事は、意見の聴取をしようとするときは、その期日の1週間前
までに意見の聴取の期日及び場所を意見書を提出した者に通知するとともにこれを公示（官報
又は都道府県公報における掲載等）しなければならない（法第32条第3項、基本通知）。
 3） 意見聴取会の運営
　　意見の聴取は、農林水産大臣若しくは都道府県知事又はその指名する者が議長として主宰す
る意見聴取会によって行う（意見聴取会の運営方法等は規則第52条及び基本通知で規定）。

（9）指定又は解除の処分
 1） 除斥期間
　　農林水産大臣又は都道府県知事は、法第30条又は第30条の2第1項の告示の日から40日を経
過した後（意見書の提出があったときは、意見の聴取をした後）でなければ指定等をすること
ができない（法第32条第4項）。
 2） 告示及び通知
　　農林水産大臣又は都道府県知事は、保安林の指定をする場合には、その旨並びにその保安林
の所在場所、指定の目的及び指定施業要件を告示するとともに、農林水産大臣による指定に係

るものについては関係都道府県知事に通知しなければならない（法第33条第1項）。（告示の文例は p31を参照）

　農林水産大臣又は都道府県知事は、保安林の指定を解除する場合には、その旨並びにその保安林の所在場所、保安林として指定された目的及び解除の理由を告示するとともに、農林水産大臣による解除に係るものについては関係都道府県知事に通知しなければならない（法第33条第1項）。

　この場合、法第26条第1項及び法第26条の2第1項（指定理由の消滅）による解除、又は法第26条第2項及び法第26条の2第2項（公益上の理由）による解除であって、令第2条の3に規定する規模を超え、かつ、法第10条の2第1項第1号から第3号までに該当しないものを解除する場合は、都道府県知事による代替施設の設置等の確認を了した後に行わなければならない（基本通知）。

　保安林の指定又は解除は、これらの告示によって効力を生ずる（法第33条第2項）。

3）　森林所有者等への通知

　保安林の指定又は解除について告示がなされたときは、都道府県知事は、その内容を森林所有者及び指定又は解除の申請者に通知しなければならない（法第33条第3項・第6項）。

6　保安林予定森林における制限

　都道府県知事は、法第30条及び法第30条の2の告示があった保安林予定森林について、所定の手続を経て90日を超えない期間内において、立木竹の伐採又は土石若しくは樹根の採掘、開墾その他の土地の形質を変更する行為を禁止することができる（法第31条）。

　なお、この規定は国有林にも適用されるので、都道府県知事が必要を認めれば同様な禁止をすることができることになっている。

（1）禁止行為の内容

　同規定は当該保安林予定森林の現状維持を目的としており、同法に規定する全ての行為を禁止することも可能である。しかし、現実に禁止するべき行為は、当該保安林予定森林が保安林となった場合に予定される制限を勘案し、当該制限の範囲内に限定すべきである。

（2）禁止の手続

　都道府県知事は、特定の行為を禁止しようとする場合には、保安林予定森林のうち禁止の対象となる森林の所在場所、禁止すべき行為の内容及び禁止の期間を都道府県公報に告示し、その内容をその保安林予定森林の所在する市町村の事務所に掲示等し公衆の閲覧に供するとともに、その内容を記載した書面を、その保安林予定森林において立木竹の伐採又は土石若しくは樹根の採掘、開墾その他の土地の形質を変更する行為をすることができる者に送付しなければならない（規則第50条）。

　この場合、損失補償もせず、私権を制限するわけであるから、禁止の期間は必要最小限に抑えるべきであり、むしろ、本指定をこそ急ぐべきであるとする趣旨から90日を超えない期間内とされてい

別図1　保安林指定・解除（指定施業要件の変更を含む。）手続図

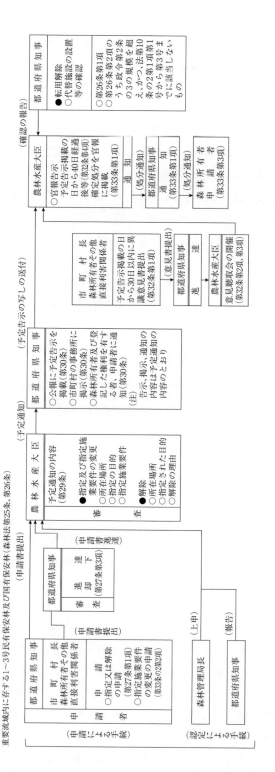
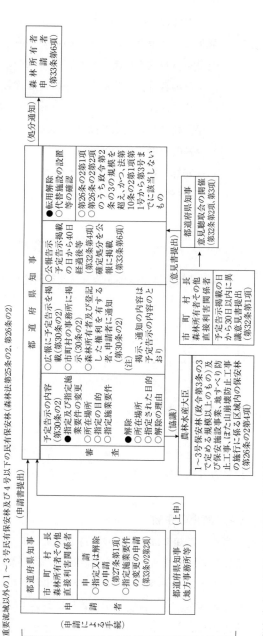

(注)（　）は根拠となる森林法の条項を示す。

る。なお、この期間は、通算して90日以内と解されるから、この範囲での延長は可能である。

7 保安林における制限

　保安林における制限には、立木の伐採制限（法第34条第1項、第34条の2、第34条の3）と土地の形質の変更等の制限（法第34条第2項）との二つがある。

（1）立木の伐採許可
　1）　許可を要する伐採

　　　保安林においては、政令で定めるところにより、都道府県知事の許可を受けなければ、立木の伐採をしてはならない。ただし、次の許可を要しない伐採に該当する場合は、この限りではない。

　2）　許可を要しない伐採

　　　次の場合には許可を要しない（法第34条第1項）。なお、森林の保健機能の増進に関する特別措置法（平成元年法律71号）に定める特定認定森林所有者が特定認定に係る森林保健機能増進計画に従って森林保健施設を整備するために行う立木の伐採については法第34条第1項本文、第34条の2第1項、第34条の3第1項及び第34条の4本文の規定は適用しない（同法第8条第1項）。

　　　また、「木材の安定供給の確保に関する特別措置法」（平成8年法律第47号）第4条に定める要件を満たすとして都道府県知事が認定した計画に基づいて伐採する場合には、特例として許可があったものとみなすこととされている。その他、東日本大震災復興特別区域法（平成23年法律第122号）、福島復興再生特別措置法（平成24年法律第25号）、大規模災害からの復興に関する法律（平成25年法律第55号）、農林漁業の健全な発展と調和のとれた再生可能エネルギー電気の発電の促進に関する法律（平成25年法律第81号）、地球温暖化対策の推進に関する法律（平成10年法律第117号）においても、同様の規定がなされている。

　　ア　法令又はこれに基づく処分により伐採の義務のある者がその履行として伐採する場合で、次のようなものである。

　　　（ア）　森林病害虫等防除法第3条若しくは第5条の規定による被害木の伐倒命令

　　　（イ）　道路法第44条の規定による危険防止のための伐採命令

　　イ　法第34条の2第1項に規定する択伐による立木の伐採をする場合。

　　ウ　法第34条の3第1項に規定する間伐のための立木の伐採をする場合。

　　エ　法第39条の4第1項の規定により地域森林計画に定められている森林施業の方法及び時期に関する事項に従って立木の伐採をする場合。

　　　これは、特定保安林として指定された保安林内の要整備森林において、指定の目的に即して機能するため立木を伐採する場合である。

　　オ　森林所有者等が法第49条第1項の許可を受けて伐採する場合。

　　　これは、森林所有者等が、森林施業に関する測量又は実地調査のため市町村の長の許可を

受けて他人の土地に立ち入り、又は測量若しくは実地調査の支障となる立木竹を伐採する場合である。
カ　法第188条第3項の規定に基づいて伐採する場合。
　　これは、森林法施行のため必要があるときは、農林水産大臣、都道府県知事又は市町村の長は、当該職員に、他人の森林に立ち入って、測量、実地調査又は標識建設の支障となる立木竹を伐採させることができることになっているので、この関係の伐採を行う場合である。
キ　火災、風水害その他の非常災害に際し緊急の用に供する必要がある場合。
　　これにより立木を伐採した場合は、法第34条第9項及び規則第66条に基づき、30日以内に都道府県知事に届出書を提出しなければならない。
ク　除伐する場合。
ケ　その他農林水産省令で定める次に示す場合（規則第60条第1項）。
　（ア）　国又は都道府県が、法第41条の保安施設事業、砂防法第1条の砂防工事又は地すべり等防止法による地すべり防止工事若しくはぼた山崩壊防止工事を実施するため立木を伐採する場合。
　（イ）　法令又はこれに基づく処分により測量、実施調査又は施設の保守の支障となる立木を伐採する場合。
　　　（例）測量法第16条及び第17条、漁業法第122条、鉱業法第101条、国土調査法第26条及び第28条、電気通信事業法第136条、電気事業法第61条の規定又はこれらの規定に基づく処分により測量、実地調査又は施設の保守の支障となる立木を伐採する場合。
　　　　（注）施設の設置を行うため必要があるときは障害となる立木を伐採することができる旨を規定している法令があるが、これに該当する伐採は本項に該当しない（施設の設置は、保安林の解除又は法第34条第2項の作業許可の関係である。）。
　（ウ）　倒木又は枯死木を伐採する場合。
　　　このなかには、傾斜木や、枯損木でも枯死に至らないものは含まれない。
　（エ）　こうぞ、みつまたその他農林水産大臣が定めるかん木を伐採する場合。
　　　「その他農林水産大臣が定めるかん木」は、現在のところ定められていない。
　（オ）　法第34条第2項の規定による許可を受けて、当該保安林の機能に代替する機能を有する施設を設置し、又は当該施設を改良するため、あらかじめ都道府県知事に届け出たところに従って立木を伐採する場合。
　　　この場合には、転用に係る解除予定保安林で、代替施設の設置を行う場合も含まれる。
　（カ）　樹木又は林業種苗に損害を与える害虫、菌類及びバイラスであって都道府県知事が指定するものを駆除し、又はそのまん延を防止するため、あらかじめ都道府県知事に届け出たところに従って立木を伐採する場合。
　　　この場合の「害虫、菌類及びバイラス」（以下「害虫等」という。）は、森林病害虫等防除法第2条に規定する森林病害虫等を含み、その指定は、都道府県公報に害虫等の種類を公示して行う。なお、同法第2条第1項第1号並びに同法施行令第1条第1号及び第9号に掲げる森林病害虫等以外の害虫等を指定しようとするときは、あらかじめ害虫

等の種類及び指定を必要とする事由を明らかにして林野庁長官に協議することとなっている（基本通知）。

(キ) 林産物の搬出その他森林施業に必要な設備を設置するため、あらかじめ都道府県知事に届け出たところに従って立木を伐採する場合。

ここで「林産物の搬出その他森林施業に必要な設備」というのは、木材集積場、防火線、区画線（林班界、小班界等の区画線をいう。）、林道（自動車道、軽車道、単線軌道をいう。）、歩道、簡易索道、造林小屋、製炭小屋その他これに類するものをいう。

なお、これらの設備を設置するため保安林の指定を解除する必要がある場合は本号の届出をする前に解除の申請を行うよう指導するとともに、法第34条第2項の許可を受ける必要がある場合は本号の届出と同時に同項の申請を行うよう指導することとしている（基本通知）。

(ク) その土地の占有者及びその立木の所有者の同意を得て土地収用法（昭和26年法律第219号）第3条各号に掲げる事業のために必要な測量又は実地調査を行なう場合において、その支障となる立木を除去するため、あらかじめ都道府県知事に届け出たところに従って立木を伐採する場合。

この場合の「必要な測量又は実地調査」は、同法第14条第1項に規定する当該事業の準備のために行う測量若しくは実地調査又は当該事業により施設を設置するために行う測量若しくは実地調査をいい、測量又は実地調査を行うため法第34条第2項の許可を受ける必要がある場合には、本号の届出と同時に同項の申請を行うよう指導することとしている（基本通知）。

(ケ) 道路、鉄道、電線その他これらに準ずる設備又は住宅、学校その他の建築物に対し、著しく被害を与え、若しくは与えるおそれがあり、又は当該設備若しくは建築物の用途を著しく妨げている立木を緊急に除去するため、あらかじめ都道府県知事に届け出たところに従って立木を伐採する場合。

この場合の「これらに準ずる設備」は、土地収用法第3条各号に掲げるもの及び法令により土地を収用し、若しくは使用できることとされている事業により設置された施設並びにこれらに類するもので建築物以外のものをいい、「その他の建築物」は、工場、病院、集会場、旅館その他これらに類するものをいう。また、「著しく被害を与え」とは、立木が移動し、傾き、又は折れて設備又は建築物に重大な損害を与えている状態をいい、「与えるおそれがあり」とは、放置すれば立木が傾く等により設備又は建築物に重大な損害を与えることが確実と見込まれる場合をいい、「用途を著しく妨げている」とは、立木が傾く等により設備又は建築物の機能又は効用に著しい支障を及ぼしている場合をいう（基本通知）。

(コ) 国有林を管理する国の機関があらかじめ都道府県知事と協議するところに従い当該国有林の立木を伐採する場合（「5) 国有林を管理する国の機関が行う協議による伐採」（p58～60) を参照）。

3) 許可申請の手続（p68の別図2を参照）

ア　申請書の様式等

　　保安林の立木の伐採許可を受けようとする者は、都道府県知事に申請書等様式告示で定められた様式の伐採許可申請書に図面等を添えて提出しなければならない（法第34条第１項、令第４条の２第１項・第２項、規則第58条・第59条）。

イ　申請の時期

　　皆伐による伐採については皆伐面積の限度の公表があった日から30日以内に（令第４条の２第２項）、択伐については伐採を開始する日の30日前までに（令第４条の２第１項）、申請書を提出しなければならない。

ウ　皆伐による伐採の限度の公表

　　都道府県知事は、伐採年度（毎年４月１日から翌年３月31日までの期間をいう。）ごとに、次の期日（これらの日が日曜日に当たるときはその翌日、これらの日が土曜日に当たるときはその翌々日）に、当該伐採年度において皆伐による立木の伐採を許可すべき皆伐面積の限度（同一の単位とされる保安林等において伐採年度ごとに皆伐による伐採をすることができる面積の合計）を公表しなければならない。

　　前伐採年度の２月１日、当該伐採年度の６月１日、９月１日、12月１日

　　なお、２月１日に公表する限度は翌年度の全量、６月１日、９月１日又は12月１日に公表する限度は前回の公表について許可したものの残量（前回の公表から今回の公表までに保安林の指定、解除又は指定施業要件の変更に伴う面積の異動等があった場合にはこれによる修正をしたもので、以下、「残存許容限度」という。）である（令第４条の２第３項、第４項）。

　　この場合の公表すべき限度の算出方法等については「３　指定施業要件―（３）伐採の限度（p23～28）」を参照のこと。

４）　許可の基準

　都道府県知事は、立木の伐採の許可の申請が、保安林指定の内容として定められている指定施業要件に示された伐採方法に適合し、伐採の限度内の面積又は数量であるときは、これを許可しなければならない（法第34条第３項）。

　この場合に伐採の方法は適合しても伐採の限度（面積又は数量）を超えるものについては、これを縮減して許可することになっている（法第34条第４項）。この縮減の基準は、令第４条の３に定められているが、その方法は、①皆伐による伐採の合計面積に係るもの（申請が１であるものと２以上であるものとに分ける。）、②皆伐による伐採の１箇所当たりの面積に係るもの、③防風保安林、防霧保安林の残存林帯に係るもの、④択伐による伐採に係るもの、に分けて定められているが、概要は次のとおりである。

ア　同一の単位とされる保安林等の立木について皆伐による伐採をしようとする申請が２以上ある場合には、おおむね、次により、その申請に係る伐採の面積を当該同一の単位とされる保安林等につき公表された皆伐面積の限度まで縮減する（令第４条の３第１項第１号）。

　（ア）　先ず申請があった伐採面積をその森林の森林所有者別に区分する（したがって、申請者が立木の買受人その他森林所有者以外の者である場合には当該森林の森林所有者を確認して区分する）。

(イ) 次いで同一の単位とされる保安林等において申請に係る森林の森林所有者が森林所有者となっている森林の面積を集計する。
(ウ) 当該森林所有者別の森林ごとに年伐面積の限度（当該森林所有者が森林所有者となっている森林につき当該申請前に当該伐採年度における皆伐による伐採に係る法第34条第1項の許可がされている場合には、その許可された面積をその年伐面積の限度たる面積から差し引いて得た面積。以下同じ。）を求める。

　　　年伐面積の限度は、当該森林所有者が同一の単位とされる保安林等において森林所有者となっている森林のうち指定施業要件としてその立木の伐採につき択伐が指定されている森林及び主伐に係る伐採の禁止を受けている森林以外のものの面積を当該同一の単位とされる保安林等に係る皆伐面積の限度を算出する基礎となる伐期齢（標準伐期齢を下らない範囲内において、当該保安林等の指定の目的、当該森林の立木の生育状況等を勘案して定める）に相当する数で除して算出する（令第4条の3第2項、規則第54条・第64条）。

　　　なお、伐採年度の6月1日、9月1日又は12月1日（これらの日が日曜日に当たるときはその翌日、これらの日が土曜日に当たるときはその翌々日）に公表された残存許容限度が、伐採許可の申請に係る森林の森林所有者が同一の単位とされる保安林等において森林所有者となっている森林の年伐面積の限度たる面積の合計に満たない場合には、当該合計面積に対する残存許容限度の比率を森林所有者別の森林の年伐面積の限度に乗じて得た面積をもって森林所有者別の森林の年伐面積の限度とする（基本通知）。

(エ) (ア)により区分した森林所有者別の申請面積（以下「甲」という。）と(ウ)により算出した森林所有者別の森林の年伐面積の限度（以下「乙」という。）とを対比して、その結果、
　　a　甲が乙に満たない場合には、当該森林所有者が森林所有者となっている当該同一の単位とされる保安林等に係る伐採については、縮減しない（令第4条の3第1項第1号イ）。
　　b　甲が乙を超える場合には、当該森林所有者が森林所有者となっている当該同一の単位とされる保安林等に係る伐採については、当該森林の年伐面積の限度（当該森林に係る伐採の申請が2以上あるときは、その申請面積に応じて当該年伐面積の限度たる面積をあん分して得た面積とする。以下同じ。）まで縮減する（令第4条の3第1項第1号ロ）。

(オ) 同一の単位とされる保安林等における(エ)のaにより縮減しない伐採に係る申請面積の合計とbにより縮減して伐採が認められる面積の合計及び両者を合せた総計を算出し、当該総計（以下「甲」という。）と公表された皆伐面積の限度（以下「乙」という。）とを対比して、その結果甲が乙に満たない場合には、甲が乙に達するまでの部分の面積を(エ)のbによるとすれば縮減される伐採の申請のその縮減部分の面積に応じてあん分する（令第4条の3第1項第1号ハ）。

(カ) 許可すべき伐採面積

　　　　a　（エ）aに該当する場合には伐採申請面積とする。
　　　　b　（エ）bに該当する場合には当該森林の年伐面積の限度とする。
　　　　c　（オ）に該当してあん分する面積がある場合には、当該森林の年伐面積の限度と当該あん分面積との合計面積とする。
　　イ　指定施業要件の伐採の限度として1箇所当たりの面積の限度が定められている森林の1箇所の立木について皆伐による伐採をしようとする申請が2以上ある場合には、当該箇所に係る当該1箇所当たりの面積の限度たる面積（当該箇所につき当該申請前に当該伐採年度における皆伐による伐採に係る法第34条第1項の許可がされている場合には、その許可された面積をその1箇所当たりの面積の限度たる面積から差し引いて得た面積。以下同じ。）を当該申請面積に応じてあん分して得た面積まで縮減する（令第4条の3第1項第2号）。
　　ウ　同一の単位とされる保安林等の立木又は1箇所当たりの面積の限度が定められている森林の1箇所の立木について皆伐による伐採をしようとする申請が1である場合には、それぞれ、当該同一の単位とされる保安林等につき公表された皆伐面積の限度又は当該箇所に係る1箇所当たりの面積の限度たる面積まで縮減する（令第4条の3第1項第3号）。
　　エ　防風保安林及び防霧保安林でその指定施業要件の伐採の限度として皆伐後の残存部分に関する定めがあるものの立木につき皆伐による伐採をしようとする申請については、その申請の内容を勘案して公正妥当な方法により当該残存部分に関する定めに適合するまで縮減する（令第4条の3第1項第4号）。この場合、少なくとも次に掲げる事項を考慮して行う必要がある（基本通知）。
　　（ア）　当該箇所に係る申請が1である場合には、保安機能が高い部分の立木を残存させること。
　　（イ）　当該箇所に係る申請が2以上ある場合には、申請面積に応じてすること。ただし、保安上の影響の差が明白な場合にはこれを考慮すること。
　　オ　択伐による伐採をしようとする申請については、当該森林に係る指定施業要件の伐採の限度として定められている立木材積の限度まで縮減する（令第4条の3第1項第5号）。
　　　　なお、人工植栽に係る森林において指定施業要件に適合して択伐を行う場合、届出により行うこととされている（法第34条の2第1項）。
5）　国有林を管理する国の機関が行う協議による伐採
　　国有林を管理する国の機関があらかじめ都道府県知事と協議するところに従い当該国有林の立木を伐採する場合には、規則第60条第1項第10号により、法第34条第1項の許可を要しないことになっている。
　　ここで、「国有林を管理する国の機関」とは、法令の規定によりその国有林の管理について権限を有する国の機関（又はその委任を受けた機関）をいう。また、必ずしも協議を行った国の機関が自ら伐採する場合のみに限らず協議が済んでいれば、立木の買受人が伐採する場合でも、許可を必要としない。
　　なお、国有保安林における立木の伐採の協議は次の要領で行う（基本通知、局長通知）が、森林法上許可を要しないケースについては協議を必要としない。

ア　林野庁の所管する国有林における協議は森林管理局長の定めるところにより森林管理局長又は森林管理署長が行う。

　　協議をする者を森林管理局長、森林管理署長のいずれにするかについては、明文の規定はないので森林管理局長の判断によることになるが、一般に、同一の単位とされる保安林等が２以上の森林管理署の管轄区域にわたる場合は森林管理局長とすることが適当であろう。

イ　協議は、伐採年度内にその伐採を開始し、かつ終了する立木の伐採について行う。

　　したがって、伐採の期間が２伐採年度以上にわたる場合には、それぞれの伐採年度に属する部分ごとに、協議を行うこととなる。

ウ　皆伐による立木の伐採について協議する時期は、令第４条の２第３項の規定により都道府県知事が皆伐面積の限度について公表する日（前伐採年度の２月１日並びに当該伐採年度の６月１日、９月１日及び12月１日—これらの日が日曜日にあたるときは、その翌日、これらの日が土曜日にあたるときは、その翌々日）から30日以内である。なお、当該協議は、翌伐採年度の全量を、なるべく前伐採年度の２月１日（皆伐面積の限度の第１回公表日）を始期とする伐採許可申請書の受理の期間内に行うものとする。

エ　択伐による立木の伐採について協議する時期は、その伐採を開始する日の30日前までである。なお、当該協議は、原則として、翌伐採年度の全量を行うものとする。

オ　協議は書面により行う。その協議書には、申請書等様式告示の保安林内立木伐採許可申請書に準じた書面（保安林の指定目的、森林の所在場所、伐採の方法—皆伐・択伐の別、伐採する立木の樹種及び年齢、伐採面積（皆伐の場合のみ）及び伐採立木材積（択伐及び間伐の場合のみ）、伐採期間その他必要な事項を記載。）に、立木の伐採をしようとする箇所を明示した図面を添付するが、協議書の様式は、都道府県知事と森林管理局長が協議して定めたものによることもできる。

　　なお、植栽義務が定められている森林について皆伐による伐採の協議を行う場合には、上記申請書に準じて「植栽によらなければ的確な更新が困難と認められる伐採跡地」の面積を記載し、その区域を図示する。

　　（注）この「植栽によらなければ的確な更新が困難と認められる伐採跡地」の面積には、当該伐採の跡地の残存木が占有する面積を含まないものとする。

　　　　なお、当該伐採跡地に残存する立木の樹齢が当該残存する樹種の標準伐期齢に満たない場合は、当該森林について指定施業要件として定められた樹種であって、植栽する満１年生以上の苗と同等以上の大きさであり、かつ、植栽された苗と同等以上の成長が期待できるものに限って残存木として取扱う。また、残存木が占有する面積とは、原則として当該残存木が現に占有している面積とするが、当該現に占有している面積が、当該樹種の平均占有面積（１ヘクタールを指定施業要件として定められた当該樹種についての植栽本数で除して得られる面積。以下同じ。）に満たない場合は、当該平均占有面積を当該残存木が占有する面積として取扱う（基本通知）。

カ　協議を受けた知事は、皆伐関係についてはウの期間満了後30日以内に、また、択伐及び間伐関係については協議を受けた日から30日以内に回答することになっている。この場合の知事の判断のよりどころが、本質的に許可の場合と異なる点はない。したがって、知事が同意しない場合又は条件つきで同意するという場合もあり得る。

キ　協議によって行った立木の伐採については法第34条第８項による伐採終了の届出は必要な

いが、協議の全部又は一部に不実行があった場合には、その区域及び数量を明示して遅滞なく都道府県知事に通知する（都道府県知事は、これに基づいて伐採整理簿の整理等を行うことになる。）とともに、当該不実行箇所について翌伐採年度に伐採する場合は、改めて当該翌伐採年度に係る伐採について協議を行う必要がある。

　ク　民有保安林の立木の伐採跡地について都道府県知事が行っている「伐採の照査」は、協議によってした立木の伐採については、これを行わないこととしている。なお、択伐による立木の伐採がなされた場合には、当該択伐を終えたときの当該森林の立木の材積を把握し、当該材積を保安林台帳に記載する。

　　（注）「協議」はいろいろな用例があるが、ここでは国家機関が一定の行為をする際、その事項が他の国家機関の権限に関連するときその国家機関に合議する場合に当たる。協議は、字義からいえば相談することであるが、法令上用いられる場合には協議の結果の合意を前提とすることが多い。ここで用いられている協議は「許可申請」に代わるものであるから、合意を前提としていることはいうまでもない。

6）　許可の条件

　　許可には条件を付すことができる（法第34条第6項、基本通知）。

　ア　伐採の期間については、必ず条件を付する。

　イ　伐採木を早期に搬出しなければ森林病害虫が発生し、若しくはまん延するおそれがある場合又は豪雨等により受益の対象に被害を与えるおそれがある場合その他公益を害するおそれがあると認められる場合には、搬出期間について条件を付する。

　ウ　土しゅら、地びきその他特定の搬出方法によることを禁止しなければ、立木の生育を害し、又は土砂を流出若しくは崩壊するおそれがある場合には、禁止すべき搬出方法について条件を付する。

　エ　当該伐採の方法が伐採方法の特例に該当するものであって、許可又は同意に条件を付することによって当該保安林の指定の目的の達成に支障を来さないこととなる場合は当該条件を、また、当該伐採跡地につき植栽によらなければ樹種又は林相を改良することが困難と認められる場合にあっては、植栽の方法、期間及び樹種について条件を付する。

7）　処理上の注意事項

　ア　皆伐の限度

　　　皆伐による伐採の限度として公表する面積は、民有林、国有林別にあるべきものではなく、その合計について両者に共通のものとして定められるものである。したがって、民有林、国有林別の内訳を行政指導の目標として使用することはあっても許可の限度として用いることはできない。

　イ　点生木の伐採と限度との関係

　　　伐採跡地に点生する残存木又は点生する上木の伐採は、間伐に該当する場合を除き皆伐による伐採として取扱う。この場合において用いる皆伐面積は、伐採する立木の占有面積とする。

　ウ　伐採種を定めない保安林において択伐をする場合の取扱い

　　　伐採種の指定がない保安林においては択伐による伐採をすることもできる。ただし、植栽

の指定のある保安林においては、当該伐採により植栽の義務が発生する。
　エ　樹種又は林相の改良のための伐採の取扱い
　　指定施業要件において樹種又は林相の改良のための特例を定めたものについては、放慢にわたることがないように、許可をするとき（適否判定調査時）に、現にその伐採が必要であり、しかも、その伐採が保安林の指定目的の達成に支障がないかどうかを審査する必要がある。そして必要があれば、急傾斜地の除外、あるいは大面積皆伐を避けるために箇所を分散させる等を指導し、また、必要な許可の条件を付すことを考えるべきである。
　オ　択伐、皆伐による1箇所の面積の限度について
　　択伐の定義（p22を参照）、皆伐による1箇所の面積の限度（p23～26を参照）については、関係申請者に周知せしめ、実施上過誤のないようにすべきである。
　カ　許可を要しない伐採
　　規則第60条第1項第5号から第9号までの取り扱いについては、次による（基本通知）。
　（ア）第5号から第9号までの規定（届け出による伐採）は伐採許可制の特別措置として設けられたものであるから、届出に係る事実の認定は厳格に行い、拡大解釈等本旨を逸脱した運用は厳に避けること。
　（イ）届出書の提出があったときは、遅滞なく実地調査その他適宜の方法により調査を行い、その結果適当と認めて受理したときは当該届出者に対して受理の通知をすることになる。なお、届出が不適法であって、補正することができるものであるときは、直ちにその補正を命じ、補正することができないものであるときは、当該届出者に対し理由を付した書面を送付して却下することになる。
　（ウ）国有林野、国庫帰属森林又は官行造林地に係る保安林（森林管理局、森林管理署若しくはその支署又は森林管理事務所が直轄で管理経営する区域に係るものに限る。）において立木の伐採をする者が森林管理局長、森林管理署長若しくは支署長又は森林管理事務所長（以下、「森林管理局長等」という。）以外の者である場合は、原則として第10号の協議によらず第5号から第9号までの規定による届出により取り扱うとともに、届出書には当該保安林を管理する森林管理局長等の当該立木の伐採についての承諾書（同意書）を添付させるよう指導する（基本通知）。
　（エ）第5号から第9号までの届出及び第5号から第9号までに掲げる目的を達成するための立木の伐採についての協議に係る伐採面積は、令第4条の2第4項に規定された法第34条第1項の許可をした面積には含まれないものとする。
8）許可又は不許可の決定通知
　都道府県知事は、択伐による伐採の許可申請書の提出があった場合にはその提出があった日から30日以内に、皆伐による伐採の許可申請書の提出があった場合には、伐採許可申請提出期間（公表の日から30日以内）満了後30日以内に、許可するかどうかを決定し、これを書面により申請者に通知しなければならない（令第4条の2第5項）。
　国有林に関する5）の協議に対する回答（同意その他の意見）についても上述の期限内に処理されるべきである。

（2）土地の形質の変更等の制限

1） 許可を要する行為

　立竹の伐採、立木の損傷、家畜の放牧、下草、落葉若しくは落枝の採取、土石又は樹根の採掘、開墾その他の土地の形質を変更する行為を行う場合には、法令又はこれに基づく処分によりその義務として行う場合等特定の場合を除き、その都度都道府県知事の許可を受けなければならない（法第34条第2項）。なお、この許可を実務上「作業許可」と呼んでいる。

2） 許可を要しない行為

　次に掲げる行為については、許可を要しない。なお、森林の保健機能の増進に関する特別措置法（平成元年法律第71号）に定める特定認定森林所有者が特定認定に係る森林保健機能増進計画に従って森林保健施設を整備するために行う行為については、法第34条第2項本文の規定は適用されない（同法第8条第2項）。また、東日本大震災復興特別区域法（平成23年法律第122号）第46条に定める復興整備計画に基づいて行為を行う場合には、特例として許可があったものとみなすこととされている。その他、福島復興再生特別措置法（平成24年法律第25号）、大規模災害からの復興に関する法律（平成25年法律第55号）、農林漁業の健全な発展と調和のとれた再生可能エネルギー電気の発電の促進に関する法律（平成25年法律第81号）、地球温暖化対策の推進に関する法律（平成10年法律第117号）においても、同様の規定がなされている。

ア　法令又はこれに基づく処分によりこれらの行為をする義務がある者がその履行としてする場合

イ　森林所有者等が法第49条第1項の許可を受けてする場合

ウ　法第188条第3項の規定に基づいてする場合

エ　火災、風水害その他の非常災害に際し緊急の用に供する必要がある場合（以上法第34条第2項ただし書）

オ　造林又は保育のためにする地ごしらえ、下刈り、つる切り又は枝打ち

カ　倒木又は枯死木の損傷

キ　こうぞ、みつまたその他農林水産大臣が定めるかん木の損傷

（以上規則第62条）

ク　国又は都道府県が法第41条の保安施設事業、砂防法第1条の砂防工事又は地すべり等防止法による地すべり防止工事若しくはぼた山崩壊防止工事を実施するためにする場合

ケ　法令又はこれに基づく処分により測量、実施調査又は施設の保守のためにする場合

コ　自家の生活の用に充てるため、あらかじめ都道府県知事に届け出たところに従って下草、落葉又は落枝を採取する場合

サ　学術研究の目的に供するため、あらかじめ都道府県知事に届け出たところに従って下草、落葉又は落枝を採取する場合

シ　国有林を管理する国の機関があらかじめ都道府県知事と協議するところに従い当該国有林の区域内においてする場合

（以上規則第63条）

以上のほか、法第34条第2項の規制については、立木の生育を阻害することなどにより保安林の指定目的の達成に支障を及ぼすおそれのある行為について行うものであり、通常の管理行為等で立木の生育に影響のない行為等については規制の対象外となる（基本通知）（p69～70の別表1を参照）。

3）　許可申請の手続（p68の別図2を参照）

　　法第34条第2項の許可を受けようとする者は、申請書等様式告示で定められた様式の申請書に図面等を添えて提出しなければならない（規則第61条・第106条）。

　　また、この申請は、立木の伐採許可申請と違って、行為をする前にいつでも申請することができる。許可するかどうかの決定も個々の申請ごとにいつでもできることになっている。

4）　許可の基準

　　都道府県知事は、その許可の申請に係る行為がその保安林の指定の目的の達成に支障を及ぼすと認められる場合を除き、これを許可しなければならない（法第34条第5項）。

　　都道府県知事は、審査を終了したときは、その結果により申請に係る立竹の伐採等についてその適否を判定することになるが、行為の内容別に許可の適否基準を述べれば次のとおりである（基本通知）。

ア　申請又は協議に係る行為が次の各号のいずれかに該当する場合には、法第34条第2項の許可又は規則第63条第1項第5号の協議の同意をしないものとする。ただし、解除予定保安林において、法第30条又は第30条の2第1項の告示の日から40日を経過した後（法第32条第1項の意見書の提出があったときは、これについて同条第2項の意見の聴取を行い、法第29条に基づき通知した内容が変更されない場合又は法第30条の2第1項に基づき告示した内容を変更しない場合に限る。）に規則第48条第2項第1号及び第2号の計画書の内容に従い行う場合並びに別表2（p71～72）に掲げる場合はこの限りでない。

（ア）立竹の伐採については、当該伐採により当該保安林の保安機能の維持に支障を来すおそれがある場合。

（イ）立木の損傷については、当該損傷により立木の生育を阻害し、そのため保安林の指定目的の達成に支障を来すおそれがある場合。

（ウ）下草、落葉又は落枝の採取については、当該採取により土壌の生成が阻害され、又は土壌の理学性が悪化若しくは土壌が流亡する等により当該保安林の保安機能の維持に支障を来すおそれがある場合。

（エ）家畜の放牧については、当該放牧により立木の生育に支障を来し又は土砂が流出し若しくは崩壊し、そのため当該保安林の保安機能の維持に支障を来すおそれがある場合。

（オ）土石又は樹根の採掘については、当該採掘（鉱物の採掘に伴うものを含む。）により立木の生育を阻害する、又は土砂が流出し、若しくは崩壊しそのため当該保安林の保安機能の維持に支障を来すおそれがある場合。

　　ただし、当該採掘による土砂の流出又は崩壊を防止する措置が講じられる場合において、2年以内に当該採掘跡地に造林が実施されることが確実と認められるときを除く。

（カ）開墾その他土地の形質を変更する行為については、農地又は宅地の造成、道路の開設又

は拡幅、建築物その他の工作物又は施設の新設又は増設をする場合、一般廃棄物又は産業廃棄物の堆積をする場合及び土砂捨てその他物件の堆積により当該保安林の保安機能の維持に支障を来すおそれがある場合。

(注) 保安林解除と作業許可との関係

　　作業許可とは、保安林内で行う土地の形質を変更する行為等について、保安林の指定の目的の達成のために支障を及ぼすおそれがないものに限り行われるものであり、このため一定の態様、規模、期間に限られることとなる。
　　また、行為を実施した箇所については引き続き保安林としての制限を受けることとなる。
　　一方、保安林の解除は、指定の理由が消滅したとき又は公益上の理由により必要が生じたときに保安林としての制限が解除されるものであり、作業許可とは制度上の取扱いを全く異にするものである。

　イ　申請又は協議に係る行為を行うに際し、当該行為をしようとする区域の立木を伐採する必要がある場合で、当該立木の伐採につき法第34条第1項の許可又は規則第60条第1項第7号から第9号までの届出若しくは第10号の協議を要するときに、当該許可又は届出若しくは協議がなされていないときは、許可又は同意しないものとする。

　ウ　作業許可申請に係る行為が別表2（p71～72）に適合するものであっても、周辺地域に土砂の流出等の被害を及ぼすおそれがある場合、立木の生育及び土壌の生成を阻害し、又は土壌の性質を改変する等保安林の保安機能の低下をもたらすと認められる場合については、作業許可は行わないものとし、当該保安林の指定の目的、指定施業要件、現況等からみて保安機能の維持に支障を来すおそれがある次のような場合には、画一的に許可を行うことは適当ではなく、慎重に判断するものとする。

　　（ア）急傾斜地である等個々の保安林の地形、土壌又は気象条件等により、変更行為が周囲の森林に与える影響が大きくなるおそれがある場合

　　（イ）風致保安林内での景観を損なう施設の設置等その態様が保安林の指定の目的に適合しない場合

　　（ウ）変更行為が立木の伐採を伴う場合において、その態様が当該保安林の指定施業要件に定める伐採の方法、限度に適合しない場合

　　（エ）変更行為により、当該保安林の大部分が森林でなくなる等保安林としての機能を発揮できなくなるおそれがある場合

5) 許可申請の処理

　ア　作業許可の申請があったときは、実地調査を行うほか適宜の方法により十分な調査を行い、申請が不適法であって、補正することができるものであるときは、直ちにその補正を命じ、補正することができないものであるときは、申請者に対し理由を付した書面を送付して却下するものとする。

　イ　作業許可の申請に対する許可又は不許可の通知は、書面により行うものとし、不許可の場合は当該不許可の理由を付すものとする。

　ウ　作業許可申請に係る行為について許認可等を必要とする場合（当該保安林が国有林野及び国庫帰属森林であって管理処分の申請がなされている場合を除く。）であって、当該認可等がなされる前に作業許可したときは、当該許認可等を必要とする旨その他必要な事項を決定通知書に付記するとともに、関係行政庁に対し作業許可をした旨その他必要な事項を連絡する

ものとする。ただし、関係行政庁に対する連絡が、法令の規定又は法令の運用に関する覚書等により事前に関係行政庁と連絡、協議を行って処理することとされている場合はこの限りでない。

6）許可の条件

　許可には条件を付すことができる（法第34条第6項）。この条件は、次によって行う（基本通知）。

ア　当該保安林について指定施業要件として植栽の期間が定められている場合は、原則として当該期間内に植栽することが困難にならないと認められる範囲内の期間とする。

イ　当該保安林について指定施業要件として植栽の期間が定められていない場合は、下草、落葉又は自家用薪炭の原料に用いる枝若しくは落枝の採取、一時的な農業利用、家畜の放牧にあってはそれらの行為に着手する時から5年以内の期間、それら以外にあっては行為に着手する時から2年以内の期間とする。

ウ　解除予定保安林において規則第48条第2項第1号及び第2号の計画書の内容に従い行う行為については、当該計画書に基づき行為に着手する時から完了するまでの期間とする。

エ　別表2（p71～72）に掲げる行為

　（ア）当該保安林について指定施業要件として植栽の期間が定められている場合は、原則として当該期間内に植栽することが困難にならないと認められる範囲内の期間とする。

　（イ）当該保安林について指定施業要件として植栽の期間が定められていない場合は、別表2の1及び2にあっては、当該行為に着手する時から5年以内の期間又は当該施設の使用が終わるまでの期間のいずれか短い期間とし、別表2の3及び4にあっては、当該施設の使用又は当該行為が終わるまでの期間とする。

オ　行為終了後、施設等の廃止後又は撤去後、植栽によらなければ的確な更新が困難と認められる場合（指定施業要件として植栽が定められている場合を除く。）には、植栽の方法、期間及び樹種について条件を付する。

カ　家畜の放牧、土石又は樹根の採掘その他土地の形質を変更する行為に起因して、土砂が流出し、崩壊し、若しくは堆積することにより付近の農地、森林その他の土地若しくは道路、鉄道その他これらに準ずる設備又は住宅、学校その他の建築物に被害を与えるおそれがある場合には、当該被害を防除するための施設の設置その他必要な措置について条件を付する。

　　なお、当該行為が規則第48条第2項第1号又は第2号の計画書の内容に従って行われるものである場合に付する条件の内容は、当該計画書に基づいて定める。

7）国有林を管理する国の機関が行う協議による行為

　法第34条第1項について述べたことがおおむねあてはまる。協議は、次の要領で行う（基本通知）。

ア　協議は、森林管理局長の定めるところにより、森林管理局長又は森林管理署長が行う。

イ　協議する時期は、協議を受けた都道府県知事がこれを処理するのに必要な期間及び立竹の伐採等を開始する時期などを考えて適当と見込まれる時期とする。

ウ　協議は書面により行い、その協議書には、申請書等様式告示の保安林内立竹伐採等許可申

請書に準じた書面（保安林の指定目的、森林の所在場所、行為の方法、行為の期間（始期及び終期）を記載。）に、立竹の伐採等をしようとする箇所を明示した図面を添付する。ただし、書面の様式は、都道府県知事と森林管理局長が協議して定めたものによることもできる。

8） 処理上の留意事項

ア　法第34条第2項（土地の形質の変更等）の制限は、同条第1項の制限とは別個のもの（許可の手続、許可の基準が相違する。）であるから、立木の伐採を伴う行為については、別個に第1項の許可を受けなければならない。したがって、このような行為については、立木の伐採許可をどうするかについて先議されなければならず、その許可がなされない限り第2項による許可をすべきではない。

イ　法第34条第2項の制限の規定は、表面的に見ると土地の形質等の変更はすべてこの条項の許可で処理されるかに見られるが、保安林制度の趣旨及び解除の手続規定等から見れば、この条項によって処理されるのは保安林たる範囲内の行為に限るべきことがわかる。このことは、一般の行為者には必ずしも理解されていないので、解除によるべきものを作業許可の申請として誤って出されたものに対しては十分に説明して、申請者が望むならば保安林解除の申請をするように指導する必要がある。

ウ　その保安林の全部について機能の維持上問題がないと認められるときは、当該許可等がなされた区域内において、当該許可等の際に条件として付した行為の期間内に限り、植栽することを要しないものとする指定施業要件の変更を行えば、法第34条第2項の許可の更新又は規則第63条第1項第5号の協議の再同意を行うことができる。

（3）択伐・間伐の届出

1） 届出を要する択伐・間伐

保安林において、指定施業要件に定める立木の伐採の方法に適合し、かつ、伐採の限度を超えない範囲内において択伐による立木の伐採（人工植栽に係る森林の立木の伐採に限る。）をしようとする者又は間伐のため立木を伐採しようとする者は、法令又はこれに基づく処分によりその義務の履行として伐採する場合、国有林を管理する機関があらかじめ都道府県知事と協議するところに従い当該国有林の立木を伐採する場合等を除き、都道府県知事へ届出書を提出しなければならない（法第34条の2、第34条の3）。

2） 届出の手続（p68の別図2を参照）

保安林の立木の伐採に際し、択伐又は間伐の届出をしようとする者は、当該伐採を開始する日の90日前から20日前までの間に届出書を提出しなければならない（規則第68条）。

3） 受理の基準

都道府県知事は、提出された届出書に記載された伐採立木材積若しくは伐採方法又は間伐立木材積若しくは間伐方法に関する計画が当該保安林に係る指定施業要件に適合しないと認めるときは、当該届出書を提出した者に対し、その択伐又は間伐の計画を変更すべき旨を命じなければならない。この場合、提出されていた届出書についてはなかったものとみなされる（法第

34条の2第2項・第3項、第34条の3第2項)。なお、択伐又は間伐と称した伐採であっても、指定施業要件に定められた限度を超えて行われた伐採は、無届伐採ではなく、法第34条第1項に係る無許可伐採となる。

別図2 保安林における制限手続等

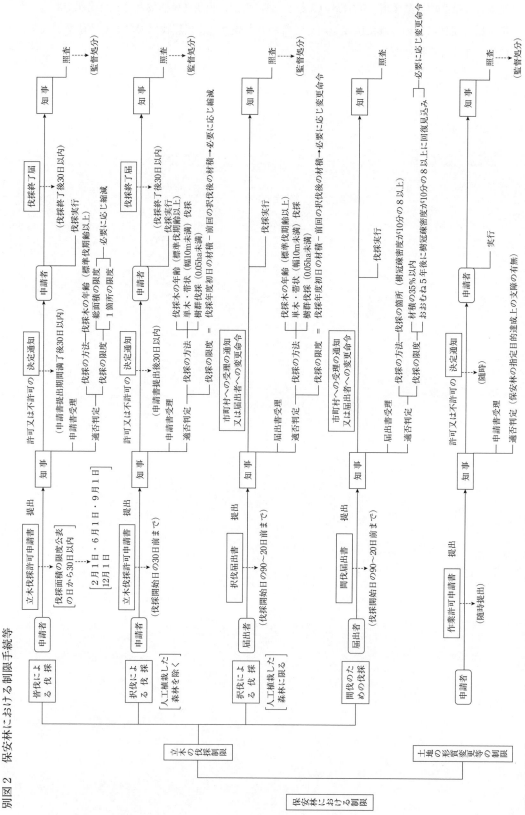

(注) 国有林を管理する国の機関が森林法施行規則第60条第1項第10号、同第63条第5号によって行う場合は、許可申請は協議、許可又は不許可は同意又は不同意となる。

別表1　作業許可の対象行為整理表

行為の名称	許可の対象となる行為	許可不要の行為	備　　考
立竹の伐採	立竹を刈り取ることにより当該保安林を維持できないおそれのある行為	ササの刈払い	
立木の損傷	立木を損ない傷つけることにより立木の生育を阻害するおそれのある行為	樹幹の外樹皮の剥離（桧皮・桜皮のはく皮、虫害防除のための荒皮むき等）	内樹皮まで剥離する行為は、立木の損傷に該当
		生長錘等による樹幹のせん孔、ステイプル・針・釘等の打付け、極印の打刻、品等調査のための打突等	
		枯枝又は葉量を大幅に減少させず樹幹を損傷しない生枝の切除（歩道のかぶり取りのための枝の切除、測量の見通し確保のための枝の切除等）	歩道のかぶり取りのためのものであっても、葉量を大幅に減少させ又は樹幹を損傷する行為は立木の損傷に該当
		病害虫の治癒又は樹勢の回復のために行う腐朽部分の切除等	
		立木からのキノコの採取及び立竹の損傷	キノコと同時に立木の一部を削ぎ取る行為は立木の損傷に該当
家畜の放牧	牛、馬、羊等を放し飼いにすることにより立木の生育に支障を及ぼし、又は土砂が流出し、若しくは崩壊するおそれのある行為	家畜の通行及び一時的な繋留	家畜の一時的な繋留とは、保安林を通行する家畜を休息等のために一時的に繋ぎ止める行為を指し、長期間繋ぎ止めることによって表土が踏み固められるような場合は、家畜の放牧に該当
下草、落葉若しくは落枝の採取	下草、落葉若しくは落枝を選んで拾い取ることにより土壌の生成が阻害され、又は土壌の理学性が悪化若しくは土壌が流亡するおそれのある行為	表土を露出させない範囲の下草、落葉又は落枝の収集（数株程度の下草・数枚程度の落葉・数本程度の落枝の収集）、下草の刈払、下草、落葉又は落枝を一時的に除去した後に直ちに復元する行為	長期間下草等を除去したまま放置され、露出した土壌が降雨等によって崩壊、流出するおそれがある場合は、下草、落葉又は落枝の採取に該当
		キノコ及びタケノコの採取	キノコ及びタケノコの採取であっても、採取後に穴が開いたまま放置される場合は、土地の形質の変更に該当

土石若しくは樹根の採掘（砂、砂利又は転石の採取を含む）	土や岩石を掘って、その中の土石若しくは樹根を取ることにより立木の生育を阻害する、又は土砂が流出し、若しくは崩壊するおそれのある行為	立木の根系を露出又は損傷せず、下草、落葉又は落枝によって拾集後の地表が被覆される程度の土石の拾集（数個程度の石の拾集等）	
開墾その他の土地の形質を変更する行為	土地の形状又は性質を復元できない状態にするおそれのある行為 「その他の土地の形質を変更する行為」は、例示すれば以下の通り ・鉱物の採掘 ・宅地の造成 ・土砂捨てその他物件の堆積 ・建築物その他の工作物又は施設の新築又は増築 ・土壌の理学的及び科学的性質を変更する行為 その他の植生に影響を及ぼす行為	立木の更新又は生育の支障とならず、かつ掘削又は盛土をしない、又は一時的にした後に直ちに復元する行為（例示すれば、杭・測量杭の挿入、基礎・境界標・炭焼窯の埋設、挿入又は埋設した物件の採掘、施肥、標識・道標・案内板・作業小屋・トイレ・集材路の設置又は改築、人の通行及び車両の通行等）	「立木の更新又は生育の支障とならず」とは、例えば、植栽本数が3,000本/ha（約1.8m四方に一本の割合）とされている場合は、伐採跡地に1.5m四方の移動式の物置を置いたままにする行為、又は2m四方の移動式の物置を一時的に置いた後植栽義務の履行までに撤去する場合が該当するが、2m四方の移動式の物置を放置したままにすることにより、指定施業要件に従って植栽することを妨げる場合は、「土地の形質を変更する行為」に該当 「掘削又は盛土をしない、又は一時的にした後に直ちに復元する行為」とは、例えば測量杭を設置するために、表土に短期間穴を開け、測量杭の設置後その穴に元の土を埋め戻す行為であり、長期間穴を開けたまま放置され、当該穴の壁面又は当該穴から一時的に掘り出された土が降雨等によって崩壊、流出するおそれがある場合は、「土地の形質を変更する行為」に該当 「杭、測量杭の挿入等」であっても、立木の更新又は生育の支障となるか、掘削又は盛土をするか若しくは一時的にした後に放置される行為は、「土地の形質を変更する行為」に該当 「設置」とは、移動式のトイレ等を表土を掘削又は盛土せずに置くこと等であり、改築とは、既設の作業小屋等を解体し同一の区域内に新しい作業小屋等を建設すること等であり、同一の区域からはみ出す部分がある場合は、「土地の形質を変更する行為」に該当

別表2　保安林の土地の形質の変更行為の許可基準（基本通知　別表8）

区分	行為の目的，態様，規模等
1　森林の施業及び管理に必要な施設	（1）　林道（車道幅員が4メートル以下のものに限る。）、森林の施業及び管理の用に供する作業道、作業用索道、木材集積場、歩道、防火線、作業小屋等を設置する場合 （2）　森林の施業及び管理に資する農道等で、規格及び構造が（1）の林道に類するものを設置する場合
2　森林の保健機能増進に資する施設	保健保安林の区域内に、森林の保健機能の増進に関する特別措置法（平成元年法第71号。以下「森林保健機能増進法」という。）第2条第2項第2号に規定する森林保健施設に該当する施設を設置する場合（森林保健機能増進法第5条の2第1項第1号の保健機能森林の区域内に当該施設を設置する場合又は当該施設を設置しようとする者が当該施設を設置しようとする森林を含むおおむね30ヘクタール以上の集団的森林につき所有権その他の土地を使用する権利を有する場合を除く。）であって、次の要件を満たすもの。 （1）　当該施設の設置のための土地の形質の変更（以下この表において「変更行為」という。）に係る森林の面積の合計が、当該変更行為を行おうとする者が所有権その他の土地を使用する権利を有する集団的森林（当該変更行為を行おうとする森林を含むものに限る。）の面積10分の1未満の面積であること。 （2）　変更行為（遊歩道及びこれに類する施設に係る変更行為を除く。以下同じ。）を行う箇所が、次の条件を満たす土地であること。 　①　土砂の流出又は崩壊その他の災害が発生するおそれのない土地 　②　非植生状態（立木以外の植生がない状態をいう。）で利用する場合にあっては傾斜度が15度未満の土地、植生状態（立木以外の植生がある状態をいう。）で利用する場合にあっては傾斜度が25度未満の土地 （3）　1箇所当たりの変更行為に係る森林の面積は、立木の伐採が材積にして30パーセント以上の状態で変更行為を行う場合には0.05ヘクタール未満であり、立木の伐採が材積にして30パーセント未満の場合には1.20ヘクタール未満であること。 （4）　建築物の建築を伴う変更行為を行う場合には、一建築物の建築面積は200平方メートル未満であり、かつ、一変更行為に係る建築面積の合計は400平方メートル未満であること。 （5）　一変更行為と一変更行為との距離は、50メートル以上であること。 （6）　建築物その他の工作物の設置を伴う変更行為を行う場合には、当該建築物その他の工作物の構造が、次の条件に適合するものであること。 　①　建築物その他の工作物の高さは、その周囲の森林の樹冠を構成する立木の期待平均樹高未満であること。 　②　建築物その他の工作物は、原則として木造であること。 　③　建築物その他の工作物の設置に伴う切土又は盛土の高さは、おおむね1.5メートル未満であること。 （7）　遊歩道及びこれに類する施設に係る変更行為を行う場合には、幅3メートル未満であること。 （8）　土地の舗装を伴う変更行為（遊歩道及びこれに類する施設に係る変更行為を含む。）を行う場合には、地表水の浸透、排水処理等に配慮してなされるものであること。
3　森林の有する保安機能の維持又は代替をする施設	（1）　森林の保安機能の維持及び強化に資する施設を設置する場合 （2）　転用に当たり、当該保安林の機能に代替する機能を果たすべき施設を転用に係る区域外に設置する場合

4　その他	（1）　上記1から3に規定する以外のものであって次に該当する場合 　①　施設等の幅が1メートル未満の線的なものを設置する場合（例えば、水路、へい、柵等） 　②　変更行為に係る区域の面積が0.05ヘクタール未満で、切土又は盛土の高さがおおむね1.5メートル未満の点的なものを設置する場合（例えば、標識、掲示板、墓碑、電柱、気象観測用の百葉箱及び雨量計、送電用鉄塔、無線施設、水道施設、簡易な展望台等） 　　ただし、区域内に建築物を設置するときには、建築面積が50平方メートル未満であって、かつ、その高さがその周囲の森林の樹冠を構成する立木の期待平均樹高未満であるものに限ることとし、保健、風致保安林内の区域に建築物以外の工作物を設置するときには、その高さがその周囲の森林の樹冠を構成する立木の期待平均樹高未満であるものに限ることとする。 （2）　その他 　　一時的な変更行為であって次の要件を満たす場合。ただし、一般廃棄物又は産業廃棄物を堆積する場合は除く。 　①　変更行為の期間が原則として2年以内のものであること。 　②　変更行為の終了後には植栽され確実に森林に復旧されるものであること。 　③　区域の面積が0.2ヘクタール未満のものであること。 　④　土砂の流出又は崩壊を防止する措置が講じられるものであること。 　⑤　切土又は盛土の高さがおおむね1.5メートル未満のものであること。

（注）
1　林道については、車道幅員（路肩を除く。）が4メートル以下であって、森林の施業及び管理の用に供するため周囲の森林と一体として管理することが適当と認められる場合には、作業許可の対象とする。
　　農道、市町村道その他の道路については、森林内に設置され、その規格及び構造が林道に類するものであって、森林の施業及び管理に資すると認められるものに限り林道と同様に取り扱うものとする。
　　なお、森林の施業及び管理の用に供する、又は資するとは、林道等の沿線の森林において、施業の実施予定がある場合や施業を行う対象であることが森林施業に関する各種計画から明らかである場合、山火事防止等森林保全のための巡視や境界管理、森林に関する各種調査等の実施が見込まれる場合とする。
2　森林の保安機能の維持及び強化に資する施設とは、その設置目的及び構造からみて保安機能を持つことが明らかであって、周囲の森林と一体となって管理することが保安林の指定の目的の達成に寄与すると認められるものをいい、例えば道路に附帯する保全施設等がこれに該当する。
　　転用に当たり、転用に係る区域内に設置する当該保安林の機能に代替する機能を果たすべき施設については、本体施設と一体となって管理されるべきものであり、作業許可の対象としないものとする。また、転用に係る区域外に設置する施設であっても、洪水調節池等の森林を改変する程度が大きいものについては、作業許可の対象としないものとする。
3　土砂捨て、しいたけ原木等の堆積、仮設構造物の設置その他物件の堆積等の一時的な変更行為に係る作業許可は、土壌の性質、林木の生育に及ぼす影響が微小であると認められるものに限って行うものとする。
4　切土の高さとして示すおおむね1.5メートルとは、樹木の根系が一般的に分布し、変更行為によっても保安機能の維持に支障を来さない範囲として目安を示したものである。このため、現地の樹種や土壌等の調査等を行い、根系が密に分布する深さを明らかにすることで、その深さを限度として差し支えないものとする。
　　また、盛土の高さとして示すおおむね1.5メートルとは、切土を流用土として現地処理することを前提に目安を示したものであるが、一般に、切土に比べて盛土の体積は増加することとなるため、一定の厚さで締固めを行うなど適切な施工を行う上で、1.5メートルを超えることは差し支えないものとする。
　　なお、切土又は盛土の高さについて、現場での施工上必要な場合には、1.5メートルを2割の範囲内で超えることも、「おおむね」の範囲内であるとして差し支えないものとする。
5　一時的な変更行為に係る作業許可の期間については、作業許可基準が森林の機能を維持した状態を前提としていることから、伐採後の植栽義務の履行期間と同様に2年を原則としている。ただし、事業実施後の遅延に合理的な理由がある場合には、確実な原状回復を前提に、その期間を5年まで延長することを可能とする。
6　変更行為に係る区域（以下「変更区域」という。）の一箇所の考え方については、変更区域が連続しない場合であっても、相隣する変更区域間の距離が20メートル未満に接近している場合は、これらの変更区域は連続しているものとし一箇所として扱うものとする。

8　保安林における植栽の義務

(1) 指定施業要件による植栽指定

　森林所有者等が保安林の立木を伐採した場合には、その保安林に係る森林所有者は、伐採があったことを知らない場合でそのことに正当な理由がある場合その他特定の場合を除き、指定施業要件として定められている植栽の方法、期間及び樹種に関する定めに従って植栽をしなければならない（法第34条の4）。

　この植栽の指定は、保安林に指定されてから生じた伐採跡地であって、植栽によらなければ的確な更新が困難と認められる場合に行うこととされ（法第33条第1項、令別表第2の注）、実際には主として現に人工林である森林について指定されている。

(2) 択伐による伐採跡地の植栽

　択伐による伐採跡地についての植栽本数は、指定された植栽本数に実際の択伐率を乗じたものとされている（規則第57条第3項）が、この規定は、指定施業要件として伐採種が定められていない森林において、択伐が行われる場合についても適用するものとする（基本通知）。

(3) 複数の樹種の植栽

　指定施業要件として定められている複数の樹種を植栽するときは、樹種ごとに、植栽する1ヘクタール当たりの本数を規則第57条第2項の規定による植栽本数で除した値を求め、その総和が1以上となるような本数を植栽するものとする（基本通知）。

(4) 伐採跡地の残存木等の取扱い

　植栽義務が定められている皆伐による伐採跡地に残存する立木がある場合や高木性の稚樹（将来的に良好に生育することが見込まれるものに限る。）がある場合には、当該樹木の占有する場所には植栽は要しないものとして植栽本数を減ずることができる運用をしている（基本通知）。

(5) 植栽の猶予

　指定施業要件が「択伐」又は「禁伐」である森林以外の人工林において、択伐により立木を伐採した場合、森林所有者は、都道府県知事に、当該保安林に係る指定施業要件として定められている植栽の期間に関する定めに従わずに植栽をすることが不適当でないことの認定を求めることができる（規則第72条第2項）。

　この場合、都道府県知事は次のいずれにも該当しないときに認定を行うものとし、認定に当たっては、伐採が終了した日を含む伐採年度の翌伐採年度の初日から起算して5年を超えない範囲で植栽の義務を猶予する期間を明らかにすることとしている（基本通知）。

1)　当該伐採跡地が、当該保安林に係る指定施業要件に適合しない択伐による伐採により生ずるものである場合
2)　当該伐採跡地における稚樹の発生状況、母樹の賦存状況、更新補助作業の実施予定その他の

状況からみて、植栽の義務を猶予することができる期間内において、当該保安林に係る指定施業要件に植栽することが定められている樹種の苗木と同等以上の天然に生じた立木（当該樹種の立木に限る。）による更新が期待できない場合

9　監督処分

（1）立木の違反伐採、土地の形質変更等の違反行為に対する監督処分

　都道府県知事は、無許可若しくは条件違反又は偽りその他不正な手段によって許可を受け若しくは届出をした立木の伐採（間伐を除く。）又は立竹の伐採その他土地の形質の変更等の行為をした者に対し、その中止を命じ、又は造林又は復旧に必要な行為を命ずることができる（法第38条第1項・第2項・第3項）。

（2）植栽の義務違反に対する監督処分

　都道府県知事は、森林所有者が、指定施業要件に定められた植栽の方法、期間及び樹種に関する定めに従って植栽をしない場合は、指定施業要件に定められている樹種を同一の方法により植栽すべき旨を命ずることができる（法第38条第4項）。

10　損失補償及び受益者負担

（1）損失補償

　国又は都道府県は、政令で定めるところにより、保安林として指定された森林の所有者その他権原に基づきその森林の立木竹又は土地の使用又は収益をする者に対し、保安林の指定によりその者が通常受けるべき損失を補償しなければならない（法第35条）。

　この規定は、「私有財産は、正当な補償の下に、これを公共のために用いることができる。」という憲法第29条第3項の規定が現存するので、私有財産権の制限を伴う保安林制度などの場合には、法第35条のような条文が必要となる。そして、これによって公益と私益との調整が図られ、公共目的の達成が可能となるのである。

　法第35条の「通常受けるべき損失」を補償するということは、憲法第29条第3項の「正当な補償」をするということであるが、概念としては、「財産権そのものに内在する社会的・自然的制約を超える特別の犠牲」が補償の対象になる。その具体的な判断は、社会通念に照らしてなされる。

1）　損失補償及び受益者負担に関する要綱

　　保安林の指定による損失の補償は、国が行う1～3号保安林については「保安林の指定による損失補償及び受益者負担に関する要綱」（昭和34年12月11日付け34林野指第6687号農林水産事務次官依命通知）により、昭和34年度から、保安林の指定施業要件により伐採に関する制限が禁伐又は択伐として定められた保安林を対象として、当該保安林の立木資産の凍結に対する利子補償の方法により実施している。

　　なお、この要綱は、都道府県が4号以下の保安林についての損失補償及び受益者負担に関す

る事務を行う場合にも参考とされる。
2）　損失補償のための調査
　　前記要綱では、補償は損失を受けた者からの申請に基づいて行われることになっているが、保安林指定の時期と補償実施の時期とのズレ及び計画的実施の必要等から、禁伐又は択伐の施業要件が指定された保安林で補償に関係があると見込まれるものについて、あらかじめ適否判定調査を行い、その結果補償すべきものと判定された保安林について補償額算定のために必要な評価調査を行い、補償を実施している。
3）　補償対象保安林
　　補償は、次の各号の全てに該当する保安林の立木（標準伐期齢以上のものに限る。）を対象として行う。
　ア　指定施業要件の立木の伐採方法として禁伐又は択伐が定められた保安林
　イ　標準伐期齢以上の立木がある保安林
　ウ　森林所有者等（保安林として指定された森林の森林所有者その他権原に基づきその森林の立木又は土地の使用又は収益をする者をいい、その承継人を含む。以下同じ。）が国又は地方公共団体でない保安林
　エ　過去において法第41条の規定による保安施設事業その他これに類する事業が行われたことのない保安林
　オ　補償に係る保安林が、法第25条第1項第1号から第3号までの目的を達成するための保安林（以下「流域保全保安林」という。）であって流域保全保安林以外の保安林に重ねて指定されている場合にあっては、流域保全保安林に係る指定施業要件に定める制限と流域保全保安林以外の保安林に係る指定施業要件に定める制限とを比較して、流域保全保安林以外の保安林に係る指定施業要件に定める制限がより厳しい保安林以外の保安林

　　ただし、これらアからオに該当する保安林であっても、次に掲げる保安林については、保安林の指定に伴う立木の伐採制限により補償すべき損失が生じないと考えられるので、補償は行わない。
　（ア）　近傍類似の普通林の取扱いから類推して、保安林の指定に伴う立木の伐採制限により損失が生じないことが明らかである保安林又は明らかに利用対象外として認められる保安林
　（イ）　保安林の指定によって利益を受ける者と当該保安林の森林所有者等とが同一である保安林
　（ウ）　現に荒廃しているか、又は荒廃しつつある保安林

（2）受益者負担等

　国又は都道府県は、保安林の指定によって利益を受ける地方公共団体その他の者に、その受ける利益の限度において、（1）により補償すべき金額の全部又は一部を負担させることができる（法第36条第1項）。この規定は、受益関係の明らかな受益者があるときは受益負担をかけることができる旨の規定である。

　また、法第37条では、担保権について、この補償金が民法第304条第1項（同第350条及び第372条）の「滅失又は損傷によって債務者が受けるべき金銭」に含まれる旨の解釈を明らかにしている。

11　標識の設置

（1）民有保安林の標識設置

　都道府県知事は、民有林について保安林の指定があったときは、その保安林の区域内にこれを表示する標識を設置しなければならない。この場合において、保安林の森林所有者は、その設置を拒み、又は妨げてはならない（法第39条第1項）。

　標識の様式については、規則第73条によって、第1種標識（木標柱）、第2種標識（標札）及び第3種標識（制札）の3種が定められており、更に処理基準及び基本通知によって、保安林名の記入方法、標識の色彩、標識の設置地点等が定められている。

（2）国有保安林の標識設置

　農林水産大臣は、国有林について保安林の指定をしたときは、その保安林の区域内にこれを表示する標識を設置（その様式は民有保安林に同じ）しなければならない（法第39条第2項）。

12　保安林台帳

（1）台帳の調製・保管

　都道府県知事は、保安林台帳を調製し、これを保管しなければならない（法第39条の2第1項）。

　保安林台帳の記載内容等については、規則第74条及び基本通知において定められている。

　また、平成23年度の森林法改正により、新たに森林の土地の所有者となった者は、市町村長にその旨を届け出なければならず、当該森林が民有保安林又は保安施設地区内の森林の場合、市町村長は当該届出の内容を都道府県知事へ通知しなければならない（法第10条の7の2第1項・第2項）。これにより、都道府県知事は、当該通知を踏まえて、必要に応じて法第39条の2に規定する保安林台帳及び法第46条の2に規定する保安施設地区台帳の訂正等を行うことができ、新たに市町村を経由した森林所有者の情報を把握できることとなった。

（2）台帳の閲覧

　都道府県知事は、保安林台帳の閲覧を求められたときは、正当な理由がなければこれを拒んではならない（法第39条の2第2項）。

（3）国有林の保安林台帳の調製及び保管

1)　森林管理局長は、国有保安林の指定について、法第33条第1項の官報告示（確定告示）があったときは、遅滞なく保安林台帳を調製し、その写しを都道府県知事及び森林管理署長若しくはその支署長又は森林管理事務所長に送付する。また、法第47条の規定により、保安施設地区の指定の有効期間が満了して、その区域内の森林が保安林に転換した（保安林として指定されたとみなされた）場合についても同じ手続をする（局長通知、以下同じ。）。

2)　保安林台帳の作成単位、台帳の組成及び記載事項等については、規則第74条及び基本通知に準ずるほか、その他必要な事項については森林管理局において定める。

3)　森林管理局長は、保安林台帳の写しを関係森林管理局（森林管理局が直轄で管理経営する区域に係るものに限る。）、森林管理署又は支署に備えつけておく。

4)　森林管理局長は、森林管理局に備える台帳に記載すべき事項が生じた場合又は記載事項について変更があった場合には、速やかに記載又は訂正を行い、その旨及び変更に係る事項を都道府県知事と森林管理署長等に通知する。

13　特定保安林制度

(p78の別図3参照)

（1）特定保安林制度の恒久化

1)　特定保安林制度は、林業経営意欲の低下に伴って、適切な施業が実施されず機能が低下した保安林が見られるようになったことから、森林所有者等による施業を促す制度として、昭和59年の保安林整備臨時措置法の改正により措置されたものである。

2)　この臨時措置法が平成16年3月31日に失効することも踏まえ、造林、間伐等の施業が適切に実施されていない保安林において、指定の目的に即した機能を適切に発揮させていくため、平成16年の森林法改正により同法の中の行為規制と併せて積極施業を促す特定保安林制度が拡充・恒久化された。

（2）特定保安林の指定

農林水産大臣は、全国森林計画に基づき、指定の目的に即して機能していないと認められる保安林（当該目的に即して機能することを確保するため、その区域内にある森林の全部又は一部について造林、保育、伐採その他の森林施業を早急に実施する必要があると認められるものに限る。）を特定保安林として指定することができる（法第39条の3第1項）。

(注1)　特定保安林の指定は、農林水産大臣が主体的に行うほか、都道府県知事の申請も可能（法第39条の3第2項）。
(注2)　特定保安林の指定に当たっては、都道府県知事に協議（法第39条の3第3項）。
(注3)　特定保安林は、「指定の目的に即して機能していないと認められる保安林」であるが、その整備の手法は下記（4）による施業の勧告等を基本とするものであるため、機能の確保のために土留や客土等の特別の手当てが必要であったり、路網から遠いなどにより、明らかに森林所有者等による森林施業が見込まれない森林のみが存する場合は、該当しない。

別図3

特定保安林制度の体系

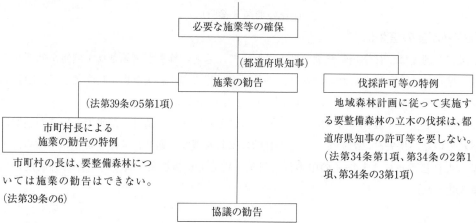

（農林水産大臣）
全国森林計画において特定保安林の指定の要件等を定める。

（法第39条の3）
　全国森林計画に基づき、都道府県知事と協議の上、指定の目的に即して機能していないと認められる保安林であって、造林等の森林施業を早急に実施する必要がある森林を指定することができる。

（法第39条の4）
特定保安林について、機能の確保を旨として次の事項を定めなければならない。
① 要整備森林（造林等の森林施業を早急に実施する必要がある森林）の所在
② 要整備森林について実施すべき造林等の森林施業の方法及び時期
③ その他必要な事項

　伐採許可等の特例
　地域森林計画に従って実施する要整備森林の立木の伐採は、都道府県知事の許可等を要しない。
（法第34条第1項、第34条の2第1項、第34条の3第1項）

（法第39条の5第1項）
市町村長による施業の勧告の特例
市町村の長は、要整備森林については施業の勧告はできない。
（法第39条の6）

（法第39条の5第2項）
　施業の勧告を受けた者に対し、要整備森林若しくはその立木についての所有権の移転、使用・収益権の設定・移転又は施業の委託に関し、都道府県知事が指定する者と協議すべき旨を勧告できる。

（法第39条の7第1項）
　協議が調わない、又は協議できないときであって、都道府県知事が保安施設事業（森林の造成事業又は森林の造成に必要な事業に限る。）を行うときは、森林所有者、その他の関係人はその実施行為を拒めない。

（注）（　）は、根拠法となる森林法の条項を示す。

（3）地域森林計画の変更等

1) 特定保安林が指定された場合、都道府県知事は、地域森林計画を変更し（又は樹立に際し）、当該特定保安林が指定の目的に即して機能することを確保することを旨として、次に掲げる事項を追加して定めなければならない（法第39条の4第1項）。

　ア　造林、保育、伐採その他の森林施業を早急に実施する必要があると認められる森林（以下「要整備森林」という。）の所在

　イ　要整備森林について実施すべき造林、保育、伐採その他の森林施業の方法及び時期に関する事項

　ウ　その他必要な事項

2) 地域森林計画の変更（樹立）に際し、上記ア〜ウに関し直接の利害関係を有する者から異議の申し立てがあったときは、公開による意見の聴取を行わなければならない（法第39条の4第3項）

（注）2）については、要整備森林に関し、必要に応じて下記（5）による保安施設事業の受認義務が課せられ、これは新たな私権の制限を伴うものであることから、同様の受認義務が課せられる保安施設地区の指定の手続きに準じて関係人の意見を聴取する機会を設けるもの。

（4）要整備森林に係る施業の勧告等

1) 都道府県知事は、森林所有者等が要整備森林について（3）の1）のイの施業の方法を遵守していないと認める場合、当該森林所有者等に対して施業すべき旨の勧告ができる（法第39条の5第1項）。

2) 都道府県知事は、1）の勧告を受けた者がこれに従わない又は従う見込みがないときは、要整備森林若しくはその立木についての所有権の移転若しくは使用・収益権の設定若しくは移転又は施業の委託に関し協議すべき旨等の勧告ができる（法第39条の5第2項）。

3) 地方公共団体、（国研）森林研究・整備機構は、2）に関し、都道府県知事から勧告を受けた者に対し、速やかに当該勧告に係る協議を申し入れるよう努める（法第39条の5第3項）。

4) 要整備森林については、市町村の長による施業の勧告（法第10条の10）は適用しない（法第39条の6）。

（注1）権利移転等の協議勧告の相手方は、権利移転を受けようとする者で都道府県知事の指定を受けた者とされているが、森林組合その他の事業体のほか、市町村や都道府県自らを指定することも可能。

（注2）森林所有者等又はその所在が不分明であるときは、法第189条の規定により、市町村の事務所に掲示するとともに、都道府県の公報に掲載することによって上記1）及び2）の勧告がなされたものとみなされる。

（5）要整備森林における保安施設事業の実施

上記（4）の2）の勧告に係る協議が調わず、又は協議することができないときであって、都道府県知事が保安施設事業（森林の造成事業又は森林の造成に必要な事業に限る。）を行おうとするときは、要整備森林の森林所有者等の関係人は、その実施行為を拒んではならない（法第39条の7第1項）。

（注）これは権利の移転等の協議が実施できないか又は協議が調わない場合で、緊急に保安施設事業を行う必要が生じたとき

に、適期の施業が実施できないために保安林の機能の低下が一層進行し災害を発生させてしまうことのないよう、保安施設事業を円滑に実施できるよう新たに措置されたもの（後述の保安施設地区の指定と同様の効果）。

14　保安林に係る権限の適切な行使

　農林水産大臣及び都道府県知事は、保安林の指定目的が十分に達成されるよう、保安林の指定に係る権限を適切に行使する。また、保安林制度の負う使命にかんがみ、保安林に関し森林法及びこれに基づく政令の規定によりその権限に属させられた事務を適正に遂行するほか、保安林に係る制限の遵守及び義務の履行について有効な指導及び援助を行い、その他保安林の整備及び保全のため必要な措置を講じて、保安林が常にその指定の目的に即して機能することを確保するように努めなければならない（法第40条）。

　この規定により現に行われている指導及び援助その他保安林の整備・保全のために必要な措置としては、伐採調整資金の貸付、保安林の保護巡視、保安林整備事業等の治山事業の実施、林業普及指導員による保安林の施業に関する指導、分収造林の実施等をあげることができる。

15　罰則

（1）無許可での土地の形質変更等

　次のいずれかに該当する者は、3年以下の懲役又は300万円以下の罰金に処される（法第206条）。
1）　法第34条第2項（法第44条において準用する場合を含む。）の規定に違反し、土石又は樹根の採掘、開墾その他の土地の形質を変更する行為をした者
2）　法第38条第2項の規定による命令（土石又は樹根の採掘、開墾その他の土地の形質を変更する行為の中止又は復旧に必要な行為をすべき旨を命ずる部分に限る。）に違反した者

（2）無許可での立木竹の伐採等

　次のいずれかに該当する者は、150万円以下の罰金に処される（法第207条）。
1）　法第34条第1項（法第44条において準用する場合を含む。）の規定に違反し、保安林又は保安施設地区の区域内の森林の立木を伐採した者
2）　法第34条第2項（法第44条において準用する場合を含む。）の規定に違反し、立竹を伐採し、立木を損傷し、家畜を放牧し、又は下草、落葉若しくは落枝を採取する行為をした者
3）　法第38条第1項の規定による命令、同条第2項の規定による命令（土石又は樹根の採掘、開墾その他の土地の形質を変更する行為の中止又は復旧に必要な行為をすべき旨を命ずる部分を除く。）又は同条第3項若しくは第4項の規定による命令に違反した者

（3）無届択伐又は無届間伐等

　次のいずれかに該当する者は、100万円以下の罰金に処される（法第208条）。
1）　法第31条（法第44条において準用する場合を含む。）の規定による禁止命令に違反し、保安林

予定森林において立木竹の伐採又は土石若しくは樹根の採掘、開墾その他の土地の形質を変更する行為をした者
2） 法第34条の2第1項（法第44条において準用する場合を含む。）の規定に違反し、届出書の提出をしないで択伐による立木の伐採をした者
3） 法第34条の3第1項（法第44条において準用する場合を含む。）の規定に違反し、届出書の提出をしないで間伐のため立木の伐採をした者

（4）保安林の標識の移動、汚損又は破壊

次に該当する者は、50万円以下の罰金に処される（法第209条）。
法第39条第1項又は第2項（法第44条において準用する場合を含む。）の規定により設置した標識を移動し、汚損し、又は破壊した者

（5）立木伐採時の届出義務違反

法第34条第8項（法第44条において準用する場合を含む。）の規定に違反して、都道府県知事に届け出ない者は、30万円以下の罰金に処される（法第210条）。

（6）両罰規定

法人（法人でない団体で代表者又は管理人の定めのあるものを含む。）の代表者若しくは管理人又は法人若しくは人の代理人、使用人その他の従業者が、その法人又は人の業務又は財産に関し、（1）～（5）の違反行為をしたときは、当該行為者が罰せられるほか、その法人又は人に対して、（1）～（5）それぞれの罰金刑が科される（法第212条第1項）。

（注）法第44条において準用する場合とは、保安施設地区において準用する場合である。

16　保安林行政上の主要施策

保安林制度をどのように運用するかは、政策上の問題であるが、森林による国土保全の中核をなす重要施策として推進されている。
この内容は多岐にわたるが、以下にその概要を述べる

（1）保安林の現況

令和5年度末現在の保安林面積は、実面積で約1,229万ha、延べ面積で約1,305万haに達し、全国の森林面積に占める割合は約49％となっている（p82の「国有林・民有林別延べ面積」を参照）。
所有区分別でみると、国有保安林が約692万ha、民有保安林が約537万ha（実面積ベース）となり、国有林の約9割、民有林の約3割が保安林に指定されている。

国有林・民有林別延べ面積（令和6年3月31日現在）

(単位：千ha)

保安林種別		国有林	民有林	合計	対全保安林比率（延べ面積）（％）
1号	水源かん養保安林	5,703	3,570	9,273	71.1
2号	土砂流出防備保安林	1,082	1,543	2,626	20.1
3号	土砂崩壊防備保安林	20	41	61	0.5
1〜3号保安林計		6,805	5,155	11,959	91.6
4号	飛砂防備保安林	4	12	16	0.1
5号	防風保安林	23	33	56	0.4
5号	水害防備保安林	0	1	1	0.0
5号	潮害防備保安林	5	9	14	0.1
5号	干害防備保安林	50	77	126	1.0
5号	防雪保安林	−	0	0	0.0
5号	防霧保安林	9	53	62	0.5
6号	なだれ防止保安林	5	14	19	0.1
6号	落石防止保安林	0	2	3	0.0
7号	防火保安林	0	0	0	0.0
8号	魚つき保安林	8	52	60	0.5
9号	航行目標保安林	1	0	1	0.0
10号	保健保安林	359	345	704	5.4
11号	風致保安林	13	15	28	0.2
4号以下保安林計		477	614	1,091	8.4
合計（延べ面積）		7,282	5,768	13,050	100.0
合計（実面積）		6,921	5,367	12,288	100.0
全保安林面積に対する比率（実面積）		56.3	43.7	100.0	
全国森林面積に対する比率（実面積）		27.7	21.4	49.1	
所有別面積に対する比率（実面積）		90.4	30.9		
国土面積に対する比率（実面積）		18.3	14.2	32.5	

（注1）兼種指定（同一箇所で2種類以上の保安林種に指定）されている保安林については、それぞれの保安林種ごとにとりまとめた。
（注2）「実面積」は、兼種指定されている保安林の重複を除いた面積である。
（注3）全国森林面積は令和4年3月31日現在（林野庁計画課調べ）。
（注4）国土面積は令和6年4月1日現在（国土交通省国土地理院調べ）。
（注5）当該保安林種が存在しない場合は「−」、当該保安林種が存在しても面積が0.5千ha未満の場合は「0」と表示。
（注6）単位未満四捨五入のため、計と内訳は必ずしも一致しない。

(2) 保安林の配備

　保安林の配備については、従来、保安林整備臨時措置法に基づき樹立される保安林整備計画及び全国森林計画を踏まえ指定等を行ってきたところであるが、平成15年度末で保安林整備臨時措置法が失効したこと及び平成15年の森林法の一部改正により全国森林計画において森林の保全に係る事項が拡充されたことを踏まえ、今後は全国森林計画に即し流域内の状況を勘案した地域森林計画や国有林の地域別の森林計画を活用することにより、適切な保安林の配備を計画的に推進することが重要である（全国森林計画（令和5年10月13日閣議決定）、「地域森林計画等に基づく計画的な保安林の指定、解除等について」（平成24年3月30日付け23林整治第2925号林野庁長官通知））。

(3) 民有保安林に係る関連措置

1) 民有林補助治山事業

　民有林に関する治山事業としては、直轄治山事業と補助治山事業があるが、ここではこのうち保安林整備事業として位置付けられているものについて述べるにとどめる。

ア　保安林総合改良事業

　表土の流出等水源涵養機能等の低下した保安林において、複層林への誘導・造成等を行う事業。

イ　保育事業

　治山事業施行地の森林等の機能が低位な保安林を対象とし、下刈、本数調整伐、受光伐等の保育を行う事業。

ウ　保安林買入事業

　周辺に開発が及ぶなど、滅失の危険に直面している国土保全等効果と保健効果を兼ね備えた保安林等を都道府県が買い入れ、その適正な維持を図る事業。

2) 水源林造成事業

　水源林造成事業は、重要河川の奥地保安林及び計画地に存在する原野、無立木地等を早急に造林して保安林機能を向上させるために、昭和24年度から、民有林治山事業の一部として発足した。

　この間、より効果的な実施を確保するために昭和32年度から官行造林事業として実施することに改められ、32年度から34年度までの3年間を移行の整理期間にあて35年度からはすべて官行造林事業によることとなった。

　さらに、対象地の分布状況及び国有林業務の実態等から、より的確に実施するため独立の機関を設置する必要を認め、昭和36年度からは森林開発公団、独立行政法人緑資源機構を経て、平成29年度からは、国立研究開発法人森林研究・整備機構が分収造林契約等の手法により行っている。

　水源林造成事業は、国立研究開発法人森林研究・整備機構法（平成11年法律第198号）に基づき、同機構が、「水源を涵養するための森林の造成」を実施するものであるが、その対象地は、次の条件に該当する土地である。

ア　法第25条第1項第1号の保安林又は同予定地
　　イ　水源かん養の目的を兼備する法第25条第1項第2号若しくは第3号の保安林又は同予定地
3）森林環境保全整備事業等
　　保安林及び特定保安林における造林等の施業や林道の開設について、公益性及び緊急性等の観点から助成上の優遇措置がある。
4）伐採調整資金
　　保安林の立木の伐採は、原則として標準伐期齢以上でなければできないので、利用伐期齢から伐採が許可されるまでの期間の伐採制限に伴って必要とする資金を伐採調整資金として日本政策金融公庫が貸し付けることとしている。
　　伐採調整資金制度は、昭和26年に普通林についての伐採許可制が布かれたときに創設されたものであるが、保安林に関しては昭和32年度から設けられている。
5）林業経営育成資金
　　不在村森林所有者の増加等により適切な施業がなされない、また放置されている森林等がみられることから、要整備森林（法第39条の4第1項第1号）等を林業経営に意欲的に取り組んでいる者が取得する場合に、日本政策金融公庫が必要な資金を貸し付けることとしている。
6）税制上の取扱い
　　ア　不動産取得税、固定資産税及び特別土地保有税は課税されない（地方税法第73条の4第3項、同法第348条第2項第7号、同法第586条第2項第28号）。
　　イ　相続税、贈与税の課税が軽減される。相続又は贈与による課税財産の評価において禁伐のものについては8割、単木選伐のものについては7割、択伐のものについては5割、一部皆伐のものについては3割に相当する金額を控除した金額によって評価することとされている。
　　　　（国税庁長官通達「相続税財産評価に関する基本通達50、123）
　　ウ　そのほか、相続税の延納に伴う利子税の軽減、保安施設事業のために国又は地方公共団体に譲渡した場合の所得税及び法人税の特別控除等の措置がある。
　　　　（利子税　租税特別措置法第70条の9第1項）
　　　　（所得税　租税特別措置法第34条第2項第5号）
　　　　（法人税　租税特別措置法第65条の3第1項第5号）

第4節　保安施設地区制度

1　治山事業の定義

　「治山事業」という名称の事業は、戦後、公共事業の一環として誕生したが、その実態は、戦前から行なわれていた森林治水事業（このうち、主として荒廃林地復旧事業）と災害防止林造成事業（地すべり防止、海岸砂防林造成など）とを整理総合して再編成されたものである。

　「治山事業」が法令用語として定義されたのは、治山治水緊急措置法（昭和35年法律第21号）においてであり、現在は、森林法（昭和26年法律第249号）第10条の15第4項第4号に定義されている。この中で治山事業は、「森林法第41条第3項に規定する保安施設事業及び地すべり等防止法（昭和33年法律第30号）第51条第1項第2号に規定する地すべり地域又はぼた山に関して同法第3条又は第4条の規定によって指定された地すべり防止区域又はぼた山崩壊防止区域における同法第2条第4項に規定する地すべり防止工事又は同法第41条のぼた山崩壊防止工事に関する事業をいう。」と定義されている。

2　治山事業と保安施設地区

（1）旧森林法下における治山事業と保安林

　旧森林法時代（昭和26年の森林法制定以前）においては、森林法には保安施設事業という概念はなかったが、治山事業と保安林制度との結びつきは行政指導によって強く行われていた。すなわち、治山事業は、保安林又は保安林編入予定地（旧法においては、国土保全上必要な場合には、森林以外の土地でも保安林に編入することができた。）において優先的に行われ、また、治山事業を行った箇所は、必ず保安林に編入する方針がとられてきたのであり、治山施設の維持管理は、事実上保安林制度によって行われてきたと考えられる。

　このように、治山事業は、元来、保安林造成ないしは保安林強化事業という本質をもっており、山地治山などにおける土木的施設も、森林の保全機能を補う意味で設置されるという考えが基本をなしている。

（2）保安施設地区制度の創設

　昭和26年制定の森林法によって設けられた保安施設地区制度も、このような行政指導による旧法時代の実績が法制化されたものということができるが、これを法制化した理由は、次の2点にある。

　1）　治山事業に法的裏付けをすること。治山事業は、従来から国又は都道府県によって行われてきたが、その事業の施行に当たっては、特に民有林の場合は土地所有者等の承諾を必要とし、これらは個々の取り決めに委されてきた。しかしながら、治山事業の重要性が高まっていたことから、その実施に当たって法的な裏付けが必要とされた。

(注) 土地の収用と治山事業との関係

　公益上の必要から他人の土地を収用するには、その一般法たる土地収用法に列挙された事業（同法第3条）又は特別の法令で定められている事業の用に供するものでなければならないが、治山事業については土地収用法にも、また、森林法にもその規定はない。国土保全上の基本的な事業として公益性を有するにもかかわらず土地収用ができない（砂防法の砂防設備のためにはできる）のは、この事業の本質に由来する。

　つまり、治山事業の主体をなしている保安施設事業は、後述するように、特定の保安林の指定目的を達成するために行う森林の造成事業又は森林の造成若しくは維持のために必要な事業であるから、その事業による施設を独立したものとせず森林と一体（不可分）なものとして位置づけ、その事業を実施するために必要がある場合には、受忍義務を課して強制的に事業を実施することができるようにしたのである。それは、保安林における制限は、保安林たる森林についてその権利を制限することであって、これを失わせしめることではなく（このような制限を学問上「公用制限」という。）、単に権利を制限するのではなく、これを失わせしめることを内容とする公用収用及び公用換地までを必要とするものではないからである。その公益目的を達成するために公用制限によるべきか、公用収用によるべきかは相手方に対して課する負担の程度によって分かれ、例えば、道路や河川のような専ら公共目的のみに供され私的な利用を認める余地のないものは土地収用の方法を採るべきであり、保安林などのように一定の範囲ではその財産の利用を容認することが可能なものについては公用制限が行われるのである。

2）　治山施設の維持、管理行為の確保を期すること。国又は都道府県の財政投資によって施行された治山施設の維持管理が、従来、必ずしも十分に確保されてきたとは言えなかったことにかんがみ、これらを事業の目的を達するように国又は都道府県がより積極的に行うことができるよう体制の整備を図った。

3　保安施設地区制度の概要

（1）制度の内容

　農林水産大臣は、保安林の指定目的のうち、水源のかん養又は災害の防備の目的（法第25条第1項第1号から第7号の目的）を達成するために森林の造成事業、森林の造成若しくは維持に必要な事業（保安施設事業）を行う必要がある場合には、保安施設地区の指定を行うことができる（法第41条第1項）。

　この保安施設事業の実施及び保安施設事業に係る施設の維持管理行為は、国又は都道府県が行うものであるが、当該行為を法的に裏付けるものが保安施設地区制度である。すなわち保安施設地区の指定を受けるとこれらの土地所有者等は、保安施設事業の実施及びその維持管理行為について受忍義務を課せられることになる（法第45条第1項）。

　また、国又は都道府県は、その行為により損失を受けた関係人に対しては通常生ずべき損失を補償しなければならない（同第2項）。

　保安施設地区の指定は7年以内で事業を実施するに必要な期間とし、必要があるときは3年以内で延長することができる旨定められている（法第42条）。

　また、保安施設地区の指定の有効期間が満了した時に森林であるものは、既に保安林となっているものを除いて、その時に、保安林に指定されたものとみなされ、以後は保安林として管理されることとなる（法第47条）。

　保安施設地区の指定手続は保安林の指定手続が準用され、予定から確定という段階を踏む。ただし、災害復旧のため緊急に保安施設事業を行う必要があるため保安施設地区の指定を行う場合には法

第32条第4項の規定は準用されない（予定告示後直ちに確定告示をすることができる。）（法第44条ただし書）。

また、原則として、海岸保全区域との重複を排除することも保安林と同様である（法第41条第4項）。

（2）国有林における運用と実務上の注意

保安施設地区制度には国有林についての例外規定はないので、必要があれば国有林も民有林と同様保安施設地区の指定をすることになる。しかしながら保安施設地区に指定することの効果は、受忍義務を課すことによって事業の実施及びその後の維持管理を法に基づくものとして円滑かつ合理的に行うことができ、施行跡地の森林は保安林に転換して保安林としての管理が行われることにある。

このため、国有林野の管理経営に関する法律第2条に規定する国有林野、保安林又は保安林予定森林（法第25条第1項第8号から第11号までに掲げる目的に係るものを除く。）等については、保安施設事業の実施につき当該土地の所有者等の同意を得ることができないと認められる場合、当該事業が大規模でかつ長期にわたる場合、又は当該事業実施の区域に当該土地以外の土地が含まれる場合を除き、指定を省略して差し支えないものとして運用されている（基本通知）。このことは、保安林指定が例外なく国有林についても行われていることと矛盾するように見られるかもしれないが、保安林指定が森林について立木の伐採その他の行為制限等によって一定の公益目的を実現しようとするのに対し、保安施設地区の指定は前述したように受忍義務を課し事業の実施等を効果的に確保することを目的としているのであるから、画一的な運用をする必要はないとしているのである。

ただし、民有林について国が行う治山事業、いわゆる民有林直轄治山事業の施行地については一般民有林の補助治山事業と同様に指定の省略ができる場合を除き、保安施設地区に指定することとなる（森林法第41条第1項、局長通知）。民有林直轄治山事業の施行地について、保安施設地区の指定をする場合、特に注意を要する点について述べる。

1）保安施設地区の指定は、直轄治山事業の施行地については森林管理局長の上申によって行う（局長通知）。この場合の上申書の内容等については都道府県知事が民有林について申請をする場合と同じである。

2）地すべり等防止法による地すべり防止工事として行うものについても、その工作物が保安施設事業との兼用工作物である場合（森林の造成事業又は森林の造成若しくは維持に必要な事業の工作物を兼ねると認められる場合）は、その部分について保安施設地区の指定を行う（地すべり防止区域の一部又は全部と保安施設地区の指定が重複することになるが、工作物に対する災害復旧等を保安施設事業として行うためには保安施設地区に指定しておく必要があるため）。

3）都道府県知事は、国が行う保安施設事業の実施のために指定された保安施設地区内における立木竹の伐採その他の行為に係る法第44条において準用する法第34条第1項若しくは第2項に規定する許可の申請又は規則第60条第1項第5号から第9号までの規定による届出を受けたときは、保安施設事業を行う森林管理局長の意見を聴くこととされている（基本通知）。

4）森林管理局長は、国が行う保安施設事業の実施のために指定された保安施設地区において当

該保安施設事業が完了したときは、転換調書及び転換調査地図を作成して都道府県知事に送付する（局長通知）。

　都道府県知事はこれに基づき、指定の有効期間が満了したとき保安林に転換したものについて、遅滞なく森林所有者並びに当該保安林の所在地を管轄する市町村及び登記所に対し、当該保安林の所在場所その他必要な事項を通知することとなっている（基本通知）。

第5節　保安林を対象とする利用・開発との関係

1　保安林とレクリエーションの森

　レクリエーションの森は、自然景観、森林の保健・文化・教育的利用の現況及び将来の見通し、地域の要請等を勘案して、国民の保健・文化・教育的利用に供する施設又は森林の整備を特に積極的に行うことが適当と認められる国有林野であり、レクリエーションの森管理経営方針書において、施設の設置その他当該国有林野の利用に関する具体的な方針を定めるものとされている。

　方針書の作成に当たっては保安林等の制限の趣旨を尊重することとされており、施設の設置に当たり、保安林の解除を要する場合は、転用解除の基本的考え方等を踏まえ、林野庁との連絡調整を図るなど適切に対処する必要がある。

　また、レクリエーションの森のうち、優れた林相を有する等公衆の保健休養に資する森林については、保健保安林の積極的な指定を図ることとしている。

2　保安林と分収林・共用林野などの関係

　保安林に分収林契約の締結及び国有林の共用林野の設定がなされることはありうるが、いずれの場合でも、保安林の指定目的の達成上支障がない見通しの上でなされなければならない。

　分収林については、指定施業要件の範囲内の施業で契約締結の目的が達成できる場合には問題がないであろうが、共用林野の場合には、下草、落葉、落枝の採取や土石の採掘など法第34条第2項との関係について特に慎重な考慮が必要である。

　上記とは逆に、分収林、共用林野などが保安林指定の対象となることもありうるし、その際、それらの契約の解除を必要とする場合もある。

3　鉱業用地としての使用

　鉱業法（昭和25年法律第289号）は、鉱物資源を合理的に開発することによって公共の福祉の増進に寄与するため、鉱業に関する基本的制度を定めることを目的としており（同法第1条）、適用鉱物の種類、鉱業権の内容その他必要事項を規定している。

　鉱業権は鉱区（同法第5条）における試掘権及び採掘権をいうが、この権利は鉱物を採掘しその所有権を取得することを内容とする権利で、一般に土地を使用する権利を含まないが、必要な場合は、土地の使用又は収用の権利が認められている（同法第104条及び第105条）。

　以下、保安林と鉱区の関係で注意すべき点について述べる。

（1）鉱業と公益との調整

　鉱業による一般公益又は他産業に対する影響が大きい場合には、公害等調整委員会が「鉱区禁止地域」を指定することができる。また、一般の鉱業権設定の出願があったときは、経済産業局長は、関

係都道府県知事（国の所有する土地については、当該行政機関）に協議しなければならないこととされている（同法第24条）ことから、この協議のあったときには、鉱区設定に伴い当然予想される問題点について十分調査し、鉱区設定の可否、必要条件などを慎重に検討しなければならない。対象の森林が保安林であれば、保安林の作業許可又は解除の問題についても検討を要する。

　保安林の指定により鉱業権行使に相当な影響が及ぶときには、両者の調整が必要である。なお、指定手続として、鉱業権者に対して法第30条及び法第30条の2の予定通知が必要として取扱われている。

（2）鉱区についての保安林指定等

　鉱区について保安林の指定を行うことがあるが、これは、鉱業の制限をするためではなく、あくまで森林の機能による公益を確保するためである。鉱業すなわち鉱石の採掘によって生じる公共の危害は、鉱山保安法で取り締まるべきもので、保安林の指定に伴う制限によるべきものではない。

　保安林の指定があった場合においてそれに不服がある者及び保安林の解除が得られなかった者又は法第34条第2項の許可を得ることができなかった者等でそれが鉱業に関するものであるときは、公害等調整委員会に裁定を申請することができる（法第190条第1項）。指定施業要件の変更、保安施設地区の指定に関しても同様の規定がある。

（3）鉱業のための保安林解除

　鉱業権の行使は私益の追求ではあるが、保安林解除の理由としては、公益上の理由によるものとして扱われている（基本通知）。これは、鉱業権の行使は、一面において国家資源開発という国民経済上の大きな立場があるので、鉱業法が特定の地域に限って鉱区を設定し、一般公益の確保を前提として鉱業権を保護して土地の使用、収用を認めている（鉱業法第104条及び第105条）などの事情によるものである。

　しかし、既に解除関係の説明において述べたように、たとえそれが公益上の理由であろうとも、保安林の公益性との比較の問題になるわけであるから、無条件に保安林を解除するようなことがあってはならない。特に、土砂及び流水の処理、法面の保護等については十分な検討をする必要がある。

　また、問題となるような箇所については、鉱業権設定の際の経済産業局長からの事前協議において、その特殊事情を明らかにしておくことが望ましい。

　また、鉱業のための保安林解除について不解除の処分をした場合に、それに不服がある者は公害等調整委員会にその裁定を申請することができる（法第190条第1項）。

　なお、公害等調整委員会に対して行う裁定の申請に係る具体的な事項については、鉱業等に係る土地利用の調整手続等に関する法律（昭和25年法律第292号）において規定されている。

4　国有保安林の貸付等

（1）農林業の構造改善等のための国有林野の活用

　国有林野の活用については、「国有林野の活用に関する基本的事項の公表について」（昭和46年8月

20日農林大臣公表）により、国有林野の管理及び経営の事業の適切な運営の確保に必要な考慮を払いつつ適地を選定するものとし、保安林については原則として活用の対象地として選定しないこととしている。

ただし、当該活用に係る土地の利用形態、当該国有林野の有する機能、法令の規定による制限の解除等の見通し、国有林野の所在する地域の経済的又は社会的実情等を考慮して、森林管理局長が活用の対象地として選定することをやむを得ないものと認めるときはこの限りでない（同公表）。

この場合において、農林事務次官通達（「国有林野の活用に関する法律の施行について」昭和46年8月20日付け46林野管第427号）で適切な運用を指示しており、さらに農林省農政局長、林野庁長官等の連名通達（「農林業構造の改善等のための国有林野の活用手続に関する要領について」昭和46年8月20日付け46林野管第428号）で保安林を活用適地として選定しようとするときは、森林管理局長は、当該活用の目的、態様等からして、保安林内の作業許可を要するときは、あらかじめ都道府県知事と当該許可の見通しについて十分連絡をとるものとし、保安林の解除を要するときは、事前相談の様式に従い、林野庁長官に報告し、当該保安林の指定の解除の可否見通しを得るものとされている。これにより、解除の見通しのついたものは、農用地として選定手続を進めることとなるが、この場合の解除の見通しは、前述の「転用のための保安林解除」の考え方で審査することになり、転用の必要性、計画の具体性及びこれによる保安機能上の影響が主要な判定因子となる。

保安林解除の手続は、事業計画が真に具体化したうえで行い、そのあとで、所属替、売払い又は貸付の手続を行うよう指導されている。

以上の手続によって適正な処理が図られることとなるが、内容的には、解除の見通しについての指示を受けるにあたっての報告書が、一般の解除調書と同じように、問題点をもれなくとらえており、林野庁長官の判断を誤らせることのないように整っていることが大切である。

（2）売払い

森林管理局長は保安林である不要存置林野を売り払おうとする場合において当該保安林の指定を解除しても支障がないと認められるときは、その手続をしなければならない（国有林野管理規程第38条）ことになっている。

また、保安林として指定されている国有林野を保安林指定の継続のまま売払いしようとするときは、当該保安林の売払い等について関係地方公共団体の同意が得られているものであって、次に掲げる要件を満たすものに限り、売払いの対象とすることができることとしている。

1） 利用目的が地域住民等の保健休養等のための森林公園、自然教育の場の提供等のための自然観察林、その他これに類するものであること。
2） 売払い相手方が地方公共団体等随意契約の適格者であって、保安林の管理経営能力と意欲があり、保安林機能の維持増進が見込まれること。
3） 売払いの規模が、国土の保全等国有林野事業の使命達成上支障のない範囲であること。

第6節　保安林制度と類似の制度

保安林制度の運用にあたっては、これと類似の公益目的のために森林の施業を制限する制度との関係が問題になる場合があり、特に注意が必要である。

1　民有林の開発行為の許可制度（林地開発許可制度）（森林法）

昭和49年5月1日法律第39号により森林法の一部が改正され、地域森林計画の対象になっている民有林（保安林、保安施設地区及び海岸保全区域内の森林を除く）において開発行為をしようとする者は、都道府県知事の許可を受けなければならないこととされた（法第10条の2）。ここで、開発行為とは、土石又は樹根の採掘、開墾その他の土地の形質を変更する行為であり（法第10条の2第1項）、その規模は、専ら道路の新設、改築を目的とする行為は当該行為に係る土地の面積が1haを超え、かつ、道路の幅員が3m（路肩部分等を除く。）を超えるもの、太陽光発電設備の設置を目的とする行為は当該行為に係る土地の面積が0.5haを超えるもの、その他の行為は当該行為に係る土地の面積が1haを超えるものをいう（令第2条の3）。

なお、次の場合は許可を要しない（法第10条の2第1項第1号から第3号）。
（1）　国又は地方公共団体が行なう場合
（2）　火災、風水害その他の非常災害のために必要な応急措置として行なう場合
（3）　森林の土地の保全に著しい支障を及ぼすおそれが少なく、かつ、公益性が高いと認められる事業で農林水産省令（規則第5条）で定めるものの施行として行う場合

本制度については第7節で説明する。

2　砂防指定地（砂防法）

砂防指定地は、砂防法第2条に基づき、国土交通大臣が、砂防設備を要する土地又は治水上砂防のため一定の行為を禁止もしくは制限すべき土地として指定する土地で、この土地についての禁止又は制限の内容は都道府県知事が定めることになっている（同法第4条）。

砂防指定地の指定と保安林の指定は、各々の目的のためになされるものであり、重複して指定される状況も起こり得る。これを調整するために数次にわたって通達が出されている。

その第1は「砂防法ト森林法適用上ノ調和ニ関スル件（大正2年4月16日付内184内務省土木局長、農商務省山林局長カラ府県知事へ依命通牒）である。この中で、砂防指定地のうち、当分砂防工事を行う見込みのないもので森林法により施設を整備する必要のあるものは、砂防指定地を解除すること、また、その反対に、保安林のうち、当分森林法により施設を整備する見込みのない部分で砂防工事の施工を必要とするものは、保安林を解除することを定めていた。

この問題は、本質的には治山事業と砂防事業との間の問題であり、両者の区分について、昭和3年の閣議決定により、森林造成を主体とする工事及び森林造成と同時に施工する必要のある渓流工事は

農林水産省所管、渓流工事及び造林の見込みのない急峻な山腹工事を主体とするものは内務省（現在の国土交通省）所管という基本的考え方が打ち出された。

しかし、なお問題が残されていたため、昭和27年の林野庁長官と建設事務次官の共同通達の中でも、「いずれか施業要件の強い方を残して他方を取り消す」方針が示された。その後、昭和38年に至り、砂防治山連絡調整会議を毎年1回、中央及び地方において開催して、適正な運営を図る方針がとられることになった（「治水砂防行政事務と治山行政事務の連絡調整について」昭38年6月1日付け38林野治第582号、建河発第267号　林野庁長官・河川局長から都道府県知事、営林局長、地方建設局長宛て）。

さらに、同年12月、両事業の円滑な実施を図るために両事業の事業区分と調整要領を定めた林野庁長官と河川局長の共同通達が出されている（「砂防事業と治山事業の取扱いについて」昭和38年12月7日付け38林野治第1811号、建河発第555号　林野庁長官、河川局長から都道府県知事、営林局長、地方建設局長宛て）。

3　地すべり防止区域（地すべり等防止法）

地すべり防止区域は、地すべり等防止法第3条に基づき、地すべり区域（地すべりが発生している区域又は発生するおそれのきわめて大きい区域）及び地すべり区域に隣接し地すべりを助長・誘発する、もしくは助長・誘発するおそれがきわめて大きい地域のうち、公共の利害に密接な関連を有するものを、主務大臣（国土交通大臣又は農林水産大臣）が知事の意見をきいて指定する。

地すべり防止区域についての行為制限のなかには、立木竹の伐採制限は含まれていないため、その区域内に部分的に土砂崩壊・流出などを防止する必要がある箇所があれば、保安林に指定する必要がある。しかし、地すべり防止のみを目的とする保安林指定はしない方針である。なお、区域内の保安林について森林法第34条第2項の作業許可を受けたときは、地すべり等防止法による許可は不要となっている（同法第20条第1項）。

また、地すべり防止区域の指定及び管理の主務大臣は、保安林又は保安施設地区が含まれる場合は農林水産大臣（林野庁所管）、砂防指定地が含まれる場合は国土交通大臣、これらがいずれも含まれない場合で、土地改良事業が施行されている場合等は農林水産大臣（農村振興局所管）、上記の全てに該当しない場合は国土交通大臣となる。保安林又は保安施設地区と砂防指定地がともに含まれる場合には、主務大臣が相互に協議して定めることになっている（同法第51条第1項・第2項）。

4　急傾斜地崩壊危険区域
（急傾斜地の崩壊による災害の防止に関する法律）

急傾斜地崩壊危険区域は、急傾斜地の崩壊による災害の防止に関する法律（以下、「急傾斜地崩壊防止法」という。）に基づき、崩壊するおそれのある急傾斜地（傾斜が30度以上の土地）で、その崩壊により相当数の居住者等に危害が生ずるおそれのあるもの及びこれに隣接し崩壊を助長・誘発するおそれがないよう行為の制限を要する土地を、都道府県知事が関係市町村長の意見をきいて指定する

(同法第2条及び第3条)。

　森林法及び急傾斜地崩壊防止法の目的及び行為制限の内容等を踏まえ、二重行政を防止するため、保安林・保安施設地区を含む土地について急傾斜地崩壊危険区域を指定しようとする場合には、都道府県の林務担当部局と協議することとして運用している。また、保安林・保安施設地区と重複して指定する場合についても、土砂の流出又は崩壊の防備を目的とする保安林等については、森林法第34条第1項及び第2項に基づき許可を受けた行為について、急傾斜地崩壊防止法に基づく許可は不要とされている（同法第7条第1項及び同施行令第2条第16号）。

　一方で、急傾斜地の崩壊を防止するため都道府県が施行する急傾斜地崩壊防止工事については、保安林（海岸保全区域内の森林で海岸管理者に協議して保安林に指定したものを除く。）又は保安施設地区等では実施しないこととされている（同法第12条）。

5　海岸保全区域（海岸法）

　海岸保全区域は、海岸法の目的（津波・高潮・波浪その他海水又は地盤の変動による被害から海岸を防護する等）を達成するため、都道府県知事によって指定され（同法第3条第1項）、海岸堤防などの海岸保全施設についての工事その他の海岸管理が行われる。

　海岸保全区域の指定目的は、飛砂防備保安林、潮害防備保安林など海岸に関係のある保安林の指定目的と必ずしも同じではないが、既に保安林指定の項で述べたように、一応、海岸堤防などの海岸保全施設と海岸に存する保安林とは、海岸保全上同一の機能をもっているものとして、原則的には、両者の重複指定をさけることとしている（海岸法第3条第1項ただし書、森林法第25条第1項ただし書き及び法第25条の2第1項・第2項）。しかし、特別の必要がある場合には農林水産大臣と都道府県知事とが相互に協議すれば両者の重複指定ができることとしている（海岸法第3条第2項、法第25条第2項及び法第25条の2第1項・第2項。重複指定関係は保安施設地区においても同じ。）。

　保安林又は保安施設地区を海岸保全区域に指定する必要があるときの協議については、林野庁長官通達が出されている（「保安林又は保安施設地区に係る海岸保全区域の指定に関する協議について」昭和32年8月12日付け32林野第10847号各都道府県知事宛て）。その通達のなかで、重複指定に同意する場合の原則が示されているが、その趣旨は、海岸防災林造成事業（堤防、護岸等の海岸保全施設と同程度の機能を有する施設を施工して、潮害防備保安林などの維持又は造成をはかるもの）等の保安施設事業の実施計画のない海岸であって、これを防護するため特に必要な場合について、新設しようとする海岸保全施設の敷地及びその周辺5m程度の区域の範囲内で同意するということである。

　また、解除せずに重複して指定することとしているのは、海岸法には立木の伐採制限がないので必要な森林を保全するためには保安林でなければならないことによる。なお、両者が重複するものについての土地の形質変更等の制限に関しては森林法上の許可だけを受ければよいことになっている（海岸法施行令第2条第6号）。

6 自然環境保全地域及び都道府県自然環境保全地域（自然環境保全法）

　自然環境保全法（以下「自環法」という。）は、自然環境の保全を目的とする他の法律と相まって、自然環境の適正な保全を総合的に推進することを目的とする。原生自然環境保全地域及び自然環境保全地域は環境大臣が指定し、都道府県自然環境保全地域は都道府県が条例で定めるところにより指定する。

　自環法が保安林行政に関連をもつのは、相互の指定区域と立木の伐採等の制限についての2点であるが、指定区域については、原生自然環境保全地域と保安林は重複しないことになっている（森林法第25条第1項ただし書、自環法第14条第1項）。

(1) 自然環境保全地域

　この地域は、自然的社会的諸条件からみて自然環境を保全することが特に必要な区域として環境大臣により指定されるもので、保全計画（自環法第23条）に基づき特別地区（同法第25条）、海域特別地区（同法第27条）及び普通地区（同法第28条）に区分される。特別地区には、更に野生動植物保護地区（同法第26条）を定めることができる。

　保安林等と重複する場合の取扱いについては、保安林等（保安林、保安施設地区）が森林の維持造成と適正な森林施業の確保によって、水源の涵養、災害の防備等の公益目的を達成するために指定されるものであるのに対し、自然環境保全地域は、原則として、人為を排除し良好な自然環境を保全しようとするものであるから、保安林の指定目的に応じた保安機能の向上を図る上で支障が生じないよう十分に調整を行う必要がある。

　特別地区及び野生動植物保護地区における立木竹の伐採の方法及び限度については、保全計画に基づいて環境大臣が農林水産大臣に協議して指定した範囲内であれば許可を要しないこととされており（同法第25条第3項・第4項）、具体的には自然環境保全地域ごとに定められる保全計画において示されている。

　自然環境保全地域特別地区の規制と保安林等の関係は別図3（p96）のとおりである。

　特別地区における土地の形質変更等の許可は、保安林等においては森林法第34条第2項の許可があれば不要である（同法第25条第4項）。

　普通地区については、木竹の伐採制限はなく、土地の形質変更等の届出は、保安林等においては森林法第34条第2項の許可があれば不要である（同法第28条第1項）

別図3　自然環境保全地域特別地区の規制と保安林等の関係

① 規制行為の内容
- 自環法第25条第4項第1号（自環法第17条第1項第1号～第5号）
  - 建築物その他工作物の新築、改築、増築
  - 土地の形質の変更
  - 鉱物及び土石の採取
  - 水面埋立、干拓
  - 河川、湖沼の水位又は水量の増減
  - → 森林法第34条第2項の規定による許可済の行為は許可不要（自環法第25条第4項、ただし書）
- 自環法第25条第4項第2号 ── 木竹の伐採 ── 環境大臣と農林水産大臣が協議し保全計画に定められた伐採の方法及び限度内であれば許可不要（自環法第25条第4項、ただし書）

② 許可の基準 ── 自環法第25条第6項 ── 自環法施行規則第17条

③ 許可の主な適用除外 ── 自環法第25条第10項第4号
- 自環法施行規則第19条第1号イ ── 森林の保護管理のための標識の設置
- 自環法施行規則第19条第5号ハ ── 森林保育のための下刈り、つる切り又は間伐
- 自環法施行規則第19条第5号ニ ── 枯損した木竹又は危険な木竹の伐採
- 自環法施行規則第19条第5号ホ ── 測量、実施調査又は施設の保守の支障となる木竹の伐採
- 自環法施行規則第19条第12号イ
  - 森林法第34条第2項の各号に該当する土地の形質の変更等に係る行為
  - 保安施設事業、地すべり等防止法による地すべり防止工事若しくはぼた山崩壊防止工事を実施する行為

（2）都道府県自然環境保全地域

　この地域は、都道府県が条例に基づき指定する自然環境保全地域に準ずる地域であって、木竹の伐採、土地の形質変更等については、条例で定めるところにより自然環境の保全上、必要な規制を受ける（自環法第46条第1項）。

　なお、立木竹の伐採等については、自然環境保全地域の取扱いに準ずる。

7　国立公園及び国定公園の特別地域（自然公園法）

　国立公園及び国定公園の特別地域は、自然公園法に基づき、国立公園にあっては環境大臣が、国定公園にあっては都道府県知事が、それらの公園の風致を維持するために指定するもので、特別地域内においては、一定の行為が制限される（国立公園にあっては環境大臣の、国定公園にあっては都道府県知事の許可を必要とする（同法第20条第3項及び第21条第3項）。立木の伐採については、次に示すとおり、特別地域のうちの特別保護地区並びに第1種及び第2種の特別地域において制限される。

　木竹の伐採の許可基準（同法施行規則第11条第15項）
（1）　特別保護地区　…禁伐
（2）　第1種特別地域…単木択伐
（3）　第2種特別地域…択伐又は一定の要件を満たした皆伐
（4）　第3種特別地域…特に施業制限なし

8　史跡名勝天然記念物（文化財保護法）

　史跡、名勝又は天然記念物は、文化財保護法に基づき、記念物のうち重要なものを、文部科学大臣

が指定する（同法第109条）。指定された史跡名勝天然記念物は、所有者又はこれに代わる管理団体によって特別な管理が行われる。

　史跡名勝天然記念物の指定と保安林の指定が重複する場合があるが、両者の指定目的が異なり、指定の範囲や行為制限の内容も異なるので、互いの制度に齟齬が生じないよう、連絡調整を密に行うことが望ましい。

9　市街化区域等（都市計画法）

　都市計画法は、都市計画が農林漁業との健全な調和を図りつつ定められるべきことを基本理念として掲げており（同法第2条）、特に市街化区域に関する都市計画については、国土交通大臣又は都道府県知事がこれを定め又は同意しようとするときは、農林水産大臣にあらかじめ協議すべきこととし（同法第23条第1項）、農林漁業との調整を図ることとしている。

(1) 市街化区域

　都市計画には、無秩序な市街化を防止し、計画的な市街化を図るため、都市計画区域を区分して、市街化区域及び市街化調整区域が定められる（同法第7条第1項）。市街化区域はすでに市街地を形成している区域及びおおむね10年以内に優先的かつ計画的に市街化を図るべき区域（同法第7条第2項）、市街化調整区域は市街化を抑制すべき区域であり（同法第7条第3項）、ともにその区分及び各区域の整備、開発及び保全の方針が都市計画に定められる（同法第6条の2）。

　保安林が存する都市計画区域について都市計画がたてられる場合に保安林をどう取扱うかについては、農村振興局長通知（平成14年11月1日付け14農振第1452号）により、保安林は原則として市街化区域に囲まれることとなる小面積の保安林を除いて市街化区域に含めないよう調整することとしている。この取扱いは、保安林予定森林、保安施設地区についても同様である。

(2) 用途地域

　用途地域（同法第8条第1項第1号）は、都市における住居の環境を保護し、商業、工業の利便の増進等を図るために定められる（同法第9条）。

　市街化区域と市街化調整区域の区域区分が定められていない都市計画区域について、用途地域を定める場合の保安林の取扱いについては、農村振興局長通知（平成14年11月1日付け14農振第1452号）により、用途地域に囲まれることとなる小規模な保安林を除いて保安林を用途地域に含めないよう調整することとしている。この取扱いは、保安林予定森林、保安施設地区についても同様である。

(3) 風致地区

　風致地区は、都市計画における地域地区として都市の風致を維持するために定められる（同法第8条第1項第7号、同法第9条第22項）。風致地区内においては、建築物の建築、宅地の造成、木竹の伐採その他の行為については、政令で定める基準に従い地方公共団体の条例で定めるところにより、都市の風致を維持するため必要な規制を受ける（同法第58条第1項）。

10　特別緑地保全地区等（都市緑地法）

都市における緑地を保全することにより、良好な都市環境の形成を図るために（同法第1条）、都市計画において都道府県等は緑地保全地域（同法第5条）又は特別緑地保全地区（同法第12条）を定めることができ、当該区域内では木竹の伐採、土地の形質の変更等の行為について制限が課せられる。

緑地保全地域又は特別緑地保全地区については、その目的が保安林制度と重複する場合があり、これらの地域等については、同様の目的で保安林と重複して指定しないものとし、それ以外の場合であっても協議を行うこととしている。

なお、平成16年に都市緑地保全法が都市緑地法に改正され、緑地保全地域が新たに創設されるとともに、緑地保全地区が特別緑地保全地区に名称変更されている。

11　漁業法による制限区域（漁業法）

漁業法第161条によって、漁業者、漁業協同組合又はその連合会は、漁業に必要な目標の保存又は建設等の目的のために、都道府県知事の許可を受けて、他人の土地を使用し、又は立木竹若しくは土石の除去を制限することができるが、この規定による制限は、航行目標保安林の指定目的と重複する場合があることに留意すべきであろう。

12　森林地域（国土利用計画法）

国土利用計画法は、健康で文化的な生活環境の確保と国土の均衡ある発展を図ることを基本理念として掲げている（同法第2条）。

この法律により、国土利用計画（全国計画、都道府県計画、市町村計画）が定められ、この全国計画（都道府県計画が定められているときは、全国計画及び都道府県計画）を基本として都道府県知事は土地利用基本計画を定める（同法第9条第1項・第9項）。

土地利用基本計画においては、都市地域、農業地域、森林地域、自然公園地域、自然保全地域の区分をすることとしている（同法第9条第2項）。

ここで、森林地域とは、林業の振興又は森林の有する諸機能の維持増進を図る必要がある地域である（同法第9条第6項）。

また、都道府県知事は、土地の投機的取引が集中して行われると認められる場合及び地価が急激に上昇すると認められる場合等にあっては、規制区域の指定をする（同法第12条）。規制区域に指定されると土地に関する権利の移転等にあっては、都道府県知事の許可を受けなければならない（同法第14条）。

13 その他

　地域森林計画及び国有林の地域別の森林計画における計画事項、特に「保安林の整備、第41条の保安施設事業に関する計画その他保安施設に関する事項」（法第5条第2項第12号、法第7条の2第2項第1号）の内容については常に留意する必要がある。

　また、国有林野管理経営規程（平成11年1月21日農林水産省訓令第2号）に基づく保護林、レクリエーションの森などは、森林の経営主体である国有林当局が自主的に定めた森林施業上の区分であり、森林法に基づいて特定の目的で指定される保安林とは直接の関係はないものの、お互いの制度に齟齬が生じないよう、連絡調整を密に行うことが望ましい。

第7節　林地開発許可制度

1　林地開発許可制度の概要

(1) 林地開発許可制度の制定

　我が国においては、昭和40年代後半以降の金融の過剰流動性の下での土地開発が、ゴルフ場をはじめとして直接森林を対象として急増することになった。森林法においては、特に公益的な機能の高い森林については、保安林制度に基づき保全及び形成に努めてきたところであるが、保安林として指定された森林以外の森林については何ら法的規制措置が講じられていなかった。このため、昭和49年の森林法改正により、林地開発許可制度を創設し、保安林以外の森林についても、森林の土地の適切な利用を確保することとし、地域森林計画の対象となっている民有林（保安林、保安施設地区および海岸保全区域内の森林を除く）において開発行為をしようとする者は、都道府県知事の許可（自治事務）を受けなければならないこととした。

　森林は水源のかん養、災害の防止、環境の保全といった公益的機能を有し、国民生活の安定と地域社会の健全な発展に寄与しており、開発によりこれらの森林の機能が失われてしまった場合には、これを回復することは非常に困難である。このため、森林において開発行為を行うに当たっては、森林の有する役割を阻害しないよう適正に行うことが必要であり、かつ、それが開発行為を行う者の権利に内在する責務でもあることから、林地開発制度によりこれらの森林の土地について、その適正な利用を確保することしている。

　国有林（国庫帰属森林を含む）については、国の管理権限に基づいて適正な管理経営が確保されることから、林地開発許可制度の対象森林にはされていないが、国有林野事業の実施に伴う開発行為については、民有林における場合の模範となり得るよう、本制度の趣旨に沿って行うものとされている。国自ら開発を伴う事業を行う場合のほか、国以外の者に開発行為の実施を目的とした貸付、使用をさせる場合又は国以外の者に開発行為を前提とした事業を目的として譲渡をする場合には、民有林に係る都道府県知事に対する林地開発許可制度に関する通達に準じて取り扱うこととされている（「開発行為を伴う国有林野事業の実施上の取扱いについて」昭和49年10月31日付け49林野計第483号、林野庁長官から各営林局長宛て）。

(2) 林地開発許可制度の内容

　林地開発許可制度の内容を列挙すると次のとおりである。
1) 林地開発許可制度の対象となる森林は、都道府県知事がたてた地域森林計画の対象となっている民有林（保安林、保安施設地区、海岸保全区域を除く）（法第10条の2第1項）である。
2) 林地開発許可制度の対象となる開発行為は土石又は樹根の採掘、開墾その他の土地の形質を変更する行為で、次のいずれかに該当するものである（法第10条の2第1項、同施行令第2条の3）。
   ア　専ら道路の新設又は改築を目的とする行為
   　　当該行為に係る土地の面積が1haをこえ、かつ、道路（路肩部分及び屈曲部又は待避所と

　　　　　して必要な拡幅部分を除く。）の幅員が３ｍの規模をこえるもの
　　　イ　太陽光発電設備の設置を目的とする行為
　　　　　当該行為に係る土地の面積が0.5haの規模をこえるもの
　　　ウ　その他の行為
　　　　　当該行為に係る土地の面積が１haの規模をこえるもの。
　　　なお、これら開発行為の規模は、開発行為の許可制の対象となる森林における土地の形質を変更する行為で、実施主体、実施時期又は実施個所の相違にかかわらず一体性を有するものの規模をいい、総合的に判断することとしている。
　　　また、次のいずれかに該当する場合は当該許可の対象とはならない（法第10条の２第１項）。
　　　ア　国又は地方公共団体が行なう場合
　　　イ　火災、風水害その他の非常災害のために必要な応急措置として行なう場合
　　　ウ　森林の土地の保全に著しい支障を及ぼすおそれが少なく、かつ、公益性が高いと認められる事業で農林水産省令で定められるものの施行として行なう場合（規則第４条）
3）　開発行為をしようとする者は都道府県知事の許可を受けなければならない（法第10条の２第１項）。
4）　都道府県知事は、許可の申請があった場合には、次のいずれにも該当しないと認めるときは、これを許可しなければならない（法第10条の２第２項）。なお、それぞれの趣旨については、「開発行為の許可制に関する事務の取扱いについて」（平成14年３月29日付け13林整治第2396号農林水産事務次官依命通知）の第２の１の（１）を参照のこと。
　　　ア　当該開発行為をする森林の現に有する土地に関する災害の防止の機能からみて、当該開発行為により当該森林の周辺の地域において土砂の流出又は崩壊その他の災害を発生させるおそれがあること（災害の防止）（法第10条の２第２項第１号）
　　　イ　当該開発行為をする森林の現に有する水害の防止の機能からみて、当該開発行為により当該機能に依存する地域における水害を発生させるおそれがあること（水害の防止）（法第10条の２第２項第１号の２）
　　　ウ　当該開発行為をする森林の現に有する水源のかん養の機能からみて、当該開発行為により当該機能に依存する地域における水の確保に著しい支障を及ぼすおそれがあること（水の確保）（法第10条の２第２項第２号）
　　　エ　当該開発行為をする森林の現に有する環境の保全の機能からみて、当該開発行為により当該森林の周辺の地域における環境を著しく悪化させるおそれがあること（環境の保全）（法第10条の２第２項第３号）
5）　上記の許可には、条件を付することができる。その条件は、森林の現に有する公益的機能を維持するために必要最小限のものに限り、かつ、その許可を受けたものに不当な義務を課するものであってはならない（法第10条の２第４項・第５項）。
6）　都道府県知事は、森林の有する公益的機能を維持するために必要があると認めるときは、無許可開発をした者、許可条件に違反して開発をした者、偽りその他の不正な手段によって許可を受けて開発した者に対して、その開発行為の中止を命じ、又は期間を定めて復旧に必要な行

為をすべき旨を命ずることができる（法第10条の3）。また、無許可による開発行為をした者及び中止等の命令に違反した者は、3年以下の懲役又は300万円以下の罰金に処される（法第206条第1号・第2号）。

7） 林地開発許可の手続き等は、次に示すとおりである（p103の体系図を参照）。

ア 開発行為をしようとする者は申請書に開発行為に関する計画書等を添え、都道府県知事に提出する。

イ これを受けて、都道府県知事は、原則として現地調査を行うことにより、森林法及び関係通知に基づく許可基準により申請書の審査を行う。

ウ 都道府県知事は、都道府県森林審議会及び関係市町村長の意見を聴いた上で、林地開発許可の基準を満たす場合は林地開発の許可を行う。

エ 申請者は、開発計画に係る申請書及び添付図書の内容に従って、認められた開発行為を実施する。許可の際に条件が付されている場合はそれを順守する必要がある。

オ 都道府県知事は、当該開発行為の施行中において必要に応じて防災施設の先行設置や緑化等の措置を含め、当該開発行為が適切に行われているか調査する。

カ 申請者は開発行為を完了した場合には完了届を提出する。

キ 都道府県知事は、速やかに当該開発行為の完了確認を行う。この際、都道府県の担当職員が許可内容どおりに開発されているかを確認し、問題がなければ林地開発許可制度に関する手続きは終了となる。

2 林地開発における許可基準

2-1 林地開発許可の要件

地方自治法の規定による技術的助言として、「開発行為の許可制に関する事務の取扱について」（平成14年3月29日付け13林整治第2396号農林水産事務次官依命通知）」（以下「事務取扱通知」という。）及び「開発行為の許可基準等の運用について」（令和4年11月15日付け4林整治第1188号林野庁長官通知）（以下「運用通知」という。）が発出されており、林地開発許可制度における開発行為の許可は、許可の申請書及び添付書類の記載事項がこれらに示された要件を満たすか否かについて審査して行うこととされている。

2-2 主な許可基準の概要

事務取扱通知及び運用通知に示された主な許可基準の概要は次の通りである。

許可に当たっては、森林の有する公益的機能を確実に維持する観点から、開発行為の施行者が開発行為を適切に行うために必要な資力、信用、能力を有することを証する書類等の提出を求める（提出書類については、規則第4条及び運用通知の別記1を参照）とともに、開発行為の施行に当たってはえん堤、洪水調整池、沈砂池等の防災施設の設置を先行し、これら施設の設置の完了が確認されるまでは他の開発行為を行わない等の条件を付すこととしている。

また、緑化等の措置後から効果を発揮するまでに時間を要する措置について、その効果が発揮され

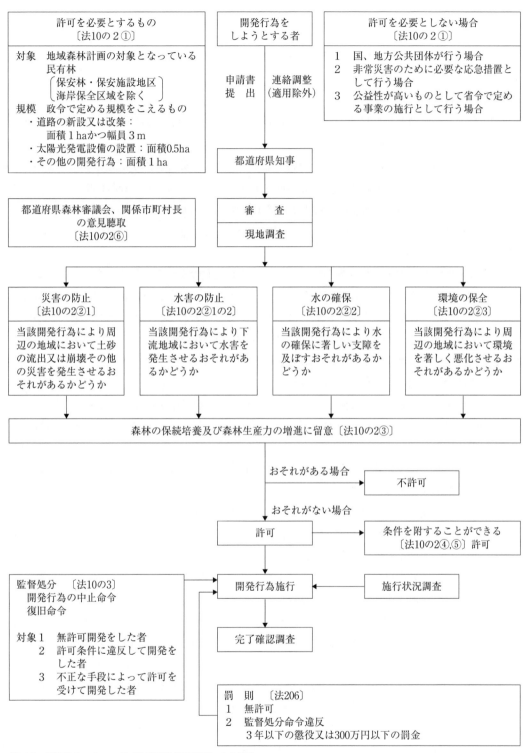

林地開発許可制度の体系図

(注1) 林野庁ホームページ（林地開発許可制度）より抜粋。
(注2) 〔 〕は、根拠法である森林法の条項を示す。

ないおそれがある場合は、一定期間植生の定着状況等の経過観察を行った上で、完了確認を行うこととしている。

（1）災害を発生されるおそれに関する事項（法第10条の2第2項第1号関係、運用通知第2）

1） 土砂の移動量

　開発行為が原則として現地形に沿って行われること及び開発行為による土砂の移動量が必要最小限度であることが明らかであること。

　スキー場の滑走コースの造成はその利用形態からみて土砂の移動が周辺に及ぼす影響が比較的大きいことから、その造成に係る切土量は1ヘクタール当たりおおむね1,000立方メートル以下、また、ゴルフ場の造成に係る切土量、盛土量はそれぞれ18ホール当たりおおむね200万立方メートル以下とする。

2） 切土、盛土又は捨土

　切土、盛土又は捨土を行う場合には、その工法が法面の安定を確保するものであること及び捨土が適切な箇所で行われること並びに切土、盛土又は捨土を行った後に法面を生ずるときはその法面の勾配が地質、土質、法面の高さからみて崩壊のおそれのないものであり、かつ、必要に応じて小段又は排水施設の設置その他の措置が適切に講ぜられることが明らかであること。技術的細則は次に掲げるとおりとする。

　ア　工法等は、次によるものであること。

　　（ア）　切土は、原則として階段状に行う等法面の安定が確保されるものであること。

　　（イ）　盛土は、必要に応じて水平層にして順次盛り上げ、十分締め固めが行われるものであること。

　　（ウ）　土石の落下による下斜面等の荒廃を防止する必要がある場合には、柵工の実施等の措置が講ぜられていること。

　　（エ）　大規模な切土又は盛土を行う場合には、融雪、豪雨等により災害が生ずるおそれのないように工事時期、工法等について適切に配慮されていること。

　イ　切土は、次によるものであること。

　　（ア）　法面の勾配は、地質、土質、切土高、気象及び近傍にある既往の法面の状態等を勘案して、現地に適合した安定なものであること。

　　（イ）　土砂の切土高が10メートルを超える場合には、原則として、高さ5メートルないし10メートルごとに小段を設置するほか、必要に応じ排水施設を設置する等崩壊防止の措置が講ぜられていること。

　　（ウ）　切土を行った後の地盤に滑りやすい土質の層がある場合には、その地盤にすべりが生じないように杭打ちその他の措置が講ぜられていること。

　ウ　盛土は、次によるものであること。

　　（ア）　法面の勾配は、盛土材料、盛土高、地形、気象及び近傍にある既往の法面の状態等を

勘案して、現地に適合した安全なものであること。
　（イ）　一層の仕上がり厚は、30センチメートル以下とし、その層ごとに締め固めを行うとともに、必要に応じて雨水その他の地表水又は地下水を排除するための排水施設の設置等の措置が講ぜられていること。
　（ウ）　盛土高が5メートルを超える場合には、原則として5メートルごとに小段を設置するほか、必要に応じて排水施設を設置する等崩壊防止の措置が講ぜられていること。
　（エ）　盛土がすべり、ゆるみ、沈下し、又は崩壊するおそれがある場合には、盛土を行う前の地盤の段切り、地盤の土の入れ替え、埋設工の施行、排水施設の設置等の措置が講ぜられていること。
　エ　捨土は、次によるものであること。
　（ア）　捨土は、土捨場を設置し、土砂の流出防止措置を講じて行われるものであること。この場合における土捨場の位置は、急傾斜地、湧水の生じている箇所等を避け、人家又は公共施設との位置関係を考慮の上設定されているものであること。
　（イ）　法面の勾配の設定、締め固めの方法、小段の設置、排水施設の設置等は、盛土に準じて行われ、土砂の流出のおそれがないものであること。
3)　法面崩壊防止の措置
　　切土、盛土又は捨土を行った後の法面の勾配が2)によることが困難である場合若しくは適当でない場合又は周辺の土地利用の実態からみて必要がある場合には、擁壁の設置その他の法面崩壊防止の措置が適切に講ぜられることが明らかであること。技術的細則は次に掲げるとおりとする。
　ア　「周辺の土地利用の実態からみて必要がある場合」とは、人家、学校、道路等に近接し、かつ、次の（ア）又は（イ）に該当する場合をいう。ただし、土質試験等に基づき地盤の安定計算をした結果、法面の安定を保つために擁壁等の設置が必要でないと認められる場合には、これに該当しない。
　（ア）　切土により生ずる法面の勾配が30度より急で、かつ、高さが2メートルを超える場合。ただし、硬岩盤である場合又は次のa若しくはbのいずれかに該当する場合はこの限りではない。
　　　a　土質が表1の左欄に掲げるものに該当し、かつ、土質に応じた法面の勾配が同表中欄の角度以下のもの。
　　　b　土質が表1の左欄に掲げるものに該当し、かつ、土質に応じた法面の勾配が同表中欄の角度を超え、同表右欄の角度以下のもので、その高さが5メートル以下のもの。この場合において、aに該当する法面の部分により上下に分離された法面があるときは、aに該当する法面の部分は存在せず、その上下の法面は連続しているものとみなす。
　（イ）　盛土により生ずる法面の勾配が30度より急で、かつ、高さが1メートルを超える場合。
　イ　擁壁の構造は、次によるものであること。
　（ア）　土圧、水圧及び自重（以下「土圧等」という。）によって擁壁が破壊されないこと。

表1

土　　質	擁壁等を要しない勾配の上限	擁壁等を要する勾配の下限
軟岩（風化の著しいものを除く。）	60度	80度
風化の著しい岩	40度	50度
砂利、真砂土、関東ローム、硬質粘土、その他これに類するもの	35度	45度

　　（イ）　土圧等によって擁壁が転倒しないこと。この場合において、安全率は1.5以上であること。

　　（ウ）　土圧等によって擁壁が滑動しないこと。この場合において、安全率は1.5以上であること。

　　（エ）　土圧等によって擁壁が沈下しないこと。

　　（オ）　擁壁には、その裏面の排水を良くするため、適正な水抜穴が設けられていること。

4）法面保護の措置

　切土、盛土又は捨土を行った後の法面が雨水、渓流等により浸食されるおそれがある場合には、法面保護の措置が講ぜられることが明らかであること。技術的細則は次に掲げるとおりとする。

　ア　植生による保護（実播工、伏工、筋工、植栽工等）を原則とし、植生による保護が適さない場合又は植生による保護だけでは法面の侵食を防止できない場合には、人工材料による適切な保護（吹付工、張工、法枠工、柵工、網工等）が行われるものであること。工種は、土質、気象条件等を考慮して決定され、適期に施行されるものであること。

　イ　表面水、湧水、渓流等により法面が侵食され又は崩壊するおそれがある場合には、排水施設又は擁壁の設置等の措置が講ぜられるものであること。この場合における擁壁の構造は、3）のイによるものであること。

5）土砂流出防止の措置

　開発行為に伴い相当量の土砂が流出する等の下流地域に災害が発生するおそれがある区域が事業区域（開発行為をしようとする森林又は緑地その他の区域をいう。以下同じ。）に含まれる場合には、開発行為に先行して十分な容量及び構造を有するえん堤等の設置、森林の残置等の措置が適切に講ぜられることが明らかであること。技術的細則は次に掲げるとおりとする。

　ア　えん堤等の容量は、次の（ア）及び（イ）により算定された開発行為に係る土地の区域からの流出土砂量を貯砂し得るものであること。

　　（ア）　開発行為の施行期間中における流出土砂量は、開発行為に係る土地の区域1ヘクタール当たり1年間に、特に目立った表面侵食のおそれが見られない場合では200立方メートル、脆弱な土壌で全面的に侵食のおそれが高い場合では600立方メートル、それ以外の場合では400立方メートルとするなど、地形、地質、気象等を考慮の上適切に定められたものであること。

(イ) 開発行為の終了後において、地形、地被状態等からみて、地表が安定するまでの期間に相当量の土砂の流出が想定される場合には、別途積算するものであること。

イ えん堤等の設置箇所は、極力土砂の流出地点に近接した位置であること。

ウ えん堤等の構造は、「治山技術基準」(昭和46年3月27日付け46林野治第648号林野庁長官通知)によるものであること。

エ 「災害が発生するおそれがある区域」については表2に掲げる区域を含む土地の範囲とし、その考え方については、災害の特性を踏まえ、次の(ア)及び(イ)を目安に現地の荒廃状況に応じて整理すること。

なお、表2に掲げる区域以外であっても、同様のおそれがある区域については「災害が発生するおそれがある区域」に含めることができる。

(ア) 山腹崩壊や急傾斜地の崩壊、地すべりに関する区域については、土砂災害警戒区域等における土砂災害防止対策の推進に関する法律(平成12年法律第57号。以下「土砂災害防止法」という。)の土砂災害警戒区域の考え方を基本とすること。

(イ) 土石流に関する区域については、土石流の発生の危険性が認められる渓流を含む流域全体を基本とすること。

ただし、土石流が発生した場合において、地形の状況により明らかに土石流が到達しないと認められる土地の区域を除く。

表2

区域の名称	根拠とする法令等
砂防指定地	砂防法
急傾斜地崩壊危険区域	急傾斜地の崩壊による災害の防止に関する法律
地すべり防止区域	地すべり等防止法
土砂災害警戒区域	土砂災害防止法
災害危険区域	建築基準法
山腹崩壊危険地区	山地災害危険地区調査要領
地すべり危険地区	
崩壊土砂流出危険地区	

オ なだれ危険箇所点検調査要領に基づくなだれ危険箇所に係る森林を事業区域に含む場合についても、開発区域に先行して周囲へのなだれ防止措置について検討し、必要な措置を講じること。

6) 排水施設

雨水等を適切に排水しなければ災害が発生するおそれがある場合には、十分な能力及び構造を有する排水施設が設けられることが明らかであること。技術的細則は次に掲げるとおりとする。

ア 排水施設の断面は、次によるものであること。
　（ア）排水施設の断面は、計画流量の排水が可能になるように余裕をみて定められていること。この場合、計画流量は次のa及びbにより、流量は原則としてマニング式により求められていること。
　　a　排水施設の計画に用いる雨水流出量は、原則として次式により算出されていること。ただし、降雨量と流出量の関係が別途高い精度で求められている場合には、単位図法等によって算出することができる。

$Q = 1/360 \cdot f \cdot r \cdot A$

　　　　　　Q：雨水流出量（m³/sec）
　　　　　　f：流出係数
　　　　　　r：設計雨量強度（mm/hour）
　　　　　　A：集水区域面積（ha）

　　b　前式の適用に当たっては、次によるものであること。
　（a）流出係数は、表3を参考にして定められていること。浸透能は、地形、地質、土壌等の条件によって決定されるものであるが、表3の区分の適用については、おおむね、山岳地は浸透能小、丘陵地は浸透能中、平地は浸透能大として差し支えない。
　（b）設計雨量強度は、（c）による単位時間内の10年確率で想定される雨量強度とされていること。ただし、人家等の人命に関わる保全対象が事業区域に隣接している場合など排水施設の周囲にいっ水した際に保全対象に大きな被害を及ぼすことが見込まれる場合については、20年確率で想定される雨量強度を用いるほか、水防法（昭和24年法律第193号）第15条第1項第4号のロ又は土砂災害防止法第8条第1項第4号でいう要配慮者利用施設等の災害発生時の避難に特別の配慮が必要となるような重要な保全対象がある場合は、30年確率で想定される雨量強度を用いること。
　（c）単位時間は、到達時間を勘案して定めた表4を参考として用いられていること。

表3

地表状態＼区分	浸透能小	浸透能中	浸透能大
林地	0.6〜0.7	0.5〜0.6	0.3〜0.5
草地	0.7〜0.8	0.6〜0.7	0.4〜0.6
耕地	−	0.7〜0.8	0.5〜0.7
裸地	1.0	0.9〜1.0	0.8〜0.9

表4

流域面積	単位時間
50ヘクタール以下	10分
100ヘクタール以下	20分
500ヘクタール以下	30分

　　（イ）　雨水のほか土砂等の流入が見込まれる場合又は排水施設の設置箇所からみていっ水による影響の大きい場合にあっては、排水施設の断面は、必要に応じて（ア）に定めるものより一定程度大きく定められていること。
　　（ウ）　洪水調節池の下流に位置する排水施設については、洪水調節池からの許容放流量を安全に流下させることができる断面とすること。
　イ　排水施設の構造等は、次によるものであること。
　　（ア）　排水施設は、立地条件等を勘案して、その目的及び必要性に応じた堅固で耐久力を有する構造であり、漏水が最小限度となるよう措置されていること。
　　（イ）　排水施設のうち暗渠である構造の部分には、維持管理上必要なます又はマンホールの設置等の措置が講ぜられていること。
　　（ウ）　放流によって地盤が洗掘されるおそれがある場合には、水叩きの設置その他の措置が適切に講ぜられていること。
　　（エ）　排水施設は、排水量が少なく土砂の流出又は崩壊を発生させるおそれがない場合を除き、排水を河川等まで導くように計画されていること。ただし、河川等に排水を導く場合には、増加した流水が河川等の管理に及ぼす影響を考慮するため、当該河川等の管理者の同意を得ているものであること。特に、用水路等を経由して河川等に排水を導く場合には、当該施設の管理者の同意に加え、当該施設が接続する下流の河川等において安全に流下できるよう併せて当該河川等の管理者の同意を得ているものであること。

7）　洪水調節池等の設置等
　下流の流下能力を超える水量が排水されることにより災害が発生するおそれがある場合には、洪水調節池等の設置その他の措置が適切に講ぜられることが明らかであること。技術的細則は次に掲げるとおりとする。
　ア　洪水調節容量は、下流における流下能力を考慮の上、30年確率で想定される雨量強度における開発中及び開発後のピーク流量を開発前のピーク流量以下にまで調節できるものであることを基本とする。
　　ただし、排水を導く河川等の管理者との協議において必要と認められる場合には、50年確率で想定される雨量強度における開発中及び開発後のピーク流量を開発前のピーク流量以下にまで調節できるものとすることができる。
　　また、開発行為の施行期間中における洪水調節池の堆砂量を見込む場合にあって、開発行為に係る土地の区域1ヘクタール当たり1年間に、特に目立った表面侵食のおそれが見られ

ないときには200立方メートル、脆弱な土壌で全面的に侵食のおそれが高いときには600立方メートル、それ以外のときには400立方メートルとするなど、流域の地形、地質、土地利用の状況、気象等に応じて必要な堆砂量とすること。

　　なお、「下流における流下能力を考慮の上」とは、開発行為の施行前において既に3年確率で想定される雨量強度におけるピーク流量が下流における流下能力を超えるか否かを調査の上、必要があれば、この流下能力を超える流量も調節できる容量とする趣旨である。
　イ　余水吐の能力は、コンクリートダムにあっては200年確率で想定される雨量強度におけるピーク流量の1.2倍以上、フィルダムにあってはコンクリートダムの余水吐の能力の1.2倍以上のものであること。
　ウ　洪水調節の方式は、原則として自然放流方式であること。やむを得ず浸透型施設として整備する場合については、尾根部や原地形が傾斜地である箇所、地すべり地形である箇所又は盛土を行った箇所等浸透した雨水が土砂の流出・崩壊を助長するおそれがある箇所には設置しないこと。
8）静砂垣等の設置等
　　飛砂、落石、なだれ等の災害が発生するおそれがある場合には、静砂垣、落石又はなだれ防止柵の設置その他の措置が適切に講ぜられることが明らかであること。
9）設計雨量強度における降雨量変化倍率の適用
　　排水施設の断面、洪水調節容量及び余水吐の能力の設計に適用する雨量強度については、6）のア、7）のア及びイによるほか、開発行為を行う流域の河川整備基本方針において、降雨量の設定に当たって気候変動を踏まえた降雨量変化倍率を採用している場合には、適用する雨量強度に当該降雨量変化倍率を用いることができる。
10）仮設防災施設の設置等
　　開発行為の施行に当たって、災害の防止のために必要なえん堤、排水施設、洪水調節池等について仮設の防災施設を設置する場合は、全体の施行工程において具体的な箇所及び施行時期を明らかにするとともに、仮設の防災施設の設計は本節のものに準じて行うこと。
11）防災施設の維持管理
　　開発行為の完了後においても整備した排水施設や洪水調節池等が十分に機能を発揮できるよう土砂の撤去や豪雨時の巡視等の完了後の維持管理方法について明らかにすること。

（2）水害を発生させるおそれに関する事項（法第10条の2第2項第1号の2関係、運用通知第3）

　開発行為をする森林の現に有する水害の防止の機能に依存する地域において、当該開発行為に伴い増加するピーク流量を安全に流下させることができないことにより水害が発生するおそれがある場合には、洪水調節池の設置その他の措置が適切に講ぜられることが明らかであること。技術的細則は次に掲げるとおりとする（洪水調節池等の設置に係る計画例については運用通知の別記3を参照）。
　1）洪水調節容量は、当該開発行為をする森林の下流において当該開発行為に伴いピーク流量が

増加することにより当該下流においてピーク流量を安全に流下させることができない地点が生ずる場合には、当該地点での30年確率で想定される雨量強度及び当該地点において安全に流下させることができるピーク流量に対応する雨量強度における開発中及び開発後のピーク流量を開発前のピーク流量以下までに調節できるものであること。

ただし、排水を導く河川等の管理者との協議において必要と認められる場合には、50年確率で想定される雨量強度における開発中及び開発後のピーク流量を開発前のピーク流量以下にまで調節できるものとすることができる。

また、開発行為の施行期間中における洪水調節池の堆砂量を見込む場合にあっては、（1）の7）のアによるものであること。

なお、安全に流下させることができない地点が生じない場合には、（1）の7）のアによるものであること。

2）余水吐の能力は、（1）の7）のイによるものであること。
3）洪水調節の方式は（1）の7）のウによるものであること
4）洪水調節容量及び余水吐の能力の設計に適用する雨量強度については、1）によるほか、開発行為を行う流域の河川整備基本計画において、降雨量の設定に当たって気候変動を踏まえた地域区分ごとの降雨量変化倍率を採用している場合には、洪水調節容量の計算に当該降雨量変化倍率を用いることができる。
5）開発行為の完了後においても整備した洪水調節池等が十分に機能を発揮できるよう土砂の撤去や豪雨時の巡視等の完了後の維持管理方法について明らかにすること。

（3）水の確保に著しい支障を及ぼすおそれに関する事項（法第10条の2第2項第2号関係、運用通知第4）

1）貯水池等の設置等

他に適地がない等によりやむを得ず飲用水、かんがい用水等の水源として依存している森林を開発行為の対象とする場合で、周辺における水利用の実態等からみて必要な水量を確保するため必要があるときには、貯水池又は導水路の設置その他の措置が適切に講ぜられることが明らかであること。

導水路の設置その他の措置が講ぜられる場合には、取水する水源に係る河川管理者等の同意を得ている等水源地域における水利用に支障を及ぼすおそれのないものであること。

2）沈砂池の設置等

周辺における水利用の実態等からみて土砂の流出による水質の悪化を防止する必要がある場合には、沈砂池の設置、森林の残置その他の措置が適切に講ぜられることが明らかであること。

（４）環境を著しく悪化させるおそれに関する事項（法第10条の２第２項第３号関係、運用通知第５）

１）森林又は緑地の残置又は造成

開発行為をしようとする森林の区域（開発行為に係る土地の区域及び当該土地に介在し又は隣接して残置することとなる森林又は緑地で開発行為に係る事業に密接に関連する区域をいう。以下同じ。）に開発行為に係る事業の目的、態様、周辺における土地利用の実態等に応じ相当面積の残置し、若しくは造成する森林又は緑地（以下「残置森林等」という。）の配置が適切に行われることが明らかであること。残置森林等の考え方は次に掲げるとおりとする。

ア　相当面積の残置森林等の配置については、森林又は緑地を現況のまま保全することを原則とし、やむを得ず一時的に土地の形質を変更する必要がある場合には、可及的速やかに伐採前の植生に回復を図ることを原則として森林又は緑地が造成されるものであること。

森林の配置については、森林を残置することを原則とし、極力基準を上回る林帯幅で適正に配置されるよう事業者に対し指導するとともに、森林の造成は、土地の形質を変更することがやむを得ないと認められる箇所に限って適用する等その運用については厳正を期するものとすること。

この場合において、残置森林等の面積の事業区域内の森林面積に対する割合は、表５の「事業区域内において残置し、若しくは造成する森林又は緑地の割合」によること。

また、残置森林等は、表５の「森林の配置等」により開発行為の規模及び地形に応じて、事業区域内の周辺部及び施設等の間に適切に配置されていること。

なお、表５に掲げる開発行為の目的以外の開発行為については、その目的、態様、社会的経済的必要性、対象となる土地の自然的条件等に応じ、表５に準じて適切に措置されていること。

表５　主な開発行為の目的別の事業区域内の残置森林等の割合及び森林の配置等

開発行為の目的	事業区域内において残置し、若しくは造成する森林又は緑地の割合	森林の配置等
別荘地の造成	残置森林率はおおむね60パーセント以上とする。	１　原則として周辺部に幅おおむね30メートル以上の残置森林又は造成森林を配置する。 ２　１区画の面積はおおむね1,000平方メートル以上とし、建物敷等の面積はおおむね30パーセント以下とする。
スキー場の造成	残置森林率はおおむね60パーセント以上とする。	１　原則として周辺部に幅おおむね30メートル以上の残置森林又は造成森林を配置する。 ２　滑走コースの幅はおおむね50メートル以下とし、複数の滑走コースを並列して設置する場合はその間の中央部に幅おおむね100メートル以上の残置森林を配置する。 ３　滑走コースの上、下部に設けるゲレンデ等は１箇所当たりおおむね５ヘクタール以下とする。また、ゲレンデ等と駐車場との間には幅おおむね30メートル以上の残置森林又は造成森林を配置する。

ゴルフ場の造成	森林率はおおむね50パーセント（残置森林率おおむね40パーセント）以上とする。	1　原則として周辺部に幅おおむね30メートル以上の残置森林又は造成森林（残置森林は原則としておおむね20メートル以上）を配置する。 2　ホール間に幅おおむね30メートル以上の残置森林又は造成森林（残置森林はおおむね20メートル以上）を配置する。
宿泊施設、レジャー施設の設置	森林率はおおむね50パーセント（残置森林率おおむね40パーセント）以上とする。	1　原則として周辺部に幅おおむね30メートル以上の残置森林又は造成森林を配置する。 2　建物敷の面積は事業区域の面積のおおむね40パーセント以下とし、事業区域内に複数の宿泊施設を設置する場合は極力分散させるものとする。 3　レジャー施設の開発行為に係る1箇所当たりの面積はおおむね5ヘクタール以下とし、事業区域内にこれを複数設置する場合は、その間に幅おおむね30メートル以上の残置森林又は造成森林を配置する。
工場、事業場の設置	森林率はおおむね25パーセント以上とする。	1　事業区域内の開発行為に係る森林の面積が20ヘクタール以上の場合は原則として周辺部に幅おおむね30メートル以上の残置森林又は造成森林を配置する。これ以外の場合にあっても極力周辺部に森林を配置する。 2　開発行為に係る1箇所当たりの面積はおおむね20ヘクタール以下とし、事業区域内にこれを複数造成する場合は、その間に幅おおむね30メートル以上の残置森林又は造成森林を配置する。
住宅団地の造成	森林率はおおむね20パーセント以上。（緑地を含む）	1　事業区域内の開発行為に係る森林の面積が20ヘクタール以上の場合は原則として周辺部に幅おおむね30メートル以上の残置森林又は造成森林・緑地を配置する。これ以外の場合にあっても極力周辺部に森林・緑地を配置する。 2　開発行為に係る1箇所あたりの面積はおおむね20ヘクタール以下とし、事業区域内にこれを複数造成する場合は、その間に幅おおむね30メートル以上の残置森林又は造成森林・緑地を配置する。
土石等の採掘		1　原則として周辺部に幅おおむね30メートル以上の残置森林又は造成森林を配置する。 2　採掘跡地は必要に応じ埋め戻しを行い、緑化及び植栽する。また、法面は可能な限り緑化し小段平坦部には必要に応じ客土等を行い植栽する。

（注）1．「残置森林率」とは、残置森林（残置する森林）のうち若齢林（15年生以下の森林）を除いた面積の事業区域内の森林の面積に対する割合をいう。
　　　2．「森林率」とは、事業区域内の森林の面積に対する残置森林及び造成森林（植栽により造成する森林であって硬岩切土面等の確実な成林が見込まれない箇所を除く。）の面積の割合をいう。
　　　※　脚注の詳細は運用通知の別記4を参照のこと。

イ　造成する森林については、必要に応じ植物の成育に適するよう表土の復元、客土等の措置を講じ、森林機能が早期に回復、発揮されるよう、地域の自然的条件に適する原則として樹高1メートル以上の高木性樹木を、表6を標準として均等に分布するよう植栽すること。
　なお、住宅団地、宿泊施設等の間、ゴルフ場のホール間等で修景効果を併せ期待する森林を造成する場合には、できるだけ大きな樹木を植栽するよう努めるものとし、樹種の特性、土壌条件等を勘案し、植栽する樹木の規格に応じ1ヘクタール当たり500本〜1ヘクタール当たり1,000本の範囲で植栽本数を定めることとして差し支えないものとすること。

表6

樹高	植栽本数（1ヘクタール当たり）
1メートル	2,000本
2メートル	1,500本
3メートル	1,000本

2） 騒音、粉じん等の著しい影響の緩和、風害等から周辺の植生の保全等

　騒音、粉じん等の著しい影響の緩和、風害等から周辺の植生の保全等の必要がある場合には、開発行為をしようとする森林の区域内の適切な箇所に必要な森林の残置又は必要に応じた造成が行われることが明らかであること。

　「周辺の植生の保全等」には、貴重な動植物の保護を含むものとする。また、「必要に応じた造成」とは、必要に応じて複層林を造成する等安定した群落を造成することを含むものとする。

3） 景観の維持

　景観の維持に著しい支障を及ぼすことのないように適切な配慮がなされており、特に市街地、主要道路等から景観を維持する必要がある場合には、開発行為により生ずる法面を極力縮小するとともに、可能な限り法面の緑化を図り、また、開発行為に係る事業により設置される施設の周辺に森林を残置し若しくは造成し又は木竹を植栽する等の適切な措置が講ぜられることが明らかであること。

4） 残置森林等の維持管理

　残置森林等が善良に維持管理されることが明らかであること。残置森林等については、申請者が権原を有していることを原則とし、地方公共団体との間で残置森林等の維持管理につき協定が締結されていることが望ましいが、この場合において、開発行為をしようとする森林の区域内に残置し又は造成した森林については、原則として将来にわたり保全に努めるものとし保安林制度等の適切な運用によりその保全又は形成に努めること。

（5）太陽光発電設備の設置を目的とする開発行為について（運用通知第6）

　太陽光発電設備の設置を目的とする開発行為の許可については、（1）から（4）に示した要件に加え、次に示す要件を満たすか否かにつき審査して行うものとする。

1） 災害を発生させるおそれに関する事項

　ア　自然斜面への設置について

　　（1）の1）の規定に基づき、開発行為が原則として現地形に沿って行われること及び開発行為による土砂の移動量が必要最小限度であることが明らかであることを原則とした上で、太陽光発電設備を自然斜面に設置する区域の平均傾斜度が30度以上である場合には、土砂の流出又は崩壊その他の災害防止の観点から、可能な限り森林土壌を残した上で、擁壁又は排水施設等の防災施設を確実に設置することとする。ただし、太陽光発電設備を設置する自然

斜面の森林土壌に、崩壊の危険性の高い不安定な層がある場合は、その層を排除した上で、擁壁、排水施設等の防災施設を確実に設置することとする。

なお、自然斜面の平均傾斜度が30度未満である場合でも、土砂の流出又は崩壊その他の災害防止の観点から、必要に応じて、排水施設等の適切な防災施設を設置することとする。

イ　排水施設の断面及び構造等について

太陽光パネルの表面が平滑で一定の斜度があり、雨水が集まりやすいなどの太陽光発電施設の特性を踏まえ、太陽光パネルから直接地表に落下する雨水等の影響を考慮する必要があることから、雨水等の排水施設の断面及び構造等については、次のとおりとする。

（ア）　排水施設の断面について

地表が太陽光パネル等の不浸透性の材料で覆われる箇所については、表3によらず、次の表7を参考にして定められていること。浸透能は、地形、地質、土壌等の条件によって決定されるものであるが、おおむね、山岳地は浸透能小、丘陵地は浸透能中、平地は浸透能大として差し支えない。

表7

地表状態＼区分	浸透能小	浸透能中	浸透能大
太陽光パネル等	1.0	0.9〜1.0	0.9

（イ）　排水施設の構造等について

排水施設の構造等については、（1）の6）のイの規定に基づくほか、表面流を安全に下流へ流下させるための排水施設の設置等の対策が適切に講ぜられていることとする。また、表面侵食に対しては、地表を流下する表面流を分散させるために必要な柵工、筋工等の措置が適切に講ぜられていること及び地表を保護するために必要な伏工等による植生の導入や物理的な被覆の措置が適切に講ぜられていることとする。

2）　残置し、若しくは造成する森林又は緑地について

開発行為をしようとする森林の区域に残置し、若しくは造成する森林又は緑地の面積の、事業区域内の森林面積に対する割合及び森林の配置等は、開発行為の目的が太陽光発電設備の設置である場合は、表5によらず、表8のとおりとする。

表8

開発行為の目的	事業区域内において残置し、若しくは造成する森林又は緑地の割合	森林の配置等
太陽光発電設備の設置	森林率はおおむね25パーセント(残置森林率はおおむね15パーセント)以上とする。	1　原則として周辺部に残置森林を配置することとし、事業区域内の開発行為に係る森林の面積が20ヘクタール以上の場合は原則として周辺部におおむね幅30メートル以上の残置森林又は造成森林(おおむね30メートル以上の幅のうち一部又は全部は残置森林)を配置することとする。また、りょう線の一体性を維持するため、尾根部については、原則として残置森林を配置する。 2　開発行為に係る1箇所当たりの面積はおおむね20ヘクタール以下とし、事業区域内にこれを複数造成する場合は、その間に幅おおむね30メートル以上の残置森林又は造成森林を配置する。

　なお、(4)の4)において、残置森林又は造成森林は、善良に維持管理されることが明らかであることを許可基準としていることから、当該林地開発許可を審査する際、林地開発許可後に採光を確保すること等を目的として残置森林又は造成森林を過度に伐採することがないよう、あらかじめ、樹高や造成後の樹木の成長を考慮した残置森林又は造成森林及び太陽光パネルの配置計画とするよう、申請者に併せて指導することとする。

3)　その他配慮事項
　ア　住民説明会の実施等について
　　　太陽光発電設備の設置を目的とする開発行為については、防災や景観の観点から、地域住民が懸念する事案があることから、申請者は、林地開発許可の申請の前に住民説明会の実施等地域住民の理解を得るための取組を実施することが望ましい。
　　　特に、採光を確保する目的で事業区域に隣接する森林の伐採を要求する申請者と地域住民との間でトラブルが発生する事案があることから、申請者は、採光の問題も含め、長期間にわたる太陽光発電事業期間中に発生する可能性のある問題への対応について、住民説明会等を通じて地域住民と十分に話し合うことが望ましい。
　　　このため、当該林地開発許可の審査に当たり、以上の取組の実施状況について確認することとする。
　イ　景観への配慮について
　　　太陽光発電設備の設置を目的とする開発行為をしようとする森林の区域が、市街地、主要道路等からの良好な景観の維持に相当の悪影響を及ぼす位置にあり、かつ、設置される施設の周辺に森林を残置し又は造成する措置を適切に講じたとしてもなお更に景観の維持のため十分な配慮が求められる場合にあっては、申請者が太陽光パネルやフレーム等について地域の景観になじむ色彩等にするよう配慮することが望ましい。
　　　このため、当該林地開発許可の審査に当たり、必要に応じて、設置する施設の色彩等を含め、景観に配慮した施行に努めるよう申請者に促すこととする。
　ウ　地域の合意形成等を目的とした制度との連携について

太陽光発電を含む再生可能エネルギー発電設備の設置に当たっては、農林漁業の健全な発展と調和のとれた再生可能エネルギー電気の促進に関する法律（平成25年法律第81号）や、地球温暖化対策の推進に関する法律（平成10年法律第117号）において、林地開発許可制度を含めた法令手続の特例と併せて、地域での計画策定と事業実施に当たって協議会での合意形成の促進が措置されている。

　このため、太陽光発電設備の設置を目的とする林地開発に係る許可申請の相談が都道府県林務部局にあった際には、これらの枠組みを活用し協議会等を通じて地域との合意形成を図るよう、必要に応じて申請者に促すこととする。

第8節　盛土規制法について

1　新たな法制度の創設

　令和3年7月3日に静岡県熱海市で発生した大規模な土石流災害では、上流部の不適切な盛土の崩落により、多くの尊い生命や財産が失われた。このほか、全国各地で人為的に行われる違法な盛土や不適切な工法の盛土の崩落による人的・物的被害が確認されており、盛土等に伴う災害の防止は喫緊の課題となっていた。

　これまでの盛土に関係する制度としては、宅地の安全確保については宅地造成等規制法、森林機能の確保については森林法、農地の保全については農地法など、それぞれの法律により規制が行われてきたが、それぞれの法律の目的が異なり、盛土等による災害から国民の生命・財産を守るという観点での盛土等の規制が必ずしも十分でないエリアが存在していた。

　このような状況を踏まえ、盛土等に伴う災害から国民の生命・財産を守るため、従来の「宅地造成等規制法」を法律名や目的を含めて抜本的に改正し、「宅地造成及び特定盛土等規制法」（国土交通省と農林水産省の共管法。以下「盛土規制法」という。）として、盛土等を行う土地の用途（宅地、森林、農地等）にかかわらず、危険な盛土等を全国一律の基準で包括的に規制することとされた。

　同法は国会での審議を経て、令和4年5月27日に公布され、令和5年5月26日から施行された。

2　盛土規制法の考え方

　盛土規制法の施行にあたり、同法第3条に基づき、「宅地造成、特定盛土等又は土石の堆積に伴う災害の防止に関する基本的な方針」（以下、「基本方針」という。）を定め、盛土等に伴う災害の防止に関して、国土全体に渡る包括的な考え方を示し、関連する対応策を総覧できるようにするとともに、同方針の下で地方公共団体が円滑に対応できるようになされた。

　本法での規制の対象となる行為は次に示すとおりである（同法第2条及び同法施行令第3条・第4条）。

① 宅地造成；宅地以外の土地（農地、採草放牧地及び森林（以下、「農地等」という。）並びに道路、公園、河川その他政令で定める公共施設用地）を宅地にするために行う盛土その他の土地の形質の変更で政令で定めるもの（盛土をした土地の部分の高さが1メートル、切土をした土地の部分の高さが2メートルを超える崖を生ずることとなるもの等）

② 特定盛土等；宅地又は農地等において行う盛土その他の土地の形質の変更で、当該宅地又は農地等に隣接し、又は近接する宅地において災害を発生させるおそれが大きいものとして政令で定めるもの（同上）

③ 土石の堆積；宅地又は農地等において行う土石の堆積で政令で定めるもの（一定期間の経過後に当該土石を除却するものに限る。その高さが2メートルを超えるもの又はその土地の面積が500平方メートルを超えるもの等。）

この「基本方針」に沿って、盛土規制法の主な考え方について次に示す。

（1）隙間のない規制

　　都道府県知事（指定都市又は中核市の区域内の土地については、それぞれ指定都市又は中核市の長。以下同じ。）が、宅地、農地、森林等の土地の用途にかかわらず、盛土等により人家等に被害を及ぼしうる区域を規制区域として指定し、当該規制区域内で行われる盛土等を都道府県知事の許可の対象とするとともに、宅地造成の際に行われる盛土や切土だけでなく、単なる土捨て行為や土石の一時的な堆積についても規制の対象としている。

　　都道府県が盛土等に伴う災害発生のリスクを正確に把握し、これら規制区域の指定や盛土等に伴う災害の防止のために必要な対策を的確かつ迅速に遂行できるよう、定期的に、包括的な基礎調査を行うこととしている。

　　ここでいう規制区域としては、「宅地造成等工事規制区域」及び「特定盛土等規制区域」の二つの種類がある（p123の別図を参照）。

（2）盛土等の安全性の確保

　　盛土等を行うエリアの地形、地質等に応じて、災害の防止のために必要な許可基準として、工事の技術的基準、工事主の資力及び信用、工事施行者の能力及び土地の所有者等の同意を定めるとともに、当該許可基準に沿って安全対策が行われているかどうかを確認するため、工事の施行状況の定期報告、工事施行中の中間検査及び工事完了時の完了検査等を実施することとしている。

　　また、盛土等を行うに当たりに、安全かつ適正な工事が円滑に行われるよう、工事主は、盛土等の許可の申請をするときは、あらかじめ周辺地域の住民に対して、説明会の開催等により、工事の内容の事前周知を行うこととしている。

　　さらに、盛土等の規制については、都道府県の条例又は規則により、工事の技術的基準の強化のほか、定期報告の頻度や内容、中間検査の対象項目等の上乗せができることとしており、都道府県が必要と認める場合は、地域の実情に応じた措置を講じるものとしている。

（3）責任の所在の明確化

　　都道府県知事が指定した規制区域内の土地の所有者、管理者又は占有者（以下「土地所有者等」という。）は、盛土等（規制区域の指定前に行われたものを含む。）に伴う災害が生じないよう、その土地を常時安全な状態に維持する努力義務を有することを明確化するとともに、災害の防止のため必要なときは、土地所有者等以外の原因行為者に対しても、勧告や改善命令ができることとしている。

　　また、法所管部局は、不法・危険盛土等が把握された場合は、他の土地利用規制担当部局とも連携し、いたずらに行政指導を繰り返すことなく、行為者、土地所有者等への行政処分（本法に基づく施工停止命令や災害防止措置命令、改善命令）を適切に行うことが重要としている。

(4) 実効性のある罰則

　　無許可行為、技術的基準違反、命令違反等に対する懲役刑及び罰金刑について、条例による罰則の上限より高い水準に強化（最大で懲役三年以下又は罰金千万円以下）している。また、法人に対しても抑止力として十分機能するよう、法人重科を措置（最大で罰金三億円以下）している。

　　また、法所管部局は、不法・危険盛土等に係る行為者、土地所有者等が行政処分に従わない場合は、他の土地利用規制担当部局や警察とも連携し、刑事告発も含めた対応を検討することが重要としている。

3　盛土規制法の運用

　盛土規制法の施行に当たって、「宅地造成及び特定盛土等規制法の施行に当たっての留意事項について（技術的助言）」（以下、「留意事項」という。）が発出され、本法の運用に当たって特に留意すべき事項として、次の事項が示されている。

　なお、上記2の（1）の基礎調査の実施に係る要領、（2）の盛土等の安全性の確保のための許可基準、次の（2）のガイドライン等については、本法施行令及び施行規則並びに本留意事項に添付された各要領等において示されている（林野庁ホームページの「盛土等の安全対策」に掲載された関係法令や施行通知等を参照のこと。）。

　また、次の（3）の基礎調査における地域の地形・地質や土地利用、盛土等に関する情報の収集に当たっては、市町村や、関係法令等の許可情報等を有している関係部局と連携して行うこととしており、その中には森林法を所管する部局や国有林を管理する森林管理局等も含まれる。

（1）　法施行体制・能力の強化

　　盛土等に伴う災害の防止を図るため、各関係制度を所管する関係部局（森林担当部局を含む）間等で緊密に連携し、総力を挙げて盛土等の安全対策に取り組むこと。

（2）　不法・危険盛土等への対応

　　違法性や危険性のある盛土等を発見した際の違法性や危険性等に関する現認方法や、その後の対応のために必要な法的手続、安全対策等に関するガイドラインを踏まえ、躊躇なく厳正に行政処分を実施することにより、不法・危険盛土等への対処を適切に行うこと。

（3）　規制区域の指定

　　規制区域の指定は、盛土等に伴う災害から人命を守る上で基礎となるものであり、基礎調査により規制区域として指定が必要と認められた土地の区域については、可及的速やかに指定を行うこと。また、盛土等に伴う災害から人命を守るため、リスクのあるエリアは、できる限り広く、規制区域に指定すること。

4 森林・林業分野の取扱い

(1) 特定盛土等規制区域の指定の対象とする区域

規制区域のうち、森林が多くを占めることが想定される特定盛土等規制区域の指定の対象とする区域は、上記3の留意事項(「別添1 基礎調査実施要領(規制区域指定編)」の第五の二)において、宅地造成等工事規制区域以外の土地の区域であって、次のいずれかに該当する区域のうち、盛土等に伴う災害が発生する蓋然性のない区域を除く区域とされている。

なお、規制区域の調査対象としては民有林だけでなく国有林も含まれる。

ア 盛土等の崩落により流出した土砂が、土石流となって渓流等を流下し、保全対象の存する土地の区域に到達することが想定される渓流等の上流域(保全対象の存する土地の区域に勾配二度以上で流入する渓流等の上流域)

イ 盛土等の崩落により隣接・近接する保全対象の存する土地の区域に土砂の流出が想定される区域

ウ 土砂災害発生の危険性を有する区域(土砂災害警戒区域(土石流)の上流域、土砂災害警戒区域(地滑り、急傾斜地の崩壊)、保全対象に危害を及ぼすおそれのある山地災害危険地区(崩壊土砂流出危険地区の集水区域を含む。)等の土砂災害に係る危険個所が存在する区域)

(注) 山地災害危険地区とは、地形、地質、林況等の条件からみた危険性と人家や公共施設、道路等の保全対象との関係から評価し、山地において山腹崩壊や土石流、地すべり等の危険性が高い地区で、次の3つの地区からなる。
・山腹崩壊危険地区:山腹崩壊による災害(落石による災害を含む。)が発生するおそれがある地区
・地すべり危険地区:地すべりによる災害が発生するおそれがある地区
・崩壊土砂流出危険地区:山腹崩壊又は地すべりによって発生した土砂又は火山噴出物が 土石流等となって流出し、災害が発生するおそれのある地区

エ 過去に大災害が発生した区域

オ その他関係地方公共団体の長が必要と認める区域

(2) 盛土規制法による許可等を要しないもの

森林・林業分野において、盛土規制法による許可等を要しないものは次に示すとおりである。

なお、1)については、これらの工事で発生した残土や工事で使用する土砂等により公共施設用地外で盛土等を行う工事は、本法の規制対象となることに留意が必要である。

1) 治山・林道施設等の公共施設の用に供されている土地

盛土規制法第2条並びに同施行規則において規定している、林道施設(同法第2条の道路に含まれる)、治山施設(同施行規則第1条で定める地すべり防止施設及び林地荒廃防止施設)

2) 許可不要となる工事

次に示すような行為(森林・林業関係を抜粋)については、宅地造成等に伴う災害の発生のおそれがないと認められる工事として、許可が不要となっている(同施行令第5条第1項第5号、同施行規則第8条第7号から第10号)

ア 森林の施業を実施するために必要な作業路網の整備に関する工事(同施行規則第8条第7号。森林作業道作設指針等に基づき整備される森林作業道等。)

イ 国、地方公共団体等が非常災害のために必要な応急措置として行う工事

ウ　次に示す工事等

　　　面積が５百平方メートルを超えるものであって、高さが２メートル以下、かつ、盛土又は切土をする前後の地盤面の標高の差が30センチメートルを超えない盛土又は切土
　エ　工事の施行に付随して行われる土石の堆積であって、当該工事に使用する土石又は当該工事で発生した土石を当該工事の現場又はその付近に堆積するもの

（３）保安林制度等との関係

　森林法に基づき規定される保安林制度及び林地開発許可制度は、森林の有する災害防止等の機能の維持を目的としているのに対し、盛土規制法は、規制区域内での盛土等の行為自体に起因する災害の防止を目的とするもので、森林の機能自体に着目したものではなく、両者の目的は異なっていることから、それぞれの目的に応じて個別に運用がなされている。

　一方、「基本方針」における「法の施行に必要な組織体制の構築」として、「農地法、森林法、砂防法等の関係法令に基づく許認可等に際しては、許認可等権者において法に基づく許可の状況を確認する等、関係法令と一体的に運用することが重要である。」としている。森林法に基づく保安林の転用解除及び林地開発許可に係る申請にあたって、他の行政庁の許認可を必要とする場合は、当該処分に係る申請状況を記載した書類を都道府県知事等に提出することとなっており、盛土規制法に係る許可についてもこれに該当することに留意する必要がある。

別図　規制区域のイメージ

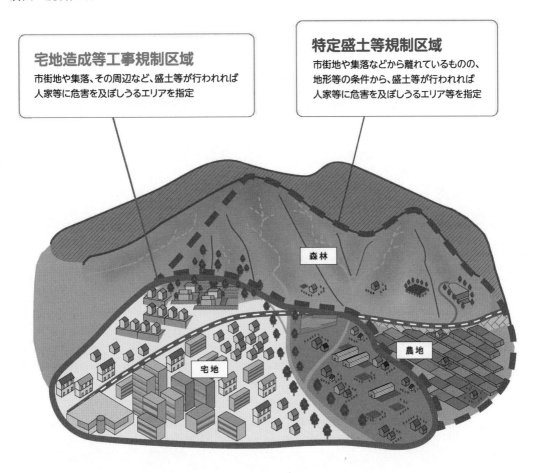

(注)　林野庁ホームページ（盛土等の安全対策）に掲載の「制度パンフレット」より抜粋

関 係 法 令

(保安林・林地開発許可)

関係法令

保安林・林地開発許可

森林法（抄）

昭和26年6月26日　法律第249号
最終改正：令和5年6月16日　法律第 63号

第一章　総則

（この法律の目的）

第一条　この法律は、森林計画、保安林その他の森林に関する基本的事項を定めて、森林の保続培養と森林生産力の増進とを図り、もつて国土の保全と国民経済の発展とに資することを目的とする。

（定義）

第二条　この法律において「森林」とは、左に掲げるものをいう。但し、主として農地又は住宅地若しくはこれに準ずる土地として使用される土地及びこれらの上にある立木竹を除く。
　一　木竹が集団して生育している土地及びその土地の上にある立木竹
　二　前号の土地の外、木竹の集団的な生育に供される土地
2　この法律において「森林所有者」とは、権原に基き森林の土地の上に木竹を所有し、及び育成することができる者をいう。
3　この法律において「国有林」とは、国が森林所有者である森林及び国有林野の管理経営に関する法律（昭和二十六年法律第二百四十六号）第十条第一号に規定する分収林である森林をいい、「民有林」とは、国有林以外の森林をいう。

（承継人に対する効力）

第三条　この法律又はこの法律に基く命令の規定によつてした処分、手続その他の行為は、森林所有者、権原に基き森林の立木竹の使用若しくは収益をする者又は土地の所有者若しくは占有者の承継人に対しても、その効力を有する。

第二章　森林計画等

（全国森林計画等）

第四条　農林水産大臣は、政令で定めるところにより、森林・林業基本法（昭和三十九年法律第百六十一号）第十一条第一項の基本計画に即し、かつ、保安施設の整備の状況等を勘案して、全国の森林につき、五年ごとに、十五年を一期とする全国森林計画をたてなければならない。
2　全国森林計画においては、次に掲げる事項を、地勢その他の条件を勘案して主として流域別に全国の区域を分けて定める区域ごとに当該事項を明らかにすることを旨として、定めるものとする。
　一　森林の整備及び保全の目標その他森林の整備及び保全に関する基本的な事項
　二　森林の立木竹の伐採に関する事項（間伐に関する事項を除く。）
　三　造林に関する事項
　三の二　間伐及び保育に関する事項
　三の三　公益的機能別森林施業（水源の涵かん養の機能その他の森林の有する公益的機能の別に応じて、当該森林の伐期の間隔の拡大及び伐採面積の規模の縮小その他の当該森林の有する公益的機能の維持増進を特に図るための森林施業をいう。第十一条第五項第二号ロにおいて同じ。）を推進すべき森林（以下「公益的機能別施業森林」という。）の整備に関する事項
　四　林道の開設その他林産物の搬出に関する事項
　四の二　森林施業の合理化に関する事項
　四の三　森林の保護に関する事項
　五　森林の土地の保全に関する事項

六　保安施設に関する事項
　七　その他必要な事項
3　全国森林計画は、良好な自然環境の保全及び形成その他森林の有する公益的機能の維持増進に適切な考慮が払われたものでなければならない。
4　全国森林計画は、環境基本法（平成五年法律第九十一号）第十五条第一項の規定による環境基本計画と調和するものでなければならない。
5　農林水産大臣は、全国森林計画に掲げる森林の整備及び保全の目標の計画的かつ着実な達成に資するため、全国森林計画の作成と併せて、五年ごとに、森林整備保全事業（造林、間伐及び保育並びに林道の開設及び改良の事業並びに森林の造成及び維持に必要な事業で政令で定める者が実施するものをいう。以下同じ。）に関する計画（以下「森林整備保全事業計画」という。）をたてなければならない。
6　森林整備保全事業計画においては、全国森林計画の計画期間のうち最初の五年間に係る森林整備保全事業の実施の目標及び事業量を定めるものとする。
7　農林水産大臣は、森林の現況、経済事情等に変動があつたため必要と認めるときは、全国森林計画及び森林整備保全事業計画を変更することができる。
8　農林水産大臣は、全国森林計画をたて、又はこれを変更しようとするときは、環境大臣その他関係行政機関の長に協議し、かつ、林政審議会及び都道府県知事の意見を聴かなければならない。
9　農林水産大臣は、全国森林計画をたて、又はこれを変更するには、閣議の決定を経なければならない。
10　農林水産大臣は、全国森林計画をたて、又はこれを変更したときは、遅滞なく、その概要を公表するとともに、当該計画（変更の場合にあつては、変更後の計画）を環境大臣その他関係行政機関の長及び都道府県知事に通知しなければならない。
11　前三項の規定は、森林整備保全事業計画について準用する。この場合において、第八項及び前項中「環境大臣その他関係行政機関の長」とあるのは、「関係行政機関の長」と読み替えるものとする。

第四条の二　国は、森林整備保全事業計画の達成を図るため、その実施につき必要な措置を講ずるものとする。

（地域森林計画）
第五条　都道府県知事は、全国森林計画に即して、森林計画区別に、その森林計画区に係る民有林（その自然的経済的社会的諸条件及びその周辺の地域における土地の利用の動向からみて、森林として利用することが相当でないと認められる民有林を除く。）につき、五年ごとに、その計画をたてる年の翌年四月一日以降十年を一期とする地域森林計画をたてなければならない。
2　地域森林計画においては、次に掲げる事項を定めるものとする。
　一　その対象とする森林の区域
　二　森林の有する機能別の森林の整備及び保全の目標その他森林の整備及び保全に関する基本的な事項
　三　伐採立木材積その他森林の立木竹の伐採に関する事項（間伐に関する事項を除く。）
　四　造林面積その他造林に関する事項
　五　間伐立木材積その他間伐及び保育に関する事項
　六　公益的機能別施業森林の区域（以下「公益的機能別施業森林区域」という。）の基準その他公益的機能別施業森林の整備に関する事項
　七　林道の開設及び改良に関する計画、搬出方法を特定する必要のある森林の所在及びその搬出方法その他林産物の搬出に関する事項
　八　委託を受けて行う森林の施業又は経営の実施、森林施業の共同化その他森林施業の合理化に関する事項
　九　鳥獣害を防止するための措置を実施すべき森林の区域（以下「鳥獣害防止森林区域」という。）の基準その他の鳥獣害の防止に関する事項
　十　森林病害虫の駆除及び予防その他の森林の保護に関する事項（前号に掲げる事項を除く。）

十一　樹根及び表土の保全その他森林の土地の保全に関する事項
十二　保安林の整備、第四十一条の保安施設事業に関する計画その他保安施設に関する事項
3　地域森林計画においては、前項各号に掲げる事項のほか、森林の整備及び保全のために必要な事項を定めるよう努めるものとする。
4　第四条第三項の規定は、地域森林計画に準用する。
5　都道府県知事は、森林の現況、経済事情等に変動があつたため必要と認めるときは、地域森林計画を変更することができる。

（地域森林計画の案の縦覧等）
第六条　都道府県知事は、地域森林計画をたて、又はこれを変更しようとするときは、あらかじめ、農林水産省令で定めるところにより、その旨を公告し、当該地域森林計画の案を当該公告の日からおおむね三十日間の期間を定めて公衆の縦覧に供しなければならない。
2　前項の規定による公告があつたときは、当該地域森林計画の案に意見がある者は、同項の縦覧期間満了の日までに、当該都道府県知事に、理由を付した文書をもつて、意見を申し立てることができる。
3　都道府県知事は、第一項の縦覧期間満了後、当該地域森林計画の案について、都道府県森林審議会及び関係市町村長の意見を聴かなければならない。この場合において、当該地域森林計画の案に係る森林計画区の区域内に第七条の二第一項の森林計画の対象となる国有林があるときは、都道府県知事は、併せて関係森林管理局長の意見を聴かなければならない。
4　都道府県知事は、前項の規定により地域森林計画の案について都道府県森林審議会の意見を聴く場合には、第二項の規定により申立てがあつた意見の要旨を都道府県森林審議会に提出しなければならない。
5　都道府県知事は、地域森林計画をたて、又はこれを変更しようとするときは、前条第三項に規定する事項を除き、農林水産省令で定めるところにより、当該地域森林計画に定める事項のうち次の各号に掲げるものの区分に応じ、当該各号に定める手続を経なければならない。
一　次号及び第三号に掲げる事項以外の事項　農林水産大臣に協議すること。
二　前条第二項第二号の森林の整備及び保全の目標、同項第三号の伐採立木材積、同項第四号の造林面積、同項第五号の間伐立木材積並びに同項第十二号の保安林の整備　農林水産大臣に協議し、その同意を得ること。
三　前条第二項第八号に掲げる事項　農林水産大臣に届け出ること。
6　都道府県知事は、地域森林計画に前条第三項に規定する事項を定め、又は当該事項に係る地域森林計画の変更をしようとするときは、農林水産省令で定めるところにより、農林水産大臣に届け出なければならない。
7　都道府県知事は、地域森林計画をたて、又はこれを変更したときは、遅滞なく、これを公表するとともに、関係市町村長に通知し、かつ、農林水産大臣に報告しなければならない。この場合においては、第二項の規定により申立てがあつた意見の要旨及び当該意見の処理の結果を併せて公表しなければならない。

（森林計画区）
第七条　第五条第一項の森林計画区は、農林水産大臣が、都道府県知事の意見を聴き、地勢その他の条件を勘案し、主として流域別に都道府県の区域を分けて定める。
2　農林水産大臣は、森林計画区を定め、又はこれを変更したときは、遅滞なく、これを公表しなければならない。

（国有林の地域別の森林計画）
第七条の二　森林管理局長は、全国森林計画に即して、森林計画区別に、その管理経営する国有林で当該森林計画区に係るもの（その自然的経済的社会的諸条件及びその周辺の地域における土地の利用の動向からみて、森林として利用することが相当でないと認められる国有林を除く。）につき、五年ごとに、その計画をたてる年の翌年四月一日以降十年を一期とする森林計画をたてなければならない。
2　前項の森林計画においては、次に掲げる事項を定めるものとする。

一　第五条第二項第一号から第五号まで、第七号及び第十号から第十二号までに掲げる事項
二　公益的機能別施業森林区域及び当該公益的機能別施業森林区域内における施業の方法その他公益的機能別施業森林の整備に関する事項
三　森林施業の合理化に関する事項
四　鳥獣害防止森林区域及び当該鳥獣害防止森林区域内における鳥獣害の防止に関する事項
五　その他必要な事項
3　第四条第三項及び第五条第五項の規定は、第一項の森林計画について準用する。
4　第六条第一項及び第二項の規定は、第一項の規定により森林管理局長が森林計画をたてる場合に準用する。
5　森林管理局長は、前項において準用する第六条第一項の縦覧期間満了後、当該森林計画の案について、関係都道府県知事及び関係市町村長の意見を聴かなければならない。
6　森林管理局長は、第一項の森林計画をたて、又はこれを変更したときは、遅滞なく、これを公表するとともに、関係都道府県知事及び関係市町村長に通知しなければならない。この場合においては、第四項において準用する第六条第二項の規定により申立てがあつた意見の要旨及び当該意見の処理の結果を併せて公表しなければならない。

（開発行為の許可）
第十条の二　地域森林計画の対象となつている民有林（第二十五条又は第二十五条の二の規定により指定された保安林並びに第四十一条の規定により指定された保安施設地区の区域内及び海岸法（昭和三十一年法律第百一号）第三条の規定により指定された海岸保全区域内の森林を除く。）において開発行為（土石又は樹根の採掘、開墾その他の土地の形質を変更する行為で、森林の土地の自然的条件、その行為の態様等を勘案して政令で定める規模をこえるものをいう。以下同じ。）をしようとする者は、農林水産省令で定める手続に従い、都道府県知事の許可を受けなければならない。ただし、次の各号の一に該当する場合は、この限りでない。
一　国又は地方公共団体が行なう場合
二　火災、風水害その他の非常災害のために必要な応急措置として行なう場合
三　森林の土地の保全に著しい支障を及ぼすおそれが少なく、かつ、公益性が高いと認められる事業で農林水産省令で定めるものの施行として行なう場合
2　都道府県知事は、前項の許可の申請があつた場合において、次の各号のいずれにも該当しないと認めるときは、これを許可しなければならない。
一　当該開発行為をする森林の現に有する土地に関する災害の防止の機能からみて、当該開発行為により当該森林の周辺の地域において土砂の流出又は崩壊その他の災害を発生させるおそれがあること。
一の二　当該開発行為をする森林の現に有する水害の防止の機能からみて、当該開発行為により当該機能に依存する地域における水害を発生させるおそれがあること。
二　当該開発行為をする森林の現に有する水源のかん養の機能からみて、当該開発行為により当該機能に依存する地域における水の確保に著しい支障を及ぼすおそれがあること。
三　当該開発行為をする森林の現に有する環境の保全の機能からみて、当該開発行為により当該森林の周辺の地域における環境を著しく悪化させるおそれがあること。
3　前項各号の規定の適用につき同項各号に規定する森林の機能を判断するに当たつては、森林の保続培養及び森林生産力の増進に留意しなければならない。
4　第一項の許可には、条件を附することができる。
5　前項の条件は、森林の現に有する公益的機能を維持するために必要最小限度のものに限り、かつ、その許可を受けた者に不当な義務を課することとなるものであつてはならない。
6　都道府県知事は、第一項の許可をしようとするときは、都道府県森林審議会及び関係市町村長の意見を聴かなければならない。

（監督処分）

第十条の三　都道府県知事は、森林の有する公益的機能を維持するために必要があると認めるときは、前条第一項の規定に違反した者若しくは同項の許可に附した同条第四項の条件に違反して開発行為をした者又は偽りその他の不正な手段により同条第一項の許可を受けて開発行為をした者に対し、その開発行為の中止を命じ、又は期間を定めて復旧に必要な行為をすべき旨を命ずることができる。

（適用除外）

第十条の四　この章の規定は、試験研究の目的に供している森林で農林水産大臣の指定するものその他農林水産省令で定める森林には適用しない。

第二章の二　営林の助長及び監督等
第一節　市町村等による森林の整備の推進

（市町村森林整備計画）

第十条の五　市町村は、その区域内にある地域森林計画の対象となつている民有林につき、五年ごとに、当該民有林の属する森林計画区に係る地域森林計画の計画期間の始期をその計画期間の始期とし、十年を一期とする市町村森林整備計画をたてなければならない。ただし、地域森林計画の変更により新たにその区域内にある民有林が当該地域森林計画の対象となつた市町村にあつては、その最初にたてる市町村森林整備計画については当該地域森林計画の計画期間の終期をその計画期間の終期とし、当該市町村森林整備計画に引き続く次の市町村森林整備計画については当該地域森林計画に引き続きたてられる次の地域森林計画の計画期間の始期をその計画期間の始期として、たてなければならない。

2　市町村森林整備計画においては、次に掲げる事項を定めるものとする。
　一　伐採、造林、保育その他森林の整備に関する基本的事項
　二　立木の標準伐期齢、立木の伐採の標準的な方法その他森林の立木竹の伐採に関する事項（間伐に関する事項を除く。）
　三　造林樹種、造林の標準的な方法その他造林に関する事項
　四　間伐を実施すべき標準的な林齢、間伐及び保育の標準的な方法その他間伐及び保育の基準
　五　公益的機能別施業森林区域及び当該公益的機能別施業森林区域内における施業の方法その他公益的機能別施業森林の整備に関する事項
　六　委託を受けて行う森林の施業又は経営の実施の促進に関する事項
　七　森林施業の共同化の促進に関する事項
　八　作業路網その他森林の整備のために必要な施設の整備に関する事項
　九　鳥獣害防止森林区域及び当該鳥獣害防止森林区域内における鳥獣害の防止に関する事項
　十　森林病害虫の駆除及び予防、火災の予防その他の森林の保護に関する事項（前号に掲げる事項を除く。）
3　市町村森林整備計画においては、前項各号に掲げる事項のほか、次に掲げる事項を定めるよう努めるものとする。
　一　林業に従事する者の養成及び確保に関する事項
　二　森林施業の合理化を図るために必要な機械の導入の促進に関する事項
　三　林産物の利用の促進のために必要な施設の整備に関する事項
　四　その他森林の整備のために必要な事項
4　市町村森林整備計画は、地域森林計画に適合したものでなければならない。
5　第四条第三項の規定は、市町村森林整備計画について準用する。
6　市町村は、市町村森林整備計画の案を作成しようとするときは、森林及び林業に関し学識経験を有する者の意見を聴かなければならない。
7　第六条第一項及び第二項の規定は、第一項の規定により市町村が市町村森林整備計画をたてる場合に準用する。この場合において、同条第一項及び第二項中「都道府県知事」とあるのは、「市町村の長」と読み替えるものとする。

8　市町村の長は、当該市町村の区域内に第七条の二第一項の森林計画の対象となる国有林があるときは、前項の規定により読み替えて準用する第六条第一項の縦覧期間満了後、当該市町村森林整備計画の案について、必要に応じ、関係森林管理局長の意見を聴かなければならない。
9　市町村は、市町村森林整備計画をたてようとするときは、第七項の規定により読み替えて準用する第六条第一項の縦覧期間満了後、都道府県知事に協議しなければならない。
10　市町村は、市町村森林整備計画をたてたときは、遅滞なく、これを公表するとともに、都道府県知事（当該市町村の区域内に第十九条第四項の規定による通知に係る農林水産大臣の認定を受けた森林経営計画の対象とする森林が存するときは、都道府県知事及び農林水産大臣）及び関係森林管理局長に当該市町村森林整備計画書の写しを送付しなければならない。この場合においては、第七項の規定により読み替えて準用する第六条第二項の規定により申立てがあつた意見の要旨及び当該意見の処理の結果を併せて公表しなければならない。

　（市町村森林整備計画の遵守）
第十条の七　森林所有者その他権原に基づき森林の立木竹の使用又は収益をする者（以下「森林所有者等」という。）は、市町村森林整備計画に従つて森林の施業及び保護を実施することを旨としなければならない。

　（森林の土地の所有者となつた旨の届出等）
第十条の七の二　地域森林計画の対象となつている民有林について、新たに当該森林の土地の所有者となつた者は、農林水産省令で定める手続に従い、市町村の長にその旨を届け出なければならない。ただし、国土利用計画法（昭和四十九年法律第九十二号）第二十三条第一項の規定による届出をしたときは、この限りでない。
2　市町村の長は、前項本文の規定による届出があつた場合において、当該届出に係る民有林が第二十五条若しくは第二十五条の二の規定により指定された保安林又は第四十一条の規定により指定された保安施設地区の区域内の森林であるときは、農林水産省令で定めるところにより、都道府県知事に当該届出の内容を通知しなければならない。

　（伐採及び伐採後の造林の届出等）
第十条の八　森林所有者等は、地域森林計画の対象となつている民有林（第二十五条又は第二十五条の二の規定により指定された保安林及び第四十一条の規定により指定された保安施設地区の区域内の森林を除く。）の立木を伐採するには、農林水産省令で定めるところにより、あらかじめ、市町村の長に森林の所在場所、伐採面積、伐採方法、伐採齢、伐採後の造林の方法、期間及び樹種その他農林水産省令で定める事項を記載した伐採及び伐採後の造林の届出書を提出しなければならない。ただし、次の各号のいずれかに該当する場合は、この限りでない。
一　法令又はこれに基づく処分により伐採の義務のある者がその履行として伐採する場合
二　第十条の二第一項の許可を受けた者が当該許可に係る同項の開発行為をするために伐採する場合
三　第十条の十七第一項の規定による公告に係る第十条の十五第一項に規定する公益的機能維持増進協定（その変更につき第十条の十八において準用する第十条の十七第一項の規定による公告があつたときは、その変更後のもの）に基づいて伐採する場合
四　第十一条第五項の認定に係る森林経営計画（その変更につき第十二条第三項において読み替えて準用する第十一条第五項の規定による認定があつたときは、その変更後のもの）において定められている伐採をする場合
五　森林所有者等が第四十九条第一項の許可を受けて伐採する場合
六　第百八十八条第三項の規定に基づいて伐採する場合
七　法令によりその立木の伐採につき制限がある森林で農林水産省令で定めるもの以外の森林（次号において「普通林」という。）であつて、立木の果実の採取その他農林水産省令で定める用途に主として供されるものとして市町村の長が当該森林所有者の申請に基づき指定したものにつき伐採する場合
八　普通林であつて、自家の生活の用に充てるため必要な木材その他の林産物の採取の目的に供すべきもののうち、市町村の長が当該森林所有者の申請に基づき農林水産省令で定める基準に従い指定したものにつき伐採する場合
九　火災、風水害その他の非常災害に際し緊急の用に供する必要がある場合

十　除伐する場合
十一　その他農林水産省令で定める場合
2　森林所有者等は、農林水産省令で定めるところにより、前項の規定により提出された届出書に記載された伐採及び伐採後の造林に係る森林の状況について、市町村の長に報告しなければならない。
3　第一項第九号に掲げる場合に該当して森林の立木を伐採した森林所有者等は、農林水産省令で定めるところにより、市町村の長に伐採の届出書を提出しなければならない。

（伐採及び伐採後の造林の計画の変更命令等）
第十条の九　市町村の長は、前条第一項の規定により提出された届出書に記載された伐採面積、伐採方法若しくは伐採齢又は伐採後の造林の方法、期間若しくは樹種に関する計画が市町村森林整備計画に適合しないと認めるときは、当該届出書を提出した者に対し、その伐採及び伐採後の造林の計画を変更すべき旨を命ずることができる。
2　前項の命令があつたときは、その命令があつた後に行われる立木の伐採については、同項の届出書の提出はなかつたものとみなす。
3　市町村の長は、前条第一項の規定により届出書を提出した者の行つている伐採又は伐採後の造林が当該届出書に記載された伐採面積、伐採方法若しくは伐採齢又は伐採後の造林の方法、期間若しくは樹種に関する計画に従つていないと認めるときは、その者に対し、その伐採及び伐採後の造林の計画に従つて伐採し、又は伐採後の造林をすべき旨を命ずることができる。
4　市町村の長は、前条第一項の規定に違反して届出書の提出をしないで立木を伐採した者が引き続き伐採をしたならば次の各号のいずれかに該当すると認められる場合又はその者が伐採後の造林をしておらず、かつ、引き続き伐採後の造林をしないとしたならば次の各号のいずれかに該当すると認められる場合において、伐採の中止をすること又は伐採後の造林をすることが当該各号に規定する事態の発生を防止するために必要かつ適当であると認めるときは、その者に対し、伐採の中止を命じ、又は当該伐採跡地につき、期間、方法及び樹種を定めて伐採後の造林をすべき旨を命ずることができる。
一　当該伐採跡地の周辺の地域における土砂の流出又は崩壊その他の災害を発生させるおそれがあること。
二　伐採前の森林が有していた水害の防止の機能に依存する地域における水害を発生させるおそれがあること。
三　伐採前の森林が有していた水源の涵養の機能に依存する地域における水の確保に著しい支障を及ぼすおそれがあること。
四　当該伐採跡地の周辺の地域における環境を著しく悪化させるおそれがあること。

（施業の勧告）
第十条の十　市町村の長は、森林所有者等がその森林の施業につき市町村森林整備計画を遵守していないと認める場合において、市町村森林整備計画の達成上必要があるときは、当該森林所有者等に対し、遵守すべき事項を示して、これに従つて施業すべき旨を勧告することができる。

　　　第四節　公益的機能維持増進協定
（公益的機能維持増進協定）
第十条の十五　森林管理局長は、第七条の二第一項の森林計画に定められた公益的機能別施業森林区域内に存する国有林の有する公益的機能の維持増進を図るため必要があると認めるときは、当該国有林と一体として整備及び保全を行うことが相当と認められる市町村森林整備計画に定められた公益的機能別施業森林区域内に存する民有林の森林所有者等又は当該森林所有者等及び当該民有林の土地の所有者と次に掲げる事項を定めた協定（以下「公益的機能維持増進協定」という。）を締結して、当該公益的機能維持増進協定の目的となる森林の区域（以下「公益的機能維持増進協定区域」という。）内に存する森林の整備及び保全を行うことができる。
一　公益的機能維持増進協定区域及びその面積
二　森林管理局又は森林所有者等が行う森林施業の種類並びにその実施の方法及び時期その他公益的機能維持増進協

定区域内に存する森林の整備及び保全に関する事項
　三　前号に掲げる事項を実施するために必要な林道の開設及び改良並びに作業路網その他の施設の設置及び維持運営に関する事項
　四　前二号に掲げる事項の実施に要する費用の負担
　五　公益的機能維持増進協定の有効期間
　六　公益的機能維持増進協定に違反した場合の措置
2　公益的機能維持増進協定については、公益的機能維持増進協定区域内に存する民有林の森林所有者等及び当該民有林の土地の所有者の全員の合意がなければならない。
3　公益的機能維持増進協定の有効期間は、十年を超えてはならない。
4　公益的機能維持増進協定の内容は、次に掲げる基準に適合するものでなければならない。
　一　国有林の有する公益的機能の維持増進を図るために有効かつ適切なものであること。
　二　民有林の有する公益的機能の維持増進に寄与するものであること。
　三　森林の利用を不当に制限するものでないこと。
　四　公益的機能維持増進協定区域内に存する民有林又は当該公益的機能維持増進協定区域に近接する民有林において、都道府県が治山事業（第四十一条第三項に規定する保安施設事業及び地すべり等防止法（昭和三十三年法律第三十号）第五十一条第一項第二号に規定する地すべり地域又はぼた山に関して同法第三条又は第四条の規定によつて指定された地すべり防止区域又はぼた山崩壊防止区域における同法第二条第四項に規定する地すべり防止工事又は同法第四十一条のぼた山崩壊防止工事に関する事業をいう。以下この号及び次項において同じ。）を行い、又は行おうとしているときは、当該治山事業の実施に関する計画との整合性に配慮したものであること。
　五　第一項各号に掲げる事項について農林水産省令で定める基準に適合するものであること。
5　森林管理局長は、公益的機能維持増進協定を締結しようとする場合において、当該公益的機能維持増進協定区域内に存する民有林又は当該公益的機能維持増進協定区域に近接する民有林において都道府県が治山事業を行い、又は行おうとしているときは、あらかじめ、当該都道府県の知事の意見を聴かなければならない。

　　　（火入れ）
第二十一条　森林又は森林に接近している政令で定める範囲内にある原野、山岳、荒廃地その他の土地においては、その森林又は土地の所在する市町村の長の許可を受けてその指示するところに従つてでなければ火入れをしてはならない。ただし、国又は地方公共団体が火入れをする場合は、この限りでない。
2　前項の市町村の長は、火入れをする目的が次の各号の一に該当する場合でなければ同項の許可をしてはならない。
　一　造林のための地ごしらえ
　二　開墾準備
　三　害虫駆除
　四　焼畑
　五　前各号に準ずる事項であつて農林水産省令で定めるもの
3　第一項の市町村の長は、国有林野の管理経営に関する法律に規定する国有林野又はこれに接近する森林若しくは土地について同項の許可をするには、あらかじめ、その国有林野を管轄する森林管理署長に協議し、その同意を得なければならない。
4　認定森林所有者等のうち第十一条第五項の認定に係る森林経営計画（その変更につき第十二条第三項において読み替えて準用する第十一条第五項の規定による認定があつたときは、その変更後のもの）において火入れに関する事項を記載しているものは、第一項の規定にかかわらず、同項の市町村の長の許可を受けないで、農林水産省令で定めるところにより、当該火入れをすることができる。

　　　（防火の設備等）
第二十二条　前条第一項の森林又は土地において火入をする者は、あらかじめ必要な防火の設備をし、且つ、火入をし

ようとする森林又は土地に接近している農林水産省令で定める範囲内にある立木竹の所有者又は管理者にその旨を通知しなければならない。

第三章　保安施設
第一節　保安林
（指定）

第二十五条　農林水産大臣は、次の各号（指定しようとする森林が民有林である場合にあつては、第一号から第三号まで）に掲げる目的を達成するため必要があるときは、森林（民有林にあつては、重要流域（二以上の都府県の区域にわたる流域その他の国土保全上又は国民経済上特に重要な流域で農林水産大臣が指定するものをいう。以下同じ。）内に存するものに限る。）を保安林として指定することができる。ただし、海岸法第三条の規定により指定される海岸保全区域及び自然環境保全法（昭和四十七年法律第八十五号）第十四条第一項の規定により指定される原生自然環境保全地域については、指定することができない。
一　水源のかん養
二　土砂の流出の防備
三　土砂の崩壊の防備
四　飛砂の防備
五　風害、水害、潮害、干害、雪害又は霧害の防備
六　なだれ又は落石の危険の防止
七　火災の防備
八　魚つき
九　航行の目標の保存
十　公衆の保健
十一　名所又は旧跡の風致の保存
2　前項但書の規定にかかわらず、農林水産大臣は、特別の必要があると認めるときは、海岸管理者に協議して海岸保全区域内の森林を保安林として指定することができる。
3　農林水産大臣は、第一項第十号又は第十一号に掲げる目的を達成するため前二項の指定をしようとするときは、環境大臣に協議しなければならない。
4　農林水産大臣は、第一項又は第二項の指定をしようとするときは、林政審議会に諮問することができる。

第二十五条の二　都道府県知事は、前条第一項第一号から第三号までに掲げる目的を達成するため必要があるときは、重要流域以外の流域内に存する民有林を保安林として指定することができる。この場合には、同項ただし書及び同条第二項の規定を準用する。
2　都道府県知事は、前条第一項第四号から第十一号までに掲げる目的を達成するため必要があるときは、民有林を保安林として指定することができる。この場合には、同項ただし書及び同条第二項の規定を準用する。
3　都道府県知事は、前二項の指定をしようとするときは、都道府県森林審議会に諮問することができる。

（解除）

第二十六条　農林水産大臣は、保安林（民有林にあつては、第二十五条第一項第一号から第三号までに掲げる目的を達成するため指定され、かつ、重要流域内に存するものに限る。以下この条において同じ。）について、その指定の理由が消滅したときは、遅滞なくその部分につき保安林の指定を解除しなければならない。
2　農林水産大臣は、公益上の理由により必要が生じたときは、その部分につき保安林の指定を解除することができる。
3　前二項の規定により解除をしようとする場合には、第二十五条第三項及び第四項の規定を準用する。

第二十六条の二　都道府県知事は、民有林である保安林（第二十五条第一項第一号から第三号までに掲げる目的を達成するため指定されたものにあつては、重要流域以外の流域内に存するものに限る。以下この条において同じ。）について、その指定の理由が消滅したときは、遅滞なくその部分につき保安林の指定を解除しなければならない。
2　都道府県知事は、民有林である保安林について、公益上の理由により必要が生じたときは、その部分につき保安林の指定を解除することができる。
3　前二項の規定により解除をしようとする場合には、第二十五条の二第三項の規定を準用する。
4　都道府県知事は、第一項又は第二項の規定により解除をしようとする場合において、当該解除をしようとする保安林が次の各号のいずれかに該当するときは、農林水産大臣に協議しなければならない。この場合において、当該保安林が、第一号に該当するとき、又は第二十五条第一項第一号から第三号までに掲げる目的を達成するため指定され、かつ、第二号に該当するときは、農林水産大臣の同意を得なければならない。
　一　第二十五条第一項第一号から第三号までに掲げる目的を達成するため指定された保安林で、第一項又は第二項の規定により解除をしようとする面積が政令で定める規模以上であるもの
　二　その全部又は一部が第四十一条第三項に規定する保安施設事業又は地すべり等防止法第二条第四項に規定する地すべり防止工事若しくは同法第四十一条のぼた山崩壊防止工事の施行に係る土地の区域内にある保安林

　（指定又は解除の申請）
第二十七条　保安林の指定若しくは解除に利害関係を有する地方公共団体の長又はその指定若しくは解除に直接の利害関係を有する者は、農林水産省令で定める手続に従い、森林を保安林として指定すべき旨又は保安林の指定を解除すべき旨を書面により農林水産大臣又は都道府県知事に申請することができる。
2　都道府県知事以外の者が前項の規定により保安林の指定又は解除を農林水産大臣に申請する場合には、その森林の所在地を管轄する都道府県知事を経由しなければならない。
3　都道府県知事は、前項の場合には、遅滞なくその申請書に意見書を附して農林水産大臣に進達しなければならない。但し、申請が第一項の条件を具備しないか、又は次条の規定に違反していると認めるときは、その申請を進達しないで却下することができる。

第二十八条　農林水産大臣又は都道府県知事が前条第一項の申請に係る指定又は解除をしない旨の処分をしたときは、その申請をした者は、実地の状況に著しい変化が生じた場合でなければ、再び同一の理由で同項の申請をしてはならない。

　（保安林予定森林又は解除予定保安林に関する通知等）
第二十九条　農林水産大臣は、保安林の指定又は解除をしようとするときは、あらかじめその旨並びに指定をしようとするときにあつてはその保安林予定森林の所在場所、当該指定の目的及び保安林の指定後における当該森林に係る第三十三条第一項に規定する指定施業要件、解除をしようとするときにあつてはその解除予定保安林の所在場所、保安林として指定された目的及び当該解除の理由をその森林の所在地を管轄する都道府県知事に通知しなければならない。その通知した内容を変更しようとするときもまた同様とする。

第三十条　都道府県知事は、前条の通知を受けたときは、遅滞なく、農林水産省令で定めるところにより、その通知の内容について、告示し、その森林の所在する市町村の事務所に掲示し、かつ、電気通信回線に接続して行う自動公衆送信（公衆によつて直接受信されることを目的として公衆からの求めに応じ自動的に送信を行うことをいい、放送又は有線放送に該当するものを除く。次条第一項及び第五十条第五項において同じ。）により公衆の閲覧に供するとともに、その森林の森林所有者及びその森林に関し登記した権利を有する者に通知しなければならない。この場合において、保安林の指定又は解除が第二十七条第一項の規定による申請に係るものであるときは、その申請者にも通知しなければならない。

第三十条の二　都道府県知事は、保安林の指定又は解除をしようとするときは、農林水産省令で定めるところにより、あらかじめ、その旨並びに指定をしようとするときにあつてはその保安林予定森林の所在場所、当該指定の目的及び保安林の指定後における当該森林に係る第三十三条第一項に規定する指定施業要件、解除をしようとするときにあつてはその解除予定保安林の所在場所、保安林として指定された目的及び当該解除の理由について、告示し、その森林の所在する市町村の事務所に掲示し、かつ、電気通信回線に接続して行う自動公衆送信により公衆の閲覧に供するとともに、その森林の森林所有者及びその森林に関し登記した権利を有する者に通知しなければならない。その告示した内容を変更しようとするときもまた同様とする。
2　前項の場合には、前条後段の規定を準用する。

（保安林予定森林における制限）
第三十一条　都道府県知事は、前二条の規定による告示があつた保安林予定森林について、農林水産省令で定めるところにより、九十日を超えない期間内において、立木竹の伐採又は土石若しくは樹根の採掘、開墾その他の土地の形質を変更する行為を禁止することができる。

（意見書の提出）
第三十二条　第二十七条第一項に規定する者は、第三十条又は第三十条の二第一項の告示があつた場合においてその告示の内容に異議があるときは、農林水産省令で定める手続に従い、第三十条の告示にあつては都道府県知事を経由して農林水産大臣に、第三十条の二第一項の告示にあつては都道府県知事に、意見書を提出することができる。この場合には、その告示の日から三十日以内に意見書を都道府県知事に差し出さなければならない。
2　前項の規定による意見書の提出があつたときは、農林水産大臣は第三十条の告示に係る意見書について、都道府県知事は第三十条の二第一項の告示に係る意見書について、公開による意見の聴取を行わなければならない。この場合において、都道府県知事は、同項の告示に係る意見書の写しを農林水産大臣に送付しなければならない。
3　農林水産大臣又は都道府県知事は、前項の意見の聴取をしようとするときは、その期日の一週間前までに意見の聴取の期日及び場所をその意見書を提出した者に通知するとともにこれを公示しなければならない。
4　農林水産大臣又は都道府県知事は、第三十条又は第三十条の二第一項の告示の日から四十日を経過した後（第一項の意見書の提出があつたときは、これについて第二項の意見の聴取をした後）でなければ保安林の指定又は解除をすることができない。
5　農林水産大臣は、第三十条の二第一項の告示に係る第一項の意見書の提出があつた場合において、保安林として指定する目的を達成するためその他公益上の理由により特別の必要があると認めるときは、都道府県知事に対し、保安林の指定又は解除に関し必要な指示をすることができる。
6　前項の指示は、第二項の意見の聴取をした後でなければすることができない。

（指定又は解除の通知）
第三十三条　農林水産大臣は、保安林の指定又は解除をする場合には、その旨並びに指定をするときにあつてはその保安林の所在場所、当該指定の目的及び当該保安林に係る指定施業要件（立木の伐採の方法及び限度並びに立木を伐採した後において当該伐採跡地について行なう必要のある植栽の方法、期間及び樹種をいう。以下同じ。）、解除をするときにあつてはその保安林の所在場所、保安林として指定された目的及び当該解除の理由を告示するとともに関係都道府県知事に通知しなければならない。
2　保安林の指定又は解除は、前項の告示によつてその効力を生ずる。
3　都道府県知事は、第一項の通知を受けたときは、その処分の内容をその処分に係る森林の森林所有者及びその処分が第二十七条第一項の申請に係るものであるときはその申請者に通知しなければならない。
4　第一項の規定による通知に係る指定施業要件のうち立木の伐採の限度に関する部分は、当該保安林の指定に係る森林又は当該森林を含む保安林の集団を単位として定めるものとする。
5　第一項の規定による通知に係る指定施業要件は、当該保安林の指定に伴いこの章の規定により当該森林について生

ずべき制限が当該保安林の指定の目的を達成するため必要最小限度のものとなることを旨とし、政令で定める基準に準拠して定めるものとする。
6　前各項の規定は、都道府県知事による保安林の指定又は解除について準用する。この場合において、第一項中「告示するとともに関係都道府県知事に通知しなければならない」とあるのは「告示しなければならない」と、第三項中「通知を受けた」とあるのは「告示をした」と、第四項及び前項中「通知」とあるのは「告示」と読み替えるものとする。

（指定施業要件の変更）
第三十三条の二　農林水産大臣又は都道府県知事は、保安林について、当該保安林に係る指定施業要件を変更しなければその保安林の指定の目的を達成することができないと認められるに至つたとき、又は当該保安林に係る指定施業要件を変更してもその保安林の指定の目的に支障を及ぼすことがないと認められるに至つたときは、当該指定施業要件を変更することができる。
2　保安林について、その指定施業要件の変更に利害関係を有する地方公共団体の長又はその変更に直接の利害関係を有する者は、農林水産省令で定める手続に従い、当該指定施業要件を変更すべき旨を書面により農林水産大臣又は都道府県知事に申請することができる。

第三十三条の三　保安林の指定施業要件の変更については、第二十九条から第三十条の二まで、第三十二条第一項から第四項まで及び第三十三条の規定（保安林の指定に関する部分に限る。）を、保安林の指定施業要件の変更の申請については、第二十七条第二項及び第三項並びに第二十八条の規定を準用する。この場合において、第二十九条及び第三十条の二第一項中「その保安林予定森林の所在場所、当該指定の目的及び保安林の指定後における当該森林に係る」とあるのは「その保安林の所在場所、保安林として指定された目的及び当該変更に係る」と、第三十条（第三十条の二第二項において準用する場合を含む。）及び第三十二条第一項中「第二十七条第一項」とあるのは「第三十三条の二第二項」と、第三十三条第一項（同条第六項において準用する場合を含む。）中「当該指定の目的及び当該保安林に係る」とあるのは「保安林として指定された目的及び当該変更に係る」と、同条第三項（同条第六項において準用する場合を含む。）中「第二十七条第一項」とあるのは「第三十三条の二第二項」と読み替えるものとする。

（保安林における制限）
第三十四条　保安林においては、政令で定めるところにより、都道府県知事の許可を受けなければ、立木を伐採してはならない。ただし、次の各号のいずれかに該当する場合は、この限りでない。
一　法令又はこれに基づく処分により伐採の義務のある者がその履行として伐採する場合
二　次条第一項に規定する択伐による立木の伐採をする場合
三　第三十四条の三第一項に規定する間伐のための立木の伐採をする場合
四　第三十九条の四第一項の規定により地域森林計画に定められている森林施業の方法及び時期に関する事項に従つて立木の伐採をする場合
五　森林所有者等が第四十九条第一項の許可を受けて伐採する場合
六　第百八十八条第三項の規定に基づいて伐採する場合
七　火災、風水害その他の非常災害に際し緊急の用に供する必要がある場合
八　除伐する場合
九　その他農林水産省令で定める場合
2　保安林においては、都道府県知事の許可を受けなければ、立竹を伐採し、立木を損傷し、家畜を放牧し、下草、落葉若しくは落枝を採取し、又は土石若しくは樹根の採掘、開墾その他の土地の形質を変更する行為をしてはならない。ただし、次の各号のいずれかに該当する場合は、この限りでない。
一　法令又はこれに基づく処分によりこれらの行為をする義務のある者がその履行としてする場合
二　森林所有者等が第四十九条第一項の許可を受けてする場合

三　第百八十八条第三項の規定に基づいてする場合
　四　火災、風水害その他の非常災害に際し緊急の用に供する必要がある場合
　五　軽易な行為であつて農林水産省令で定めるものをする場合
　六　その他農林水産省令で定める場合
3　都道府県知事は、第一項の許可の申請があつた場合において、その申請に係る伐採の方法が当該保安林に係る指定施業要件に適合するものであり、かつ、その申請（当該保安林に係る指定施業要件を定めるについて同一の単位とされている保安林又はその集団の立木について当該申請が二以上あるときは、これらの申請のすべて）につき同項の許可をするとしてもこれにより当該指定施業要件を定めるについて同一の単位とされている保安林又はその集団に係る立木の伐採が当該指定施業要件に定める伐採の限度を超えることとならないと認められるときは、これを許可しなければならない。
4　都道府県知事は、第一項の許可の申請があつた場合において、その申請に係る伐採の方法が当該保安林に係る指定施業要件に適合するものであり、かつ、その申請（当該保安林に係る指定施業要件を定めるについて同一の単位とされている保安林又はその集団の立木について当該申請が二以上あるときは、これらの申請のすべて）につき同項の許可をするとすればこれにより当該指定施業要件を定めるについて同一の単位とされている保安林又はその集団に係る立木の伐採が当該指定施業要件に定める伐採の限度を超えることとなるが、その一部について同項の許可をするとすれば当該伐採の限度を超えることとならないと認められるときは、政令で定める基準に従い、当該伐採の限度まで、その申請に係る伐採の面積又は数量を縮減して、これを許可しなければならない。
5　都道府県知事は、第二項の許可の申請があつた場合には、その申請に係る行為がその保安林の指定の目的の達成に支障を及ぼすと認められる場合を除き、これを許可しなければならない。
6　第一項又は第二項の許可には、条件を付することができる。
7　前項の条件は、当該保安林の指定の目的を達成するために必要最小限度のものに限り、かつ、その許可を受けた者に不当な義務を課することとなるものであつてはならない。
8　第一項の許可を受けた者は、当該許可に係る立木を伐採したときは、農林水産省令で定める手続に従い、その旨を、都道府県知事に届け出るとともに、その者が当該森林に係る森林所有者でないときは、当該森林所有者に通知しなければならない。
9　第一項第七号及び第二項第四号に掲げる場合に該当して当該行為をした者は、農林水産省令で定める手続に従い、都道府県知事に届出書を提出しなければならない。
10　都道府県知事は、第八項又は前項の規定により立木を伐採した旨の届出があつた場合（同項の規定による届出にあつては、第一項第七号に係るものに限る。）には、農林水産省令で定めるところにより、当該立木の所在地の属する市町村の長にその旨を通知しなければならない。ただし、当該伐採が、第十一条第五項の認定に係る森林経営計画（その変更につき第十二条第三項において読み替えて準用する第十一条第五項の規定による認定があつたときは、その変更後のもの）において定められているものである場合は、この限りでない。

　（保安林における択伐の届出等）
第三十四条の二　保安林においては、当該保安林に係る指定施業要件に定める立木の伐採の方法に適合し、かつ、当該指定施業要件に定める伐採の限度を超えない範囲内において択伐による立木の伐採（人工植栽に係る森林の立木の伐採に限る。第三項において同じ。）をしようとする者は、前条第一項第一号、第四号から第七号まで及び第九号に掲げる場合を除き、農林水産省令で定める手続に従い、あらかじめ、都道府県知事に森林の所在場所、伐採立木材積、伐採方法その他農林水産省令で定める事項を記載した択伐の届出書を提出しなければならない。
2　都道府県知事は、前項の規定により提出された届出書に記載された伐採立木材積又は伐採方法に関する計画が当該保安林に係る指定施業要件に適合しないと認めるときは、当該届出書を提出した者に対し、その択伐の計画を変更すべき旨を命じなければならない。
3　前項の命令があつたときは、その命令があつた後に行われる択伐による立木の伐採については、同項の届出書の提出はなかつたものとみなす。

4　都道府県知事は、第一項の規定により択伐の届出書が提出された場合（前項の規定により届出書の提出がなかつたものとみなされる場合を除く。）には、農林水産省令で定めるところにより、当該択伐に係る立木の所在地の属する市町村の長にその旨を通知しなければならない。ただし、当該択伐が、第十一条第五項の認定に係る森林経営計画（その変更につき第十二条第三項において読み替えて準用する第十一条第五項の規定による認定があつたときは、その変更後のもの）において定められているものである場合は、この限りでない。

5　第一項の規定により択伐の届出書を提出した者は、当該届出に係る立木を伐採した場合において、その者が当該森林に係る森林所有者でないときは、農林水産省令で定める手続に従い、その旨を、当該森林所有者に通知しなければならない。

（保安林における間伐の届出等）

第三十四条の三　保安林においては、当該保安林に係る指定施業要件に定める立木の伐採の方法に適合し、かつ、当該指定施業要件に定める伐採の限度を超えない範囲内において間伐のため立木を伐採しようとする者は、第三十四条第一項第一号、第四号から第七号まで及び第九号に掲げる場合を除き、農林水産省令で定める手続に従い、あらかじめ、都道府県知事に森林の所在場所、間伐立木材積、間伐方法その他農林水産省令で定める事項を記載した間伐の届出書を提出しなければならない。

2　前条第二項から第四項までの規定は、前項の規定による間伐の届出について準用する。この場合において、同条第二項中「伐採立木材積又は伐採方法」とあるのは、「間伐立木材積又は間伐方法」と読み替えるものとする。

（保安林における植栽の義務）

第三十四条の四　森林所有者等が保安林の立木を伐採した場合には、当該保安林に係る森林所有者は、当該保安林に係る指定施業要件として定められている植栽の方法、期間及び樹種に関する定めに従い、当該伐採跡地について植栽をしなければならない。ただし、当該伐採をした森林所有者等が当該保安林に係る森林所有者でない場合において当該伐採があつたことを知らないことについて正当な理由があると認められるとき、当該伐採跡地について第三十八条第一項又は第三項の規定による造林に必要な行為をすべき旨の命令があつた場合（当該命令を受けた者が当該伐採跡地に係る森林所有者以外の者であり、その者が行う当該命令の実施行為を当該森林所有者が拒んだ場合を除く。）その他農林水産省令で定める場合は、この限りでない。

（損失の補償）

第三十五条　国又は都道府県は、政令で定めるところにより、保安林として指定された森林の森林所有者その他権原に基づきその森林の立木竹又は土地の使用又は収益をする者に対し、保安林の指定によりその者が通常受けるべき損失を補償しなければならない。

（受益者の負担）

第三十六条　国又は都道府県は、保安林の指定によつて利益を受ける地方公共団体その他の者に、その受ける利益の限度において、前条の規定により補償すべき金額の全部又は一部を負担させることができる。

2　農林水産大臣又は都道府県知事は、前項の場合には、補償金額の全部又は一部を負担する者に対し、その負担すべき金額並びにその納付の期日及び場所を書面により通知しなければならない。

3　農林水産大臣又は都道府県知事は、前項の通知を受けた者が納付の期日を過ぎても同項の金額を完納しないときは、督促状により、期限を指定してこれを督促しなければならない。

4　前項の規定による督促を受けた者がその指定の期限までにその負担すべき金額を納付しないときは、農林水産大臣は国税滞納処分の例によつて、都道府県知事は地方税の滞納処分の例によつて、これを徴収することができる。この場合における徴収金の先取特権の順位は、国税及び地方税に次ぐものとする。

（担保権）
第三十七条　保安林の立木竹又は土地について先取特権、質権又は抵当権を有する者は、第三十五条の規定による補償金に対してもその権利を行うことができる。但し、その払渡前に差押をしなければならない。

（監督処分）
第三十八条　都道府県知事は、第三十四条第一項の規定に違反した者若しくは同項の許可に附した同条第六項の条件に違反して立木を伐採した者又は偽りその他不正な手段により同条第一項の許可を受けて立木を伐採した者に対し、伐採の中止を命じ、又は当該伐採跡地につき、期間、方法及び樹種を定めて造林に必要な行為を命ずることができる。
2　都道府県知事は、第三十四条第二項の規定に違反した者若しくは同項の許可に附した同条第六項の条件に違反して同条第二項の行為をした者又は偽りその他不正な手段により同項の許可を受けて同項の行為をした者に対し、その行為の中止を命じ、又は期間を定めて復旧に必要な行為をすべき旨を命ずることができる。
3　都道府県知事は、第三十四条の二第一項の規定に違反した者に対し、当該伐採跡地につき、期間、方法及び樹種を定めて造林に必要な行為を命ずることができる。
4　都道府県知事は、森林所有者が第三十四条の四の規定に違反して、保安林に係る指定施業要件として定められている植栽の期間内に、植栽をせず、又は当該指定施業要件として定められている植栽の方法若しくは樹種に関する定めに従つて植栽をしない場合には、当該森林所有者に対し、期間を定めて、当該保安林に係る指定施業要件として定められている植栽の方法と同一の方法により、当該指定施業要件として定められている樹種と同一の樹種のものを植栽すべき旨を命ずることができる。

（標識の設置）
第三十九条　都道府県知事は、民有林について保安林の指定があつたときは、その保安林の区域内にこれを表示する標識を設置しなければならない。この場合において、保安林の森林所有者は、その設置を拒み、又は妨げてはならない。
2　農林水産大臣は、国有林について保安林の指定をしたときは、その保安林の区域内にこれを表示する標識を設置しなければならない。
3　前二項の標識の様式は、農林水産省令で定める。

（保安林台帳）
第三十九条の二　都道府県知事は、保安林台帳を調製し、これを保管しなければならない。
2　都道府県知事は、前項の保安林台帳の閲覧を求められたときは、正当な理由がなければ、これを拒んではならない。
3　保安林台帳の記載事項その他その調製及び保管に関し必要な事項は、農林水産省令で定める。

（特定保安林の指定）
第三十九条の三　農林水産大臣は、全国森林計画に基づき、指定の目的に即して機能していないと認められる保安林（当該目的に即して機能することを確保するため、その区域内にある森林の全部又は一部について造林、保育、伐採その他の森林施業を早急に実施する必要があると認められるものに限る。）を特定保安林として指定することができる。
2　都道府県知事は、農林水産省令で定めるところにより、当該都道府県の区域内の保安林を特定保安林として指定すべき旨を農林水産大臣に申請することができる。
3　農林水産大臣は、特定保安林の指定をしようとするときは、当該指定をしようとする保安林の所在場所を管轄する都道府県知事に協議しなければならない。
4　農林水産大臣は、特定保安林の指定をしたときは、遅滞なく、これを公表しなければならない。
5　前三項の規定は、特定保安林の指定の解除について準用する。

(地域森林計画の変更等)
第三十九条の四　都道府県知事は、当該都道府県の区域内の保安林が特定保安林として指定された場合において、当該特定保安林の区域内に第五条第一項の規定によりたてられた地域森林計画の対象となつている民有林があるときは、当該地域森林計画を変更し、当該民有林につき、当該特定保安林が保安林の指定の目的に即して機能することを確保することを旨として、次に掲げる事項を追加して定めなければならない。同項の規定により地域森林計画をたてる場合において特定保安林の区域内の民有林で当該地域森林計画の対象となるものがあるときも、同様とする。
　一　造林、保育、伐採その他の森林施業を早急に実施する必要があると認められる森林(以下「要整備森林」という。)の所在
　二　要整備森林について実施すべき造林、保育、伐採その他の森林施業の方法及び時期に関する事項
2　都道府県知事は、前項の規定により地域森林計画を変更し、又はこれをたてようとするときは、同項各号に掲げる事項のほか、要整備森林の整備のために必要な事項を定めるよう努めるものとする。
3　都道府県知事は、第一項の規定により地域森林計画を変更し、又はこれをたてようとする場合であつて、第六条第二項の規定により前二項に規定する事項に関し直接の利害関係を有する者から異議の申立てがあつたときは、公開による意見の聴取を行わなければならない。
4　都道府県知事は、前項の意見の聴取をしようとするときは、その期日の一週間前までに意見の聴取の期日及び場所をその異議の申立てをした者に通知するとともにこれを公示しなければならない。
5　都道府県知事は、第三項の異議の申立てがあつたときは、これについて同項の意見の聴取をした後でなければ、地域森林計画を変更し、又はこれをたてることができない。

(要整備森林に係る施業の勧告等)
第三十九条の五　都道府県知事は、森林所有者等が要整備森林について前条第一項の規定により地域森林計画に定められている森林施業の方法に関する事項を遵守していないと認める場合において、地域森林計画の達成上必要があるときは、当該森林所有者等に対し、遵守すべき事項を示して、これに従つて施業すべき旨を勧告することができる。
2　都道府県知事は、要整備森林について前項の規定による勧告をした場合において、その勧告を受けた者がこれに従わないとき、又は従う見込みがないと認めるときは、その者に対し、当該要整備森林若しくは当該要整備森林の立木について所有権若しくは使用及び収益を目的とする権利を取得し、又は当該要整備森林の施業の委託を受けようとする者で当該都道府県知事の指定を受けたものと当該要整備森林若しくは当該要整備森林の立木についての所有権の移転若しくは使用及び収益を目的とする権利の設定若しくは移転又は当該要整備森林の施業の委託に関し協議すべき旨を勧告することができる。
3　地方公共団体及び国立研究開発法人森林研究・整備機構(以下この項において「機構」という。)は、前項の指定を受けたときは、速やかに、同項の規定による勧告を受けた者に対し、当該勧告に係る協議(機構にあつては、国立研究開発法人森林研究・整備機構法(平成十一年法律第百九十八号)第十三条第一項第四号に掲げる業務に係るものに限る。)の申入れをするよう努めるものとする。

(市町村の長による施業の勧告の特例)
第三十九条の六　要整備森林については、第十条の十の規定は、適用しない。

(要整備森林における保安施設事業の実施)
第三十九条の七　都道府県知事が第三十九条の五第二項の規定による勧告をした場合において、その勧告に係る協議が調わず、又は協議をすることができないときであつて、農林水産省令で定めるところにより都道府県知事が当該勧告に係る要整備森林において第四十一条第三項に規定する保安施設事業(森林の造成事業又は森林の造成に必要な事業に限る。)を行うときは、当該要整備森林の土地の所有者その他その土地に関し権利を有する者(次項において「関係人」という。)は、その実施行為を拒んではならない。
2　都道府県は、その行つた前項の行為により損失を受けた関係人に対し、通常生ずべき損失を補償しなければならな

(保安林に係る権限の適切な行使)
第四十条　農林水産大臣及び都道府県知事は、第二十五条第一項各号に掲げる目的が十分に達成されるよう、同条及び第二十五条の二の規定による保安林の指定に係る権限を適切に行使するものとする。
2　前項に定めるもののほか、農林水産大臣及び都道府県知事は、保安林制度の負う使命に鑑み、保安林に関しこの法律及びこれに基づく政令の規定によりその権限に属させられた事務を適正に遂行するほか、保安林に係る制限の遵守及び義務の履行につき有効な指導及び援助を行い、その他保安林の整備及び保全のため必要な措置を講じて、保安林が常にその指定の目的に即して機能することを確保するように努めなければならない。

　　第二節　保安施設地区
 (指定)
第四十一条　農林水産大臣は、第二十五条第一項第一号から第七号までに掲げる目的を達成するため、国が森林の造成事業又は森林の造成若しくは維持に必要な事業を行う必要があると認めるときは、その事業を行うのに必要な限度において森林又は原野その他の土地を保安施設地区として指定することができる。
2　農林水産大臣は、民有林又は国の所有に属さない原野その他の土地について、第二十五条第一項第四号から第七号までに掲げる目的を達成するため前項の指定をしようとするときは、都道府県知事の意見を聴かなければならない。
3　農林水産大臣は、第一項の事業（以下「保安施設事業」という。）を都道府県が行う必要があると認めて都道府県知事から申請があつた場合において、その申請を相当と認めるときは、その事業を行うのに必要な限度において森林又は原野その他の土地を保安施設地区として指定することができる。
4　第二十五条第一項但書及び第二項の規定は、第一項又は前項の指定をしようとする場合に準用する。この場合において、第二十五条第二項中「森林を保安林として」とあるのは、「森林又は原野その他の土地を保安施設地区として」と読み替えるものとする。

 (指定の有効期間)
第四十二条　前条の保安施設地区の指定の有効期間は、七年以内において農林水産大臣が定める期間とする。但し、農林水産大臣は、必要があると認めるときは、三年を限りその有効期間を延長することができる。

 (解除)
第四十三条　農林水産大臣は、国又は都道府県が保安施設事業を廃止したときは、遅滞なく保安施設地区の指定を解除しなければならない。
2　保安施設地区の指定後一年を経過した時に国又は都道府県がなお保安施設事業に着手していないときは、その時に、指定はその効力を失う。

 (保安林に関する規定の準用)
第四十四条　保安施設地区の指定については、第二十九条、第三十条、第三十一条、第三十二条第一項から第四項まで、第三十三条第一項から第五項まで及び第三十九条の規定を、保安施設地区に係る指定施業要件の変更については、第二十九条、第三十条、第三十二条第一項から第四項まで及び第三十三条第一項から第五項までの規定（農林水産大臣による保安林の指定に関する部分に限る。）並びに第三十三条の二第一項の規定（農林水産大臣による保安林の指定施業要件の変更に関する部分に限る。）を、保安施設地区に係る指定施業要件の変更の申請については、第二十七条第二項及び第三項、第二十八条並びに第三十三条の二第二項の規定（農林水産大臣に対する申請に関する部分に限る。）を、保安施設地区の指定の解除については、第三十三条第一項から第三項までの規定を、保安施設地区における制限については、第三十四条から第三十四条の三までの規定を準用する。ただし、保安施設地区の指定に係る森林が保安林である場合には第三十一条、第三十四条から第三十四条の三までの規定、災害を復旧するため緊急に保

安施設事業を行う必要がある場合には第三十二条第四項の規定は、準用しない。

（受忍義務）
第四十五条　保安施設地区の土地の所有者その他その土地に関し権利を有する者（以下この節において「関係人」という。）は、国又は都道府県が、その保安施設地区において、その指定の有効期間内に行う造林、森林土木事業その他の保安施設事業の実施行為並びにその期間内及びその期間満了後十年以内に行う保安施設事業に係る施設の維持管理行為を拒んではならない。
2　国又は都道府県は、その行つた前項の行為により損失を受けた関係人に対し、通常生ずべき損失を補償しなければならない。

（費用区分）
第四十六条　国は、その行う保安施設事業により利益を受ける都道府県にその事業に要した費用の三分の一以内を負担させることができる。
2　国は、都道府県が行う保安施設事業に対し、その要した費用の三分の二以内を補助することができる。

（保安施設地区台帳）
第四十六条の二　都道府県知事は、保安施設地区台帳を調製し、これを保管しなければならない。
2　保安施設地区台帳については、第三十九条の二第二項及び第三項の規定を準用する。

（保安林への転換）
第四十七条　保安施設地区であつて第四十二条の規定による指定の有効期間の満了の時に森林であるものは、既に保安林となつているものを除き、その時に、第二十五条又は第二十五条の二の規定により保安林として指定され、これについて第三十三条の規定による告示及び通知があり、当該保安施設地区に係る指定施業要件が引き続き当該保安林の指定施業要件となつたものとみなす。

（適用除外）
第四十八条　国又は都道府県が保安施設地区において行う第四十五条第一項の行為については、第四十四条において準用する第三十四条から第三十四条の三までの規定（その保安施設地区の指定に係る森林が保安林である場合には第三十四条から第三十四条の三までの規定）は、適用しない。

第四章　土地の使用

（立入調査等）
第四十九条　森林所有者等は、森林施業に関する測量又は実地調査のため必要があるときは、市町村の長の許可を受けて、他人の土地に立ち入り、又は測量若しくは実地調査の支障となる立木竹を伐採することができる。
2　市町村の長は、前項の許可の申請があつたときは、土地の占有者及び立木竹の所有者にその旨を通知し、意見書を提出する機会を与えなければならない。
3　第一項の許可を受けた者は、他人の土地に立ち入り、又は立木竹を伐採する場合には、あらかじめその土地の占有者又は立木竹の所有者に通知しなければならない。ただし、あらかじめ通知することが困難であるときは、この限りでない。
4　第一項の規定により他人の土地に立ち入り、又は立木竹を伐採しようとする者は、同項の許可を受けたことを証する書面を携帯し、その土地の占有者又は立木竹の所有者にこれを呈示しなければならない。
5　第一項の規定により他人の土地に立ち入り、又は立木竹を伐採した者は、これによつて生じた損失を補償しなければならない。
6　森林所有者等は、森林に重大な損害を与えるおそれのある害虫、獣類、菌類又はウイルスが森林に発生し、又は発

生するおそれがある場合において、その駆除又は予防のため必要があるときは、市町村の長の許可を受けて他人の土地に立ち入ることができる。この場合には、第二項から前項までの規定を準用する。

（使用権設定に関する認可）
第五十条　森林から木材、竹材若しくは薪炭を搬出し、又は林道、木材集積場その他森林施業に必要な設備をする者は、その搬出又は設備のため他人の土地を使用することが必要且つ適当であつて他の土地をもつて代えることが著しく困難であるときは、その土地を管轄する都道府県知事の認可を受けて、その土地の所有者（所有者以外に権原に基きその土地を使用する者がある場合には、その者及び所有者）に対し、これを使用する権利（以下「使用権」という。）の設定に関する協議を求めることができる。
2　都道府県知事は、前項の規定による認可の申請があつたときは、その土地の所有者及びその土地に関し所有権以外の権利を有する者（以下「関係人」という。）の出頭を求めて、農林水産省令で定めるところにより、公開による意見の聴取を行わなければならない。
3　都道府県知事は、前項の意見の聴取をしようとするときは、その期日の一週間前までに事案の要旨並びに意見の聴取の期日及び場所を当事者に通知するとともにこれを公示しなければならない。
4　第二項の意見の聴取に際しては、当事者に対して、当該事案について、証拠を提示し、意見を述べる機会を与えなければならない。
5　都道府県知事は、第一項の認可をしたときは、その旨について、その土地の所有者及び関係人に通知するとともに、その土地の所在する市町村の事務所に掲示し、かつ、農林水産省令で定めるところにより、電気通信回線に接続して行う自動公衆送信により公衆の閲覧に供しなければならない。
6　第一項の認可を受けた者は、同項の搬出又は設備に関する測量又は実地調査のため必要があるときは、他人の土地に立ち入り、又は測量若しくは実地調査の支障となる立木竹を伐採することができる。この場合には、前条第三項から第五項までの規定を準用する。

　　　第七章　雑則
（立入調査等）
第百八十八条　農林水産大臣、都道府県知事又は市町村の長は、この法律の施行のため必要があるときは、森林所有者等からその施業の状況に関する報告を徴することができる。
2　農林水産大臣、都道府県知事又は市町村の長は、この法律の施行のため必要があるときは、当該職員又はその委任した者に、他人の森林に立ち入つて、測量又は実地調査をさせることができる。
3　農林水産大臣、都道府県知事又は市町村の長は、この法律の施行のため必要があるときは、当該職員に、他人の森林に立ち入つて、標識を建設させ、又は前項の測量若しくは実地調査若しくは標識建設の支障となる立木竹を伐採させることができる。
4　前二項の規定により他人の森林に立ち入ろうとする者は、その身分を示す証明書を携帯し、関係者にこれを提示しなければならない。
5　第二項及び第三項の規定による立入調査の権限は、犯罪捜査のために認められたものと解してはならない。
6　国、都道府県又は市町村は、第二項又は第三項の規定による処分によつて損失を受けた者に対し、通常生ずべき損失を補償しなければならない。

（掲示）
第百八十九条　農林水産大臣、都道府県知事又は市町村の長は、この法律又はこの法律に基づく命令の規定による通知又は命令をする場合において、相手方が知れないとき、又はその所在が不分明なときは、その通知又は命令に係る森林、土地又は工作物等の所在地の属する市町村の事務所の掲示場にその通知又は命令の内容を掲示するとともに、その要旨及び掲示した旨を官報又は都道府県若しくは市町村の公報に掲載しなければならない。この場合においては、その掲示を始めた日又は官報若しくは都道府県若しくは市町村の公報に掲載した日のいずれか遅い日から十四日を経

（不服申立て）
第百九十条　第十条の二、第二十五条から第二十六条の二まで、第二十七条第三項ただし書（第三十三条の三及び第四十四条において準用する場合を含む。）、第三十三条の二（第四十四条において準用する場合を含む。）、第三十四条（第四十四条において準用する場合を含む。）、第四十一条若しくは第四十三条第一項の規定による処分又は第二十八条（第三十三条の三及び第四十四条において準用する場合を含む。）に規定する処分に不服がある者は、その不服の理由が鉱業、採石業又は砂利採取業との調整に関するものであるときは、公害等調整委員会に対して裁定の申請をすることができる。この場合においては、審査請求をすることができない。
2　行政不服審査法（平成二十六年法律第六十八号）第二十二条の規定は、前項の処分につき、処分をした行政庁が誤つて審査請求又は再調査の請求をすることができる旨を教示した場合に準用する。
3　第四章の規定による都道府県知事の裁定についての審査請求においては、損失の補償金の額についての不服をその裁定についての不服の理由とすることができない。

（森林所有者等に関する情報の利用等）
第百九十一条の二　都道府県知事及び市町村の長は、この法律の施行に必要な限度で、その保有する森林所有者等の氏名その他の森林所有者等に関する情報を、その保有に当たつて特定された利用の目的以外の目的のために内部で利用することができる。
2　都道府県知事及び市町村の長は、この法律の施行のため必要があるときは、関係する地方公共団体の長その他の者に対して、森林所有者等の把握に関し必要な情報の提供を求めることができる。

（地方公共団体が行う保安林等の買入れに係る財政上の措置）
第百九十一条の九　国は、地方公共団体が保安林その他森林の有する公益的機能を維持することが特に必要であると認められる森林の買入れを行うことができるよう、第四十六条第二項の規定による補助その他必要な財政上の措置を講ずるものとする。

（都道府県の費用負担）
第百九十二条　次に掲げる費用は、都道府県の負担とする。
一　地域森林計画の作成に要する費用
二　保安林に関し都道府県知事が行う事務に要する費用
三　第三十五条の規定により都道府県が行う損失の補償に要する費用

（国庫の補助）
第百九十三条　国は、都道府県に対し、毎年度予算の範囲内において、政令で定めるところにより、造林及び地域森林計画に定める林道の開設又は拡張につき、都道府県が自ら行う場合にあつてはその要する費用の一部を、市町村その他政令で定める者が行う場合にあつてはその者に対し都道府県が補助する費用の一部を補助する。

第百九十六条　国は、都道府県に対し、政令で定めるところにより、第百九十二条の規定により都道府県が負担する費用の二分の一を補助する。

（事務の区分）
第百九十六条の二　この法律の規定により地方公共団体が処理することとされている事務のうち、次に掲げるものは、地方自治法（昭和二十二年法律第六十七号）第二条第九項第一号に規定する第一号法定受託事務とする。
一　第二十五条の二、第二十六条の二、第二十七条第一項、第三十三条の二及び第三十九条第一項の規定により都道

府県が処理することとされている事務（第二十五条第一項第一号から第三号までに掲げる目的を達成するための指定に係る保安林に関するものに限る。）
二　第二十七条第二項及び第三項（申請書に意見書を付する事務に関する部分を除く。）、第三十条並びに第三十三条第三項（これらの規定を第三十三条の三において準用する場合を含む。）の規定により都道府県が処理することとされている事務
三　第三十条の二第一項、同条第二項において準用する第三十条後段、第三十二条第二項及び第三項並びに第三十三条第六項において準用する同条第一項及び第三項（これらの規定を第三十三条の三において準用する場合を含む。）の規定により都道府県が処理することとされている事務（第二十五条第一項第一号から第三号までに掲げる目的を達成するための指定に係る保安林に関するものに限る。）
四　第三十一条、第三十二条第一項（第三十三条の三において準用する場合を含む。）、第三十四条から第三十四条の三まで、第三十八条及び第三十九条の二第一項の規定により都道府県が処理することとされている事務（民有林にあつては、第二十五条第一項第一号から第三号までに掲げる目的を達成するための指定に係る保安林に関するものに限る。）
五　第四十四条において準用する第二十七条第二項及び第三項（申請書に意見書を付する事務に関する部分を除く。）、第三十条、第三十一条、第三十二条第一項、第三十三条第三項、第三十四条から第三十四条の三まで並びに第三十九条第一項の規定並びに第四十六条の二第一項の規定により都道府県が処理することとされている事務
六　第十条の七の二第二項の規定により市町村が処理することとされている事務（第二十五条第一項第一号から第三号までに掲げる目的を達成するための指定に係る保安林又は保安施設地区の区域内の森林に関するものに限る。）
2　第十条の七の二第二項の規定により市町村が処理することとされている事務（第二十五条第一項第四号から第十一号までに掲げる目的を達成するための指定に係る保安林に関するものに限る。）は、地方自治法第二条第九項第二号に規定する第二号法定受託事務とする。

第八章　罰則

第百九十七条　森林においてその産物（人工を加えたものを含む。）を窃取した者は、森林窃盗とし、三年以下の懲役又は三十万円以下の罰金に処する。

第百九十八条　森林窃盗が保安林の区域内において犯したものであるときは、五年以下の懲役又は五十万円以下の罰金に処する。

第百九十九条　森林窃盗の贓ぞう物を原料として木材、木炭その他の物品を製造した場合には、その物品は、森林窃盗の贓物とみなす。

第二百条　民法（明治二十九年法律第八十九号）第百九十六条（占有者による費用の償還請求）の規定は、森林窃盗の贓物の回復には適用しない。ただし、善意の取得者についてはこの限りでない。

第二百一条　森林窃盗の贓物を収受した者は、三年以下の懲役又は三十万円以下の罰金に処する。
2　森林窃盗の贓物の運搬、寄蔵、故買又は牙が保をした者は、五年以下の懲役又は五十万円以下の罰金に処する。

第二百二条　他人の森林に放火した者は、二年以上の有期懲役に処する。
2　自己の森林に放火した者は、六月以上七年以下の懲役に処する。
3　前項の場合において、他人の森林に延焼したときは、六月以上十年以下の懲役に処する。
4　前二項の場合において、その森林が保安林であるときは、一年以上の有期懲役に処する。

第二百三条　火を失して他人の森林を焼燬した者は、五十万円以下の罰金に処する。

2　火を失して自己の森林を焼燬し、これによつて公共の危険を生じさせた者も前項と同様とする。

第二百四条　第百九十七条、第百九十八条及び第二百二条の未遂罪は、これを罰する。

第二百五条　第二十一条第一項又は第二十二条の規定に違反した者は、二十万円以下の罰金に処する。この場合において、その火入れをした森林が保安林であるときは、三十万円以下の罰金に処する。
2　第二十一条第一項又は第二十二条の規定に違反し、これによつて他人の森林を焼燬した者は、三十万円以下の罰金に処する。この場合において、その森林が保安林であるときは、五十万円以下の罰金に処する。

第二百六条　次の各号のいずれかに該当する者は、三年以下の懲役又は三百万円以下の罰金に処する。
一　第十条の二第一項の規定に違反し、開発行為をした者
二　第十条の三の規定による命令に違反した者
三　第三十四条第二項（第四十四条において準用する場合を含む。）の規定に違反し、土石又は樹根の採掘、開墾その他の土地の形質を変更する行為をした者
四　第三十八条第二項の規定による命令（土石又は樹根の採掘、開墾その他の土地の形質を変更する行為の中止又は復旧に必要な行為をすべき旨を命ずる部分に限る。）に違反した者

第二百七条　次の各号のいずれかに該当する者は、百五十万円以下の罰金に処する。
一　第三十四条第一項（第四十四条において準用する場合を含む。）の規定に違反し、保安林又は保安施設地区の区域内の森林の立木を伐採した者
二　第三十四条第二項（第四十四条において準用する場合を含む。）の規定に違反し、立竹を伐採し、立木を損傷し、家畜を放牧し、又は下草、落葉若しくは落枝を採取する行為をした者
三　第三十八条第一項の規定による命令、同条第二項の規定による命令（土石又は樹根の採掘、開墾その他の土地の形質を変更する行為の中止又は復旧に必要な行為をすべき旨を命ずる部分を除く。）又は同条第三項若しくは第四項の規定による命令に違反した者

第二百八条　次の各号のいずれかに該当する者は、百万円以下の罰金に処する。
一　第十条の八第一項の規定に違反し、届出書の提出をしないで立木を伐採した者
二　第十条の九第三項又は第四項の規定による命令に違反した者
三　第三十一条（第四十四条において準用する場合を含む。）の規定による禁止命令に違反し、立木竹の伐採又は土石若しくは樹根の採掘、開墾その他の土地の形質を変更する行為をした者
四　第三十四条の二第一項（第四十四条において準用する場合を含む。）の規定に違反し、届出書の提出をしないで択伐による立木の伐採をした者
五　第三十四条の三第一項（第四十四条において準用する場合を含む。）の規定に違反し、届出書の提出をしないで間伐のため立木を伐採した者

第二百九条　第三十九条第一項又は第二項（これらの規定を第四十四条において準用する場合を含む。）の規定により設置した標識を移動し、汚損し、又は破壊した者は、五十万円以下の罰金に処する。

第二百十条　次の各号のいずれかに該当する者は、三十万円以下の罰金に処する。
一　第十条の八第二項の規定に違反して、報告をせず、又は虚偽の報告をした者
二　第十条の八第三項又は第三十四条第九項（第四十四条において準用する場合を含む。）の規定に違反して、届出書の提出をしない者
三　第三十四条第八項（第四十四条において準用する場合を含む。）の規定に違反して、都道府県知事に届け出ない

者

第二百十一条　第百九十七条若しくは第百九十八条の罪（これらの未遂罪を含む。）又は第二百一条の罪を犯した者には、情状により懲役刑及び罰金刑を併科することができる。

第二百十二条　法人（法人でない団体で代表者又は管理人の定めのあるものを含む。以下この項において同じ。）の代表者若しくは管理人又は法人若しくは人の代理人、使用人その他の従業者が、その法人又は人の業務又は財産に関し、第二百五条から第二百十条までの違反行為をしたときは、行為者を罰するほか、その法人又は人に対して各本条の罰金刑を科する。
2　法人でない団体について前項の規定の適用がある場合には、その代表者又は管理人が、その訴訟行為につき法人でない団体を代表するほか、法人を被告人又は被疑者とする場合の刑事訴訟に関する法律の規定を準用する。

第二百十三条　第十条の七の二第一項の規定に違反して、届出をせず、又は虚偽の届出をした者は、十万円以下の過料に処する。

　　　附　則　（令和五年六月一六日法律第六三号）　抄
（施行期日）
第一条　この法律は、公布の日から起算して一年を超えない範囲内において政令で定める日から施行する。ただし、次の各号に掲げる規定は、当該各号に定める日から施行する。
一　第一条及び第二条の規定並びに附則第七条、第十九条及び第二十条の規定公布の日

（政令への委任）
第七条　この附則に定めるもののほか、この法律の施行に関し必要な経過措置（罰則に関する経過措置を含む。）は、政令で定める。

森林法施行令（抄）

昭和26年7月31日　政令第276号
最終改正：令和4年9月22日　政令第313号

（全国森林計画）
第二条　法第四条第一項の全国森林計画は、これをたてる年の翌年四月一日から十五年間を計画の期間としてたてるものとする。

（森林整備保全事業を実施する者）
第二条の二　法第四条第五項の政令で定める者は、造林、間伐及び保育の事業については次に掲げる者（第一号に掲げる者にあつては国有林野事業（国有林野の管理経営に関する法律（昭和二十六年法律第二百四十六号）第二条第二項に規定する国有林野事業をいう。以下この条において同じ。）を行う場合又は法第二十五条第一項第一号から第七号までに掲げる目的を達成するために行う場合に、第二号に掲げる者にあつては森林の経営を行う場合又は同項第一号から第七号までに掲げる目的を達成するために行う場合に限る。）とし、林道の開設及び改良の事業については第一号、第二号、第四号及び第五号に掲げる者（第一号に掲げる者にあつては国有林野事業を行う場合に、第二号に掲げる者にあつては森林の経営を行う場合に限る。）とし、森林の造成及び維持に必要な事業については第一号及び第二号に掲げる者とする。
一　国
二　地方公共団体
三　国立研究開発法人森林研究・整備機構
四　森林組合
五　森林組合連合会
六　森林整備法人（分収林特別措置法（昭和三十三年法律第五十七号）第十条第二号に規定する森林整備法人をいう。第十一条第五号において同じ。）

（開発行為の規模）
第二条の三　法第十条の二第一項の政令で定める規模は、次の各号に掲げる行為の区分に応じ、それぞれ当該各号に定める規模とする。
一　専ら道路の新設又は改築を目的とする行為　当該行為に係る土地の面積一ヘクタールで、かつ、道路（路肩部分及び屈曲部又は待避所として必要な拡幅部分を除く。）の幅員三メートル
二　太陽光発電設備の設置を目的とする行為　当該行為に係る土地の面積〇・五ヘクタール
三　前二号に掲げる行為以外の行為　当該行為に係る土地の面積一ヘクタール

（農林水産大臣の同意を要する保安林の指定の解除の規模）
第三条の三　法第二十六条の二第四項第一号の政令で定める規模は、同条第一項の規定により解除をしようとする場合にあつては一ヘクタールとし、同条第二項の規定により解除をしようとする場合にあつては五ヘクタールとする。

（指定施業要件を定める場合の基準）
第四条　法第三十三条第五項（同条第六項（法第三十三条の三において準用する場合を含む。）並びに法第三十三条の三及び第四十四条において準用する場合を含む。）の政令で定める基準は、別表第二のとおりとする。

（伐採の許可）
第四条の二　択伐による立木の伐採につき法第三十四条第一項（法第四十四条において準用する場合を含む。）の許可

を受けようとする者は、その伐採を開始する日の三十日前までに、都道府県知事に、次に掲げる事項を記載した伐採許可申請書を提出しなければならない。
一　伐採箇所の所在
二　伐採樹種
三　伐採材積
四　伐採の方法
五　伐採の期間
六　その他農林水産省令で定める事項

2　皆伐による立木の伐採につき法第三十四条第一項（法第四十四条において準用する場合を含む。）の許可を受けようとする者は、当該保安林又は保安施設地区内の森林につき次項の規定による公表のあつた日から三十日以内に、都道府県知事に、次に掲げる事項を記載した伐採許可申請書を提出しなければならない。
一　伐採箇所の所在
二　伐採樹種
三　伐採面積
四　伐採の方法
五　伐採の期間
六　その他農林水産省令で定める事項

3　都道府県知事は、伐採年度（毎年四月一日から翌年三月三十一日までの期間をいう。以下同じ。）ごとに、その前伐採年度の二月一日並びに当該伐採年度の六月一日、九月一日及び十二月一日（これらの日が日曜日に当るときはその翌日、これらの日が土曜日に当るときはその翌々日）に、保安林及び保安施設地区内の森林の当該伐採年度における皆伐による立木の伐採につき法第三十四条第一項（法第四十四条において準用する場合を含む。）の許可をすべき皆伐面積の限度を公表しなければならない。

4　前項の規定により公表する皆伐面積の限度は、指定施業要件を定めるについて同一の単位とされている保安林若しくはその集団又は保安施設地区若しくはその集団の森林（以下「同一の単位とされる保安林等」という。）ごとに、二月一日又はその翌日若しくは翌々日に公表すべきものにあつては、当該同一の単位とされる保安林等の当該年の四月一日に始まる伐採年度に係る指定施業要件に定める皆伐面積の限度（別表第二の第二号（一）イの基準に準拠して定められる皆伐面積の限度をいうものとする。以下この項において同じ。）たる面積とし、六月一日、九月一日及び十二月一日又はこれらの日の翌日若しくは翌々日に公表すべきものにあつては、その二月一日又はその翌日若しくは翌々日に公表した面積（当該年の二月一日から十一月三十日までに新たに指定された保安林又は保安施設地区内の森林については当該伐採年度に係る指定施業要件に定める皆伐面積の限度、その期間内に指定施業要件に定める皆伐面積の限度に変更があつた保安林又は保安施設地区内の森林については当該公表をすべき日の前日において効力を有する当該伐採年度に係る指定施業要件に定める皆伐面積の限度）から、当該公表をすべき日の前日までに皆伐による立木の伐採につき法第三十四条第一項（法第四十四条において準用する場合を含む。）の許可をした面積がある場合にはその面積を差し引いて得た面積（以下この項において「残存許容限度」という。）とする。この場合において残存許容限度が存しない保安林又は保安施設地区内の森林については、前項の規定にかかわらず、当該期日に係る同項の規定による公表は、しないものとする。

5　都道府県知事は、第一項の伐採許可申請書の提出があつたときはその提出のあつた日から三十日以内に、第二項の伐採許可申請書の提出があつたときは同項の期間満了後三十日以内に、許可するかどうかを決定し、これを書面により申請者に通知するものとする。

（伐採面積等を縮減して許可する場合の基準）
第四条の三　法第三十四条第四項の政令で定める基準は、次のとおりとする。
一　同一の単位とされる保安林等の立木について皆伐による伐採をしようとする申請が二以上ある場合には、おおむね、次により、その申請に係る伐採の面積を当該同一の単位とされる保安林等につき前条第三項の規定により公表

された皆伐面積の限度まで縮減する。
    イ 同一の単位とされる保安林等ごとに、申請に係る伐採面積の合計を当該申請がされた森林の森林所有者別に区分した場合に、当該森林所有者でその区分された面積が当該同一の単位とされる保安林等においてその者が森林所有者となつている森林の年伐面積の限度（当該森林につき当該申請前に当該伐採年度における皆伐による伐採に係る法第三十四条第一項の許可がされている場合には、その許可された面積をその年伐面積の限度たる面積から差し引いて得た面積。以下この号において同じ。）を超えないものが森林所有者となつている当該同一の単位とされる保安林等に係る伐採については、縮減しない。
    ロ 同一の単位とされる保安林等ごとに、申請に係る伐採面積の合計を当該申請がされた森林の森林所有者別に区分した場合に、当該森林所有者でその区分された面積が当該同一の単位とされる保安林等においてその者が森林所有者となつている森林の年伐面積の限度を超えるものが森林所有者となつている当該同一の単位とされる保安林等に係る伐採については、当該森林の年伐面積の限度（当該森林に係る伐採の申請が二以上あるときは、その申請面積に応じて当該年伐面積の限度たる面積をあん分して得た面積）まで縮減する。
    ハ ロの場合において、当該同一の単位とされる保安林等につき、ロの規定によるとして伐採が認められる面積の合計にイの規定による伐採が認められる申請がある場合にはその申請面積の合計を加えた総計の面積が前条第三項の規定により公表された皆伐面積の限度に達しないときは、ロの規定にかかわらず、その達するまでの部分の面積をロの規定によるとすれば縮減される伐採の申請のその縮減部分の面積に応じてあん分した面積（当該申請が一であるときは、その達するまでの部分の面積の全部）を当該申請につきロの規定によるとして伐採が認められる面積に加えて得た面積まで縮減する。
 二 保安機能の維持又は強化を図る必要があるためその指定施業要件として別表第二の第二号（一）ロの基準に準拠して一箇所当たりの面積の限度が定められている森林の一の箇所の立木について皆伐による伐採をしようとする申請が二以上ある場合には、当該箇所に係る当該一箇所当たりの面積の限度たる面積（当該箇所につき当該申請前に当該伐採年度における皆伐による伐採に係る法第三十四条第一項の許可がされている場合には、その許可された面積をその一箇所当たりの面積の限度たる面積から差し引いて得た面積。次号において同じ。）を当該申請面積に応じてあん分して得た面積まで縮減する。
 三 同一の単位とされる保安林等の立木又は前号の森林の一の箇所の立木について皆伐による伐採をしようとする申請が一である場合には、それぞれ、当該同一の単位とされる保安林等につき前条第三項の規定により公表された皆伐面積の限度又は当該箇所に係る一箇所当たりの面積の限度たる面積まで縮減する。
 四 風害又は霧害の防備をその指定の目的とする保安林又は保安施設地区の森林でその指定施業要件として別表第二の第二号（一）ハの基準に準拠して皆伐後の残存部分に関する定めが定められているものの立木につき皆伐による伐採をしようとする申請については、その申請の内容を勘案して公正妥当な方法により当該残存部分に関する定めに適合するまで縮減する。
 五 択伐による伐採をしようとする申請については、当該森林に係る指定施業要件として別表第二の第二号（一）ニの基準に準拠して定められている材積の限度まで縮減する。
2 前項第一号の年伐面積の限度は、農林水産省令で定めるところにより算出するものとする。

（損失の補償）
第五条 法第三十五条の規定による損失の補償は、法第二十五条第一項第一号から第三号までに掲げる目的を達成するため指定された保安林に係るものにあつては国が、同項第四号から第十一号までに掲げる目的を達成するため指定された保安林に係るものにあつては都道府県が行う。

（保安施設事業に要する費用の補助額）
第六条 法第四十六条第二項の規定による保安施設事業に要する費用に関する補助金の額は、工事費（修繕に係るものを除く。）の額に次の各号に掲げる事業の区分に応じそれぞれ当該各号に定める割合を乗じて得た額に相当する額とする。

一　災害による土砂の崩壊等の危険な状況に対処するために緊急治山事業として実施される事業三分の二
二　激甚な災害が発生した地域において再度災害を防止するため前号の緊急治山事業に引き続いて実施される事業及び次に掲げる事業以外の事業であつて火山地、火山麓又は火山現象により著しい被害を受けるおそれのある地域において実施されるもの十分の五・五
　　イ　保安林整備事業として実施される事業
　　ロ　防災林造成事業として実施される事業
　　ハ　保安林管理道整備事業として実施される事業
　　ニ　農林水産業施設災害復旧事業費国庫補助の暫定措置に関する法律（昭和二十五年法律第百六十九号）又は公共土木施設災害復旧事業費国庫負担法（昭和二十六年法律第九十七号）の規定の適用を受ける災害復旧事業の施行のみでは再度災害の防止に十分な効果が期待できないと認められるためこれと合併して行う新設又は改良に関する事業その他当該災害復旧事業以外の事業であつて、再度災害を防止するため土砂の崩壊その他の危険な状況に対処して特に緊急に施行すべきもの
三　保安林整備事業として実施される事業のうち保育事業又は森林の買入れに係るもの三分の一
四　前三号に掲げる事業以外の事業二分の一

（都道府県森林審議会の部会）
第七条　都道府県知事は、必要があると認めるときは、都道府県森林審議会に部会を置き、その所掌事務を分掌させることができる。
2　部会に部会長を置き、会長が指名する委員をもつて充てる。
3　委員の所属部会は、会長が定める。
4　都道府県森林審議会が特に定めた事項については、部会の決議をもつて総会の決議とすることができる。

（国庫の補助）
第十五条　法第百九十六条の規定による国の補助は、各年度において、次に掲げる額について行う。
一　法第百九十二条第一号に規定する費用については、農林水産大臣が地域森林計画の作成面積等を考慮して定める基準により算定した賃金、職員の旅費、備品費、消耗品費その他の経費の額に相当する額
二　法第百九十二条第二号に規定する費用については、農林水産大臣が保安林の面積等を考慮して定める基準により算定した賃金、職員の旅費、備品費、消耗品費その他の経費の額に相当する額
三　法第百九十二条第三号に規定する費用については、農林水産大臣が保安林の立木の価額等を考慮して定める基準により算定した補償費その他の経費の額に相当する額

　　　附　則（令和4年9月22日政令第313号）
この政令は、令和5年4月1日から施行する。

別表第二 (第四条―第四条の三関係)

事項	基　準
一　伐採の方法	（一）　主伐に係るもの 　イ　水源のかん養又は風害、干害若しくは霧害の防備をその指定の目的とする保安林にあつては、原則として、伐採種の指定をしない。 　ロ　土砂の流出の防備、土砂の崩壊の防備、飛砂の防備、水害、潮害若しくは雪害の防備、魚つき、航行の目標の保存、公衆の保健又は名所若しくは旧跡の風致の保存をその指定の目的とする保安林にあつては、原則として、択伐による。 　ハ　なだれ若しくは落石の危険の防止若しくは火災の防備をその指定の目的とする保安林又は保安施設地区内の森林にあつては、原則として、伐採を禁止する。 　ニ　伐採の禁止を受けない森林につき伐採をすることができる立木は、原則として、標準伐期齢以上のものとする。 （二）　間伐に係るもの 　イ　主伐に係る伐採の禁止を受けない森林にあつては、伐採をすることができる箇所は、原則として、農林水産省令で定めるところにより算出される樹冠疎密度が十分の八以上の箇所とする。 　ロ　主伐に係る伐採の禁止を受ける森林にあつては、原則として、伐採を禁止する。
二　伐採の限度	（一）　主伐に係るもの 　イ　同一の単位とされる保安林等において伐採年度ごとに皆伐による伐採をすることができる面積の合計は、原則として、当該同一の単位とされる保安林等のうちこれに係る伐採の方法として択伐が指定されている森林及び主伐に係る伐採の禁止を受けている森林以外のものの面積の合計に相当する数を、農林水産省令で定めるところにより、当該指定の目的を達成するため相当と認められる樹種につき当該指定施業要件を定める者が標準伐期齢を基準として定める伐期齢に相当する数で除して得た数に相当する面積を超えないものとする。 　ロ　地形、気象、土壌等の状況により特に保安機能の維持又は強化を図る必要がある森林については、伐採年度ごとに皆伐による伐採をすることができる一箇所当たりの面積の限度は、農林水産省令で定めるところによりその保安機能の維持又は強化を図る必要の程度に応じ当該指定施業要件を定める者が指定する面積とする。 　ハ　風害又は霧害の防備をその指定の目的とする保安林における皆伐による伐採は、原則として、その保安林のうちその立木の全部又は相当部分がおおむね標準伐期齢以上である部分が幅二十メートル以上にわたり帯状に残存することとなるようにするものとする。 　ニ　伐採年度ごとに択伐による伐採をすることができる立木の材積は、原則として、当該伐採年度の初日におけるその森林の立木の材積に相当する数に農林水産省令で定めるところにより算出される択伐率を乗じて得た数に相当する材積を超えないものとする。 （二）　間伐に係るもの 　伐採年度ごとに伐採をすることができる立木の材積は、原則として、当該伐採年度の初日におけるその森林の立木の材積の十分の三・五を超えず、かつ、その伐採によりその森林に係る第一号（二）イの樹冠疎密度が十分の八を下つたとしても当該伐採年度の翌伐採年度の初日から起算しておおむね五年後においてその森林の当該樹冠疎密度が十分の八以上に回復することが確実であると認められる範囲内の材積を超えないものとする。
三　植栽	（一）　方法に係るもの 　満一年以上の苗（当該苗と同等の大きさのものとして農林水産省令で定める基準に適合する苗を含む。）を、おおむね、一ヘクタール当たり伐採跡地につき的確な更新を図るために必要なものとして農林水産省令で定める植栽本数以上の割合で均等に分布するように植栽するものとする。 （二）　期間に係るもの 　伐採が終了した日を含む伐採年度の翌伐採年度の初日から起算して二年以内に植栽するものとする。 （三）　樹種に係るもの 　保安機能の維持又は強化を図り、かつ、経済的利用に資することができる樹種として指定施業要件を定める者が指定する樹種を植栽するものとする。

注　第三号の事項は、植栽によらなければ的確な更新が困難と認められる伐採跡地につき定めるものとする。

森林法施行規則（抄）

昭和26年8月1日　農林省令第54号
最終改正：令和5年12月28日　農林水産省令第64号

第一章　森林計画等

（地域森林計画の協議等の手続）

第三条　法第六条第五項第一号及び第二号の規定による協議は、同条第三項の規定による意見の聴取の後（法第三十九条の四第三項の異議の申立てがあつたときは、法第六条第三項及び第三十九条の四第三項の規定による意見の聴取の後）、法第五条第二項第八号及び第三項に規定する事項に係るものを除き、法第六条第七項の規定により公表しようとする地域森林計画並びにその対象とする森林において樹種、林相、林齢及び森林所有者を同じくする森林ごとに明らかにされた森林の面積、立木の材積、森林の年間成長量その他の森林の現況に関する資料並びに森林計画区ごとに明らかにされた造林面積、伐採立木材積その他の森林施業の実施に関する資料を農林水産大臣に提出してするものとする。

2　法第六条第五項第三号又は第六項の規定による届出は、同条第三項の規定による意見の聴取の後、それぞれ地域森林計画に記載しようとする法第五条第二項第八号又は第三項に規定する事項を記載した書類を農林水産大臣に提出してするものとする。

（開発行為の許可の申請）

第四条　法第十条の二第一項の許可を受けようとする者は、申請書に次に掲げる書類を添え、都道府県知事に提出しなければならない。

一　開発行為に係る森林の位置図及び区域図
二　開発行為に関する計画書
三　開発行為に係る森林について当該開発行為の施行の妨げとなる権利を有する者の相当数の同意を得ていることを証する書類
四　許可を受けようとする者（独立行政法人等登記令（昭和三十九年政令第二十八号）第一条に規定する独立行政法人等を除く。）が、法人である場合には当該法人の登記事項証明書（これに準ずるものを含む。）、法人でない団体である場合には代表者の氏名並びに規約その他当該団体の組織及び運営に関する定めを記載した書類、個人の場合にはその住民票の写し若しくは個人番号カード（行政手続における特定の個人を識別するための番号の利用等に関する法律（平成二十五年法律第二十七号）第二条第七項に規定する個人番号カードをいう。以下同じ。）の写し又はこれらに類するものであつて氏名及び住所を証する書類
五　開発行為に関し、他の行政庁の免許、許可、認可その他の処分を必要とする場合には、当該処分に係る申請の状況を記載した書類（既に処分があったものについては、当該処分があったことを証する書類）
六　開発行為を行うために必要な資力及び信用があることを証する書類
七　前各号に掲げるもののほか、都道府県知事が必要と認める書類

（開発行為の許可を要しない事業）

第五条　法第十条の二第一項第三号の農林水産省令で定める事業は、次の各号のいずれかに該当するものに関する事業とする。

一　鉄道事業法（昭和六十一年法律第九十二号）による鉄道事業者又は索道事業者がその鉄道事業又は索道事業で一般の需要に応ずるものの用に供する施設
二　軌道法（大正十年法律第七十六号）による軌道又は同法が準用される無軌条電車の用に供する施設
三　学校教育法（昭和二十二年法律第二十六号）第一条に規定する学校（大学を除く。）

四　土地改良法（昭和二十四年法律第百九十五号）第二条第二項第一号に規定する土地改良施設及び同項第二号に規定する区画整理
五　放送法（昭和二十五年法律第百三十二号）第二条第二号に規定する基幹放送の用に供する放送設備
六　漁港及び漁場の整備等に関する法律（昭和二十五年法律第百三十七号）第三条に規定する漁港施設
七　港湾法（昭和二十五年法律第二百十八号）第二条第五項に規定する港湾施設
八　港湾法第二章の規定により設立された港務局が行う事業（前号に該当するものを除く。）
九　道路運送法（昭和二十六年法律第百八十三号）第二条第八項に規定する一般自動車道若しくは専用自動車道（同法第三条第一号の一般旅客自動車運送事業若しくは貨物自動車運送事業法（平成元年法律第八十三号）第二条第二項に規定する一般貨物自動車運送事業の用に供するものに限る。）又は同号イに規定する一般乗合旅客自動車運送事業（路線を定めて定期に運行する自動車により乗合旅客の運送を行うものに限る。）若しくは貨物自動車運送事業法第二条第二項に規定する一般貨物自動車運送事業（同条第六項に規定する特別積合せ貨物運送をするものに限る。）の用に供する施設
十　博物館法（昭和二十六年法律第二百八十五号）第二条第一項に規定する博物館
十一　航空法（昭和二十七年法律第二百三十一号）による公共の用に供する飛行場に設置される施設で当該飛行場の機能を確保するため必要なもの若しくは当該飛行場を利用する者の利便を確保するため必要なもの又は同法第二条第五項に規定する航空保安施設で公共の用に供するもの
十二　ガス事業法（昭和二十九年法律第五十一号）第二条第十三項に規定するガス工作物（同条第五項に規定する一般ガス導管事業の用に供するものに限る。）
十三　土地区画整理法（昭和二十九年法律第百十九号）第二条第一項に規定する土地区画整理事業
十四　工業用水道事業法（昭和三十三年法律第八十四号）第二条第六項に規定する工業用水道施設
十五　自動車ターミナル法（昭和三十四年法律第百三十六号）第二条第五項に規定する一般自動車ターミナル
十六　電気事業法（昭和三十九年法律第百七十号）第二条第一項第八号に規定する一般送配電事業、同項第十号に規定する送電事業又は同項第十一号の二に規定する配電事業の用に供する同項第十八号に規定する電気工作物
十七　都市計画法（昭和四十三年法律第百号）第四条第十五項に規定する都市計画事業（第十三号に該当するものを除く。）
十八　熱供給事業法（昭和四十七年法律第八十八号）第二条第四項に規定する熱供給施設
十九　石油パイプライン事業法（昭和四十七年法律第百五号）第五条第二項第二号に規定する事業用施設

第二章　営林の助長及び監督等
第一節　市町村等による森林の整備の推進
（伐採及び伐採後の造林の届出書の記載事項）

第八条　法第十条の八第一項の農林水産省令で定める事項は、次のとおりとする。
一　伐採樹種
二　伐採の期間
三　集材の方法
四　伐採又は伐採後の造林を委託する場合にあつては、その委託先
五　伐採後の造林の方法別及び樹種別の造林面積
六　伐採後に植栽する樹種別の植栽本数
七　伐採後の造林に係る鳥獣害の防止の方法
八　伐採後において当該伐採跡地が森林以外の用途に供されることとなる場合にあつては、その供されることとなる用途（伐採及び伐採後の造林の届出）

第九条　法第十条の八第一項の届出書は、伐採を開始する日前九十日から三十日までの間に提出しなければならない。
2　前項の届出書は、伐採をする者と当該伐採後の造林をする者とが異なる場合には、これらの者が共同して提出しな

ければならない。
3 第一項の届出書には、次に掲げる書類を添付しなければならない。
 一 届出の対象となる森林の位置図及び区域図
 二 届出者（国、地方公共団体及び独立行政法人等登記令第一条に規定する独立行政法人等を除く。）が、法人である場合には当該法人の登記事項証明書（これに準ずるものを含む。）、法人でない団体である場合には代表者の氏名並びに規約その他当該団体の組織及び運営に関する定めを記載した書類、個人の場合にはその住民票の写し若しくは個人番号カードの写し又はこれらに類するものであって氏名及び住所を証する書類
 三 届出の対象となる森林の伐採に関し、他の行政庁の免許、許可、認可その他の処分を必要とする場合には、当該処分に係る申請の状況を記載した書類（既に処分があったものについては、当該処分があったことを証する書類）
 四 届出の対象となる森林の土地の登記事項証明書（これに準ずるものを含む。）
 五 届出者が届出の対象となる森林の土地の所有者でない場合には、当該森林を伐採する権原を有することを証する書類
 六 届出者が届出の対象となる森林の土地に隣接する森林の土地の所有者と境界の確認を行ったことを証する書類
 七 前各号に掲げるもののほか、市町村の長が必要と認める書類
4 前項第六号に掲げる書類については、次の各号のいずれかに該当する場合には、その添付を省略することができる。
 一 届出の対象となる森林の土地が隣接する森林の土地との境界に接していないことが明らかな場合
 二 地形、地物その他の土地の範囲を明示するのに適当なものにより届出の対象となる森林の土地が隣接する森林の土地との境界が明らかな場合
 三 届出の対象となる森林の土地に隣接する森林の土地の所有者と境界の確認を確実に行うと認められる場合

第三章　保安施設
第一節　保安林
（保安林の指定等の申請）
第四十八条　法第二十七条第一項の規定による保安林の指定若しくは解除又は法第三十三条の二第二項（法第四十四条において準用する場合を含む。）の規定による指定施業要件の変更の申請は、申請書に次に掲げる書類を添え、農林水産大臣又は都道府県知事に提出してしなければならない。
 一 森林の位置図及び区域図
 二 当該申請者が国の機関の長又は地方公共団体の長以外の者であるときは当該申請者が当該申請に係る指定若しくは解除又は指定施業要件の変更に直接の利害関係を有する者であることを証する書類
2 前項の書類のほか、当該申請者が保安林を森林以外の用途に供すること（以下この項において「転用」という。）を目的としてその解除を申請する者であるときは、次に掲げる書類を添付しなければならない。
 一 転用の目的に係る事業又は施設に関する計画書
 二 転用に伴って失われる当該保安林の機能に代替する機能を果たすべき施設の設置に関する計画書
 三 前二号の事業又は施設の設置に関し、他の行政庁の免許、許可、認可その他の処分を必要とする場合には、当該処分に係る申請の状況を記載した書類（既に処分があったものについては、当該処分があったことを証する書類）
 四 転用の目的に係る事業を行い、又は施設を設置する者（国、地方公共団体及び独立行政法人等登記令第一条に規定する独立行政法人等を除く。）が、法人である場合には当該法人の登記事項証明書（これに準ずるものを含む。）、法人でない団体である場合には代表者の氏名並びに規約その他当該団体の組織及び運営に関する定めを記載した書類、個人の場合にはその住民票の写し若しくは個人番号カードの写し又はこれらに類するものであって氏名及び住所を証する書類
 五 第一号及び第二号の事業又は施設の設置に必要な資力及び信用があることを証する書類
 六 前各号に掲げるもののほか、都道府県知事が必要と認める書類

（告示及び公示並びに公衆の閲覧の方法）
第四十九条　法第三十条（法第三十三条の三及び第四十四条において準用する場合を含む。）及び第三十条の二（法第三十三条の三において準用する場合を含む。）の規定による告示並びに法第五十二条第一項の規定による公示は、条例の告示と同一の方法によりするものとする。
2　法第三十条（法第三十三条の三及び第四十四条において準用する場合を含む。）及び第三十条の二（法第三十三条の三において準用する場合を含む。）の規定による公衆の閲覧は、都道府県のウェブサイトへの掲載によりするものとする。

（保安林予定森林における制限）
第五十条　都道府県知事は、法第三十一条（法第四十四条において準用する場合を含む。）の規定による禁止は、次に掲げる事項について、告示し、その保安林予定森林の所在する市町村の事務所の掲示場に掲示し、かつ、電気通信回線に接続して行う自動公衆送信により公衆の閲覧に供するとともに、権原に基づきその保安林予定森林において立木竹の伐採又は土石若しくは樹根の採掘、開墾その他の土地の形質を変更する行為をすることができる者に対し、次に掲げる事項を記載した書面を送付してするものとする。
一　保安林予定森林のうち禁止の対象となる森林の所在場所
二　禁止すべき行為の内容
三　禁止の期間
2　前項の規定による公衆の閲覧は、都道府県のウェブサイトへの掲載によりするものとする。

（意見書の提出）
第五十一条　法第三十二条第一項（法第三十三条の三及び第四十四条において準用する場合を含む。）の規定による意見書を提出しようとする者が国の機関の長又は地方公共団体の長以外の者であるときは、当該意見書のほか、当該意見書を提出しようとする者が当該意見書の提出に係る保安林の指定若しくは解除又は指定施業要件の変更に直接の利害関係を有する者であることを証する書類を添付しなければならない。

（農林水産大臣が行う意見の聴取）
第五十二条　法第三十二条第二項（法第三十三条の三及び第四十四条において準用する場合を含む。）の規定により農林水産大臣が行う意見の聴取は、農林水産大臣又はその指名する者が議長として主宰する意見聴取会によつて行う。
2　法第三十二条第一項（法第三十三条の三及び第四十四条において準用する場合を含む。）の規定による意見書の提出をした者（以下「意見書提出者」という。）がその代理人を意見聴取会に出席させようとするときは、代理人一人を選任し、当該選任に係る代理人の権限を証する書面に代理人の氏名及び住所を記載して、これを意見聴取会の開始前に議長又は議長の指名する者に提出しなければならない。
3　議長は、意見聴取会において、出席した意見書提出者又はその代理人に異議の要旨及び理由を陳述させるものとする。ただし、議長は、その者が正当な理由がないのに異議の要旨及び理由を陳述しないと認めるときは、その者がその陳述をしたものとして意見聴取会の議事を運営することができる。
4　議長は、意見聴取会の議事の運営上必要があると認めるときは、意見書提出者又はその代理人の陳述について、その時間を制限することができる。
5　意見書提出者又はその代理人は、発言しようとするときは、議長の許可を受けなければならない。
6　議長は、特に必要があると認めるときは、意見聴取会を傍聴している者に発言を許可することができる。
7　前二項の規定により発言を許可された者の発言は、その意見の聴取に係る案件の範囲を超えてはならない。
8　第四項の規定によりその陳述につき時間を制限された者がその制限された時間を超えて陳述したとき、又は第五項若しくは第六項の規定により発言を許可された者が前項の範囲を超えて発言し、若しくは不穏当な言動があつたときは、議長は、その陳述若しくは発言を禁止し、又は退場を命ずることができる。

9　議長は、意見聴取会の秩序を維持するため必要があるときは、その秩序を乱し、又は不穏な言動をした者を退場させることができる。
10　議長は、意見聴取会の終了後遅滞なく意見聴取会の経過に関する重要な事項を記載した調書を作成し、これに記名しなければならない。

（樹冠疎密度）
第五十三条　令別表第二の第一号（二）イの樹冠疎密度は、おおむね二十メートル平方の森林の区域に係る樹冠投影面積を当該区域の面積で除して算出するものとする。

（伐採の限度を算出する基礎となる樹種の伐期齢）
第五十四条　令別表第二の第二号（一）イの規定による伐期齢は、標準伐期齢を下らない範囲内において、当該保安林又は保安施設地区の指定の目的、当該森林の立木の生育状況等を勘案して定めるものとする。

（皆伐することができる一箇所当たりの面積）
第五十五条　令別表第二の第二号（一）ロの規定による面積の指定は、二十ヘクタールを超えない範囲内において、当該森林の地形、気象、土壌等の状況を勘案してするものとする。

（択伐率）
第五十六条　令別表第二の第二号（一）ニの択伐率は、当該伐採年度の初日における当該森林の立木の材積から前回の択伐を終えたときの当該森林の立木の材積を減じて得た材積を当該伐採年度の初日における当該森林の立木の材積で除して算出するものとする。ただし、その算出された率が十分の三を超えるときは、十分の三とする。
2　伐採跡地につき植栽によらなければ的確な更新が困難と認められる森林についての令別表第二の第二号（一）ニの択伐率は、前項の規定にかかわらず、同項本文の規定により算出された率又は付録第七の算式により算出された率のいずれか小さい率とする。ただし、その率が十分の四を超えるときは、十分の四とする。
3　保安林又は保安施設地区の指定後最初に択伐による伐採を行う森林についての令別表第二の第二号（一）ニの択伐率は、前二項の規定にかかわらず、十分の三（伐採跡地につき植栽によらなければ的確な更新が困難と認められる森林については、十分の四）に当該森林につき指定施業要件を定める者が当該森林の立木の材積その他立木の構成状態に応じて定める係数を乗じて算出するものとする。ただし、伐採跡地につき植栽によらなければ的確な更新が困難と認められる森林につき、その算出された率が付録第七の算式により算出された率を超えるときは、当該算式により算出された率とする。

（植栽の方法）
第五十七条　令別表第二の第三号（一）の基準は、満一年未満の苗にあっては、同一の樹種の満一年以上の苗と同等の根元径及び苗長を有するものであることとする。
2　令別表第二の第三号（一）の植栽本数は、保安林又は保安施設地区内の森林において植栽する樹種ごとに、付録第八の算式により算出された本数とする。ただし、次の各号のいずれかに該当する場合は、この限りではない。
　一　その算出された本数が三千本を超える場合
　二　地盤が安定し、土砂の流出又は崩壊その他の災害を発生させるおそれがなく、かつ、自然的社会的条件からみて効率的な施業が可能である場合
3　択伐による伐採をすることができる森林についての令別表第二の第三号（一）の植栽本数は、前項の規定にかかわらず、同項の規定により算出された本数に、当該伐採年度の初日における当該森林の立木の材積から当該択伐を終えたときの当該森林の立木の材積を減じて得た材積を当該伐採年度の初日における当該森林の立木の材積で除して得られた率を乗じて得た本数とする。

（伐採許可申請書の記載事項）
第五十八条　令第四条の二第一項第六号及び同条第二項第六号の農林水産省令で定める事項は、次のとおりとする。
一　伐採をしようとする立木の年齢
二　択伐による伐採にあつては、当該伐採箇所の面積
三　法第三十四条第十項ただし書に規定する森林に係る伐採にあつては、その旨

（立木の伐採の許可の申請）
第五十九条　令第四条の二第一項及び第二項の申請書には、次に掲げる書類を添付しなければならない。
一　立木の伐採に係る森林の位置図及び区域図
二　許可を受けようとする者（国、地方公共団体及び独立行政法人等登記令第一条に規定する独立行政法人等を除く。）が、法人である場合には当該法人の登記事項証明書（これに準ずるものを含む。）、法人でない団体である場合には代表者の氏名並びに規約その他当該団体の組織及び運営に関する定めを記載した書類、個人の場合にはその住民票の写し若しくは個人番号カードの写し又はこれらに類するものであつて氏名及び住所を証する書類
三　立木の伐採に関し、他の行政庁の免許、許可、認可その他の処分を必要とする場合には、当該処分に係る申請の状況を記載した書類（既に処分があつたものについては、当該処分があつたことを証する書類）
四　申請の対象となる森林の土地の登記事項証明書（これに準ずるものを含む。）
五　許可を受けようとする者が申請の対象となる森林の土地の所有者でない場合には、当該森林を伐採する権原を有することを証する書類
六　許可を受けようとする者が申請の対象となる森林の土地に隣接する森林の土地の所有者と境界の確認を行つたことを証する書類
七　前各号に掲げるもののほか、都道府県知事が必要と認める書類
2　前項第六号に掲げる書類については、次の各号のいずれかに該当する場合には、その添付を省略することができる。
一　申請の対象となる森林の土地が隣接する森林の土地との境界に接していないことが明らかな場合
二　地形、地物その他の土地の範囲を明示するのに適当なものにより申請の対象となる森林の土地が隣接する森林の土地との境界が明らかな場合
三　申請の対象となる森林の土地に隣接する森林の土地の所有者と境界の確認を確実に行うと認められる場合

（立木の伐採の許可を要しない場合）
第六十条　法第三十四条第一項第九号（法第四十四条において準用する場合を含む。）の農林水産省令で定める場合は、次のとおりとする。
一　国又は都道府県が保安施設事業、砂防法第一条の砂防工事又は地すべり等防止法による地すべり防止工事若しくはぼた山崩壊防止工事を実施するため立木を伐採する場合
二　法令又はこれに基づく処分により測量、実地調査又は施設の保守の支障となる立木を伐採する場合
三　倒木又は枯死木を伐採する場合
四　こうぞ、みつまたその他農林水産大臣が定めるかん木を伐採する場合
五　法第三十四条第二項の規定による許可を受けて、当該保安林の機能に代替する機能を有する施設を設置し、又は当該施設を改良するため、あらかじめ都道府県知事に届け出たところに従つて立木を伐採する場合
六　樹木又は林業種苗に損害を与える害虫、菌類及びバイラスであつて都道府県知事が指定するものを駆除し、又はそのまん延を防止するため、あらかじめ都道府県知事に届け出たところに従つて立木を伐採する場合
七　林産物の搬出その他森林施業に必要な設備を設置するため、あらかじめ都道府県知事に届け出たところに従つて立木を伐採する場合
八　その土地の占有者及びその立木の所有者の同意を得て土地収用法（昭和二十六年法律第二百十九号）第三条各号

に掲げる事業のために必要な測量又は実地調査を行なう場合において、その支障となる立木を除去するため、あらかじめ都道府県知事に届け出たところに従って立木を伐採する場合

九　道路、鉄道、電線その他これらに準ずる設備又は住宅、学校その他の建築物に対し、著しく被害を与え、若しくは与えるおそれがあり、又は当該設備若しくは建築物の用途を著しく妨げている立木を緊急に除去するため、あらかじめ都道府県知事に届け出たところに従って立木を伐採する場合

十　国有林を管理する国の機関があらかじめ都道府県知事と協議するところに従い当該国有林の立木を伐採する場合

2　前項第五号から第九号までの規定による届出は、伐採をしようとする日の二週間前までに届出書を提出してしなければならない。

3　前項の届出書には、次に掲げる書類を添付しなければならない。ただし、第一項第五号の規定による届出については、この限りでない。

一　立木の伐採に係る森林の位置図及び区域図

二　届出者（国、地方公共団体及び独立行政法人等登記令第一条に規定する独立行政法人等を除く。）が、法人である場合には当該法人の登記事項証明書（これに準ずるものを含む。）、法人でない団体である場合には代表者の氏名並びに規約その他当該団体の組織及び運営に関する定めを記載した書類、個人の場合にはその住民票の写し若しくは個人番号カードの写し又はこれらに類するものであって氏名及び住所を証する書類

三　立木の伐採に関し、他の行政庁の免許、許可、認可その他の処分を必要とする場合には、当該処分に係る申請の状況を記載した書類（既に処分があったものについては、当該処分があったことを証する書類）

四　届出の対象となる森林の土地の登記事項証明書（これに準ずるものを含む。）

五　届出者が届出の対象となる森林の土地の所有者でない場合には、当該森林を伐採する権原を有することを証する書類

六　届出者が届出の対象となる森林の土地に隣接する森林の土地の所有者と境界の確認を行ったことを証する書類

七　前各号に掲げるもののほか、都道府県知事が必要と認める書類

4　前項第六号に掲げる書類については、次の各号のいずれかに該当する場合には、その添付を省略することができる。

一　届出の対象となる森林の土地が隣接する森林の土地との境界に接していないことが明らかな場合

二　地形、地物その他の土地の範囲を明示するのに適当なものにより届出の対象となる森林の土地が隣接する森林の土地との境界が明らかな場合

三　届出の対象となる森林の土地に隣接する森林の土地の所有者と境界の確認を確実に行うと認められる場合

（立竹の伐採等の許可の申請）

第六十一条　法第三十四条第二項（法第四十四条において準用する場合を含む。）の許可を受けようとする者は、申請書に次に掲げる書類を添え、都道府県知事に提出しなければならない。

一　立竹の伐採に係る森林の位置図及び区域図

二　許可を受けようとする者（国、地方公共団体及び独立行政法人等登記令第一条に規定する独立行政法人等を除く。）が、法人である場合には当該法人の登記事項証明書（これに準ずるものを含む。）、法人でない団体である場合には代表者の氏名並びに規約その他当該団体の組織及び運営に関する定めを記載した書類、個人の場合にはその住民票の写し若しくは個人番号カードの写し又はこれらに類するものであって氏名及び住所を証する書類

三　立竹の伐採に関し、他の行政庁の免許、許可、認可その他の処分を必要とする場合には、当該処分に係る申請の状況を記載した書類（既に処分があったものについては、当該処分があったことを証する書類）

四　申請の対象となる森林の土地の登記事項証明書（これに準ずるものを含む。）

五　許可を受けようとする者が申請の対象となる森林の土地の所有者でない場合には、当該森林を伐採する権原を有することを証する書類

六　許可を受けようとする者が申請の対象となる森林の土地に隣接する森林の土地の所有者と境界の確認を行ったこ

とを証する書類
　　七　前各号に掲げるもののほか、都道府県知事が必要と認める書類
２　前項第六号に掲げる書類については、次の各号のいずれかに該当する場合には、その添付を省略することができる。
　　一　申請の対象となる森林の土地が隣接する森林の土地との境界に接していないことが明らかな場合
　　二　地形、地物その他の土地の範囲を明示するのに適当なものにより申請の対象となる森林の土地が隣接する森林の土地との境界が明らかな場合
　　三　申請の対象となる森林の土地に隣接する森林の土地の所有者と境界の確認を確実に行うと認められる場合

　（軽易な行為）
第六十二条　法第三十四条第二項第五号（法第四十四条において準用する場合を含む。）の農林水産省令で定める軽易な行為は、次のとおりとする。
　　一　造林又は保育のためにする地ごしらえ、下刈り、つる切り又は枝打ち
　　二　倒木又は枯死木の損傷
　　三　こうぞ、みつまたその他農林水産大臣が定めるかん木の損傷

　（立竹の伐採等の許可を要しない場合）
第六十三条　法第三十四条第二項第六号（法第四十四条において準用する場合を含む。）の農林水産省令で定める場合は、次のとおりとする。
　　一　国又は都道府県が保安施設事業、砂防法第一条の砂防工事又は地すべり等防止法による地すべり防止工事若しくはぼた山崩壊防止工事を実施するためする場合
　　二　法令又はこれに基づく処分により測量、実地調査又は施設の保守のためする場合
　　三　自家の生活の用に充てるため、あらかじめ都道府県知事に届け出たところに従つて下草、落葉又は落枝を採取する場合
　　四　学術研究の目的に供するため、あらかじめ都道府県知事に届け出たところに従つて下草、落葉又は落枝を採取する場合
　　五　国有林を管理する国の機関があらかじめ都道府県知事と協議するところに従い当該国有林の区域内においてする場合
２　前項第三号及び第四号の規定による届出は、行為をしようとする日の二週間前までに届出書を提出してしなければならない。
３　前項の届出書には、図面を添えなければならない。

　（年伐面積の限度）
第六十四条　令第四条の三第二項の規定による年伐面積の限度の算出は、当該森林所有者が同一の単位とされる保安林等において森林所有者となつている森林のうち指定施業要件としてその立木の伐採につき択伐が指定されている森林及び主伐に係る伐採の禁止を受けている森林以外のものの面積を令別表第二の第二号（一）イに規定する伐期齢に相当する数で除してするものとする。

　（許可に係る伐採の届出等）
第六十五条　法第三十四条第八項（法第四十四条において準用する場合を含む。）の規定による届出は、伐採の終わつた日から三十日以内に届出書を都道府県知事に提出してしなければならない。
２　法第三十四条第八項（法第四十四条において準用する場合を含む。）の規定による通知は、伐採の終わつた日から三十日以内に次に掲げる事項を記載した書面を送付してしなければならない。

一　通知人の氏名又は名称及び住所
　二　伐採に係る森林の所在場所
　三　伐採面積
　四　伐採の終わつた日

（保安林における緊急伐採等の届出）
第六十六条　法第三十四条第九項（法第四十四条において準用する場合を含む。）の届出書は、伐採その他の行為の終わつた日から三十日以内に提出しなければならない。

（市町村の長への通知の方法）
第六十七条　法第三十四条第十項（法第四十四条において準用する場合を含む。）の規定による通知は、次に掲げる事項を記載した書面を送付してするものとする。
　一　伐採箇所の所在
　二　伐採箇所の面積
　三　伐採の方法
　四　伐採齢
　五　伐採樹種
　六　伐採の期間

（保安林の択伐及び間伐の届出）
第六十八条　法第三十四条の二第一項及び第三十四条の三第一項（これらの規定を法第四十四条において準用する場合を含む。）の届出書は、択伐又は間伐を開始する日前九十日から二十日までの間に提出しなければならない。
2　前項の届出書には、次に掲げる書類を添付しなければならない。
　一　届出の対象となる森林の位置図及び区域図
　二　届出者（国、地方公共団体及び独立行政法人等登記令第一条に規定する独立行政法人等を除く。）が、法人である場合には当該法人の登記事項証明書（これに準ずるものを含む。）、法人でない団体である場合には代表者の氏名並びに規約その他当該団体の組織及び運営に関する定めを記載した書類、個人の場合にはその住民票の写し若しくは個人番号カードの写し又はこれらに類するものであって氏名及び住所を証する書類
　三　保安林の択伐及び間伐に関し、他の行政庁の免許、許可、認可その他の処分を必要とする場合には、当該処分に係る申請の状況を記載した書類（既に処分があったものについては、当該処分があったことを証する書類）
　四　届出の対象となる森林の土地の登記事項証明書（これに準ずるものを含む。）
　五　届出者が届出の対象となる森林の土地の所有者でない場合には、当該森林を伐採する権原を有することを証する書類
　六　届出者が届出の対象となる森林の土地に隣接する森林の土地の所有者と境界の確認を行ったことを証する書類
　七　前各号に掲げるもののほか、都道府県知事が必要と認める書類
3　前項第六号に掲げる書類については、次の各号のいずれかに該当する場合には、その添付を省略することができる。
　一　届出の対象となる森林の土地が隣接する森林の土地との境界に接していないことが明らかな場合
　二　地形、地物その他の土地の範囲を明示するのに適当なものにより届出の対象となる森林の土地が隣接する森林の土地との境界が明らかな場合
　三　届出の対象となる森林の土地が隣接する森林の土地の所有者と境界の確認を確実に行うと認められる場合

（保安林の択伐及び間伐の届出書の記載事項）
第六十九条　法第三十四条の二第一項及び第三十四条の三第一項（これらの規定を法第四十四条において準用する場合を含む。）の農林水産省令で定める事項は、次のとおりとする。
一　伐採樹種
二　伐採しようとする立木の年齢
三　伐採箇所の面積
四　伐採の期間
五　法第三十四条の二第四項ただし書（法第三十四条の三第二項（法第四十四条において準用する場合を含む。）及び第四十四条において準用する場合を含む。）に規定する森林に係る伐採にあつては、その旨

（市町村の長への通知の方法）
第七十条　法第三十四条の二第四項（法第三十四条の三第二項（法第四十四条において準用する場合を含む。）及び第四十四条において準用する場合を含む。）の規定による通知については、第六十七条の規定を準用する。

（森林所有者への通知の方法）
第七十一条　法第三十四条の二第五項（法第四十四条において準用する場合を含む。）の規定による通知については、第六十五条第二項の規定を準用する。

（植栽の義務の例外）
第七十二条　法第三十四条の四ただし書の農林水産省令で定める場合は、次に掲げる場合において都道府県知事が認めたときとする。
一　火災、風水害その他の非常災害により当該伐採跡地の現況等に著しい変更を生じたため、当該保安林に係る指定施業要件として定められている植栽の方法、期間又は樹種に関する定めに従つて植栽をすることが著しく困難な場合
二　保安林のうち指定施業要件としてその立木の伐採につき択伐が指定されている森林及び主伐に係る伐採の禁止を受けている森林以外のもの（人工植栽に係る森林に限る。）について、択伐によりその立木を伐採した後、当該伐採跡地につき、当該保安林に係る指定施業要件として定められている植栽の期間に関する定めに従わずに植栽をすることが不適当でない場合

（保安林の標識）
第七十三条　法第三十九条（法第四十四条において準用する場合を含む。）の標識の様式は、別記様式の例による。

（保安林台帳）
第七十四条　法第三十九条の二第一項の保安林台帳は、保安林（当該保安林が二以上の市町村の区域内にある場合には、それぞれの市町村の区域に属する当該保安林の部分）ごとに調製するものとする。
2　前項の保安林台帳は、帳簿及び図面をもつて組成するものとする。
3　前項の帳簿には、次に掲げる事項を記載するものとする。
一　保安林に指定された年月日及び当該保安林の指定に係る法第三十三条第一項（同条第六項において準用する場合を含む。）の規定による告示の番号
二　保安林の所在場所及び面積
三　保安林の指定の目的
四　保安林に係る指定施業要件
五　保安林に指定された時における当該保安林の概況

六　その他必要な事項
4　第二項の図面は、平面図とし、次に掲げる事項を記載するものとする。
一　保安林の境界線
二　大字名、字名、地番及びその境界線
三　保安林に係る指定施業要件
四　調製年月日
五　その他必要な事項
5　都道府県知事は、前二項の帳簿及び図面の記載事項に変更があつたときは、速やかにこれを訂正するものとする。

　（特定保安林の指定等の申請）
第七十五条　法第三十九条の三第二項の規定による特定保安林の指定の申請又は同条第五項において準用する同条第二項の規定による特定保安林の指定の解除の申請は、次に掲げる事項を記載した申請書に、当該特定保安林に係る法第三十九条の二第一項の保安林台帳の写しを添え、これを農林水産大臣に提出してしなければならない。
一　申請に係る特定保安林の所在場所及び面積
二　申請に係る特定保安林の指定の目的
三　申請の理由
四　特定保安林の指定の解除の申請にあつては、特定保安林として指定された年月日

　（異議の申立て）
第七十六条　法第三十九条の四第三項の異議の申立ては、異議申立書に、同条第一項各号に掲げる事項に関し直接の利害関係を有する者であることを証する書類を添え、これを都道府県知事に提出してしなければならない。ただし、国の機関の長又は地方公共団体の長が異議の申立てをするときは、当該書類を添付することを要しない。

　（要整備森林における保安施設事業の実施）
第七十七条　都道府県知事は、法第三十九条の七第一項の規定により同項の保安施設事業を行おうとするときは、あらかじめ、当該保安施設事業の実施に係る要整備森林の森林所有者及びその要整備森林に関し登記した権利を有する者に当該保安施設事業の内容、着手の時期その他必要な事項を通知しなければならない。

　　　　第二節　保安施設地区
　（国が行う保安施設事業）
第七十八条　法第四十一条第一項に規定する国が保安施設事業を行う必要があると認めるときとは、次の各号のいずれかに該当するときとする。
一　国有林野以外の森林又は原野その他の土地において保安施設事業を行う場合であつて、次のいずれかに該当し、かつ、当該保安施設事業が国土の保全上特に重要なものであると認められるとき。
　イ　当該保安施設事業の事業費の総額がおおむね五十億円以上であるとき。
　ロ　当該保安施設事業が高度の技術を必要とするとき。
　ハ　当該保安施設事業の及ぼす利害の影響が一の都府県の区域を超えるとき。
二　国有林野において保安施設事業を行うとき。
2　前項の規定によるほか、法第四十一条第一項に規定する国が保安施設事業を行う必要があると認めるときとは、大規模災害からの復興に関する法律（平成二十五年法律第五十五号）第二条第九号に掲げる特定大規模災害等（以下「特定大規模災害等」という。）を受けた都道府県の知事から要請があり、かつ、国が、当該都道府県における法第四十一条第三項に規定する保安施設事業（特定大規模災害等による被害を受けた施設の災害復旧事業（公共土木施設災害復旧事業費国庫負担法（昭和二十六年法律第九十七号）の規定の適用を受ける災害復旧事業をいう。以下同じ。）、

災害復旧事業の施行のみでは再度災害の防止に十分な効果が期待できないと認められるためこれと合併して行う新設又は改良に関する事業その他災害復旧事業以外の事業であつて再度災害を防止するため土砂の崩壊その他の危険な状況に対処するために緊急に実施されるものに限る。）の実施体制その他の地域の実情及び国の事務の遂行への支障の有無を勘案して、特定大規模災害等からの円滑かつ迅速な復興のため当該保安施設事業を行う必要があると判断したときとする。
3　国は、保安施設事業（国有林野において行うものを除く。以下この項において同じ。）を行おうとするとき又は保安施設事業を廃止しようとするときは、関係都道府県の意見を聴かなければならない。

（保安施設地区指定の申請）
第七十九条　法第四十一条第三項の規定による申請は、申請書に事業計画書を添え、農林水産大臣に提出してしなければならない。

（有効期間の延長）
第八十条　農林水産大臣は、法第四十二条ただし書の規定により保安施設地区の指定の有効期間を延長しようとするときは、その有効期間の満了の日の六十日前までに、その旨を告示するとともに、これをその保安施設地区の土地の所有者及び土地に関し登記した権利を有する者に通知しなければならない。

（保安施設地区の指定に係る通知等の内容）
第八十一条　法第四十四条において準用する法第二十九条の規定による通知は、同条に規定する事項のほか、保安施設地区の指定の有効期間についてするものとする。
2　法第四十四条において準用する法第三十三条第一項の規定（保安施設地区の指定の場合に限る。）による告示及び通知は、同項に規定する事項のほか、保安施設地区の指定の有効期間についてするものとする。

（保安施設地区台帳）
第八十二条　法第四十六条の二第一項の保安施設地区台帳については、第七十四条の規定を準用する。

　　　第四章　土地の使用
（立入調査等に関する許可）
第八十三条　法第四十九条第一項又は第六項の規定による許可を受けようとする者は、次に掲げる事項を記載した申請書を市町村長に提出しなければならない。
一　申請人の氏名又は名称及び住所
二　許可を受けようとする目的
三　立ち入るべき土地の所在、地番及び地目
四　立ち入るべき土地の所有者及び関係人の氏名又は名称及び住所（これらの事項を記載することができない場合には、その旨及びその理由）
五　立入りの時期及び期間
六　立木竹の伐採をするかどうか並びに伐採をする場合にあつてはその箇所及び数量

　　　第五章　雑則
（申請書等の様式）
第百六条　第四条の申請書、第六条第二項の指定申請書、第七条第一項の届出書、第九条第一項の届出書、第十二条（第十三条第二項において準用する場合を含む。）の申請書、第十四条の二の報告書、第十五条の届出書、第二十九条の二第一項の申請書、第二十九条の三の申出書、第二十九条の五第一項の申請書、第三十四条の認定請求書、第四十

二条第一項及び第二項の変更認定請求書、第四十四条第二項の届出書、第四十五条の届出書、第四十八条第一項の申請書、第五十一条の意見書、第五十九条の申請書、第六十条第二項の届出書、第六十一条の申請書、第六十三条第二項の届出書、第六十五条第一項及び第六十六条の届出書、第六十八条の届出書、第七十六条の異議申立書、第七十九条の申請書、第九十二条第四項の認定書、第九十四条第一項の受験願書、同項第三号の書類、第九十五条第一項の合格証書、同条第二項の再交付申請書、第百四条の三第一項の申出書並びに第百四条の五第一項の申出書の様式は、別に定めて告示する。

　　附　則　（令和五年一二月二八日農林水産省令第六四号）　抄
（施行期日）
第一条　この省令は、漁港漁場整備法及び水産業協同組合法の一部を改正する法律の施行の日（令和六年四月一日）から施行する。

付録第七（第五十六条関係）

$$\frac{V_o - V_s \times \frac{7}{10}}{V_o}$$

　V_o は、当該伐採年度の初日における当該森林の立木の材積
　V_s は、当該森林と同一の樹種の単層林が標準伐期齢に達しているものとして算出される当該単層林の立木の材積

付録第八（第五十七条関係）

$$3{,}000 \times (5/V)^{2/3}$$

　V は、当該森林において、植栽する樹種ごとに、同一の樹種の単層林が標準伐期齢に達しているものとして算出される一ヘクタール当たりの当該単層林の立木の材積を標準伐期齢で除して得た数値

別記様式（第七十三条関係）

1 第1種標識（木標柱）

備考
一　右側面には、制限又は注意事項の概要を記載すること。
二　左側面には、設置時期を記載すること。
三　裏面には、標識の設置者の名称を記載すること。

2 第2種標識（標札）

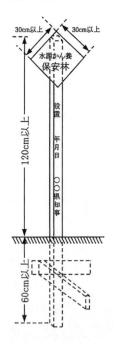

3 第3種標識（制札）

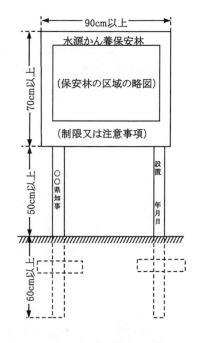

関係通知

(保安林)

関係通知

保安林

森林法に基づく保安林及び保安施設地区関係事務に係る処理基準について

平成12年4月27日付け12林野治第790号
農林水産事務次官から各都道府県知事宛て
最終改正：令和6年4月1日付け5林整治第1877号

　地方分権の推進を図るための関係法律の整備等に関する法律（平成11年法律第87号）による森林法（昭和26年法律第249号）の一部改正により、同法に基づき都道府県が行う保安林及び保安施設地区関係事務のうち、民有林の保安林であって同法第25条第1項第1号から第3号までに掲げる目的を達成するためのもの及び国有林の保安林並びに保安施設地区に関する事務が地方自治法（昭和22年法律第67号）第2条第9項第1号に規定する第1号法定受託事務とされたところである（森林法第196条の2参照）。

　これに伴い、森林法に基づく保安林及び保安施設地区関係の法定受託事務について、地方自治法第245条の9第1項の規定に基づく処理基準が、別紙のとおり定められたので、御了知の上、今後は、本基準によりこれらの事務を適正に処理されたい。

　以上、命により通知する。

別紙

森林法に基づく保安林及び保安施設地区関係事務に係る処理基準

　森林法（昭和26年法律第249号。以下「法」という。）第196条の2第1項各号に掲げる法定受託事務の処理については、法令に定めるもののほか、本基準に定めるところによるものとする。

　なお、本基準は、第1から第9までにより構成され、第1保安林の指定、第2保安林の解除、第3指定施業要件の変更、第4立木伐採許可及び届出、第5作業許可、第6監督処分、第7標識の設置、第8保安林台帳、第9保安施設地区とし、保安林及び保安施設地区の指定、解除等に関する事務の取扱いに当たっては、これらに基づき適正かつ円滑に実施するものとする。

第1　保安林の指定
1　保安林の名称

　　法第25条の2第1項の規定に基づき都道府県知事が指定する保安林の名称は次の①から③まで、法第25条の規定に基づき農林水産大臣が指定する保安林の名称は次の①から⑰までに掲げるとおりとし、都道府県知事が本基準に定めるところにより行う事務の処理に当たっては、当該名称を用いるものとする。

① 水源かん養保安林
② 土砂流出防備保安林
③ 土砂崩壊防備保安林
④ 飛砂防備保安林
⑤ 防風保安林
⑥ 水害防備保安林
⑦ 潮害防備保安林
⑧ 干害防備保安林
⑨ 防雪保安林
⑩ 防霧保安林
⑪ なだれ防止保安林
⑫ 落石防止保安林
⑬ 防火保安林

⑭　魚つき保安林
⑮　航行目標保安林
⑯　保健保安林
⑰　風致保安林
2　指定施業要件
　都道府県知事が法第25条の2第1項の規定に基づき行う保安林の指定に伴い定める指定施業要件（法第33条第1項に規定する指定施業要件をいう。以下同じ。）については、森林法施行令（昭和26年政令第276号。以下「令」という。）別表第2に準拠するほか、次によるものとする。
(1)　伐採の方法の基準
　ア　主伐に係るもの
　　（ア）　指定施業要件として定める伐採の方法は、別表1により定めるものとする。
　　（イ）　伐採をすることができる立木は、標準伐期齢以上のものとする旨を定めるものとする。
　　（ウ）　保安林の機能の維持又は強化を図るために樹種又は林相を改良することが必要であり、かつ、当該改良のためにする伐採が当該保安林の指定の目的の達成に支障を来さないと認められるときは、（ア）及び（イ）によるほか、これら以外の方法によっても伐採をすることができる旨（以下「伐採方法の特例」という。）を定めることができるものとする。伐採方法の特例は、当該保安林の樹種又は林相を改良する必要が現に生じている場合又はこれが10年以内に生ずると見込まれる場合に限り定め得るものとし、指定の日から10年を超えない範囲内で当該特例の有効期間を定めるものとする。
　　　　なお、伐採方法の特例のうち伐採種については、択伐とする森林については伐採種を定めないとすることができるものとし、禁伐とする森林については択伐とすることができるものとする。
　　（エ）　伐採種は、当該森林の地況、林況等を勘案して、地番の区域又はその部分を単位として定めるものとする。
　イ　間伐に係るもの
　　　間伐の指定は、主伐に係る伐採種を定めない森林、択伐とする森林で択伐林型を造成するための間伐を必要とするもの及び禁伐とする森林で保育のために間伐をしなければ当該保安林の指定の目的を達成することができないものについて定めるものとする。
(2)　伐採の限度の基準
　・　主伐に係るもの
　　（ア）　指定施業要件として定める立木の伐採の限度は、指定の目的に係る受益の対象が同一である保安林又はその集団を単位として定めるものとする。
　　　　この場合において、水源かん養保安林について受益の対象が同一である保安林又はその集団とすべき単位区域の範囲は、林野庁長官が別に定める「単位区域概況表」によるものとし、土砂流出防備保安林についても原則としてこれを用いることとする。
　　　　なお、これを用いることが不適当な場合においては、個々に定めるものとする。
　　（イ）　指定施業要件として定める立木の伐採の限度のうち1伐採年度において皆伐による伐採をすることができる面積に係るものは、指定施業要件を定めるについて同一の単位とされている保安林又はその集団のうち当該指定施業要件としてその立木の伐採につき択伐が指定されている森林及び主伐に係る伐採の禁止を受けている森林以外のものの面積を令表第2第2号（一）イに規定する伐期齢に相当する数で除して得た面積（以下「総年伐面積」という。）に、前伐採年度における伐採につき法第34条第1項の許可（以下「立木伐採許可」という。）をした面積が当該前伐採年度の総年伐面積に達していない場合にはその達するまでの部分の面積を加えて得た面積とする旨を定めるものとする。
　　（ウ）　令別表第2第2号（一）ロの1箇所当たりの皆伐面積の限度は、原則として、水源かん養保安林及び土砂流出防備保安林（ただし、水源かん養保安林については、急傾斜地の森林及び保安施設事業の施行地等の森林その他森林施業上当該森林と同一の取り扱いをすることが適当と認められる森林に限る。）につい

て定めるものとする。
　　　　なお、当該限度は、水源かん養保安林にあっては20ヘクタール以下、土砂流出防備保安林にあっては10ヘクタール以下の範囲内において伐採跡地からの土砂の流出の危険性、急激な疎開による周辺の森林への影響等に配慮して定めるものとする。
　(エ)　(1)のアの(ウ)により樹種又は林相の改良のために伐採種を定めないものとされた保安林に係る1箇所当たりの皆伐面積の限度は、定めないものとする。
　(オ)　令別表第2第2号（一）ニの択伐の限度は、伐採の方法として択伐が指定されている森林及び伐採種を定めない森林に対して適用するものとする。
　(カ)　森林法施行規則（昭和26年農林省令第54号。以下「規則」という。）第56条第3項に規定する保安林又は保安施設地区の指定後最初に択伐による伐採を行う森林についての択伐率の算出に用いる係数は、当該森林における標準伐期齢以上の立木の材積が当該森林の立木の材積の30パーセント（伐採跡地につき植栽によらなければ的確な更新が困難と認められる森林につき、保安林又は保安施設地区に指定後最初に択伐による伐採をする場合には、40パーセント）以上である森林にあっては当該森林の立木度、その他の森林にあっては当該森林の標準伐期齢以上の立木の材積が当該森林の立木の材積の30パーセント（伐採跡地につき植栽によらなければ的確な更新が困難と認められる森林につき、保安林又は保安施設地区に指定後最初に択伐による伐採をする場合には、40パーセント）以上となる時期において推定される立木度とする。この場合において、推定立木度は、保安林の指定時における当該森林の立木度を将来の成長状態を加味して±10分の1の範囲内で調整して得たものとする。
　　　　なお、立木度は、現在の林分蓄積と当該林分の林齢に相応する期待蓄積とを対比して10分率をもって表すものとする。ただし、蓄積を計上するに至っていない幼齢林分については蓄積に代えて本数を用いるものとする。
(3)　植栽の基準
　　令別表第2第3号は、立木を伐採した後において現在の森林とおおむね同等の保安機能を有する森林を再生する趣旨で設けられたものであるから、植栽以外の方法により的確な更新が期待できる場合には、これを定めないものとする。この場合において、人工造林に係る森林及び森林所有者が具体的な植栽計画を立てている森林については、原則として、定めるものとする。
　ア　方法に係るもの
　　(ア)　基準
　　　a　規則第57条第1項の「満1年未満の苗にあっては、同一の樹種の満1年以上の苗と同等の根元径及び苗長を有するものであること」については、都道府県等が定める山行苗木の流通規格に定められている2年生以上の苗の根元径及び苗長と比較することをもって、満1年未満の苗が同一の樹種の満1年以上の苗と同等の根元径及び苗長を有していることの妥当性を判断するものとする。ただし、コンテナ苗等の規格に苗齢に関する区分がない場合は、その規格が記載された申請書類を添付させ、2年生の苗が含まれるか否かを確認することをもって判断するものとする。
　　　　なお、樹盛が旺盛である、根張りが良い、損傷がない等植栽しようとする苗が健全であることに留意するものとする。
　　　b　保安林において満1年未満の苗を植栽しようとする場合は、苗を生産する事業者等に苗齢並びに根元径及び苗長を表示した林業種苗法（昭和45年法律第89号）第18条第1項に規定する生産事業者表示票を確実に添付するよう指導し、当該表示票を確認する方法、国庫補助事業等の造林検査要領等において苗の規格に関する検査項目が設定されている場合には、当該検査に使用した苗木受払簿等の書類の内容を確認する方法等、各都道府県の状況に応じて書面を中心として苗齢並びに根元径及び苗長を確認するものとする。
　　(イ)　植栽本数
　　　a　規則第57条第2項第1号において、規則付録第8の算式により算出された本数が3,000本を超える場合の

植栽本数は、3,000本とする。

なお、規則付録第8の算式の算出結果は、別表2のとおりである。

b 規則第57条第2項第2号について、次の条件に適合する場合の植栽本数は、植栽本数を定めようとする森林が所在する市町村の市町村森林整備計画に定められている人工造林の標準的な方法に基づく本数であって、当該市町村のおおむね過半の区域において、特定の森林所有者等に偏ることなく幅広い関係者が施業した実績のある方法に基づく本数であり、かつ、当該林分における保育作業（鳥獣害対策を含む。）の実績から、確実に更新を図ることが可能であると見込まれる本数とする。ただし、植栽本数を定めようとする森林が、2以上の市町村にわたり、かつ、これらの市町村の市町村森林整備計画に差異があることによって、当該保安林の効率的な施業に支障を来す場合にあっては、市町村森林整備計画に代えて地域森林計画に定められている人工造林の標準的な方法に基づく本数とすることもできるものとする。

(a) 「地盤が安定し、土砂の流出又は崩壊その他の災害を発生させるおそれがなく」については、急傾斜地である等個々の森林の地形や土壌の現況からして、土砂の流出又は崩壊が発生しやすいものでないこと、雪崩による被害のおそれがないことなど、植栽本数を減じることによって周囲の森林に影響を与えるおそれがない場合とする。

(b) 「自然的社会的条件からみて効率的な施業が可能である」ことについては、自然的条件にあっては、地形、気象、土壌等の要因から苗の活着及び生育に不向きな立地ではないこと、社会的条件にあっては、植栽本数を定めようとする森林へのアクセスに問題がなく、伐期に至るまで間伐等の施業が継続的に実施されているなど植栽後の苗の管理が適切に実施できる立地であることについて確認するものとし、植栽後に効率的な施業が可能である場合とする。

イ 樹種に係るもの

令別表第2第3号（三）の「経済的利用に資することができる樹種」については、当該保安林の指定目的、地形、気象、土壌等の状況及び樹種の経済的特性等を踏まえて、木材生産に資することができる樹種に限らず、幅広い用途の経済性の高い樹種を定めることができる。

3 指定の手続

法第25条の2第1項の規定に基づき都道府県知事が行う保安林の指定の手続及び法第25条の規定に基づき農林水産大臣が行う保安林の指定に関し都道府県知事が行う手続については、次によるものとする。

(1) 申請書の受理及び進達

ア 法第27条第1項に規定する保安林の指定に直接の利害関係を有する者は、次のいずれかに該当する者とする。

(ア) 保安林の指定に係る森林の所有者その他権原に基づきその森林の立木竹又は土地の使用又は収益をする者

(イ) 保安林の指定により直接利益を受ける者又は現に受けている利益を直接害され、若しくは害されるおそれがある者

なお、「保安林の指定により直接利益を受ける者」については、別表3を基本的な考え方とし、現地の実態も踏まえながら適切に対処するものとする。

イ 規則第48条第1項第2号に規定する申請者が当該申請に係る指定に直接の利害関係を有する者であるか否かについては、アに基づき次に掲げる書類により判断するものとする。

(ア) 当該申請者が当該申請に係る森林の所有者である場合

a 当該申請に係る森林の土地が登記されている場合

(a) 当該申請者が、登記簿に登記された所有権、地上権、賃借権その他の権利の登記名義人（以下「登記名義人」という。）である場合には、登記事項証明書（登記記録に記録されている事項の全部を証明したものに限る。）

(b) 当該申請者が、登記名義人でない場合には、登記事項証明書（登記記録に記録されている事項の全部を証明したものに限る。）及び公正証書、戸籍の謄本又は売買契約書の写しその他当該申請者が当該森林の土地について登記名義人又はその承継人から所有権、地上権、賃借権その他の権利を取得していることを証する書類

　　　　ｂ　当該申請に係る森林の土地が登記されていない場合
　　　　　　固定資産課税台帳に基づく証明書その他当該申請者が当該森林の土地について、その上に木竹を所有し、及び育成することにつき正当な権原を有する者であることを証する書類
　　（イ）　当該申請者が当該申請に係る森林の所有者以外の者である場合
　　　　　当該申請により森林の保安機能が維持強化又は弱化されることによって、直接利益又は損失を受けることとなる土地、建築物その他の物件（以下「土地等」という。）につき権利者であることを証する登記事項証明書その他当該土地等について正当な権原を有する者であることを証する書類
　ウ　都道府県知事が、申請を農林水産大臣に進達する場合には、当該申請が不適法であって補正することができるものであるときは、直ちにその補正を求め、補正することができないものであるときは、法第27条第3項ただし書の規定により却下するものとする。
　　　また、都道府県知事自らが指定の権限を有する保安林の指定申請があった場合には、その申請が不適法であって補正することができるものであるときは、直ちにその補正を求め、補正することができないものであるときは、却下するものとする。
　　　なお、これらの却下は、申請者に対し、理由を付した書面を送付して行うものとする。
(2)　指定に係る調査等
　ア　都道府県知事が行う保安林の指定に際しては、実地調査を行うほか適宜の方法により十分な調査を行い、次の書類（様式は林野庁長官が別に定める。）を作成の上、指定の適否を判断するものとする。
　　（ア）　指定調書
　　（イ）　指定調査地図
　　（ウ）　位置図
　　（エ）　その他必要な書類
　イ　都道府県知事が、保安林に指定しようとする区域が1筆の土地の一部であるときは、当該区域の実測図を作成し、又は調査地図に地形地物を表示し、後日において現地を明瞭に確認できるようにしておくものとする。
(3)　保安林予定森林の告示等
　ア　法第30条又は第30条の2の規定に基づく掲示の内容は、保安林予定森林の告示の内容に準ずるものとする。
　イ　法第30条又は第30条の2の規定に基づく森林所有者等への通知には、次の事項を含めるものとする。
　　（ア）　同一の単位とされる保安林において伐採年度ごとに皆伐による伐採をすることができる面積（保安林の面積の異動等により変更することがある旨を付記する。）
　　（イ）　伐採種を定めない森林においてする主伐は、皆伐によることができる旨
　　（ウ）　標準伐期齢
　　（エ）　指定施業要件に従って樹種又は林相を改良するために伐採するときは、伐採跡地の植栽について条件を付することがある旨
　　（オ）　その他必要な事項
　ウ　保安林予定森林に係る区域が1筆の土地の一部である場合には、法第30条又は第30条の2の規定による通知書に当該部分を明示した図面を添付するものとする。
　エ　指定の申請に係る森林について所在場所の名称又は地番の変更があったときにおいて、当該変更が法第30条又は第30条の2の規定による告示がなされる以前であるものであって当該変更前の所在場所の名称又は地番により告示がなされている場合にあっては、当該告示の訂正を行うものとする。
　オ　指定目的の変更のためにする指定は、現に定められている指定目的に係る保安林の解除と同時又は解除前に行うものとする。この場合において、法第30条及び第30条の2の規定による通知書には、指定目的の変更のためにする指定である旨を付記するものとする。
　カ　現に保安林に指定されている森林について、その指定の目的以外の目的を達成するため重ねて保安林に指定する場合（以下「兼種保安林の指定」という。）における法第30条及び第30条の2の規定による通知書には、従前の指定目的に新たな目的を追加するための指定である旨を付記するものとする。

キ　保安林の指定の申請に対し、都道府県知事が指定をしない旨の処分をした場合には、遅滞なく申請者に対し指定をしない旨及びその理由を記載した書面を送付して通知するものとする。
　ク　保安林予定森林について、事情の変更その他の理由により指定を取り止める場合には、当該保安林予定森林に係る告示、掲示及び通知を取り消すものとする。
(4) 意見の聴取
　ア　異議意見書を提出した者が当該意見書の提出に係る保安林の指定に直接の利害関係を有する者であるか否かの判断は、(1)のア及びイを準用するものとする。
　イ　法第32条第1項に規定する意見書は、意見に係る森林及び理由が共通である場合に限り連署して提出することができるものとする。
　ウ　都道府県知事は、法第32条第1項の規定に基づき農林水産大臣又は都道府県知事宛てに提出された意見書が、規則第51条に規定する直接の利害を有する者であることを証する書類の添付がないものその他不適法であって補正することができるものであるときは、直ちにその補正を求めるものとする。
　エ　都道府県知事は、法第32条第1項の規定に基づき都道府県知事宛てに提出された意見書が、同項に規定する期間の経過後に差し出されたものその他不適法であって補正することができないものであるときは、却下するものとする。
　　なお、これらの却下は、意見提出者に対し、理由を付した書面を送付して行うものとする。
　オ　法第32条第2項の規定に基づき都道府県知事が行う意見の聴取については、規則第52条の規定を準用するものとする。
　カ　法第32条第3項の通知書には、同項に規定された事項のほか、次の事項を記載するものとする。
　　（ア）　意見聴取会の開始時期
　　（イ）　意見書提出者が代理人をして意見の陳述をさせようとするときは、代理人1人を選任し、当該選任に係る代理人の権限を証する書面をあらかじめ提出すべき旨
　　（ウ）　陳述の時間を制限する必要があるときは、各意見書提出者又はその代理人の陳述予定時間
　　（エ）　意見聴取会当日には当該通知書を持参すべき旨
　キ　法第32条第3項の規定に基づき都道府県知事が行う意見の聴取の期日等の公示は、都道府県公報に掲載してするとともに関係市町村の事務所及び意見の聴取の場所に掲示して行うものとする。
(5) 指定の通知
　ア　法第33条第3項（同条第6項において準用する場合を含む。）の規定に基づく森林所有者等への保安林の指定の通知（以下「指定通知」という。）に当たっては、あらかじめ当該指定に係る森林所有者が法第30条又は第30条の2の規定による保安林予定森林の通知をした森林所有者と同一人であるかどうかを確認し、森林所有者に異動があった場合には新森林所有者を通知の相手方とするものとする。
　イ　指定通知の内容が法第30条又は第30条の2の規定による保安林予定森林の通知の内容と同一である場合には、森林所有者に異動があった場合を除き、通知書に保安林予定森林についての通知の内容と同一である旨を記載すれば足りるものとする。
　ウ　指定に係る森林が1筆の土地の一部である場合には、指定通知に当該部分を明示した図面を添付するものとする。ただし、森林所有者に異動があった場合を除き、当該区域が保安林予定森林の区域と同一である場合には、この限りでない。
　エ　指定目的の変更のためにする指定及び兼種保安林の指定に係る指定通知については、(3)のオ及びカを準用するものとする。

第2　保安林の解除

1　解除の要件
　法第26条の2第1項又は第2項の規定に基づき都道府県知事が行う保安林の解除の要件は次のとおりとする。
(1) 指定の理由の消滅

法第26条の2第1項に規定する「指定の理由が消滅したとき」とは、次の各号のいずれかに該当するときとする。
ア　受益の対象が消滅したとき。
イ　自然現象等により保安林が破壊され、かつ、森林に復旧することが著しく困難と認められるとき。
ウ　当該保安林の機能に代替する機能を果たすべき施設（以下「代替施設」という。）等が設置されたとき又はその設置が極めて確実と認められるとき。
エ　森林施業を制限しなくても受益の対象を害するおそれがないと認められるとき。
(2)　公益上の理由
　　法第26条の2第2項に規定する「公益上の理由により必要が生じたとき」とは、保安林を次に掲げる事業の用に供する必要が生じたときとする。
ア　土地収用法（昭和26年法律第219号）その他の法令により土地を収用し又は使用できることとされている事業のうち、国等（国、地方公共団体、地方公共団体の組合、独立行政法人、地方独立行政法人、地方住宅供給公社、地方道路公社及び土地開発公社をいう。以下同じ。）が実施するもの
イ　国等以外の者が実施する事業のうち、別表4に掲げる事業に該当するもの
ウ　ア又はイに準ずるもの
(3)　転用を目的とする解除
　　(1)又は(2)による解除のうち、保安林を森林以外の用途に供すること（以下「転用」という。）を目的とする解除（以下「転用解除」という。）については、次に掲げる要件を備えなければならないものとする。
　　なお、保安林については、制度の趣旨からして転用を抑制すべきものであり、転用解除に当たっては、保安林の指定の目的並びに国民生活及び地域社会に果たすべき役割の重要性に鑑み、地域における森林の公益的機能が確保されるよう森林の保全と適正な利用との調整を図る等厳正かつ適切な措置を講ずるとともに、当該転用が保安林の有する機能に及ぼす影響の少ない区域を対象とするよう努めるものとする。
ア　「指定の理由の消滅」による解除
　（ア）　級地区分
　　　　別表5の第1級地に該当する保安林については、原則として、解除は行わないものとする。
　　　　同表の第2級地に該当する保安林については、地域における保安林の配備状況及び当該転用の目的、態様、規模等を考慮の上、やむを得ざる事情があると認められ、かつ、当該保安林の指定の目的の達成に支障を来さないと認められる場合に限って転用解除を行うものとする。
　（イ）　用地事情
　　　　転用の目的に係る事業又は施設の設置（以下「事業等」という。）による土地利用が、その地域における公的な各種土地利用計画に即したものであり、かつ、当該転用の目的、その地域における土地利用の状況等からみて、その土地以外に他に適地を求めることができない、又は著しく困難であること。
　　　　ただし、都道府県（地方公営企業（地方公営企業法（昭和27年法律第292号）第2条の地方公営企業をいう。）を含む。）が事業主体となり製造場を整備する事業で、保安林の指定の解除を伴うもの（以下「製造場整備事業」という。）のうち、次の各号に掲げる要件を満たすものについては、これを適用しないものとする。この場合において、都道府県知事は、保安林の指定を解除したときは、製造場整備事業の区域（以下「整備事業区域」という。）内において残置し、又は造成した森林を保安林に指定するものとし、法第25条第1項の規定に基づく保安林の指定が必要なときには、法第27条第1項の規定に基づき農林水産大臣に申請するものとする。
　　　a　製造場整備事業が、公的な計画に位置付けられた重要分野に係るものであり、かつ、その地域における公的な各種土地利用計画に即したものであること。
　　　b　製造場整備事業が、既に整備された製造場（以下「既存製造場」という。）を拡張するものであり、かつ、製造場整備事業により新たに整備される製造場で実施される事業が既存製造場で実施されている事業（以下「既存事業」という。）と一体的に実施されるものであること。

　　　　c　事業環境の変化等により、既存事業を整備事業区域内において拡張する必要があること。
　　　　d　整備事業区域の主たる区域が、保安林以外であること。
　　　　e　既存事業の区域に隣接した土地に保安林以外の利用可能な土地がある場合は、当該土地を優先して利用する計画に基づいて実施されるものであること。
　　　　f　整備事業区域が、既存事業の主要な施設が存する区域に隣接していること。
　　　　g　整備事業区域において残置し、又は造成する森林の面積の割合が、同区域の面積の35％以上確保されるものであること。
　　(ウ)　面積
　　　　転用に係る土地の面積が、次に例示するように当該転用の目的を実現する上で必要最小限度のものであること。
　　　　a　転用により設置しようとする施設等について、法令等により基準が定められている場合には、当該基準に照らし適正であること。
　　　　b　大規模かつ長期にわたる事業等のための転用解除の場合には、当該事業等の全体計画及び期別実施計画が適切なものであり、かつ、その期別実施計画に係る転用面積が必要最小限度のものであること。
　　(エ)　実現の確実性
　　　　次の事項の全てに該当し、申請に係る事業等を実施することが確実であること。
　　　　a　事業等に関する計画の内容が具体的であり、当該計画どおり実施されることが確実であること。
　　　　b　事業等を実施する者（以下「事業者」という。）が当該保安林の土地を使用する権利を取得している、又は取得することが確実であること。
　　　　c　事業者が事業等を実施するため当該保安林と併せて使用する土地がある場合において、その土地を使用する権利を取得している、又は取得することが確実であること。
　　　　d　b及びcの土地の利用又は事業等について、他の行政庁の免許、許可、認可その他の処分（以下「許認可等」という。）を必要とする場合には、当該許認可等がなされている又は、なされることが確実であること。
　　　　e　事業者に当該事業等を実施するのに十分な信用、資力及び技術があることが確実であること。
　　(オ)　利害関係者の意見
　　　　転用解除に当たって、当該転用解除に利害関係を有する市町村の長の同意及び当該転用解除に直接の利害関係を有する者の同意を得ている、又は得ることができると認められるものであること。
　　(カ)　その他の満たすべき基準
　　　　a　転用に係る保安林の指定の目的の達成に支障を来さないよう、代替施設の設置等の措置が講じられた、又は確実に講じられること。
　　　　　　この場合において、代替施設には、当該転用に伴って土砂が流出し、崩壊し、又は堆積することにより、付近の農地、森林その他の土地若しくは道路、鉄道その他これらに準ずる設備又は住宅、学校その他の建築物に被害を与えるおそれがある場合における当該被害を防除するための施設を含むものとする。
　　　　b　aの代替施設の設置等については、別紙に示す基準に適合するものであること。
　　　　c　bのほか、事業等に伴う土砂の流出又は崩壊その他の災害の防止、周辺の環境保全等については、別紙に示す基準に適合するものであること。
　　　　d　転用に係る保安林の面積が、5ヘクタール以上である場合又は事業者が所有権その他の当該土地を使用する権利を有し、事業等に供しようとする区域内の森林の面積に占める保安林の面積の割合が10パーセント以上である場合（転用に係る保安林の面積が1ヘクタール未満の場合を除く。）であって、水資源のかん養又は生活環境の保全形成等の機能を確保するため代替保安林の指定を必要とするものにあっては、原則として、当該転用に係る面積以上の代替保安林とすべき森林が確保されるものであること。
　イ　「公益上の理由」による解除

① 国等が行う事業による転用の場合
　（ア）　級地区分
　　　別表5の第1級地については、転用の態様、規模等からみて国土の保全等に支障を来さないと認められるものを除き、原則として、解除は行わないものとする。
　　　同表の第2級地については、アの（ア）を準用するものとする。
　（イ）　用地事情
　　　アの（イ）を準用するものとする。
　（ウ）　面積
　　　アの（ウ）を準用するものとする。
　（エ）　実現の確実性
　　　アの（エ）を準用するものとする。
　（オ）　その他の満たすべき基準
　　　アの（カ）を準用するものとする。
② ①以外の場合
　（ア）　級地区分
　　　①の（ア）を準用するものとする。
　（イ）　用地事情
　　　アの（イ）を準用するものとする。
　（ウ）　面積
　　　アの（ウ）を準用するものとする。
　（エ）　実現の確実性
　　　アの（エ）を準用するものとする。
　（オ）　その他の満たすべき基準
　　　アの（オ）を準用するものとする。
　（カ）　その他の満たすべき基準
　　　アの（カ）を準用するものとする。

2　解除の手続

　法第26条の2の規定に基づき都道府県知事が行う保安林の解除の手続及び法第26条の規定に基づき農林水産大臣が行う保安林の解除に係り都道府県知事が行う手続については、次によるものとする。

(1)　申請書の受理及び進達
ア　法第27条第1項に規定する保安林の解除に直接の利害関係を有する者については、第1の3の(1)のアを準用するものとする。
イ　規則第48条第1項第2号に規定する申請者が当該申請に係る解除に直接の利害関係を有する者であるか否かについては、アに基づき第1の3の(1)のイの（ア）及び（イ）の書類により判断するものとする。
ウ　規則第48条第2項第1号の計画書は、次の事項を記載した書類、転用に係る区域及びそれに関連する区域並びにそれらの区域内に設置される施設の配置図、縦横断面図その他実施設計に関する図面並びに土量計算等に関する書類とする。
　（ア）　転用の目的に係る事業又は施設の名称
　（イ）　事業者の氏名（法人及び法人でない団体にあっては名称及び代表者の氏名）及び住所（法人にあっては本店又は主たる事務所の所在地とし、法人でない団体にあっては代表者の住所とする。）
　（ウ）　事業等の用に供するため当該保安林を選定した事由
　（エ）　事業者が当該保安林の土地を使用する権利の種類及び当該権利の取得の状況
　（オ）　事業等に要する資金の総額及びその調達方法
　（カ）　事業等に要する経費の項目（用地費、土木工事費、建築工事費、諸掛費等）ごとの員数、単価、金額及び

　　　　その内訳
　　（キ）事業等に関する工事を開始する予定の日、当該工事の工程並びに当該工事により設置される施設の種類、規模、構造及び所在
　　（ク）その他参考となる事項
　エ　規則第48条第２項第２号の計画書は、次の事項を記載した書類及び代替施設の配置図、縦横断面図その他実施設計に関する図面とする。
　　　なお、申請者が転用に伴って当該保安林の機能が失われないとして当該計画書を添付しない場合において、審査の結果当該書類を添付する必要があると認めるときは、遅滞なくその提出を求めて補正させるものとする。
　　（ア）代替施設を設置する土地を使用する権利の種類及び取得の状況
　　（イ）代替施設の設置に要する資金の総額及びその調達方法
　　（ウ）代替施設の設置に要する経費の項目（用地費、土木工事費、建築工事費、諸掛費等）ごとの員数、単価、金額及びその内訳
　　（エ）代替施設に関する工事を開始する予定の日、当該工事の工程並びに代替施設の種類、規模、構造及び所在
　　（オ）その他参考となる事項
　オ　規則第48条第２項第３号については、次によるものとする。
　　（ア）「他の行政庁の免許、許可、認可その他の処分」に係る申請の状況を記載した書類については、次によるものとする。
　　　　a　申請中の許認可等については、許認可等の種類、申請先行政庁及び申請年月日を記載した書類
　　　　b　申請前の許認可等については、許認可等の種類、申請先行政庁及び申請予定時期を記載した書類
　　（イ）「処分があったことを証する書類」については、当該許認可等を行った行政庁が発行した証明書又は許認可等の写しとする。
　カ　規則第48条第２項第４号の法人の登記事項証明書に準ずるものについては、法人が実在することを証明するために必要な情報（法人の名称及び所在地並びに法人番号）を記載した書類又はその写しとする。また、類するものは公的機関が発行した氏名及び住所が記載された書類又はその写しとする。
　キ　規則第48条第２項第５号の「資力及び信用があることを証する書類」については、事業等の目的、態様等に応じて必要な書類を追加し、又は他の書類により資力及び信用を確認できる場合には、当該書類を添付することをもって代替できるものとする。
　ク　森林法施行規則の規定に基づき、申請書等の様式を定める件（昭和37年農林省告示第851号）12の注意事項４の「事業等を実施するために必要な能力があることを証する書類」については、事業等の目的、態様等に応じて必要な書類を追加し、又は他の書類により事業等を実施するために必要な能力を確認できる場合には、当該書類を添付することをもって代替できるものとする。
　ケ　都道府県知事は、申請を農林水産大臣に進達する場合には、その申請が不適法であって補正することができるものであるときは、直ちに補正を求め、補正することができないものであるときは、法第27条第３項ただし書の規定により却下するものとする。また、都道府県知事自らが指定の権限を有する保安林の指定の解除申請があった場合には、その申請が不適法であって補正することができるものであるときは、直ちにその補正を求め、補正することができないものであるときは、却下するものとする。
　　なお、これらの却下は、申請者に対し、理由を付した書面を送付して行うものとする。
(2)　解除に係る調査等
　　都道府県知事が行う保安林の解除に係る調査等については、第１の３の(2)を準用するものとする。
(3)　解除予定保安林の告示等
　　解除予定保安林の告示等については、第１の３の(3)（イ、オ及びカを除く。）を準用するものとする。この場合において、「保安林予定森林」とあるのは「解除予定保安林」と読み替えるものとする。

(4) 意見の聴取
   ア 意見書を提出しようとする者が当該意見書の提出に係る保安林の解除に直接の利害関係を有する者であるか否かの判断は、(1)のイを準用するものとする。
   イ アのほか、意見の聴取については、第1の3の(4)（アを除く。）を準用するものとする。
(5) 代替施設の設置等の確認
   ア 都道府県知事は、転用に係る解除予定保安林について、法第30条の2第1項の告示の日から40日を経過した後（法第32条第1項の意見書の提出があったときは、これについて同条第2項の意見の聴取を行い、法第30条の2第1項に基づき告示した内容を変更しない場合に限る。）に、事業者に対し、代替施設の設置等を速やかに講じるよう指導するとともに、当該施設の設置等が講じられた、又は確実に講じられることについて確認を行うものとする。ただし、製造場整備事業が、次の各号に掲げる要件を満たすことを都道府県知事が確認したときは、当該確認を要せず、代替施設の設置等を速やかに講じるよう指導するものとする。
   (ア) 主要な代替施設（都道府県知事に事前に協議した代替施設のうち、その主要部分を構成する排水施設、流出土砂貯留施設、洪水調節施設等のことをいう。以下同じ。）の設置が完了していること。
   (イ) 主要な代替施設以外の代替施設に関する工事の完了期日が明らかであること。
   (ウ) 主要な代替施設以外の代替施設に関する工事の完了までの間に、製造場整備事業の実施に伴う土砂の流出又は崩壊その他の災害の防止、周辺の環境保全等についての措置が適切に講じられることが明らかであること。
   (エ) 主要な代替施設以外の代替施設に関する工事の完了までの間に、製造場整備事業の実施に伴う土砂の流出又は崩壊その他の災害、周辺の環境を著しく悪化させる事象等が生じた場合、都道府県知事に報告を行うとともに、復旧作業等が適切に講じられる体制が構築されていること。
   (オ) 主要な代替施設以外の代替施設が設置されなかった場合、解除区域において保安林の機能を回復させる措置が講じられることが明らかであること。
       また、法第32条第2項の意見の聴取を行い、法第30条の2第1項に基づき告示した内容を変更する場合には、同項に基づき改めて告示を行うなどの手続を行うことが必要であり、事業者に対し、代替施設の設置等に着手しないよう指導するものとする。
   イ アの確認は、次のものについて行うものとする。
   (ア) 法第26条の2第1項の規定による解除
   (イ) 法第26条の2第2項の規定による解除であって令第2条の3に規定する規模を超え、かつ、法第10条の2第1項第1号から第3号までに該当しないもの
(6) 解除の告示等
   ア 転用解除に係る法第33条第6項において準用する同条第1項の規定による解除の告示は、(5)の確認を了した後に行うものとする。
   イ 法第33条第3項（同条第6項において準用する場合を含む。）の規定に基づく森林所有者等への保安林の解除の通知（以下「解除通知」という。）については、第1の3の(5)（エを除く。）を準用するものとする。この場合において、「指定通知」とあるのは「解除通知」と、「保安林予定森林」とあるのは「解除予定保安林」と読み替えるものとする。

第3 保安林の指定施業要件の変更

法第33条の2及び第33条の3の規定に基づく保安林の指定施業要件の変更に関する事務については、次によるものとする。

1 指定施業要件の変更を行う場合

(1) 災害の発生等に伴い保安林に係る指定施業要件を変更しなければ当該保安林の指定の目的を達成することができないと認められるに至った場合又は指定施業要件として植栽の方法、期間及び樹種が定められていない保安林において植栽が行われた場合には、法第33条の2第2項の申請がなくても、同条第1項の規定に基づく指定施業

要件の変更を遅滞なく行うものとする。
(2) 指定施業要件として植栽が定められている保安林については、法第34条第2項の許可（以下「作業許可」という。）を伴う場合であって保安機能の維持上問題がないと認められるときは、当該指定施業要件を変更し、当該許可の際に条件として付した行為の期間内に限り植栽することを要しない旨を当該指定施業要件とすることができるものとする。

2　指定施業要件の変更の手続
(1)　申請書の受理及び進達
　　法第33条の2第2項並びに第33条の3において準用する第27条第2項及び第3項の規定に基づく指定施業要件の変更に係る申請書の受理及び進達については、第1の3の(1)を準用するものとする。
(2)　指定施業要件の変更に係る調査等
　　都道府県知事が行う保安林の指定施業要件の変更に係る調査等については、第1の3の(2)を準用するものとする。
(3)　指定施業要件変更予定保安林の告示等
　　法第33条の3において準用する第30条及び第30条の2の規定に基づく指定施業要件変更予定保安林の告示等については、第1の3の(3)（オ及びカを除く。）を準用するものとする。この場合において、「保安林予定森林」とあるのは、「指定施業要件変更予定保安林」と読み替えるものとする。
(4)　意見の聴取
　　法第33条の3において準用する第32条の規定に基づく意見の聴取については、第1の3の(4)を準用するものとする。
(5)　指定施業要件の変更の通知
　　法第33条の3において準用する第33条第3項（同条第6項において準用する場合を含む。）の規定に基づく森林所有者等への保安林の指定施業要件の変更の通知（以下「指定施業要件変更通知」という。）については、第1の3の(5)（エを除く。）を準用するものとする。この場合において、「指定通知」とあるのは、「指定施業要件変更通知」と、「保安林予定森林」とあるのは、「指定施業要件変更予定保安林」と読み替えるものとする。

第4　立木伐採許可及び届出
　立木伐採許可については、次によるものとする。
1　皆伐面積の限度を算出する基礎となる伐期齢
　　令別表第2第2号（一）イの皆伐面積の限度を算出する基礎となる伐期齢は、指定施業要件において植栽の樹種が定められている森林にあっては当該樹種の標準伐期齢とし、それ以外の森林にあっては更新期待樹種の標準伐期齢とする。ただし、同一の単位とされる保安林に樹種が2以上ある場合には、次式によって算出して得た平均年齢とし、当該年齢は整数にとどめ小数点以下は四捨五入するものとする。

$$u = au_1 + bu_2 + cu_3 + \cdots\cdots$$

　　　　u・・・・・・・・・・・・・・・・・・：平均年齢
　　　　$u_1、u_2、u_3$・・・・・：各樹種の標準伐期齢
　　　　$a、b、c$・・・・・・・・：各樹種の期待占有面積歩合

2　許可申請の適否の判定
(1)　令別表第2第1号（一）ロの択伐とは、森林の構成を著しく変化させることなく逐次更新を確保することを旨として行う主伐であって、次に掲げるものとする。
　　なお、これらに該当しない主伐については、皆伐として取り扱うものとする。
　ア　伐採区域の立木をおおむね均等な割合で単木的に選定してする伐採又は10メートル未満の幅で帯状に選定してする伐採
　イ　樹群を単位とする伐採で当該伐採によって生ずる無立木地の面積が0.05ヘクタール未満であるもの
(2)　令別表第2第1号（二）イの樹冠疎密度は、その森林の区域内における平均の樹冠疎密度ではなく、その森林の区域内においてどの部分に20メートル平方の区域をとったとしても得られる樹冠疎密度とする。

(3) 令別表第2第2号（一）ロの1箇所とは、立木の伐採により生ずる連続した伐採跡地（連続しない伐採跡地があっても、相隣する伐採跡地で当該伐採跡地間の距離（当該伐採跡地間に介在する森林（未立木地を除く。）又は森林以外の土地のそれぞれについての距離をいう。）が20メートル未満に接近している部分が20メートル以上にわたっているものを含む。）をいう。ただし、形状が一部分くびれている伐採跡地でそのくびれている部分の幅が20メートル未満であり、その部分の長さが20メートルにわたっているものを除く。

　なお、形状が細長い伐採跡地であらゆる部分の幅が20メートル未満であるもの及びその幅が20メートル以上の部分があってもその部分の長さが20メートル未満であるものについては、令別表第2第2号（一）ロの規定は適用されないものとする。

(4) 規則第56条第1項の「前回の択伐」には、規則第60条第1項第1号から第9号までに掲げる伐採は含まれないものとする。

(5) 規則第56条第1項の「前回の択伐を終えたときの当該森林の立木の材積」が不明である場合には、同項の択伐率は、当該森林の年成長率（年成長率が不明な場合には、当該伐採年度の初日におけるその森林の立木の材積に対する当該森林の総平均生長量の率）に前回の択伐の終わった日を含む伐採年度から伐採をしようとする前伐採年度までの年度数を乗じて算出するものとする。

(6) 国有林の保安林の立木で主伐をすることのできるものは、当該国有林の所在する市町村における当該国有林の近傍類似の民有林の当該樹種に係る標準伐期齢以上のものとする。

(7) 伐採跡地に点在する残存木又は点生する上木の伐採は、間伐に該当する場合を除き皆伐による伐採として取り扱うものとし、その面積は伐採する立木の占有面積とする。

(8) 許可に係る伐採の方法が伐採方法の特例に該当する場合は、当該保安林の指定の目的の達成に支障を来さないと認められるときに限り許可するものとする。ただし、許可に条件を付することによって支障を来さない場合は、この限りでない。

3　許可申請の処理

(1) 規則第59条第2項各号の同条第1項第6号に掲げる書類の添付を省略できる場合は、次によるものとする。

　ア　第1号の「申請の対象となる森林の土地が隣接する森林の土地との境界に接していないことが明らかな場合」とは、路網の作設や施設の保守等のため線状に伐採する場合又は単木的な伐採を行う場合や、面的に伐採する場合であって申請者が隣接する森林の土地から距離をおいて伐採することを明らかにしたときとする。

　イ　第2号の「地形、地物その他の土地の範囲を明示するのに適当なものにより申請の対象となる森林の土地が隣接する森林の土地との境界が明らかな場合」については、明確な谷や尾根により境界を判断できる場合や、地籍調査済みで境界を示す杭が存在している場合や、立木への標示や林相により境界が明らかな場合等とする。

　ウ　第3号の「申請の対象となる森林の土地に隣接する森林の土地の所有者と境界の確認を確実に行うと認められる場合」については、申請者が国、地方公共団体又は独立行政法人である場合や、伐採開始時までに隣接する森林の土地の所有者と境界の確認を行うことを明らかにした場合とする。

　　ただし、申請者が過去3年の間に都道府県から保安林の立木の伐採に係る指導、勧告又は命令を受けている場合（規則第59条第1項第7号の都道府県知事が必要と認める書類により提供された情報により判明したものを含む。）は、同条第2項第3号の規定に該当しないものとして、同条第1項6号に規定する書類の添付の省略を認めないものとする。

(2) 立木伐採許可申請があったときは、実地調査を行うほか適宜の方法により十分な調査を行い、申請が不適法であって、補正することができるものであるときは、直ちにその補正を求め、補正することができないものであるときは、申請者に対し理由を付した書面を送付して却下するものとする。

(3) 令第4条の2第5項の規定による通知は、決定通知書を送付してするものとし、不許可の通知に当たっては、不許可の理由を付するものとする。

(4) 立木の伐採について許認可等を必要とする場合であって、当該許認可等がなされる前に立木伐採許可したときは、当該許認可等を必要とする旨その他必要な事項を決定通知書に付記するものとする。

4 許可の条件

　法第34条第６項の規定に基づき立木伐採許可に付する条件は、次によるものとする。
(1) 伐採の期間については、必ず条件を付する。
(2) 伐採木を早期に搬出しなければ森林病害虫が発生し、若しくはまん延するおそれがある場合又は豪雨等により受益の対象に被害を与えるおそれがある場合その他公益を害するおそれがある場合には、搬出期間について条件を付する。
(3) 土しゅ、地びきその他特定の搬出方法によることを禁止しなければ、立木の生育を害し、又は土砂を流出若しくは崩壊させるおそれがある場合には、禁止すべき搬出方法について条件を付する。
(4) 当該伐採の方法が伐採方法の特例に該当するものであって、２の(8)のただし書に該当する場合にあっては当該条件を、当該伐採跡地につき植栽によらなければ樹種又は林相を改良することが困難と認められる場合にあっては植栽の方法、期間及び樹種について条件を付する。

5 縮減

(1) 皆伐による立木伐採許可申請（２月１日の公表に係るものを除く。）について、令第４条の３第１項第１号の規定により縮減するに当たり、令第４条の２第４項の残存許容限度が当該申請に係る森林の森林所有者等が同一の単位とされる保安林等において森林所有者となっている森林の年伐面積の限度の合計に満たない場合には、当該合計に対する残存許容限度の比率を森林所有者の年伐面積に乗じて得た面積を令第４条の３第１項第１号の年伐面積とみなして計算するものとする。
(2) 令第４条の３第１項第４号の規定による縮減は、少なくとも次の事項を考慮して行うものとする。
　ア　当該箇所に係る申請が１である場合には、保安機能が高い部分の立木を残存させること。
　イ　当該箇所に係る申請が２以上ある場合には、申請面積に応じてすること。ただし、保安上の影響の差が明白な場合にはこれを考慮すること。

6 届出の処理

(1) 法第34条第８項の届出があったときは、実地調査を行うほか適宜の方法により十分な調査を行い、届出が不適法であって、補正することができるものであるときは、直ちにその補正を求め、補正することができないものであるときは、届出者に対し理由を付した書面を送付して却下するものとする。
(2) 許可の条件として付した期間が経過したとき（立木の伐採について法第34条第８項の届出がなされている場合を除く。）は、実地調査を行うほか適宜の方法により十分な調査を行い、申請に係る行為がなされたかどうか確認するものとし、立木の伐採について法第34条第８項の届出がなされていない場合は、許可を受けた者に対し届出をするよう勧告するものとする。
(3) 択伐による立木の伐採がなされた場合には、当該択伐を終えたときの当該森林の立木の材積を把握し、当該材積を保安林台帳に記載するものとする。

7 立木伐採許可を要しない場合

(1) 規則第60条第１項第１号の保安施設事業、砂防工事、地すべり防止工事及びぼた山崩壊防止工事には、当該事業又は実施上必要な材料の現地における採取又は集積、材料の運搬等のための道路の開設又は改良その他の附帯工事を含むものとする。
(2) 法第34条第９項及び規則第60条第１項第５号から第９号までの届出があったときは、実地調査を行うほか適宜の方法により十分な調査を行い、届出が不適法であって、補正することができるものであるときは、直ちにその補正を命じ、補正することができないものであるときは、届出者に対し理由を付した書面を送付して却下するものとする。

第5 作業許可及び届出

　作業許可については、次によるものとする。

1 土地の形質を変更する行為

　法第34条第２項の「土砂若しくは樹根の採掘」には、砂、砂利又は転石の採取を含むものとする。

また、同項の「その他の土地の形質を変更する行為」は、例示すれば次に掲げるとおりである。
(1) 鉱物の採掘
(2) 宅地の造成
(3) 土砂捨てその他物件の堆積
(4) 建築物その他の工作物又は施設の新築又は増築
(5) 土壌の理学的及び化学的性質を変更する行為その他の植生に影響を及ぼす行為

2 許可申請の適否の判定
(1) 申請に係る行為が次のいずれかに該当する場合には、作業許可をしないものとする。ただし、解除予定保安林において、法第30条又は第30条の2の告示の日から40日を経過した後（法第32条第1項の意見書の提出があったときは、これについて同条第2項の意見の聴取を行い、法第29条に基づき通知した内容が変更されない場合又は法第30条の2第1項に基づき告示した内容を変更しない場合に限る。）に規則第48条第2項第1号及び第2号の計画書の内容に従い行う場合並びに別表6に掲げる場合は、この限りでない。
　ア　立竹の伐採については、当該伐採により当該保安林の保安機能の維持に支障を来すおそれがある場合
　イ　立木の損傷については、当該損傷により立木の生育を阻害し、そのため保安林の指定目的の達成に支障を来すおそれがある場合
　ウ　下草、落葉又は落枝の採取については、当該採取により土壌の生成が阻害され、又は土壌の理学性が悪化若しくは土壌が流亡する等により当該保安林の保安機能の維持に支障を来すおそれがある場合
　エ　家畜の放牧については、当該放牧により立木の生育に支障を来し又は土砂が流出し若しくは崩壊し、そのため当該保安林の保安機能の維持に支障を来すおそれがある場合
　オ　土石又は樹根の採掘については、当該採掘（鉱物の採掘に伴うものを含む。）により立木の生育を阻害し、又は土砂が流出し若しくは崩壊し、そのため当該保安林の保安機能の維持に支障を来すおそれがある場合。ただし、当該採掘による土砂の流出又は崩壊を防止する措置が講じられる場合において、2年以内に当該採掘跡地に造林が実施されることが確実と認められるときを除く。
　カ　開墾その他の土地の形質を変更する行為については、農地又は宅地の造成、道路の開設又は拡幅、建築物その他の工作物又は施設の新設又は増設をする場合、一般廃棄物又は産業廃棄物の堆積をする場合及び土砂捨てその他物件の堆積により当該保安林の保安機能の維持に支障を来すおそれがある場合
(2) 申請に係る行為を行うに際し、当該行為をしようとする区域の立木を伐採する必要がある場合で、当該立木の伐採につき立木伐採許可を要するときに当該許可がなされていないときは、許可しないものとする。

3 許可申請の処理
(1) 作業許可の申請があったときは、実地調査を行うほか適宜の方法により十分な調査を行い、申請が不適法であって、補正することができるものであるときは、直ちにその補正を求め、補正することができないものであるときは、申請者に対し理由を付した書面を送付して却下するものとする。
(2) 作業許可の申請に対する許可又は不許可の通知は、書面により行うものとし、不許可の場合は当該不許可の理由を付するものとする。
(3) 許可申請に係る立竹の伐採その他の行為について許認可等を必要とする場合であって、当該許認可等がなされる前に許可したときは、当該許認可等を必要とする旨その他必要な事項を通知書に付記するものとする。

4 許可の条件
　法第34条第6項の規定に基づき作業許可について付する条件は、次によるものとする。
(1) 行為の期間については、次により必ず条件を付する。
　ア　2の(1)のただし書に該当しない行為
　　（ア）当該保安林について指定施業要件として植栽の期間が定められている場合は、原則として当該期間内に植栽することが困難にならないと認められる範囲内の期間とする。
　　（イ）当該保安林について指定施業要件として植栽の期間が定められていない場合は、下草、落葉又は自家用薪炭の原料に用いる枝若しくは落枝の採取、一時的な農業利用及び家畜の放牧にあってはそれらの行為に

　　　　着手する時から5年以内の期間、それら以外にあっては行為に着手する時から2年以内の期間とする。
　　　イ　解除予定保安林において当該解除に係る事業等及び代替施設の設置に関する計画書の内容に従い行う行為については、当該計画書に基づき行為に着手する時から完了するまでの期間とする。
　　ウ　別表6に掲げる行為
　　　（ア）　当該保安林について指定施業要件として植栽の期間が定められている場合は、原則として当該期間内に植栽することが困難にならないと認められる範囲内の期間とする。
　　　（イ）　当該保安林について指定施業要件として植栽の期間が定められていない場合は、別表6の1及び2にあっては、当該行為に着手する時から5年以内の期間又は当該施設の使用が終わるまでの期間のいずれか短い期間とし、別表6の3及び4にあっては、当該施設の使用又は当該行為が終わるまでの期間とする。
　(2)　行為終了後、施設等の廃止又は撤去後、植栽によらなければ的確な更新が困難と認められる場合（指定施業要件として植栽が定められている場合を除く。）には、植栽の方法、期間及び樹種について条件を付する。
　(3)　家畜の放牧、土石又は樹根の採掘その他土地の形質を変更する行為に起因して、土砂が流出し、崩壊し、若しくは堆積することにより付近の農地、森林その他の土地若しくは道路、鉄道その他これらに準ずる設備又は住宅、学校その他の建築物に被害を与えるおそれがある場合には、当該被害を防除するための施設の設置その他必要な措置について条件を付する。なお、当該行為が解除予定保安林において当該解除に係る事業等及び代替施設の設置に関する計画書の内容に従って行われるものである場合に付する条件の内容は、当該計画書に基づいて定めるものとする。

5　届出の処理
　法第34条第9項の届出があったときは、実地調査を行うほか適宜の方法により十分な調査を行い、届出が不適法であって、補正することができるものであるときは、直ちにその補正を求め、補正することができないものであるときは、届出者に対し理由を付した書面を送付して却下するものとする。

6　作業許可を要しない場合
　規則第63条第1項第1号の保安施設事業、砂防工事、地すべり防止工事及びぼた山崩壊防止工事には、当該事業又は工事の実施上必要な材料の現地における採取又は集積、材料の運搬等のための道路の開設又は改良その他の附帯工事を含むものとする。

第6　監督処分
　法第38条の規定に基づく監督処分については、次によるものとする。

1　監督処分を行うべき場合
　(1)　法第38条第1項又は第2項の中止命令は、立木竹の伐採その他の行為が立木伐採許可又は作業許可を受けずに行われた場合のほか、当該行為が立木伐採許可若しくは作業許可の内容若しくは許可に付した条件に違反していると認められる場合、法第34条第1項第7号若しくは第2項第4号の規定に該当するものでないと認められる場合又は偽りその他不正な手段により立木伐採許可若しくは作業許可を受けたものと認められる場合に行うものとする。
　(2)　法第38条第1項又は第3項の造林命令は、立木伐採許可を受けずに立木の伐採が行われた場合のほか、立木の伐採が、当該許可の内容若しくは当該許可に付した条件に違反していると認められる場合、法第34条第1項第7号の規定に該当するものでないと認められる場合若しくは偽りその他不正な手段により当該許可を受けたものと認められる場合又は法第34条の2第1項の届出をせずに行われた場合であって、造林によらなければ当該伐採跡地につき的確な更新が困難と認められる場合に行うものとする。ただし、違反者が自発的に当該伐採跡地について的確な更新を図るため必要な期間、方法及び樹種により造林をしようとしている場合はこの限りでない。
　(3)　法第38条第2項の復旧命令は、作業許可を受けずに立竹の伐採その他の行為が行われた場合のほか、当該行為が当該許可の内容若しくは当該許可に付した条件に違反していると認められる場合、法第34条第2項第4号の規定に該当するものでないと認められる場合又は偽りその他不正な手段により当該許可を受けたものと認められる場合であって、当該違反行為に起因して、当該保安林の機能が失われ、若しくは失われるおそれがある場合又は

土砂が流出し、崩壊し、若しくは堆積することにより付近の農地若しくは森林その他の土地、道路若しくは鉄道その他これらに準ずる設備若しくは住宅若しくは学校その他の建築物に被害を与えるおそれがある場合に行うものとする。
  (4) 法第38条第4項の植栽命令は、指定施業要件として植栽の方法、期間及び樹種が定められている保安林において立木の伐採が行われ、当該植栽期間が満了した後も当該指定施業要件の定めるところに従って植栽が行われていない場合に行うものとする。
 2 監督処分を行うべき時期
  中止命令及び植栽命令にあっては違反行為を発見したとき、造林命令及び復旧命令にあっては当該命令を行う必要があると認めるとき、それぞれ遅滞なく行うものとする。
 3 監督処分の内容
  (1) 造林命令の内容は、当該保安林について指定施業要件として植栽の方法、期間及び樹種が定められている場合は、その定められたところによるものとする。
  (2) 法第38条第2項に規定する期間は、原則として、命令をする時から1年を超えない範囲内で定めるものとする。
    なお、同項に規定する「復旧」には、原形に復旧することのほか、原形に復旧することが困難な場合において造林又は森林土木事業の実施その他の当該保安林の従前の効用を復旧することを含むものとする。
  (3) 法第38条第4項に規定する期間は、原則として指定施業要件として定められている植栽の期間の満了の日から1年を超えない範囲で定めるものとする。
 4 監督処分の方法
  法第38条の規定による命令は、次に掲げる事項を記載した書面を送付して行うものとする。
  なお、(4)には当該命令の内容の実施状況の報告をすべき事項及び保育その他当該保安林の維持管理上注意すべき事項を含むものとする。
  (1) 命令に係る保安林の所在場所
  (2) 命令の内容
  (3) 命令を行う理由
  (4) その他必要な事項

第7 標識の設置
  法第39条第1項の規定に基づく保安林の標識の設置については、次によるものとする。
 1 標識の様式
  (1) 保安林の標識に記載する保安林の名称は、第1の1の①から③までに掲げるとおりとする。
  (2) 保安林の標識の色彩は、次のとおりとする。
    ア 第1種標識の地は白色、文字は黒色
    イ 第2種標識の標板の地は黄色、文字は黒色
    ウ 第3種標識の標板の地は白色、文字は黒色、略図の保安林の区域の境界線は赤色
 2 標識の設置の時期
  標識の設置は、保安林の指定について法第33条第1項（同条第6項において準用する場合を含む。）の規定による告示がなされた日又は法第47条の規定により保安林として指定されたものとみなされた日以降遅滞なく行うものとする。
 3 標識の設置地点
  標識は、次のいずれかに該当する地点に設置するほか、その他特に保安林の境界を示すために必要な地点に設置するものとする。
  (1) 道路に隣接する地点
  (2) 広場、駐車場、野営場その他人の集まる場所に隣接する地点

(3) 農地、宅地その他森林以外の土地に隣接する地点
4 標識の維持管理
　都道府県知事は、設置した標識が損壊されないよう監視し、損壊等により設置した標識の効用が減じた場合には、修繕、再設置その他の所要の措置を講じるものとし、また、保安林が解除された場合には速やかに標識を撤去するものとする。

第8　保安林台帳
　法第39条の2第1項の規定に基づく保安林台帳の調製及び保管については、次によるものとする。
1　調製の時期
　保安林台帳の調製は、保安林の指定について法第33条第1項（同条第6項において準用する場合を含む。）の規定による告示がなされたとき又は法第47条の規定により保安林として指定されたものとみなされたときに遅滞なく行うものとする。
2　台帳の訂正
(1) 保安林台帳の訂正に当たっては、土地登記簿の閲覧等の方法により保安林の所在場所の変更を的確に把握するよう措置するものとする。
(2) 記載事項の訂正を行った場合には、訂正の年月日及び原因を付記するものとする。
(3) 保安林の解除があったときは、保安林が解除された年月日及び当該保安林の解除に係る法第33条第1項（同条第6項において準用する場合を含む。）の規定による告示の番号その他必要な事項を記載するものとする。
(4) 指定施業要件の変更があったときは、指定施業要件が変更された年月日及び当該指定施業要件の変更に係る法第3条の3において準用する第33条第1項（同条第6項において準用する場合を含む。）の規定による告示の番号その他必要な事項を記載するものとする。

第9　保安施設地区
1　保安施設地区の指定又は指定施業要件の変更
(1) 保安施設地区に係る指定施業要件の変更の申請書の受理及び進達
　法第44条において準用する第27条第2項及び第3項並びに第33条の2第2項の規定に基づく保安施設地区に係る指定施業要件の変更の申請書の受理及び進達については、第1の3の(1)を準用するものとする。
(2) 保安施設地区予定地等の告示等
　ア　法第44条において準用する第30条の規定に基づく告示に掲載する保安施設地区予定地又は指定施業要件変更予定保安施設地区（以下「保安施設地区予定地等」という。）の所在場所は、原則として、標柱番号及びそれぞれの標柱が設置された土地の地番により表示するものとする。
　イ　法第44条において準用する第30条の規定に基づく保安施設地区予定地等の通知には、当該指定に係る区域を明示した図面を添付するものとする。
　ウ　法第44条において準用する第30条の規定に基づく保安施設地区予定地等の告示、掲示及び通知については、第1の3の(3)（オ及びカを除く。）を準用するものとする。
(3) 意見の聴取
　法第44条において準用する第32条の規定に基づく意見の聴取については、第1の3の(4)（エからキまでを除く。）を準用するものとする。
(4) 保安施設地区の指定又は指定施業要件の変更の告示等
　ア　法第44条において準用する第33条第1項の規定に基づく保安施設地区の指定又は指定施業要件の変更（以下「保安施設地区の指定等」という。）の告示については、(2)のアを準用するものとする。
　イ　保安施設地区の指定等の通知には、当該指定等に係る区域を明示した図面を添付するものとする。ただし、当該指定等に係る区域が保安施設地区予定地等の区域と同一である場合は、土地所有者に異動があった場合を除き、図面の添付を省略することができるものとする。

ウ 保安施設地区の指定等の通知については、第1の3の(5)のア及びイを準用するものとする。
2 保安施設地区における制限
　法第44条において準用する第34条の規定に基づく保安施設地区における制限については、第4及び第5を準用するものとする。
3 標識の設置
　法第44条において準用する法第39条第1項の規定に基づく標識の設置については、第7を準用するものとする。
4 保安施設地区台帳
　法第46条の2第1項に規定する保安施設地区台帳は、地区ごとに調製するものとし、その保管及び調製については、第8を準用するものとする。

別表1　指定施業要件として定める保安林の種類ごとの伐採種（主伐に係るもの）

保安林の種類	指定施業要件における伐採種（主伐）
水源かん養保安林	1　林況が粗悪な森林並びに伐採の方法を制限しなければ、急傾斜地、保安施設事業の施行地等の森林で土砂が崩壊し、又は流出するおそれがあると認められるもの及びその伐採跡地における成林が困難になるおそれがあると認められる森林にあっては、択伐（その程度が特に著しいと認められるものにあっては、禁伐） 2　その他の森林にあっては、伐採種を定めない。
土砂流出防備保安林	1　保安施設事業の施行地の森林で地盤が安定していないものその他伐採すれば著しく土砂が流出するおそれがあると認められる森林にあっては、禁伐 2　地盤が比較的安定している森林にあっては、伐採種を定めない。 3　その他の森林にあっては、択伐
土砂崩壊防備保安林	1　保安施設事業の施行地の森林で地盤が安定していないものその他伐採すれば著しく土砂が崩壊するおそれがあると認められる森林にあっては、禁伐 2　その他の森林にあっては、択伐

（注）
　保安施設事業の施行地の森林の伐採方法については、水源かん養保安林において「伐採の方法を制限しなければ、急傾斜地、保安施設事業の施行地等の森林で土砂が崩壊し、又は流出するおそれがあると認められるもの」は択伐（その程度が特に著しいと認められるものにあっては、禁伐）、土砂流出防備保安林及び土砂崩壊防備保安林において「保安施設事業の施行地の森林で地盤が安定していないものその他伐採すれば著しく土砂が流出又は崩壊するおそれがあると認められる」ものは禁伐とされていることを踏まえ、原則として、保安施設事業の施行地であって施行後一定の期間（事業施行後10年（保安施設事業により森林の造成（山腹緑化工、植栽工、植生導入工等）を実施した区域にあっては事業施行後20年）を目安とする。）を経過していないものについては、禁伐又は択伐とすること。
　なお、当該期間が経過したものについては、林況、地況等から引き続き伐採の方法を制限しなければ土砂が崩壊し、又は流出するおそれがあると認められるものを除き、当該保安林の指定の目的を達成するため必要最小限度の制限となることを旨として伐採の方法に係る指定施業要件を変更（例えば、禁伐を択伐に、択伐を伐採種を定めないに変更）することができる。

別表2　規則付録第8の算式による植栽本数

V	5	6	7	8	9	10	11	12
$(5/V)^{2/3}$	1.000	0.886	0.800	0.732	0.676	0.630	0.592	0.558
植栽本数	3,000	2,700	2,400	2,200	2,100	1,900	1,800	1,700

V	13	14	15	16	17	18	19	20
$(5/V)^{2/3}$	0.529	0.504	0.481	0.461	0.443	0.426	0.411	0.397
植栽本数	1,600	1,600	1,500	1,400	1,400	1,300	1,300	1,200

別表3　保安林の指定又は解除等に係る直接の利害関係を有する者

保安林の種類	保安林の指定により直接利益を受ける者等
水源かん養保安林	1　洪水の防止については、過去の災害状況、地形、土地利用状況等から保安林の指定又は解除等の申請がなされた森林（以下この表において「当該森林」という。）の流出係数の変化に伴い、いっ水による浸水のおそれがある区域内に居住する者並びに当該区域内の土地、建築物その他の物件（以下「土地等」という。）について正当な権原を有する者（当該権原が当該森林の存続と重要な関連を有するものであると認められる場合に限る。）とする。 2　各種用水の確保については、過去の渇水事例、水利用状況等からみて水の確保に支障を及ぼすおそれがある区域内の取水施設に正当な権原を有する者とする。
土砂流出防備保安林	過去の土石流、土砂流、洪水等の発生状況、河床勾配等からみて土砂流出のおそれがある区域内に居住する者及び土地等について正当な権原を有する者（当該権原が当該森林の存続と重要な関連を有するものであると認められる場合に限る。）とする。
土砂崩壊防備保安林	当該森林の地形、地質、山麓より下方の地形等からみて崩壊土砂が流下し、たい積するおそれのある区域（当該森林の斜面上部で崩壊のおそれがある場合は、その区域を含む。）内に居住する者及び土地等について正当な権原を有する者（当該権原が当該森林の存続と重要な関連を有するものであると認められる場合に限る。）とする。
飛砂防備保安林	当該森林の林帯方向における両端を通って林帯方向に対して直角に交わる直線が当該林帯の林縁と交わる点（以下「林縁点」という。）から当該林帯の期待平均樹高（以下「樹高」という。）の風上側へ5倍、風下側へ10倍の水平距離（林帯が不整形の場合は、最も風上側及び風下側となる林縁からのそれぞれ5倍、10倍の水平距離）となる点（以下それぞれ「風上点」、「風下点」という。）をその直線上にとり、風上点及び風下点をそれぞれ結んだ線分によって囲まれる区域（林帯の連続状態が失われる場合には、風の吹き抜けによる影響が予想される区域を含む。）内に居住する者及び土地等について正当な権原を有する者（当該権原が当該森林の存続と重要な関連を有するものであると認められる場合に限る。）とする。
防風保安林	飛砂防備保安林に準ずる区域（風下点は、風下側の林縁点から樹高の35倍の水平距離となる点とする。）内に居住する者及び土地等について正当な権原を有する者（当該権原が当該森林の存続と重要な関連を有するものであると認められる場合に限る。）とする。
水害防備保安林	当該森林に隣接し、その周辺における災害状況等からみて当該森林の水制作用、洪水流送物の制御作用の効果を直接受ける区域内に居住する者及び土地等について正当な権原を有する者（当該権原が当該森林の存続と重要な関連を有するものであると認められる場合に限る。）とする。

潮害防備保安林	1　塩害の防止については、飛砂防備保安林に準ずる区域（風上側の区域は除くとともに、風下点は風下側の林縁点から樹高の25倍の水平距離となる点とする。）内に居住する者及び土地等について正当な権原を有する者（当該権原が当該森林の存続と重要な関連を有するものであると認められる場合に限る。）とする。 2　津波等の被害の防止については、当該森林に隣接し、その周辺の災害状況、沿岸の地形等からみて当該森林の津波及び高潮の防止効果を直接受ける区域内に居住する者及び土地等について正当な権原を有する者（当該権原が当該森林の存続と重要な関連を有するものであると認められる場合に限る。）とする。干害防備保安林当該森林に水利用を直接依存している取水施設、貯水池等に正当な権原を有する者とする。
防霧保安林	飛砂防備保安林に準ずる区域（風上側の区域は除くとともに、風下点は風下側の林縁点から樹高の20倍の水平距離となる点とする。）内に居住する者及び土地等について正当な権原を有する者（当該権原が当該森林の存続と重要な関連を有するものであると認められる場合に限る。）とする。
なだれ防止保安林	当該森林の下方の地形等からみてなだれが流下し、たい積するおそれがある区域内に居住する者及び土地等について正当な権原を有する者（当該権原が当該森林の存続と重要な関連を有するものであると認められる場合に限る。）とする。
落石防止保安林	当該森林の地形、下方の地形等からみて落石の影響が予想される区域内に居住する者及び土地等について正当な権原を有する者（当該権原が当該森林の存続と重要な関連を有するものであると認められる場合に限る。）とする。
防火保安林	当該森林に隣接し、当該森林の火災の延焼防止の効果を直接受ける区域内に居住する者及び土地等について正当な権原を有する者（当該権原が当該森林の存続と重要な関連を有するものであると認められる場合に限る。）とする。
魚つき保安林	当該森林が魚類の棲息と繁殖に影響を与える海域等において、漁業権を有する者とする。
航行目標保安林	当該森林を通常航行の目標としている小型漁船及び小型船舶に正当な権原を有する者とする。
保健保安林	1　「局所的な気象条件の緩和、塵埃及び煤煙のろ過作用等」を目的とするものについては、当該森林の隣接する区域内に居住する者及び土地等について正当な権原を有する者（当該権原が当該森林の存続と重要な関連を有するものであると認められる場合に限る。）とする。 2　「市民のレクリエーション等の保健、休養の場」を目的とするものについては、その効果、効用の及ぶ範囲は極めて不特定かつ広範囲に及ぶものであり、保安林の指定により直接利益を受ける者等に該当する者はいない。
風致保安林	名所、旧跡と一体となって景観の保存を目的としているものについては、その名所、旧跡について正当な権原を有する者とする。

別表4　国等以外の者が実施する事業

1	道路運送法（昭和26年法律第183号）による一般自動車道又は専用自動車道（同法による一般旅客自動車運送事業又は貨物自動車運送事業法（平成元年法律第83号）による一般貨物自動車運送事業の用に供するものに限る。）に関する事業
2	運河法（大正2年法律第16号）による運河の用に供する施設に関する事業
3	土地改良区（土地改良区連合を含む。以下同じ。）が設置する農業用道路、用水路、排水路、海岸堤防、かんがい用若しくは農作物の災害防止のため池又は防風林その他これに準ずる施設に関する事業
4	土地改良区が土地改良法（昭和24年法律第195号）によって行う客土事業又は土地改良事業の施行に伴い設置する用排水機若しくは地下水源の利用に関する設備に関する事業
5	鉄道事業法（昭和61年法律第92号）による鉄道事業者又は索道事業者がその鉄道事業又は索道事業で一般の需要に応ずるものの用に供する施設に関する事業
6	軌道法（大正10年法律第76号）による軌道又は同法が準用される無軌条電車の用に供する施設に関する事業
7	石油パイプライン事業法（昭和47年法律第105号）による石油パイプライン事業の用に供する施設に関する事業
8	道路運送法による一般乗合旅客自動車運送事業（路線を定めて定期に運行する自動車により乗合旅客の運送を行うものに限る。）又は貨物自動車運送事業法による一般貨物自動車運送事業（特別積合せ貨物運送をするものに限る。）の用に供する施設に関する事業
9	自動車ターミナル法（昭和34年法律第136号）第3条の許可を受けて経営する自動車ターミナル事業の用に供する施設に関する事業
10	漁港及び漁場の整備等に関する法律（昭和25年法律第137号）による漁港施設に関する事業
11	航路標識法（昭和24年法律第99号）による航路標識に関する事業又は水路業務法（昭和25年法律第102号）第6条の許可を受けて設置する水路測量標に関する事業
12	航空法（昭和27年法律第231号）による飛行場又は航空保安施設で公共の用に供するものに関する事業
13	日本郵便株式会社が日本郵便株式会社法（平成17年法律第100号）第4条第1項第1号に掲げる業務の用に供する施設に関する事業
14	電気通信事業法（昭和59年法律第86号）第120条第1項に規定する認定電気通信事業者が同項に規定する認定電気通信事業の用に供する施設に関する事業
15	放送法（昭和25年法律第132号）による基幹放送事業者又は基幹放送局提供事業者が基幹放送の用に供する放送設備に関する事業
16	電気事業法（昭和39年法律第170号）第2条第1項第8号に規定する一般送配電事業又は同項第10号に規定する送電事業の用に供する同項第18号に規定する電気工作物に関する事業
17	発電用施設周辺地域整備法（昭和49年法律第78号）第2条に規定する発電用施設に関する事業
18	ガス事業法（昭和29年法律第51号）第2条第13項に規定するガス工作物に関する事業（同条第5項に規定する一般ガス導管事業の用に供するものに限る。）
19	水道法（昭和32年法律第177号）による水道事業若しくは水道用水供給事業又は工業用水道事業法（昭和33年法律第84号）による工業用水道事業
20	学校教育法（昭和22年法律第26号）第1条に規定する学校又はこれに準ずるその他の教育若しくは学術研究のための施設に関する事業
21	社会福祉法（昭和26年法律第45号）による第一種社会福祉事業、生活困窮者自立支援法（平成25年法律第105号）に規定する認定生活困窮者就労訓練事業、児童福祉法（昭和22年法律第164号）に規定する助産施設、保育所、児童厚生施設若しくは児童家庭支援センターを経営する事業、就学前の子どもに関する教育、保育等の総合的な提供の推進に関する法律（平成18年法律第77号）に規定する幼保連携型認定こども園を経営する事業又は更生保護事業法（平成7年法律第86号）による継続保護事業の用に供する施設に関する事業

22	健康保険組合若しくは健康保険組合連合会、国民健康保険組合若しくは国民健康保険団体連合会、国家公務員共済組合若しくは国家公務員共済組合連合会若しくは地方公務員共済組合若しくは全国市町村職員共済組合連合会が設置する病院、療養所、診療所若しくは助産所又は医療法（昭和23年法律第205号）による公的医療機関に関する事業
23	墓地、埋葬等に関する法律（昭和23年法律第48号）による火葬場に関する事業
24	と畜場法（昭和28年法律第114号）によると畜場又は化製場等に関する法律（昭和23年法律第140号）による化製場若しくは死亡獣畜取扱場に関する事業
25	廃棄物の処理及び清掃に関する法律（昭和45年法律第137号）第15条の5第1項に規定する廃棄物処理センターが設置する同法による一般廃棄物処理施設、産業廃棄物処理施設その他の廃棄物の処理施設（廃棄物の処分（再生を含む。）に係るものに限る。）に関する事業
26	卸売市場法（昭和46年法律第35号）による地方卸売市場に関する事業
27	自然公園法（昭和32年法律第161号）による公園事業
28	鉱業法（昭和25年法律第289号）第104条の規定により鉱業権者又は租鉱権者が他人の土地を使用することができる事業
29	鉱業法第105条の規定により採掘権者が他人の土地を収用することができる事業
30	法第50条第1項の規定により他人の土地を使用する権利の設定に関する協議を求めることができる事業

別表5　転用を目的とする保安林解除の審査に当たっての級地区分

級地区分	該当する保安林
第1級地	次のいずれかに該当する保安林 1　法第10条の15第4項第4号に規定する治山事業の施行地（これに相当する事業の施行地を含む。）であるもの（事業施行後10年（保安林整備事業、防災林造成事業等により森林の整備を実施した区域にあっては事業施行後20年（法第39条の7第1項の規定により保安施設事業を実施した森林にあっては事業施行後30年））を経過し、かつ、現在その地盤が安定しているものを除く。） 2　傾斜度が25度以上のもの（25度以上の部分が局所的に含まれている場合を除く。）その他地形、地質等からして崩壊しやすいもの 3　人家、校舎、農地、道路等国民生活上重要な施設等に近接して所在する保安林であって、当該施設等の保全又はその機能の維持に直接重大な関係があるもの 4　海岸に近接して所在するものであって、林帯の幅が150メートル未満（本州の日本海側及び北海道の沿岸にあっては250メートル未満）であるもの 5　保安林の解除に伴い残置し又は造成することとされたもの
第2級地	第1級地以外の保安林

（注）
1　治山事業の施行地については、特に国土保全等公益を確保する上で厳正な取扱いを必要とするものであり、当該施行地が介在する保安林については、転用を極力避けるよう指導するものとする。
2　海岸に近接して所在する保安林は、その立地特質等からして多様な役割を果たすことが期待されているものであり、また、その林帯幅が縮減又は分断された場合には全体として機能の減退をもたらすこととなることから、原則として解除を行わないものとし、第1級地の林帯幅以上の保安林にあっても開発転用は極力避けるよう指導するものとする。

別表6　保安林の土地の形質の変更行為の許可基準

区分	行為の目的、態様、規模等
1　森林の施業及び管理に必要な施設	(1)　林道（車道幅員が4メートル以下のものに限る。）、森林の施業及び管理の用に供する作業道、作業用索道、木材集積場、歩道、防火線、作業小屋等を設置する場合 (2)　森林の施業及び管理に資する農道等で、規格及び構造が(1)の林道に類するものを設置する場合
2　森林の保健機能の増進に資する施設	保健保安林の区域内に、森林の保健機能の増進に関する特別措置法（平成元年法律第71号。以下「森林保健機能増進法」という。）第2条第2項第2号に規定する森林保健施設に該当する施設を設置する場合（森林保健機能増進法第5条の2第1項第1号の保健機能森林の区域内に当該施設を設置する場合又は当該施設を設置しようとする者が当該施設を設置しようとする森林を含むおおむね30ヘクタール以上の集団的森林につき所有権その他の土地を使用する権利を有する場合を除く。）であって、次の要件を満たすもの。 (1)　当該施設の設置のための土地の形質の変更（以下この表において「変更行為」という。）に係る森林の面積の合計が、当該変更行為を行おうとする者が所有権その他の土地を使用する権利を有する集団的森林（当該変更行為を行おうとする森林を含むものに限る。）の面積の10分の1未満の面積であること。 (2)　変更行為（遊歩道及びこれに類する施設に係る変更行為を除く。以下同じ。）を行う箇所が、次の①及び②の条件を満たす土地であること。 　①　土砂の流出又は崩壊その他の災害が発生するおそれのない土地 　②　非植生状態（立木以外の植生がない状態をいう。）で利用する場合にあっては傾斜度が15度未満の土地、植生状態（立木以外の植生がある状態をいう。）で利用する場合にあっては傾斜度が25度未満の土地。 (3)　1箇所当たりの変更行為に係る森林の面積は、立木の伐採が材積にして30パーセント以上の状態で変更行為を行う場合には0.05ヘクタール未満であり、立木の伐採が材積にして30パーセント未満の場合には1.20ヘクタール未満であること。 (4)　建築物の建築を伴う変更行為を行う場合には、一建築物の建築面積は200平方メートル未満であり、かつ、一変更行為に係る建築面積の合計は400平方メートル未満であること。 (5)　一変更行為と一変更行為との距離は、50メートル以上であること。 (6)　建築物その他の工作物の設置を伴う変更行為を行う場合には、当該建築物その他の工作物の構造が、次の条件に適合するものであること。 　①　建築物その他の工作物の高さは、その周囲の森林の樹冠を構成する立木の期待平均樹高未満であること。 　②　建築物その他の工作物は、原則として木造であること。 　③　建築物その他の工作物の設置に伴う切土又は盛土の高さは、おおむね1.5メートル未満であること。 (7)　遊歩道及びこれに類する施設に係る変更行為を行う場合には、幅3メートル未満であること。 (8)　土地の舗装を伴う変更行為（遊歩道及びこれに類する施設に係る変更行為を含む。）を行う場合には、地表水の浸透、排水処理等に配慮してなされるものであること。
3　森林の有する保安機能の維持又は代替をする施設	(1)　森林の保安機能の維持及び強化に資する施設を設置する場合 (2)　転用に当たり、当該保安林の機能に代替する機能を果たすべき施設を転用に係る区域外に設置する場合
4　その他	(1)　上記1から3までに規定する以外のものであって次に該当する場合 　①　施設等の幅が1メートル未満の線的なものを設置する場合（例えば、水路、へい、柵等） 　②　変更行為に係る区域の面積が0.05ヘクタール未満で、切土又は盛土の高さがおおむね1.5メートル未満の点的なものを設置する場合（例えば、標識、掲示板、墓碑、電柱、気象観測用の百葉箱及び雨量計、送電用鉄塔、無線施設、水道施設、簡易な展望台等）

	ただし、区域内に建築物を設置するときには、建築面積が50平方メートル未満であって、かつ、その高さがその周囲の森林の樹冠を構成する立木の期待平均樹高未満であるものに限ることとし、保健、風致保安林内の区域に建築物以外の工作物を設置するときには、その高さがその周囲の森林の樹冠を構成する立木の期待平均樹高未満であるものに限ることとする。 (2) その他 　一時的な変更行為であって次の要件を満たす場合。ただし、一般廃棄物又は産業廃棄物を堆積する場合は除く。 ① 変更行為の期間が原則として2年以内のものであること。 ② 変更行為の終了後には植栽され確実に森林に復旧されるものであること。 ③ 区域の面積が0.2ヘクタール未満のものであること。 ④ 土砂の流出又は崩壊を防止する措置が講じられるものであること。 ⑤ 切土又は盛土の高さがおおむね1.5メートル未満のものであること。

(注)
1　林道については、車道幅員（路肩を除く。）が4メートル以下であって、森林の施業及び管理の用に供するため周囲の森林と一体として管理することが適当と認められる場合には、作業許可の対象とする。
　　農道、市町村道その他の道路については、森林内に設置され、その規格及び構造が林道に類するものであって、森林の施業及び管理に資すると認められるものに限り林道と同様に取り扱うものとする。
　　なお、森林の施業及び管理の用に供する、又は資するとは、林道等の沿線の森林において、施業の実施予定がある場合や施業を行う対象であることが森林施業に関する各種計画から明らかである場合、山火事防止等森林保全のための巡視や境界管理、森林に関する各種調査等の実施が見込まれる場合とする。
2　森林の保安機能の維持及び強化に資する施設とは、その設置目的及び構造からみて保安機能を持つことが明らかであって、周囲の森林と一体となって管理することが保安林の指定の目的の達成に寄与すると認められるものをいい、例えば道路に附帯する保全施設等がこれに該当する。
　　転用に当たり、転用に係る区域内に設置する当該保安林の機能に代替する機能を果たすべき施設については、本体施設と一体となって管理されるべきものであり、作業許可の対象としないものとする。また、転用に係る区域外に設置する施設であっても、洪水調節池等の森林を改変する程度が大きいものについては、作業許可の対象としないものとする。
3　土砂捨て、しいたけ原木等の堆積、仮設構造物の設置その他物件の堆積等の一時的な変更行為に係る作業許可は、土壌の性質、林木の生育に及ぼす影響が微小であると認められるものに限って行うものとする。
4　切土の高さとして示すおおむね1.5メートルとは、樹木の根系が一般的に分布し、変更行為によっても保安機能の維持に支障を来さない範囲として目安を示したものである。このため、現地の樹種や土壌等の調査等を行い、根系が密に分布する深さを明らかにすることで、その深さを限度として差し支えないものとする。
　　また、盛土の高さとして示すおおむね1.5メートルとは、切土を流用土として現地処理することを前提に目安を示したものであるが、一般に、切土に比べて盛土の体積は増加することとなるため、一定の厚さで締固めを行うなど適切な施工を行う上で、1.5メートルを超えることは差し支えないものとする。
　　なお、切土又は盛土の高さについて、現場での施工上必要な場合には、1.5メートルを2割の範囲内で超えることも、「おおむね」の範囲内であるとして差し支えないものとする。
5　一時的な変更行為に係る作業許可の期間については、作業許可基準が森林の機能を維持した状態を前提としていることから、伐採後の植栽義務の履行期間と同様に2年を原則としている。ただし、事業実施後の遅延に合理的な理由がある場合には、確実な原状回復を前提に、その期間を5年まで延長することを可能とする。
6　変更行為に係る区域（以下「変更区域」という。）の一箇所の考え方については、変更区域が連続しない場合であっても、相隣する変更区域間の距離が20メートル未満に接近している場合は、これらの変更区域は連続しているものとし一箇所として扱うものとする。

別紙

転用の目的に係る事業又は施設の設置の基準

第1 基準

転用の目的に係る事業又は施設の設置（以下「事業等」という。）については、次の全ての基準に適合するものであること。

1 事業等に係る保安林の現に有する土地に関する災害の防止の機能からみて、当該事業等により当該保安林の周辺の地域において土砂の流出又は崩壊その他の災害を発生させるおそれがないこと。

2 事業等に係る保安林の現に有する水害の防止の機能からみて、当該事業等により当該機能に依存する地域における水害を発生させるおそれがないものであって、事業等に係る保安林の現に有する水害の防止の機能に依存する地域において、当該事業等に伴い増加するピーク流量を安全に流下させることができないことにより水害が発生するおそれがある場合には、洪水調節池の設置その他の措置が適切に講じられることが明らかであること。

3 事業等に係る保安林の現に有する水源のかん養の機能からみて、当該事業等により当該機能に依存する地域における水の確保に著しい支障を及ぼすおそれがないこと。

4 事業等に係る保安林の現に有する環境の保全の機能からみて、当該事業等により当該保安林の周辺の地域における環境を著しく悪化させるおそれがないこと。

第2 技術的細則

1 災害を発生させるおそれに関する事項

第1の1については、次の全ての基準に適合するものであること。

(1) 土砂の移動量

事業等が原則として現地形に沿って行われること及び事業等による土砂の移動量が必要最少限度であることが明らかであること。

スキー場の滑走コースの造成は、その利用形態からみて土砂の移動が周辺に及ぼす影響が比較的大きいと認められるため、その造成に係る切土量は1ヘクタール当たりおおむね1,000立方メートル以下とすること。

なお、滑走コースは傾斜地を利用するものであることから、切土を行う区域はスキーヤーの安全性の確保等やむを得ないと認められる場合に限るものとし、土砂の移動量を極力縮減するよう事業等を実施する者（以下「事業者」という。）に対し指導するものとすること。

また、ゴルフ場の造成に係る切土量、盛土量はそれぞれ18ホール当たりおおむね200万立方メートル以下とすること。

(2) 切土、盛土又は捨土

切土、盛土又は捨土を行う場合には、その工法が法面の安定を確保するものであること及び捨土が適切な箇所で行われること並びに切土、盛土又は捨土を行った後に法面を生ずるときはその法面の勾配が地質、土質、法面の高さからみて崩壊のおそれのないものであり、かつ、必要に応じ小段又は排水施設の設置その他の措置が適切に講じられることが明らかであること。技術的細則は、次に掲げるとおりとする。

ア 工法等は、次によるものであること。

(ア) 切土は、原則として階段状に行う等法面の安定が確保されるものであること。

(イ) 盛土は、必要に応じて水平層にして順次盛り上げ、十分締め固めが行われるものであること。

(ウ) 土石の落下による下斜面等の荒廃を防止する必要がある場合には、柵工の実施等の措置が講じられていること。

(エ)　大規模な切土又は盛土を行う場合には、融雪、豪雨等により災害が生ずるおそれのないように工事時期、工法等について適切に配慮されていること。
　イ　切土は、次によるものであること。
　　(ア)　法面の勾配は、地質、土質、切土高、気象及び近傍にある既往の法面の状態等を勘案して、現地に適合した安全なものであること。
　　(イ)　土砂の切土高が10メートルを超える場合には、原則として高さ5メートルないし10メートル毎に小段が設置されるほか、必要に応じて排水施設を設置する等崩壊防止の措置が講じられていること。
　　(ウ)　切土を行った後の地盤にすべりやすい土質の層がある場合には、その地盤にすべりが生じないように杭打ちその他の措置が講じられていること。
　ウ　盛土は、次によるものであること。
　　(ア)　法面の勾配は、盛土材料、盛土高、地形、気象及び近傍にある既往の法面の状態等を勘案して、現地に適合した安全なものであること。
　　(イ)　一層の仕上がり厚は、30センチメートル以下とし、その層ごとに締め固めを行うとともに、必要に応じて雨水その他の地表水又は地下水を排除するための排水施設の設置等の措置が講じられていること。
　　(ウ)　盛土高が5メートルを超える場合には、原則として5メートルごとに小段を設置するほか、必要に応じて排水施設を設置する等崩壊防止の措置が講じられていること。
　　(エ)　盛土がすべり、ゆるみ、沈下し又は崩壊するおそれがある場合には、盛土を行う前の地盤の段切り、地盤の土の入替え、埋設工の施行、排水施設の設置等の措置が講じられていること。
　エ　捨土は、次によるものであること。
　　(ア)　捨土は、土捨場を設置し、土砂の流出防止措置を講じて行われるものであること。この場合における土捨場の位置は、急傾斜地、湧水の生じている箇所等を避け、人家又は公共施設との位置関係を考慮の上設定されているものであること。
　　(イ)　法面の勾配の設定、締固めの方法、小段の設置、排水施設の設置等は、盛土に準じて行われ、土砂の流出のおそれがないものであること。
(3)　法面崩壊防止の措置
　　切土、盛土又は捨土を行った後の法面の勾配が(2)によることが困難である場合若しくは適当でない場合又は周辺の土地利用の実態からみて必要がある場合には、擁壁の設置その他の法面崩壊防止の措置が適切に講じられることが明らかであること。技術的細則は、次に掲げるとおりとする。
　ア　「周辺の土地利用の実態からみて必要がある場合」とは、人家、学校、道路等に近接し、かつ、次の（ア）又は（イ）に該当する場合をいう。ただし、土質試験等に基づき地盤の安定計算をした結果、法面の安定を保つために擁壁等の設置が必要でないと認められる場合には、これに該当しない。
　　(ア)　切土により生ずる法面の勾配が30度より急で、かつ、高さが2メートルを超える場合。ただし、硬岩盤である場合又は次のa若しくはbのいずれかに該当する場合はこの限りでない。
　　　a　土質が表1の左欄に掲げるものに該当し、かつ、土質に応じた法面の勾配が同表中欄の角度以下のもの。
　　　b　土質が、表1の左欄に掲げるものに該当し、かつ、土質に応じた法面の勾配が同表中欄の角度を超え、同表右欄の角度以下のもので、その高さが5メートル以下のもの。この場合において、aに該当する法面の部分により上下に分離された法面があるときは、aに該当する法面の部分は存在せず、その上下の法面は連続しているものとみなす。

表1

土　質	擁壁等を要しない勾配の上限	擁壁等を要する勾配の下限
軟岩（風化の著しいものを除く。）	60度	80度
風化の著しい岩	40度	50度
砂利、真砂土、関東ローム、硬質粘土、その他これに類するもの	35度	45度

　　　（イ）　盛土により生ずる法面の勾配が30度より急で、かつ、高さが1メートルを超える場合
　　イ　擁壁の構造は、次によるものであること。
　　　（ア）　土圧、水圧及び自重（以下「土圧等」という。）によって擁壁が破壊されないこと。
　　　（イ）　土圧等によって擁壁が転倒しないこと。この場合において、安全率は1.5以上であること。
　　　（ウ）　土圧等によって擁壁が滑動しないこと。この場合において、安全率は1.5以上であること。
　　　（エ）　土圧等によって擁壁が沈下しないこと。
　　　（オ）　擁壁には、その裏面の排水を良くするため、適正な水抜穴が設けられていること。
(4)　**法面保護の措置**
　　切土、盛土又は捨土を行った後の法面が雨水、渓流等により侵食されるおそれがある場合には、法面保護の措置が講じられることが明らかであること。技術的細則は、次に掲げるとおりとする。
　　ア　植生による保護（実播工、伏工、筋工、植栽工等）を原則とし、植生による保護が適さない場合又は植生による保護だけでは法面の侵食を防止できない場合には、人工材料による適切な保護（吹付工、張工、法枠工、柵工、網工等）が行われるものであること。工種は、土質、気象条件等を考慮して決定され、適期に施行されるものであること。
　　イ　表面水、湧水、渓流等により法面が侵食され又は崩壊するおそれがある場合には、排水施設又は擁壁の設置等の措置が講じられるものであること。この場合における擁壁の構造は、(3)のイによるものであること。
(5)　**土砂流出防止の措置**
　　事業等に伴い相当量の土砂が流出する等の下流地域に災害が発生するおそれがある区域が事業区域（事業者が、所有権その他の当該土地を使用する権利を有し、事業等に供しようとする区域をいう。以下同じ。）に含まれる場合には、事業等に先行して十分な容量及び構造を有するえん堤等の設置、森林の残置等の措置が適切に講じられることが明らかであること。技術的細則は、次に掲げるとおりとする。
　　ア　えん堤等の容量は、次の（ア）及び（イ）により算定された事業等に係る土地の区域からの流出土砂量を貯砂し得るものであること。
　　　（ア）　事業等の施行期間中における流出土砂量は、事業等に係る土地の区域1ヘクタール当たり1年間に、特に目立った表面侵食のおそれが見られない場合にあっては200立方メートル、脆弱な土壌で全面的に侵食のおそれが高い場合にあっては600立方メートル、それ以外の場合にあっては400立方メートルとするなど、地形、地質、気象等を考慮の上適切に定められたものであること。
　　　（イ）　事業等の終了後において、地形、地被状態等からみて、地表が安定するまでの期間に相当量の土砂の流出が想定される場合には、別途積算するものであること。
　　イ　えん堤等の設置箇所は、極力土砂の流出地点に近接した位置であること。
　　ウ　えん堤等の構造は、「治山技術基準」（昭和46年3月13日付け46林野治第648号林野庁長官通知）によるものであること。
　　エ　「災害が発生するおそれがある区域」については、表2に掲げる区域を含む土地の範囲とし、その考え方については、災害の特性を踏まえ、次の（ア）及び（イ）を目安に現地の荒廃状況に応じて整理すること。
　　　なお、表2に掲げる区域以外であっても、同様のおそれがある区域については、「災害が発生するおそれが

ある区域」に含めることができる。
- (ア) 山腹崩壊や急傾斜地の崩壊、地すべりに関する区域については、土砂災害警戒区域等における土砂災害防止対策の推進に関する法律（平成12年法律第57号。以下「土砂災害防止法」という。）の土砂災害警戒区域の考え方を基本とすること。
- (イ) 土石流に関する区域については、土石流の発生の危険性が認められる渓流を含む流域全体を基本とすること。ただし、土石流が発生した場合において、地形の状況により明らかに土石流が到達しないと認められる土地の区域を除く。

表2

区域の名称	根拠とする法令等
砂防指定地	砂防法 （明治30年法律第29号）
災害危険区域	建築基準法 （昭和25年法律第201号）
地すべり防止区域	地すべり等防止法 （昭和33年法律第30号）
急傾斜地崩壊危険区域	急傾斜地の崩壊による災害の防止に関する法律 （昭和44年法律第57号）
土砂災害警戒区域	土砂災害防止法
山腹崩壊危険地区	山地災害危険地区調査要領 （平成18年7月3日付け18林整治第520号 林野庁長官通知）
地すべり危険地区	
崩壊土砂流出危険地区	

オ　なだれ危険箇所点検調査要領に基づくなだれ危険箇所に係る森林を事業区域に含む場合についても、開発区域に先行して周囲へのなだれ防止措置について検討し、必要な措置を講じること。

カ　上記の検討結果を整理し、必要な措置の内容について事業等に関する計画書及び代替施設の設置に関する計画書に必要事項を記載すること。

(6) 排水施設

雨水等を適切に排水しなければ災害が発生するおそれがある場合には、十分な能力及び構造を有する排水施設が設けられることが明らかであること。技術的細則は、次に掲げるとおりとする。

ア　排水施設の断面は、次によるものであること。
- (ア) 排水施設の断面は、計画流量の排水が可能になるように余裕をみて定められていること。この場合、計画流量は次のa及びbにより、流量は原則としてマニング式により求められていること。
    - a　排水施設の計画に用いる雨水流出量は、原則として次式により算出されていること。ただし、降雨量と流出量の関係が別途高い精度で求められている場合には、単位図法等によって算出することができる。

        $Q = 1/360 \cdot f \cdot r \cdot A$

        Q：雨水流出量（m³／sec）
        f：流出係数
        r：設計雨量強度（mm／hour）
        A：集水区域面積（ha）

    - b　前式の適用に当たっては、次によるものであること。
        - (a) 流出係数は、表3を参考にして定められていること。浸透能は、地形、地質、土壌等の条件によって決定されるものであるが表3の区分の適用については、おおむね、山岳地は浸透能小、丘

陵地は浸透能中、平地は浸透能大として差し支えない。
(b) 設計雨量強度は、(c)による単位時間内の10年確率で想定される雨量強度とされていること。ただし、人家等の人命に関わる保全対象が事業区域に隣接している場合など排水施設の周囲にいっ水した際に保全対象に大きな被害を及ぼすことが見込まれる場合については、20年確率で想定される雨量強度を用いるほか、水防法（昭和24年法律第193号）第15条第1項第4号のロ又は土砂災害防止法第8条第1項第4号でいう要配慮者利用施設等の災害発生時の避難に特別の配慮が必要となるような重要な保全対象がある場合は、30年確率で想定される雨量強度を用いること。
(c) 単位時間は、到達時間を勘案して定めた表4を参考として用いられていること。

表3

区分 地表状態	浸透能 小	浸透能 中	浸透能 大
林　　地	0.6〜0.7	0.5〜0.6	0.3〜0.5
草　　地	0.7〜0.8	0.6〜0.7	0.4〜0.6
耕　　地	—	0.7〜0.8	0.5〜0.7
裸　　地	1.0	0.9〜1.0	0.8〜0.9

表4

流 域 面 積	単 位 時 間
50ヘクタール以下	10分
100ヘクタール以下	20分
500ヘクタール以下	30分

(イ) 雨水のほか土砂等の流入が見込まれる場合又は排水施設の設置箇所からみていっ水による影響の大きい場合にあっては、排水施設の断面は、必要に応じて（ア）に定めるものより一定程度大きく定められていること。
(ウ) 洪水調節池の下流に位置する排水施設については、洪水調節池からの許容放流量を安全に流下させることができる断面とすること。
イ　排水施設の構造等は、次によるものであること。
(ア) 排水施設は、立地条件等を勘案して、その目的及び必要性に応じた堅固で耐久力を有する構造であり、漏水が最小限度となるよう措置されていること。
(イ) 排水施設のうち暗渠である構造の部分には、維持管理上必要なます又はマンホールの設置等の措置が講じられていること。
(ウ) 放流によって地盤が洗掘されるおそれがある場合には、水叩きの設置その他の措置が適切に講じられていること。
(エ) 排水施設は、排水量が少なく土砂の流出又は崩壊を発生させるおそれがない場合を除き、排水を河川等まで導くように計画されていること。ただし、河川等に排水を導く場合には、増加した流水が河川等の管理に及ぼす影響を考慮するため、当該河川等の管理者の同意を得ているものであること。特に、用水路等を経由して河川等に排水を導く場合には、当該施設の管理者の同意に加え、当該施設が接続する下流の河川等において安全に流下できるよう併せて当該河川等の管理者の同意を得ているものであること。
　　　なお、「同意」については、他の排水施設を経由して河川等に排水を導き河川等の管理に著しい影響を及ぼすこととなる場合にあっては、関係する河川等の管理者の同意を必要とする趣旨であり、その取得について審査する際には、都道府県と関係行政庁の間で十分連絡調整すること。

(7) 洪水調節池等の設置等

下流の流下能力を超える水量が排水されることにより災害が発生するおそれがある場合には、洪水調節池等の設置その他の措置が適切に講じられることが明らかであること。技術的細則は、次に掲げるとおりとする。

ア　洪水調節容量は、下流における流下能力を考慮の上、30年確率で想定される雨量強度における開発中及び開発後のピーク流量を開発前のピーク流量以下にまで調節できるものであることを基本とする。ただし、排水を導く河川等の管理者との協議において必要と認められる場合には、50年確率で想定される雨量強度における開発中及び開発後のピーク流量を開発前のピーク流量以下にまで調節できるものとすることができる。

また、事業等の施行期間中における洪水調節池の堆砂量を見込む場合については、事業等に係る土地の区域1ヘクタール当たり1年間に、特に目立った表面侵食のおそれが見られないときには200立方メートル、脆弱な土壌で全面的に侵食のおそれが高いときには600立方メートル、それ以外のときには400立方メートルとするなど、流域の地形、地質、土地利用の状況、気象等に応じて必要な堆砂量とすること。

なお、「下流における流下能力を考慮の上」とは、開発行為の施行前において既に3年確率で想定される雨量強度におけるピーク流量が下流における流下能力を超えるか否かを調査の上、必要があれば、この流下能力を超える流量も調節できる容量とする趣旨である。

イ　余水吐の能力は、コンクリートダムにあっては200年確率で想定される雨量強度におけるピーク流量の1.2倍以上、フィルダムにあってはコンクリートダムの余水吐の能力の1.2倍以上のものであること。ただし、200年確率で想定される雨量強度を用いることが計算技法上不適当であり、都道府県ごとの状況も踏まえ、100年確率で想定される雨量強度を用いても災害が発生するおそれがないと認められる場合には、100年確率で想定される雨量強度を用いることができる。

ウ　洪水調節の方式は、原則として自然放流方式であること。やむを得ず浸透型施設として整備する場合については、尾根部や原地形が傾斜地である箇所、地すべり地形である箇所又は盛土を行った箇所等浸透した雨水が土砂の流出又は崩壊を助長するおそれがある箇所には設置しないこと。

エ　用水路等を経由して河川等に排水を導く場合であって、洪水調節池を設置するよりも用水路等の断面を拡大することが効率的なときには、当該用水路等の管理者の同意を得た上で、事業者の負担で用水路等の断面を大きくすることをもって洪水調節池の設置に代えることができる。

オ　2の規定に基づく洪水調節池の設置を併せて行う必要がある場合、本項及び2のそれぞれの技術的細則を満たすよう設置すること。

(8) 静砂垣等の設置等

飛砂、落石、なだれ等の災害が発生するおそれがある場合には、静砂垣、落石又はなだれ防止柵の設置その他の措置が適切に講じられることが明らかであること。

(9) 設計雨量強度における降雨量変化倍率の適用

排水施設の断面、洪水調節容量及び余水吐の能力の設計に適用する雨量強度については、(6)のア、(7)のア及びイによるほか、事業等を実施する流域の河川整備基本方針において、降雨量の設定に当たって気候変動を踏まえた降雨量変化倍率を採用している場合には、適用する雨量強度に当該降雨量変化倍率を用いることができる。

(10) 仮設防災施設の設置等

事業等の施行に当たって、災害の防止のために必要なえん堤、排水施設、洪水調節池等について仮設の防災施設を設置する場合は、全体の施行工程において具体的な箇所及び施行時期を明らかにするとともに、仮設の防災施設の設計は本設のものに準じて行うこと。

(11) 防災施設の維持管理

事業等の完了後においても整備した排水施設や洪水調節池等が十分に機能を発揮できるよう土砂の撤去や豪雨時の巡視等の完了後の維持管理方法について明らかにすること。

2　水害を発生させるおそれに関する事項

第1の2については、次の全ての基準に適合するものであること。

(1) 洪水調節容量は、当該事業等を実施する森林の下流において当該事業等に伴いピーク流量が増加することにより当該下流においてピーク流量を安全に流下させることができない地点が生ずる場合には、当該地点での30年確率で想定される雨量強度及び当該地点において安全に流下させることができるピーク流量に対応する雨量強度における開発中及び開発後のピーク流量を開発前のピーク流量以下までに調節できるものであること。ただし、排水を導く河川等の管理者との協議において必要と認められる場合には、50年確率で想定される雨量強度における開発中及び開発後のピーク流量を開発前のピーク流量以下にまで調節できるものとすることができる。

　また、事業等の施行期間中における洪水調節池の堆砂量を見込む場合にあっては、1の(7)のアによるものであること。

　なお、安全に流下させることができない地点が生じない場合には、1の(7)のアによるものであること。

(2) 当該事業等に伴いピーク流量が増加するか否かの判断は、当該下流のうち当該事業等に伴うピーク流量の増加率が原則として1％以上の範囲内とし、「ピーク流量を安全に流下させることができない地点」とは、当該事業等を実施する森林の下流の流下能力からして、30年確率（排水を導く河川等の管理者との協議において必要と認められる場合には50年確率を用いることができる。）で想定される雨量強度におけるピーク流量を流下させることができない地点のうち、原則として当該事業等による影響をも強く受ける地点とする。ただし、当該地点の選定に当たっては、当該地点の河川等の管理者の同意を得ているものであること。

　なお、「同意」については、下流における水害の発生するおそれの有無について、より専門的な知見を有する河川等の管理者の同意を必要とする趣旨であり、その同意の取得について審査する際には、都道府県と関係行政庁の間で十分連絡調整するものとする。

(3) 余水吐の能力は、1の(7)のイによるものであること。

(4) 洪水調節の方式は、1の(7)のウによるものであること。

(5) 用水路等を経由して河川等に排水を導く場合であって、洪水調節池を設置するよりも用水路等の断面を拡大することが効率的なときには、当該用水路等の管理者の同意を得た上で、事業者の負担で用水路等の断面を大きくすることをもって洪水調節池の設置に代えることができること。

(6) 1の規定に基づく洪水調節池等の設置を併せて行う必要がある場合には、1の(7)及び本項のそれぞれの技術的細則を満たすよう設置すること。

(7) 洪水調節容量及び余水吐の能力の設計に適用する雨量強度については、(1)によるほか、事業等を実施する流域の河川整備基本計画において、降雨量の設定に当たって気候変動を踏まえた地域区分ごとの降雨量変化倍率を採用している場合には、洪水調節容量の計算に当該降雨量変化倍率を用いることができる。

(8) 事業等の施行に当たって、水害の防止のために必要な洪水調節池等について仮設の防災施設を設置する場合は、全体の施行工程において具体的な箇所及び施行時期を明らかにするとともに、仮設の防災施設の設計は本設のものに準じて行うこと。

(9) 事業等の完了後においても整備した洪水調節池等が十分に機能を発揮できるよう土砂の撤去や豪雨時の巡視等の完了後の維持管理方法について明らかにすること。

3　水の確保に著しい支障を及ぼすおそれに関する事項

　第1の3については、次の全ての基準に適合するものであること。

(1) 貯水池等の設置等

　他に適地がない等によりやむを得ず飲用水、かんがい用水等の水源として依存している森林を事業等の対象とする場合で、周辺における水利用の実態等からみて必要な水量を確保するため必要があるときには、貯水池又は導水路の設置その他の措置が適切に講じられることが明らかであること。

　導水路の設置その他の措置が講じられる場合には、取水する水源に係る河川管理者等の同意を得ている等水源地域における水利用に支障を及ぼすおそれのないものであること。

(2) 沈砂池の設置等

　周辺における水利用の実態等からみて土砂の流出による水質の悪化を防止する必要がある場合には、沈砂池の

設置、森林の残置その他の措置が適切に講じられることが明らかであること。

4 環境を著しく悪化させるおそれに関する事項

第1の4については、次の全ての基準に適合するものであること。

(1) **森林又は緑地の残置又は造成**

事業等に係る保安林の区域に、事業等の目的及び態様、周辺における土地利用の実態等に応じ相当面積の残置し、若しくは造成する森林又は緑地(以下「残置森林等」という。)の配置が適切に行われることが明らかであること。残置森林等の考え方は次に掲げるとおりとする。

ア 相当面積の残置森林等の配置が適切に行われることとは、森林又は緑地を現況のまま保全することを原則とし、やむを得ず一時的に土地の形質を変更する必要がある場合には、可及的速やかに伐採前の植生に回復を図ることを原則として森林又は緑地が造成されるものであること。森林の配置については、森林を残置することを原則とし、極力基準を上回る林帯幅で適正に配置されるよう事業者に対し指導するとともに、森林の造成は、土地の形質を変更することがやむを得ないと認められる箇所に限って適用する等その運用については厳正を期するものとすること。

この場合において、残置森林等の面積の事業区域内の森林面積に対する割合は、表5の事業区域内において残置し、又は造成する森林又は緑地の割合によること。ただし、事業等に係る保安林の面積が5ヘクタール以上である場合又は事業区域内の森林の面積に占める保安林の面積の割合が10パーセント以上である場合(事業等に係る保安林の面積が1ヘクタール未満の場合を除く。)には、1の(1)及び表5に代えて表6に示す基準に適合するものであること。

また、残置森林等は、表5又は表6の森林の配置等により事業等の規模及び地形に応じて、事業区域内の周辺部及び施設等の間に適切に配置されていること。

なお、表5又は表6に掲げる事業等の目的以外の事業等については、その目的、態様、社会的経済的必要性、対象となる土地の自然的条件等に応じ、表5又は表6に準じて適切に措置されていること。

表5

事業等の目的	事業区域内において残置し、又は造成する森林又は緑地の割合	森林の配置等
別荘地の造成	残置森林率はおおむね60パーセント以上とする。	1 原則として周辺部に幅おおむね30メートル以上の残置森林又は造成森林を配置する。 2 1区画の面積はおおむね1,000平方メートル以上とし、建物敷等の面積はその面積のおおむね30パーセント以下とする。
スキー場の造成	残置森林率はおおむね60パーセント以上とする。	1 原則として周辺部に幅おおむね30メートル以上の残置森林又は造成森林を配置する。 2 滑走コースの幅はおおむね50メートル以下とし、複数の滑走コースを並列して設置する場合はその間の中央部に幅おおむね100メートル以上の残置森林を配置する。 3 滑走コースの上、下部に設けるゲレンデ等は1箇所当たりおおむね5ヘクタール以下とする。また、ゲレンデ等と駐車場との間には幅おおむね30メートル以上の残置森林又は造成森林を配置する。

事業等の目的	森林率	残置森林又は造成森林の配置等
ゴルフ場の造成	森林率はおおむね50パーセント以上とする。(残置森林率はおおむね40パーセント以上)	1　原則として周辺部に幅おおむね30メートル以上の残置森林又は造成森林（残置森林は原則としておおむね20メートル以上）を配置する。 2　ホール間に幅おおむね30メートル以上の残置森林又は造成森林（残置森林はおおむね20メートル以上）を配置する。
宿泊施設、レジャー施設の設置	森林率はおおむね50パーセント以上とする。(残置森林率はおおむね40パーセント以上)	1　原則として周辺部に幅おおむね30メートル以上の残置森林又は造成森林を配置する。 2　建物敷の面積は事業区域の面積のおおむね40パーント以下とし、事業区域内に複数の宿泊施設を設置する場合は極力分散させるものとする。 3　レジャー施設に係る事業等の1箇所当たりの面積はおおむね5ヘクタール以下とし、事業区域内にこれを複数設置する場合は、その間に幅おおむね30メートル以上の残置森林又は造成森林を配置する。
工場、事業場の設置	森林率はおおむね25パーセント以上とする。	1　事業区域内の事業等に係る森林の面積が20ヘクタール以上の場合は、原則として周辺部に幅おおむね30メートル以上の残置森林又は造成森林を配置する。これ以外の場合にあっても極力周辺部に森林を配置する。 2　事業等に係る1箇所当たりの面積はおおむね20ヘクタール以下とし、事業区域内にこれを複数造成する場合は、その間に幅おおむね30メートル以上の残置森林又は造成森林を配置する。
住宅団地の造成	森林率（緑地を含む。）はおおむね20パーセント以上とする。	1　事業区域内の事業等に係る森林の面積が20ヘクタール以上の場合は、原則として周辺部に幅おおむね30メートル以上の残置森林等を配置する。これ以外の場合にあっても極力周辺部に森林又は緑地を配置する。 2　事業等に係る1箇所当たりの面積はおおむね20ヘクタール以下とし、事業区域内にこれを複数造成する場合は、その間に幅おおむね30メートル以上の残置森林等を配置する。
土石等の採掘		1　原則として周辺部に幅おおむね30メートル以上の残置森林又は造成森林を配置する。 2　採掘跡地は必要に応じ埋め戻しを行い、緑化及び植栽する。また、法面は可能な限り緑化し小段平坦部には必要に応じ客土等を行い植栽する。

（注）
1　「残置森林率」とは、残置森林（残置する森林）のうち若齢林（15年生以下の森林）を除いた面積の事業区域内の森林の面積に対する割合をいう。これは森林を残置することの趣旨からして森林機能が十全に発揮されるに至らないものを同等に取り扱うことが適切でないことによるものである。
2　「森林率」とは、事業区域内の森林の面積に対する残置森林及び造成森林（植栽により造成する森林であって硬岩切上面等の確実な成林が見込まれない箇所を除く。）の面積の割合をいう。この場合、森林以外の土地に造林する場合も算定の対象として差し支えないが、土壌条件、植栽方法、本数等からして林叢状態を呈していないと見込まれるものは対象としないものとする。
3　「残置し、若しくは造成する森林又は緑地の割合」を示す数値は標準的なもので、「おおむね」は、その2割の許容範囲を示しており、適用は個別具体的事案に即して判断するものとする。
4　「事業等の目的」について
(1)　「別荘地」とは、保養等非日常的な用途に供する家屋等を集団的に設置しようとする土地を指すものとする。
(2)　「ゴルフ場」とは、地方税法等によるゴルフ場の定義以外の施設であっても、利用形態等が通常のゴルフ場と認められる場合は、これに含め取り扱うものとする。
(3)　「宿泊施設」とは、ホテル、旅館、民宿、ペンション、保養所等専ら宿泊の用に供する施設及びその付帯施設を指すものとする。なお、リゾートマンション、コンドミニアム等所有者等が複数となる建築物等もこれに含め取り扱うものとする。
(4)　「レジャー施設」とは、総合運動公園、遊園地、動物園、植物園、サファリパーク、レジャーランド等の体験娯楽施設その他の観光、保養等の用に供する施設を指すものとする。
(5)　「工場、事業場」とは、製造、加工処理、流通等産業活動に係る施設を指すものとする。
(6)　上記表に掲げる以外の事業等の目的のうち、学校教育施設、病院、廃棄物処理施設等は工場及び事業場の基準を、ゴルフ練習場はゴルフ場と一体のものを除き宿泊施設及びレジャー施設の基準をそれぞれ適用するものとする。また、企業等の福利厚生施設については、その施設の用途に係る事業等の目的の基準を適用するものとする。

(7) 1事業区域内に異なる事業等の目的に区分される複数の施設が設置される場合には、それぞれの施設ごとに区域区分を行い、それぞれの事業等の目的別の基準を適用するものとする。
　　この場合、残置森林又は造成森林は区分された区域ごとにそれぞれ配置することが望ましいが、施設の配置計画等からみてやむを得ないと認められる場合には、施設の区域界におおむね50メートルの残置森林又は造成森林を配置するものとする。
5　レジャー施設並びに工場及び事業場の設置については、1箇所当たりの面積がそれぞれおおむね5ヘクタール以下、おおむね20ヘクタール以下とされているが、施設の性格上施設の機能を確保することが著しく困難と認められる場合には、その必要の限度においてそれぞれ5ヘクタール、20ヘクタールを超えて設置することもやむを得ないものとする。
6　工場及び事業場の設置並びに住宅団地の造成に係る「1箇所当たりの面積」とは、当該施設又はその集団を設置するための事業等に係る土地の区域面積を指すものとする。
7　住宅団地の造成に係る「緑地」については、土壌条件、植栽方法、本数等からして林叢状態を呈していないと見込まれる土地についても対象とすることができ、当面、次に掲げるものを含めることとして差し支えない。
　(1)　公園、緑地又は広場
　(2)　隣棟間緑地、コモン・ガーデン
　(3)　緑地帯又は緑道
　(4)　法面緑地
　(5)　その他上記に類するもの
8　「ゲレンデ等」とは、滑走コースの上、下部のスキーヤーの滞留場所であり、リフト乗降場、レストハウス等の施設用地を含む区域をいう。

表6

事業等の目的	事業区域内において残置し、又は造成する森林又は緑地の割合	森林の配置等
別荘地の造成	残置森林率はおおむね70パーセント以上とする。	1　原則として周辺部に幅おおむね50メートル以上の残置森林又は造成森林を配置する。 2　1区画の面積はおおむね1,000平方メートル以上とする。 3　1区画内の建物敷の面積はおおむね200平方メートル以下とし、建物敷その他付帯施設の面積は1区画の面積のおおむね20パーセント以下とする。 4　建築物の高さは当該森林の期待平均樹高以下とする。
スキー場の造成	残置森林率はおおむね70パーセント以上とする。	1　原則として周辺部に幅おおむね50メートル以上の残置森林又は造成森林を配置する。 2　滑走コースの幅はおおむね50メートル以下とし、複数の滑走コースを並列して設置する場合はその間の中央部に幅おおむね100メートル以上の残置森林を配置する。 3　滑走コースの上、下部に設けるゲレンデ等は1箇所当たりおおむね5ヘクタール以下とする。 　また、ゲレンデ等と駐車場との間には幅おおむね50メートル以上の残置森林又は造成森林を配置する。 4　滑走コースの造成に当たっては原則として土地の形質変更は行わないこととし、止むを得ず行う場合には、造成に係る切土量は、1ヘクタール当たりおおむね1,000立方メートル以下とする。
ゴルフ場の造成	森林率はおおむね70パーセント以上とする。(残置森林率はおおむね60パーセント以上)	1　原則として周辺部に幅おおむね50メートル以上の残置森林又は造成森林(残置森林は原則としておおむね40メートル以上)を配置する。 2　ホール間に幅おおむね50メートル以上の残置森林又は造成森林(残置森林はおおむね40メートル以上)を配置する。 3　切土量、盛土量はそれぞれ18ホール当たりおおむね150万立方メートル以下とする。

宿泊施設、レジャー施設の設置	残置森林率はおおむね70パーセント以上とする。	1　原則として周辺部に幅おおむね50メートル以上の残置森林又は造成森林を配置する。 2　建物敷の面積は事業区域の面積のおおむね20パーセント以下とし、事業区域内に複数の宿泊施設を設置する場合は極力分散させるものとする。 3　レジャー施設に係る事業等の1箇所当たりの面積はおおむね5ヘクタール以下とし、事業区域内にこれを複数設置する場合は、その間に幅おおむね50メートル以上の残置森林又は造成森林を配置する。
工場、事業場の設置	森林率はおおむね35パーセント以上とする。	1　事業区域内の事業等に係る森林の面積が20ヘクタール以上の場合は、原則として周辺部に幅おおむね50メートル以上の残置森林又は造成森林を配置する。これ以外の場合にあっても極力周辺部に森林を配置する。 2　事業等に係る1箇所当たりの面積はおおむね20ヘクタール以下とし、事業区域内にこれを複数造成する場合は、その間に幅おおむね50メートル以上の残置森林又は造成森林を配置する。
住宅団地の造成	森林率（緑地を含む。）はおおむね30パーセント以上とする。	1　事業区域内の事業等に係る森林の面積が20ヘクタール以上の場合は、原則として周辺部に幅おおむね50メートル以上の残置森林等を配置する。これ以外の場合にあっても極力周辺部に森林又は緑地を配置する。 2　事業等に係る1箇所当たりの面積はおおむね20ヘクタール以下とし、事業区域内にこれを複数造成する場合は、その間に幅おおむね50メートル以上の残置森林等を配置する。
土石等の採掘		1　原則として周辺部に幅おおむね50メートル以上の残置森林又は造成森林を配置する。 2　採掘跡地は必要に応じ埋め戻しを行い、緑化及び植栽する。また、法面は可能な限り緑化し小段平坦部には必要に応じ客土等を行い植栽する。

（注）
表5に同じ。

　イ　造成する森林については、必要に応じ植物の成育に適するよう表土の復元、客土等の措置を講じ、森林機能が早期に回復、発揮されるよう、地域の自然的条件に適する原則として樹高1メートル以上の高木性樹木を、表7を基準として均等に分布するよう植栽すること。
　　なお、住宅団地、宿泊施設等の間、ゴルフ場のホール間等で修景効果を併せ期待する森林を造成する場合には、できるだけ大きな樹木を植栽するよう努めるものとし、樹種の特性、土壌条件等を勘案し、植栽する樹木の規格に応じ1ヘクタール当たり500本から1,000本までの範囲で植栽本数を定めることとして差し支えないものとすること。

表7

樹　高	植栽本数（1ヘクタール当たり）
1メートル	2,000本
2メートル	1,500本
3メートル	1,000本

　ウ　道路の新設若しくは改築又は畑地等の造成の場合であって、その土地利用の実態からみて森林を残置し又は造成することが困難又は不適当であると認められるときは、森林の残置又は造成が行われないこととして差し支えない。

(2) **騒音、粉じん等の著しい影響の緩和、風害等から周辺の植生の保全等**
　　騒音、粉じん等の著しい影響の緩和、風害等からの周辺の植生の保全等の必要がある場合には、事業等に係る保安林の区域内の適切な箇所に必要な森林の残置又は必要に応じた造成が行われることが明らかであること。
　　「周辺の植生の保全等」には、貴重な動植物の保護を含むものとする。また、「必要に応じた造成」とは、必要に応じて複層林を造成する等安定した群落を造成することを含むものとする。

(3) 景観の維持

　景観の維持に著しい支障を及ぼすことのないように適切な配慮がなされており、特に市街地、主要道路等からの景観を維持する必要がある場合には、事業等により生ずる法面を極力縮少するとともに、可能な限り法面の緑化を図り、また、事業等に係る事業により設置される施設の周辺に森林を残置し、若しくは造成し又は木竹を植栽する等の適切な措置が講じられることが明らかであること。

　特に土砂の採取、道路の開設等の事業等について景観の維持上問題を生じている事例が見受けられるので、事業等の対象地（土捨場を含む。）の選定、法面の縮小又は緑化、森林の残置又は造成、木竹の植栽等の措置につき慎重に審査し指導すること。

(4) 残置森林等の維持管理

　残置森林等が善良に維持管理されることが明らかであること。残置森林等については、申請者が権原を有していることを原則とし、地方公共団体との間で残置森林等の維持管理につき協定が締結されていることが望ましいが、この場合において、事業区域内の残置森林等については、原則として将来にわたって厳正に保全及び管理に努めるものとし、必要に応じ保安林の指定を進めるものとする。

　また、事業区域内の残置森林等については、地域森林計画の対象とすることを原則とする。さらに、市町村に対しては、残置森林等が市町村森林整備計画において適切な公益的機能別施業森林区域に設定されるよう指導するとともに、事業者に対しては、市町村等との維持管理協定等の締結、除間伐等の保育、疎林地への植栽等適切な施業の実施等について指導するものとする。また、残置森林等の立地条件、保全上の特性等を踏まえ、必要に応じて保健保安林等の指定を進めるとともに、都市緑地部局、環境部局等の関係部局とも連携し、残置森林等の保全又は形成に資する関係制度の活用についても検討するものとする。

　さらに、残置森林率等の基準は、施設の増設、改良を行う場合にも適用されるものであり、事業者から施設の増設等に係る事業等の申請があった場合は、残置森林等の面積等が基準を下回らないと認められるものに限って事業等を実施するものとする。

　なお、別荘地の造成等事業等の完了後に売却、分譲等が予定される事業等における残置森林等については、分譲後もその機能が維持されるよう適切に管理すべきことを売買契約に当たって明記するなどの指導を行うものとする。

第3　経過措置

　本基準は、通知施行日以降に転用解除の申請を行うものに適用されるが、通知施行日以降1年以内に当該申請の手続を行うものについては、従前の基準により取り扱うものとする。

保安林及び保安施設地区の指定、解除等の取扱いについて

> 昭和45年6月2日付け45林野治第921号
> 林野庁長官から各都道府県知事、営林局長宛て
> 最終改正：令和6年4月1日付け5林整治第1878号

　森林法（昭和26年法律第249号。以下「法」という。）、森林法施行令（昭和26年政令第276号。以下「令」という。）及び森林法施行規則（昭和26年農林省令第54号。以下「規則」という。）による保安林及び保安施設地区の指定、解除等に関する事務の取扱いについて、下記のとおり定めたので、御了知願いたい。

　なお、本通知は、地方分権の推進を図るための関係法律の整備等に関する法律（平成11年法律第87号）によりいわゆる機関委任事務制度が廃止されたことに伴い、地方自治法（昭和22年法律第67号）第245条の4の規定に基づく技術的な助言として取り扱われるものであること、また、法第196条の2第1項各号に掲げる法定受託事務の取扱いについては、別途農林水産事務次官から通知された処理基準（平成12年4月27日付け12林野治第790号）に御留意願いたい。

　なお、次に掲げる通達は廃止する。
1　保安林及び保安施設地区の指定解除等の事務手続について
　　（昭和37年11月22日付け37林野治第1454号。林野庁長官通達）
2　保安林の指定施業要件指定調書等の作成について
　　（昭和38年5月30日付け38林野治第530号。林野庁長官通達）
3　転用のための保安林解除申請書等に添付する書類について
　　（昭和39年10月20日付け39林野治第1350号。林野庁長官通達）
4　都道府県知事の権限に係る保安林の解除の適正な取扱いについて
　　（昭和46年1月29日付け46林野治第199号。林野庁長官通達）

記

　本通知は、第1から第11までにより構成され、第1保安林の指定、第2保安林の解除、第3指定施業要件の変更、第4立木伐採許可及び届出、第5作業許可、第6植栽の義務、第7監督処分、第8標識の設置、第9保安林台帳、第10保安施設地区及び第11意見書等の様式及び指定調査地図等の作成要領とし、保安林及び保安施設地区の指定、解除等に関する事務の取扱いに当たっては、これらに基づき適正かつ円滑に実施するものとする。

第1　保安林の指定
1　保安林の種類
　　保安林は、法第25条第1項に掲げる指定の目的により、次の17種とする。
　①　水源かん養保安林
　②　土砂流出防備保安林
　③　土砂崩壊防備保安林
　④　飛砂防備保安林
　⑤　防風保安林
　⑥　水害防備保安林
　⑦　潮害防備保安林
　⑧　干害防備保安林
　⑨　防雪保安林
　⑩　防霧保安林
　⑪　なだれ防止保安林
　⑫　落石防止保安林
　⑬　防火保安林
　⑭　魚つき保安林
　⑮　航行目標保安林
　⑯　保健保安林
　⑰　風致保安林

2　指定施業要件
(1)　伐採の方法
　ア　主伐に係るもの
　　(ア)　令別表第2の第1号（一）の主伐に係る伐採の方法のうち伐採種については、森林の地況、林況等を勘案して地番の区域又はその部分を単位として、別表1により定めるものとし、伐採をすることができる立木は、標準伐期齢以上のものとする旨を定めるものとする。
　　(イ)　保安林の機能の維持又は強化を図るために樹種又は林相を改良することが必要であり、かつ、当該改良のためにする伐採が当該保安林の指定の目的の達成に支障を来さないと認められるときは、(ア)以外の方法によっても伐採をすることができる旨（以下「伐採方法の特例」という。）を定めることができるものとする。
　　　　伐採方法の特例は、当該保安林の樹種若しくは林相を改良する必要が現に生じている場合又はこれが10年以内に生ずると見込まれる場合に限り定め得るものとし、指定の日から10年を超えない範囲内で当該特例の有効期間を定めるものとする。
　　　　なお、伐採方法の特例のうち伐採種については、択伐とする森林については伐採種を定めないとすることができるものとし、禁伐とする森林については択伐とすることができるものとする。
　イ　間伐に係るもの
　　　間伐の指定は、主伐に係る伐採種を定めない森林、択伐とする森林で択伐林型を造成するための間伐を必要

とするもの及び禁伐とする森林で保育のために間伐をしなければ当該保安林の指定の目的を達成することができないものについて定めるものとする。

　なお、択伐林型を造成するための間伐には、択伐林型を新たに造成する場合のほか、択伐林型の準備段階や造成途中にある場合、択伐林型の下木の造成に必要な上木を間伐する場合を含むものとする。

(2) 伐採の限度

　主伐に係る伐採の限度は、次によるものとする。

ア　令別表第2の第2号（一）の伐採の限度は、指定の目的に係る受益の対象が同一である保安林又はその集団を単位として定めるものとする。

イ　令別表第2の第2号（一）イの伐採の限度のうち1伐採年度において皆伐による伐採をすることができる面積に係るものは、指定施業要件を定めるについて同一の単位とされている保安林又はその集団のうち当該指定施業要件としてその立木の伐採につき択伐が指定されている森林及び主伐に係る伐採の禁止を受けている森林以外のものの面積を令別表第2の第2号（一）イに規定する伐期齢に相当する数で除して得た面積（以下「総年伐面積」という。）に前伐採年度における伐採につき法第34条第1項の許可（以下「立木伐採許可」という。）をした面積が当該前伐採年度の総年伐面積に達していない場合には、その達するまでの部分の面積を加えて得た面積とする旨を定めるものとする。

ウ　令別表第2の第2号（一）ロの1箇所当たりの皆伐面積の限度は、原則として次の範囲内において伐採跡地からの土砂の流出の危険性、急激な疎開による周辺の森林への影響等に配慮して個別にきめ細かに定めるものとする。なお、保安林等の指定を円滑に進めるため、皆伐面積の限度を定める際には森林所有者の意向を十分に把握するものとする。

　（ア）　水源かん養保安林（急傾斜地の森林及び保安施設事業の施行地等の森林その他森林施業上これと同一の取扱いをすることが適当と認められる森林に限る。）

　　　　20ヘクタール以下

　（イ）　土砂流出防備、飛砂防備、干害防備及び保健の各保安林

　　　　10ヘクタール以下

　（ウ）　その他の保安林（当該森林の地形、気象、土壌等の状況を勘案し、特に保安機能の維持又は強化を図る必要があるものに限る。）

　　　　20ヘクタール以下

エ　(1)のアの（イ）により、樹種又は林相の改良のために伐採種を定めないものとされた保安林に係る1箇所当たりの皆伐面積の限度は、定めないものとする。

オ　令別表第2の第2号（一）ニの択伐の限度は、伐採の方法として択伐が指定されている森林及び伐採種を定めない森林に対して適用するものとする。

カ　規則第56条第3項に規定する保安林又は保安施設地区の指定後最初に択伐による伐採を行う森林についての択伐率の算出に用いる係数は、当該森林における標準伐期齢以上の立木の材積が当該森林の立木の材積の30パーセント（伐採跡地につき植栽によらなければ的確な更新が困難と認められる森林につき、保安林又は保安施設地区に指定後最初に択伐による伐採をする場合には、40パーセント）以上である森林にあっては当該森林の立木度、その他の森林にあっては当該森林の標準伐期齢以上の立木の材積が当該森林の立木の材積の30パーセント（伐採跡地につき植栽によらなければ的確な更新が困難と認められる森林につき、保安林又は保安施設地区に指定後最初に択伐による伐採をする場合には、40パーセント）以上となる時期において推定される立木度とする。この場合において、推定立木度は、保安林の指定時における当該森林の立木度を将来の成長状態を加味して±10分の1の範囲内で調整して得たものとする。

　なお、立木度は、現在の林分蓄積と当該林分の林齢に相応する期待蓄積とを対比して10分率をもって表すものとする。ただし、蓄積を計上するに至っていない幼齢林分については蓄積に代えて本数を用いるものとする。

(3) **植栽**

　令別表第2の第3号は、立木を伐採した後において現在の森林とおおむね同等の保安機能を有する森林を再生

する趣旨で設けられたものであるから、植栽以外の方法により的確な更新が期待できる場合には、これを定めないものとする。この場合において、人工造林に係る森林及び森林所有者が具体的な植栽計画を立てている森林については、原則として、定めるものとする。

ア　方法に係るもの

(ア)　植栽方法

a　規則第57条第1項の「満1年未満の苗にあっては、同一の樹種の満1年以上の苗と同等の根元径及び苗長を有するものであること」については、各都道府県等が定める山行苗木の流通規格に定められている2年生以上の苗の根元径及び苗長と比較することをもって、満1年未満の苗が同一の樹種の満1年以上の苗と同等の根元径及び苗長を有していることの妥当性を判断するものとする。ただし、コンテナ苗等の規格に苗齢に関する区分がない場合は、その規格が記載された申請書類を添付させ、2年生の苗が含まれるか否かを確認することをもって判断するものとする

なお、樹盛が旺盛である、根張りが良い、損傷がない等植栽しようとする苗が健全であることに留意するものとする。

b　保安林において満1年未満の苗を植栽しようとする場合は、苗を生産する事業者等に苗齢並びに根元径及び苗長を表示した林業種苗法（昭和45年法律第89号）第18条第1項に規定する生産事業者表示票を確実に添付するよう指導し、当該表示票を確認する方法、国庫補助事業等の造林検査要領等において苗の規格に関する検査項目が設定されている場合には、当該検査に使用した苗木受払簿等の書類の内容を確認する方法等、各都道府県の状況に応じて書面を中心として苗齢並びに根元径及び苗長を確認するものとする。

(イ)　植栽本数

a　規則第57条第2項柱書の付録第8の「当該森林において、植栽する樹種ごとに、同一の樹種の単層林が標準伐期齢に達しているものとして算出される1ヘクタール当たりの当該森林の単層林の立木の材積を標準伐期齢で除して得た数値」は、原則として、当該森林の森林簿又は森林調査簿（以下「森林簿等」という。）に示されている植栽する樹種に係る地位級（樹種別に伐期総平均成長量を立方メートル単位の等級に区分したものをいう。以下同じ。）をもって表すものとする。ただし、当該森林の森林簿等に植栽する樹種に係る地位級が示されていない場合にあっては、近傍類似の森林の森林簿等に示されている当該樹種又は当該樹種と同等の生育が期待される樹種に係る地位級を、当該森林の森林簿等に示されている植栽する樹種に係る地位級が、当該樹種の伐期総平均成長量と異なる場合にあっては、当該地位級に代えて当該樹種の伐期総平均成長量の数値をもって表すものとする。

なお、規則付録第8の算式の算出結果は、別表2のとおりである。

b　規則第57条第2項第1号において、規則付録第8の算式により算出された本数が3,000本を超える場合の植栽本数は、3,000本とする。

c　規則第57条第2項第2号について、次の条件に適合する場合の植栽本数は、植栽本数を定めようとする森林が所在する市町村の市町村森林整備計画に定められている人工造林の標準的な方法に基づく本数であって、当該市町村のおおむね過半の区域において、特定の森林所有者等に偏ることなく幅広い関係者が施業した実績のある方法に基づく本数であり、かつ当該林分における保育作業（鳥獣害対策を含む。）の実績から、確実に更新を図ることが可能であると見込まれる本数とするものとする。ただし、植栽本数を定めようとする森林が、2以上の市町村にわたり、かつこれらの市町村の市町村森林整備計画に差異があることによって、当該保安林の効率的な施業に支障が生じる場合にあっては、市町村森林整備計画に代えて地域森林計画に定められている人工造林の標準的な方法に基づく本数とすることもできるものとする。

(a)　「地盤が安定し、土砂の流出又は崩壊その他の災害を発生させるおそれがなく」については、急傾斜地である等個々の森林の地形や土壌の現況からして、土砂の流出又は崩壊が発生しやすいものでないこと、雪崩による被害のおそれがないことなど、植栽本数を減じることによって、周囲の森林

に影響を与えるおそれがない場合とする。
　　　　　(b)　「自然的社会的条件からみて効率的な施業が可能である」ことについては、自然的条件にあっては、地形、気象、土壌等の要因から苗の活着及び生育に不向きな立地ではないこと、社会的条件にあっては、植栽本数を定めようとする森林へのアクセスに問題がなく、伐期に至るまで間伐等の施業が継続的に実施されているなど植栽後の苗の管理が適切に実施できる立地であることについて確認するものとし、植栽後に効率的な施業が可能である場合とする。
　イ　樹種に係るもの
　　(ア)　令別表第2の第3号（三）の「経済的利用に資することができる樹種」については、当該保安林の指定目的、地形、気象、土壌等の状況及び樹種の経済的特性等を踏まえて、木材生産に資することができる樹種に限らず、幅広い用途の経済性の高い樹種を定めることができるものとし、例示すれば次のような樹種が含まれる。
　　　　a　木材生産に資する樹種の例
　　　　　　スギ、ヒノキ、カラマツ、エゾマツ、ヒバ等
　　　　b　高木性の広葉樹の例
　　　　　　クヌギ、ナラ、カシワ、ブナ、シイ等
　　　　c　深根性の樹種の例
　　　　　　ケヤキ、カシ、アカマツ、クロマツ等
　　　　d　趣のある林相を構成する樹種の例
　　　　　　シラカバ、ヤマザクラ、カエデ等
　　　　e　防火等特定の指定目的の達成のために必要とされる樹種の例
　　　　　　サンゴジュ、ヤマモモ、ナナカマド等
　　(イ)　早生樹をはじめ、造林樹種として新たに普及を行う樹種を指定する場合は、当該樹種が保安林の指定目的、地形、気象、土壌等の状況及び経済的特性等の観点から適切であることについて、必要に応じて、試験研究機関や大学等の学識経験者の助言を聞くものとする。
　　(ウ)　全ての樹種を明示して指定することが困難な場合には、当該森林の保安機能の維持又は強化を図るために植栽を奨励すべき樹種を極力明示した上で、その他の樹種については「当該地域で一般的に造林が行われ、かつ、当該森林において的確な更新が可能である高木性の広葉樹」等の客観的な判断が可能な記載方法により、明示することが困難な樹種を包括的に指定することができるものとする。ただし、伐期総平均成長量が6以上の樹種については、極力樹種名を明示して指定すること。
3　指定の手続
(1)　申請書の受理
　ア　法第27条第1項に規定する保安林の指定に直接の利害関係を有する者は、次のいずれかに該当する者とする。
　　(ア)　保安林の指定に係る森林の所有者その他権原に基づきその森林の立木竹又は土地の使用又は収益をする者
　　(イ)　保安林の指定により直接利益を受ける者又は現に受けている利益を直接害され、若しくは害されるおそれがある者
　　　　なお、「保安林の指定により直接利益を受ける者」については、別表3を基本的な考え方とし、現地の実態も踏まえながら適切に対処するものとする。
　イ　規則第48条第1項第1号の規定により申請書に添付する森林の位置図及び区域図は、原則として地域森林計画の森林計画図（以下「森林計画図」という。）の写しとするものとする。
　ウ　規則第48条第1項第2号に規定する申請者が当該申請に係る指定に直接の利害関係を有する者であるか否かについては、アに基づき次に掲げる書類により判断するものとする。
　　(ア)　当該申請者が当該申請に係る森林の所有者である場合
　　　　a　当該申請に係る森林の土地が登記されている場合

　　　　（a）当該申請者が、登記簿に登記された所有権、地上権、賃借権その他の権利の登記名義人（以下
　　　　　「登記名義人」という。）である場合には、登記事項証明書（登記記録に記録されている事項の全部
　　　　　を証明したものに限る。）
　　　　（b）当該申請者が、登記名義人でない場合には、登記事項証明書（登記記録に記録されている事項の
　　　　　全部を証明したものに限る。）及び公正証書、戸籍の謄本又は売買契約書の写しその他当該申請者
　　　　　が当該森林の土地について登記名義人又はその承継人から所有権、地上権、賃借権その他の権利を
　　　　　取得していることを証する書類
　　　　b　当該申請に係る森林の土地が登記されていない場合
　　　　　　固定資産課税台帳に基づく証明書その他当該申請者が当該森林の土地について、その上に木竹を所有
　　　　　し、及び育成することにつき正当な権原を有する者であることを証する書類
　　（イ）当該申請者が当該申請に係る森林の所有者以外の者である場合
　　　　　当該申請により森林の保安機能が維持強化又は弱化されることによって、直接利益又は損失を受けるこ
　　　　ととなる土地、建築物その他の物件（以下「土地等」という。）につき権利者であることを証する登記事
　　　　項証明書その他当該土地等について正当な権原を有する者であることを証する書類
エ　都道府県知事は、申請が不適法であって、補正することができるものであるときは直ちにその補正を求め、
　　補正することができないものであるときは、当該申請者に対し、理由を付した書面を送付して、却下するもの
　　とする。
オ　都道府県知事は、指定の申請に対し、指定をしない旨の処分をした場合には、遅滞なく申請者に対し指定を
　　しない旨及びその理由を記載した書面を送付して通知するものとする。
カ　国有林野の管理経営に関する法律（昭和26年法律第246号）第２条に規定する国有林野（以下「国有林野」
　　という。）、相続等により取得した土地所有権の国庫への帰属に関する法律（令和３年法律第25号）第12条第１
　　項の規定により農林水産大臣が管理する土地のうち主に森林として利用されているもの（以下「国庫帰属森
　　林」という。）及び旧公有林野等官行造林法（大正９年法律第７号）第１条の契約に係る森林、原野その他の
　　土地（以下「官行造林地」という。）についての保安林の指定の申請は、原則として、当該森林の所在地を管
　　轄する森林管理局長が農林水産大臣に上申するものとし、都道府県知事は国有林野、国庫帰属森林及び官行造
　　林地以外の国有林又は民有林についての指定の申請を行うものとする。ただし、都道府県知事が国有林野、国
　　庫帰属森林又は官行造林地について森林管理局長に協議して申請する場合はこの限りでない。
キ　都道府県知事が申請をする場合には、申請書の指定の理由欄に別に定める法第27条第３項の保安林指定意見
　　書の様式に定める事項に準ずる事項を記載するものとする。
(2)　**指定に係る調査等**
　ア　都道府県知事は、保安林の指定に際しては、実地調査を行うほか適宜の方法により十分な調査を行い、次の
　　書類を作成の上、指定の適否を判断するものとする。この場合において、当該森林の所在地を管轄する市町村
　　長並びに森林所有者及び当該森林に関し登記した権利を有する者の当該指定に関する意見を聴くものとする。
　　（ア）指定調書
　　（イ）指定調査地図
　　（ウ）位置図
　　（エ）その他必要な書類
　イ　アの（エ）の書類には、次に掲げる書類を含むものとする。
　　（ア）都道府県森林審議会に諮問した場合にあってはその答申書の写し
　　（イ）申請に係る森林が国有林である場合にあっては当該国有林を管理する国の機関の長（国有林野、国庫帰
　　　　属森林又は官行造林地にあっては、所轄の森林管理局長）の意見
　　（ウ）当該森林の現況を明らかにする写真
　　（エ）当該指定について森林所有者又は当該森林に関し登記した権利を有する者に異議がある場合にあって
　　　　は、それらの者の氏名（法人にあっては名称）、当該森林の所在場所、異議の内容及び理由その他必要な

事項を記載した書面
　　ウ　都道府県知事は、民有林について申請をする場合において、当該指定の区域が１筆の土地の一部であるときは、当該区域の実測図を作成し、又は調査地図に地形地物を表示し、後日において現地を明瞭に確認できるようにしておくものとする。
　　エ　国有林に係る公衆の保健又は風致の保存のための保安林の指定について申請をする場合には、法第27条第３項の意見書、規則第48条第１項の書類及びアに掲げる書類を添付するものとする。
　(3)　**保安林予定森林の告示等**
　　ア　法第30条の２の規定に基づく掲示の内容は、保安林予定森林の告示の内容に準ずるものとする。
　　イ　法第30条の２の規定に基づく森林所有者等への通知は、保安林予定森林の森林所有者及びその森林に関し登記した権利を有する者の氏名（法人にあっては名称及び代表者の氏名）及び住所を調査した後に行うものとする。
　　　　なお、登記した権利を有する者は現に登記簿、立木登記簿又は鉱業原簿に登記（登録）されている権利の登記（登録）名義人（当該名義人が森林所有者である場合を除く。）である。
　　ウ　法第30条の２の規定に基づく森林所有者等への通知には、保安林に指定する旨並びに保安林予定森林の所在場所、当該指定の目的及び保安林の指定後における当該森林に係る指定施業要件のほか、次の事項を含めるものとする。
　　　（ア）　同一の単位とされる保安林において伐採年度ごとに皆伐による伐採をすることができる面積（保安林の面積の異動等により変更することがある旨を付記すること。）
　　　（イ）　伐採種を定めない森林においてする主伐は、皆伐によることができる旨
　　　（ウ）　標準伐期齢
　　　（エ）　指定施業要件に従って樹種又は林相を改良するために伐採するときは、伐採跡地の植栽について条件を付することがある旨
　　　（オ）　その他必要な事項
　　エ　保安林予定森林に係る区域が１筆の土地の一部である場合には、法第30条の２の規定による通知書に当該部分を明示した図面を添付するものとする。
　　オ　都道府県知事は、国有林の保安林又は法第25条第１項第１号から第３号までに掲げる目的を達成するための民有林の保安林（同項に規定する重要流域内に存するものに限る。）につき法第30条（第33条の３において準用する場合を含む。）の規定による告示をしたときは、遅滞なく、当該告示の写しを林野庁長官宛て送付するものとする。
　　カ　都道府県知事は、保安林指定告示附属明細書を、保安林台帳に準じて保管するものとする。
　　キ　都道府県知事は、法第27条第１項の規定による指定の申請をした後又は申請を進達した後法第33条第１項の規定による告示が行われるまでの間に、当該申請に係る森林について所在場所の名称又は地番の変更があったときは、当該変更に係る所在場所の名称又は地番、変更の時期その他必要な事項を記載した書面により林野庁長官に報告するものとする。
　　　　なお、当該変更が法第30条の規定による告示がなされる以前であるものであって当該変更前の所在場所の名称又は地番により告示がなされている場合にあっては、当該告示の訂正を行い、当該告示の訂正を記載した都道府県公報の写しを当該書面に添付するものとする。
　　ク　都道府県知事は、法第29条の規定による通知を受けた後において、当該通知の内容を変更する必要が生じたときは、変更に係る内容、変更を必要とする理由その他必要な事項を記載した書面により当該通知の内容の変更を林野庁長官に申し出るものとする。
　　ケ　指定目的の変更のためにする指定は、現に定められている指定目的に係る保安林の解除と同時又は解除前に行うものとする。この場合において、法第30条の２及び法第33条第６項において準用する同条第３項の規定による通知書には、指定目的の変更のためにする指定である旨を付記するものとする。
　　コ　現に保安林に指定されている森林について、その指定の目的以外の目的を達成するため重ねて保安林に指定

する場合（以下「兼種保安林の指定」という。）における法第30条の2及び法第33条第6項において準用する同条第3項の規定による通知書には、従前の指定目的に新たな目的を追加するための指定である旨を付記するものとする。
- サ 保安林予定森林について、事情の変更その他の理由により指定を取り止める場合には、当該保安林予定森林に係る告示、掲示及び通知を取り消すものとする。

(4) **意見の聴取**
- ア 異議意見書を提出した者が当該意見書の提出に係る保安林の指定に直接の利害関係を有する者であるか否かの判断は、(1)のア及びウを準用するものとする。
- イ 法第32条第1項に規定する意見書は、意見に係る森林及び理由が共通である場合に限り連署して提出することができるものとする。
- ウ 異議意見書に添付する図面については、原則として森林計画図の写しとするものとする。
- エ 都道府県知事は、法第32条第1項の規定に基づき都道府県知事宛てに提出された意見書が、規則第51条に規定する直接の利害を有する者であることを証する書類の添付がないものその他不適法であって補正することができるものであるときは、直ちにその補正を求めるものとし、同項に規定する期間の経過後に差し出されたものその他不適法であって補正することができないものであるときは、これを却下するものとする。
   なお、当該却下は、意見書提出者に対し、理由を付した書面を送付してするものとする。
- オ 法第32条第2項の規定に基づき都道府県知事が行う意見の聴取については、規則第52条の規定を準用するものとするほか、次によるものとする。
   - (ア) 規則第52条第1項の規定による議長の指名は、意見の聴取を行う日の前日までに指定書を交付して行うものとすること。
   - (イ) 議長は、意見書提出者又はその代理人が正当な理由なく陳述を拒んだ場合又は陳述しない場合は、陳述するよう催告すること。
- カ 法第32条第3項の通知書には、同項に規定された事項のほか、次の事項を記載するものとする。
   - (ア) 意見聴取会の開始時期
   - (イ) 意見書提出者が代理人をして意見の陳述をさせようとするときは、代理人1人を選任し、当該選任に係る代理人の権限を証する書面をあらかじめ提出すべき旨
   - (ウ) 陳述の時間を制限する必要があるときは、各意見書提出者又はその代理人の陳述予定時間
   - (エ) 意見聴取会当日には当該通知書を持参すべき旨
- キ 法第32条第3項の規定に基づき都道府県知事が行う意見の聴取の期日等の公示は、都道府県公報に掲載してするとともに関係市町村の事務所及び意見の聴取の場所に掲示して行うものとする。

(5) **指定の通知**
- ア 法第33条第6項において準用する同条第3項の規定に基づく森林所有者等への保安林の指定の通知（以下「指定通知」という。）に当たっては、あらかじめ当該指定に係る森林所有者が法第30条の2の規定による保安林予定森林の通知をした森林所有者と同一人であるかどうかを確認し、森林所有者に異動があった場合には新森林所有者を通知の相手方とするものとする。
- イ 指定通知の内容が法第30条の2の規定による保安林予定森林の通知の内容と同一である場合には、森林所有者に異動があった場合を除き、通知書に保安林予定森林についての通知の内容と同一である旨を記載すれば足りるものとする。
- ウ 指定に係る森林が1筆の土地の一部である場合には、指定通知に当該部分を明示した図面を添付するものとする。ただし、森林所有者に異動があった場合を除き、当該区域が保安林予定森林の区域と同一である場合には、この限りでない。
- エ 都道府県知事は、民有林に係る法第33条第1項の通知を受けたとき又は法第25条の2の規定に基づき指定をしたときは、当該処分の内容その他必要な事項を当該保安林の所在地を管轄する市町村長及び登記所に通知するものとする。ただし、指定目的の変更のためにする指定又は兼種保安林の指定についてはこの限りでない。

オ　指定目的の変更のためにする指定及び兼種保安林の指定に係る指定通知については、(3)のケ及びコを準用するものとする。

第2　保安林の解除
1　解除の理由
(1)　指定の理由の消滅
　　法第26条第1項又は法第26条の2第1項に規定する「指定の理由が消滅したとき」とは、次の各号のいずれかに該当するときとするものとする。
ア　受益の対象が消滅したとき。
イ　自然現象等により保安林が破壊され、かつ、森林に復旧することが著しく困難と認められるとき。
ウ　当該保安林の機能に代替する機能を果たすべき施設（以下「代替施設」という。）等が設置されたとき又はその設置が極めて確実と認められるとき。
エ　森林施業を制限しなくても受益の対象を害するおそれがないと認められるとき。
(2)　公益上の理由
　　法第26条第2項又は法第26条の2第2項に規定する「公益上の理由により必要が生じたとき」とは、保安林を次に掲げる事業の用に供する必要が生じたときとする。
ア　土地収用法（昭和26年法律第219号）その他の法令により土地を収用し又は使用できることとされている事業のうち、国等（国、地方公共団体、地方公共団体の組合、独立行政法人、地方独立行政法人、地方住宅供給公社、地方道路公社及び土地開発公社をいう。以下同じ。）が実施するもの
イ　国等以外の者が実施する事業のうち、別表4に掲げる事業に該当するもの
ウ　ア又はイに準ずるもの
(3)　転用を目的とする解除
　　(1)又は(2)を理由とする解除のうち、保安林を森林以外の用途に供すること（以下「転用」という。）を目的とする解除（以下「転用解除」という。）については、次に掲げる要件を備えなければならないものとする。
　　なお、保安林については、制度の趣旨からして転用を抑制すべきものであり、転用解除に当たっては、保安林の指定の目的並びに国民生活及び地域社会に果たすべき役割の重要性に鑑み、地域における森林の公益的機能が確保されるよう森林の保全と適正な利用との調整を図る等厳正かつ適切な措置を講ずるとともに、当該転用が保安林の有する機能に及ぼす影響の少ない区域を対象とするよう指導するものとする。
ア　「指定の理由の消滅」による解除
　　（ア）　級地区分
　　　　別表5の第1級地に該当する保安林については、原則として、解除は行わないものとする。
　　　　同表の第2級地に該当する保安林については、地域における保安林の配備状況及び当該転用の目的、態様、規模等を考慮の上、やむを得ざる事情があると認められ、かつ、当該保安林の指定の目的の達成に支障を来さないと認められる場合に限って転用解除を行うものとする。
　　（イ）　用地事情
　　　　転用の目的に係る事業又は施設の設置（以下「事業等」という。）による土地利用が、その地域における公的な各種土地利用計画に即したものであり、かつ、当該転用の目的、その地域における土地利用の状況等からみて、その土地以外に他に適地を求めることができない、又は著しく困難であること。
　　　　ただし、都道府県（地方公営企業（地方公営企業法（昭和27年法律第292号）第2条の地方公営企業をいう。）を含む。）が事業主体となり製造場を整備する事業で、保安林の指定の解除を伴うもの（以下「製造場整備事業」という。）のうち、次の各号に掲げる要件を全て満たすものについては、これを適用しないものとする。この場合において、都道府県知事は、保安林の指定を解除したときは、製造場整備事業の区域（以下「整備事業区域」という。）内において残置し、又は造成した森林を保安林に指定するものとし、法第25条第1項の規定に基づく保安林の指定が必要なときには、法第27条第1項の規定に基づき農林

水産大臣に申請するものとする。
- a 製造場整備事業が、公的な計画に位置付けられた重要分野に係るものであり、かつ、その地域における公的な各種土地利用計画に即したものであること。
- b 製造場整備事業が、既に整備された製造場（以下「既存製造場」という。）を拡張するものであり、かつ、製造場整備事業により新たに整備される製造場で実施される事業が既存製造場で実施されている事業（以下「既存事業」という。）と一体的に実施されるものであること。
- c 事業環境の変化等により、既存事業を整備事業区域内において拡張する必要があること。
- d 整備事業区域の主たる区域が、保安林以外であること。
- e 既存事業の区域に隣接した土地に保安林以外の利用可能な土地がある場合は、当該土地を優先して利用する計画に基づいて実施されるものであること。
- f 整備事業区域が、既存事業の主要な施設が存する区域に隣接していること。
- g 整備事業区域において残置し、又は造成する森林の面積の割合が、同区域の面積の35％以上確保されるものであること。

(ウ) 面積

転用に係る土地の面積が、次に例示するように当該転用の目的を実現する上で必要最小限度のものであること。
- a 転用により設置しようとする施設等について、法令等により基準が定められている場合には、当該基準に照らし適正であること。
- b 大規模かつ長期にわたる事業等のための転用解除の場合には、当該事業等の全体計画及び期別実施計画が適切なものであり、かつ、その期別実施計画に係る転用面積が必要最低限度のものであること。

(エ) 実現の確実性

次の事項の全てに該当し、申請に係る事業等を実施することが確実であること。
- a 事業等に関する計画の内容が具体的であり、当該計画どおり実施されることが確実であること。
- b 事業等を実施する者（以下「事業者」という。）が当該保安林の土地を使用する権利を取得している、又は取得することが確実であること。
- c 事業者が事業等を実施するため当該保安林と併せて使用する土地がある場合において、その土地を使用する権利を取得している、又は取得することが確実であること。
- d b及びcの土地の利用又は事業等について、他の行政庁の免許、許可、認可その他の処分（以下「許認可等」という。）を必要とする場合には、当該許認可等がなされているかの確認又は当該申請に係る申請の状況の確認ができること。また、行政庁の処分以外に環境影響評価法（平成9年法律第81号）又は地方公共団体の条例等に基づく環境影響評価手続の対象となる場合には、その手続の状況の確認もできること。
- e 事業者に当該事業等を実施するのに十分な信用、資力及び技術があることが確実であること。

(オ) 利害関係者の意見

転用解除に当たって、当該転用解除に利害関係を有する市町村の長の同意及び当該転用解除に直接の利害関係を有する者の同意を得ている、又は得ることができると認められるものであること。

(カ) その他の満たすべき基準
- a 転用に当たっては、当該保安林の指定の目的の達成に支障を来さないよう、代替施設の設置等の措置が講じられた、又は確実に講じられることについて、2の(5)のアの規定による都道府県知事の確認があること。

  この場合において、代替施設には、当該転用に伴って土砂が流出し、崩壊し、又は堆積することにより、付近の農地、森林その他の土地若しくは道路、鉄道その他これらに準ずる設備又は住宅、学校その他の建築物に被害を与えるおそれがある場合における当該被害を防除するための施設を含むものとする。
- b aの代替施設の設置等については、別紙に示す基準に適合するものであること。

　　　　c　bのほか、事業等に伴う土砂の流出又は崩壊その他の災害の防止、周辺の環境保全等については、別紙に示す基準に適合するものであること。
　　　　d　転用に係る保安林の面積が、5ヘクタール以上である場合又は事業者が所有権その他の当該土地を使用する権利を有し、事業等に供しようとする区域内の森林の面積に占める保安林の面積の割合が10パーセント以上である場合（転用に係る保安林の面積が1ヘクタール未満の場合を除く。）であって、水資源の涵養又は生活環境の保全形成等の機能を確保するため代替保安林の指定を必要とするものにあっては、原則として、当該転用に係る面積以上の森林が確保されるものであること。
　イ　「公益上の理由」による解除
　　①　国等が行う事業による転用の場合
　　（ア）　級地区分
　　　　別表5の第1級地については、転用の態様、規模等からみて国土の保全等に支障を来さないと認められるものを除き、原則として、解除は行わないものとする。
　　　　同表の第2級地については、アの（ア）を準用するものとする。
　　（イ）　用地事情
　　　　アの（イ）を準用するものとする。
　　（ウ）　面積
　　　　アの（ウ）を準用するものとする。
　　（エ）　実現の確実性
　　　　アの（エ）を準用するものとする。
　　（オ）　その他の満たすべき基準
　　　　アの（カ）を準用するものとする。
　　②　①以外の場合
　　（ア）　級地区分
　　　　①の（ア）を準用するものとする。
　　（イ）　用地事情
　　　　アの（イ）を準用するものとする。
　　（ウ）　面積
　　　　アの（ウ）を準用するものとする。
　　（エ）　実現の確実性
　　　　アの（エ）を準用するものとする。
　　（オ）　利害関係者の意見
　　　　アの（オ）を準用するものとする。
　　（カ）　その他の満たすべき基準
　　　　アの（カ）を準用するものとする。
　ウ　その他留意事項
　　（ア）　事業区域について
　　　　事業区域は、転用解除に直接的に関連する森林、緑地その他の土地であって、当該転用解除に当たっての残置森林等の割合、配置等の基準の適用及び代替施設の設置等の確認を行う対象区域であり、事業終了後も事業者に対し残置森林等の適正な保全、必要な森林施業の実施等善良な維持管理を義務付けるものであることから、事業者がそれらの土地の全てについて所有権又は使用及び収益を目的とする権利を取得している、又はその権利の取得若しくは当該土地の所有者等から使用の同意を得ることができる区域である。
　　（イ）　残置森林等の適正な管理等について
　　　　事業区域内の残置森林及び造成森林は、その目的等からして将来にわたって厳正に保全・管理し、機能の維持増進を図るべきものであることから、地域森林計画の対象とすることを原則とし、事業者に対し市

町村等との維持管理協定等の締結、除間伐等の保育、疎林地への植栽等適切な施業の実施等について指導するとともに、必要に応じ保安林の指定を進めるものとする。
(ウ) 代替保安林等の指定について
転用解除に伴う代替保安林等の指定は、当該保安林の指定の目的の達成に支障を来すことがないよう代替施設の設置と併せて措置する必要がある場合に指定されるものであり、この取扱いについては、次によるものとする。
　a 水源かん養保安林の転用解除に係る代替保安林の指定は、受益の対象及び保安林配備の状況、森林現況等に配意して、同一の単位区域内の森林を対象として行うものとする。ただし、転用に係る保安林の面積が小さく、かつ貯水池又は導水路の設置等水の確保の措置が適切に講じられる場合には、この限りでない。
　b 生活環境の保全・形成等の目的で指定された保健保安林の転用解除に係る代替保安林の指定は、周辺の土地利用及び保安林配備の状況、当該森林の現況等に配意して、原則として受益の対象がおおむね同一の区域の森林を対象として行うものとする。
　c a及びb以外であって、大規模な森林の開発転用に際して生活環境の保全・形成等の機能を確保するため必要があると認められる場合には、当該事業区域の周辺部等に保健保安林等が適切に配備されるよう努めるものとする。
(エ) 利害関係者の同意等の的確な把握について
転用解除は、実現の確実性及び利害関係者の意見がより重要となるものであることから、転用解除の申請があった場合には、用地の取得状況、許認可等の見通し、事業者の信用、資力等事業実施の確実性について厳正に審査するとともに、直接の利害関係者等の同意の有無、地域住民の動向等を的確に把握の上、解除申請書の進達等を行うものとする。

2 解除の手続

(1) 申請書の受理

ア 法第27条第1項に規定する保安林の解除に直接の利害関係を有する者は、第1の3の(1)のアを準用するものとする。

イ 規則第48条第1項第1号の森林の位置図及び区域図は、原則として実測図とするものとする。ただし、転用を目的とするものでない場合には、森林計画図の写しとすることができるものとする。

ウ 規則第48条第1項第2号に規定する申請者が当該申請に係る解除に直接の利害関係を有する者であるか否かについては、アに基づき第1の3の(1)のウの(ア)及び(イ)の書類により判断するものとする。

エ 規則第48条第2項各号に掲げる書類は、次によるものとする。

(ア) 第1号の計画書は、次の事項を記載した書類、転用に係る区域及びそれに関連する区域並びにそれらの区域内に設置される施設の配置図、縦横断面図その他実施設計に関する図面並びに土量計算等に関する書類とする。
　a 転用の目的に係る事業又は施設の名称
　b 事業者の氏名（法人及び法人でない団体にあっては名称及び代表者の氏名）及び住所（法人にあっては本店又は主たる事務所の所在地とし、法人でない団体にあっては代表者の住所とする。）
　c 事業等の用に供するため当該保安林を選定した事由
　d 事業者が当該保安林の土地を使用する権利の種類及び当該権利の取得の状況
　e 事業等に要する資金の総額及びその調達方法
　f 事業等に要する経費の項目（用地費、土木工事費、建築工事費、諸掛費等）ごとの員数、単価、金額及びその内訳
　g 事業等に関する工事を開始する予定の日、当該工事の工程並びに当該工事により設置される施設の種類、規模、構造及び所在
　h その他参考となる事項

(イ) 第2号の計画書は、次の事項を記載した書類及び代替施設の配置図、縦横断面図その他実施設計に関する図面とする。
　　なお、申請者が、転用に伴って当該保安林の機能が失われないとして当該計画書を添付しない場合において、審査の結果当該計画書を添付する必要があると認めるときは、遅滞なくその提出を求めて補正させるものとする。
　　a　代替施設を設置する土地を使用する権利の種類及び取得の状況
　　b　代替施設の設置に要する資金の総額及びその調達方法
　　c　代替施設の設置に要する経費の項目（用地費、土木工事費、建築工事費、諸掛費等）ごとの員数、単価、金額及びその内訳
　　d　代替施設に関する工事を開始する予定の日、当該工事の工程並びに代替施設の種類、規模、構造及び所在
　　e　その他参考となる事項
(ウ) 第3号については、次によるものとする。
　　a　「他の行政庁の免許、許可、認可その他の処分」に係る申請の状況を記載した書類については、次によるものとする。
　　　①　申請中の許認可等については、許認可等の種類、申請先行政庁及び申請年月日を記載した書類
　　　②　申請前の許認可等については、許認可等の種類、申請先行政庁及び申請予定時期を記載した書類
　　b　「処分があったことを証する書類」については、当該許認可等を行った行政庁が発行した証明書又は許認可等の写しとすること。
　　c　許認可等には、国の機関の通知及び地方公共団体の条例、規則、通知によるものも含むこと。
(エ) 第4号の法人の登記事項証明書に準ずるものについては、法人が実在することを証明するために必要な情報（法人の名称及び所在地並びに法人番号）を記載した書類又はその写しとする。また、類するものは公的機関が発行した氏名及び住所が記載された書類又はその写しとする。
(オ) 第5号の「資力及び信用があることを証する書類」については、次によるものとする。ただし、事業等の目的、態様等に応じて必要な書類を追加し、又は他の書類により資力及び信用を確認できる場合には、当該書類の添付をもって代替できるものとする。
　　a　資金計画書（(ア)及び(イ)の計画書に記載する場合は、当該計画書の提出をもって代替することができる。）
　　b　資金の調達について証する書類（自己資金により調達する場合は預金残高証明書、融資により調達する場合は融資証明書等、資金の調達方法に応じ添付する。）
　　c　貸借対照表、損益計算書等の法人の財務状況や経営状況を確認できる資料
　　d　納税証明書
　　e　事業経歴書（必要に応じ、一定の期間を定め、その期間内の経歴とすることができる。）
　　f　融資決定が転用解除後となる場合等当該書類を提出することが困難な場合には、次に掲げる方法等により確認するものとする。
　　　(a) 代替施設の設置等の先行実施を徹底させる観点から、代替施設の設置等に係る部分の資金の調達について別途預金残高証明書等により確認する。
　　　(b) 上記が困難な場合には、申請時に、事業者の資金計画書に加え、金融機関から事業者への関心表明書を提出させ、着手前に融資証明書を提出させる。
　　g　その他参考となる資料
(カ) 第6号の「都道府県知事が必要と認める書類」については、地域の実情に応じて、都道府県が求める書類とする。
オ　森林法施行規則の規定に基づき、申請書等の様式を定める件（昭和37年農林省告示第851号。以下「様式告示」という。）12の注意事項4の「事業等を実施するために必要な能力があることを証する書類」について

は、次によるものとする。ただし、事業等の目的、態様等に応じて必要な書類を追加し、又は他の書類により事業等を実施するために必要な能力を確認できる場合には、当該書類の添付をもって代替できるものとする。
- (ア) 建設業法許可書（土木工事業）
- (イ) 事業経歴書（必要に応じ、一定の期間を定め、その期間内の経歴とすることができる。）
- (ウ) 預金残高証明書
- (エ) 納税証明書
- (オ) 事業実施体制を示す書類（職員数、主な役員・技術者名等）
- (カ) 規則第48条第2項第1号及び第2号の事業又は施設の設置に係る施行実績を示す書類（監督処分及び行政指導があった場合は、その対応状況を含む。必要に応じ、一定の期間を定め、その期間内の実績とすることができる。）
- (キ) 申請時点で施行者が決定していない場合等当該書類を提出することが困難な場合には、申請時に施行者の決定方法や時期、求める施行能力について記載した書類を提出させるとともに、着手前までに正規の確認書類を提出することについて確約書を提出させる等の方法により確認するものとする。
- (ク) その他参考となる資料

カ　転用解除に当たって、1の(3)の要件を備えているか否かについては、次に掲げる書類を事業者に提出させる等の方法により確認するものとする。
　　なお、当該確認のほか、併せて(2)の調査等について十分に実施した上で、判断するものとする。
- (ア) 級地区分
  - a　法第10条の15第4項第4号に規定する治山事業の施行地等の有無については、治山施設台帳等を確認すること。
  - b　傾斜度については、転用に係る区域の傾斜度を測定した図面等により確認すること。
  - c　地形、地質等からして崩壊しやすいものについては、転用に係る区域の過去の災害履歴等を確認すること。
  - d　保安林の解除に伴い残置し、又は造成することとされたものについては、過去の転用解除に係る書類により確認すること。
  - e　その他図面等により確認すること。
- (イ) 用地事情
  - a　事業等による土地利用について具体的に示されている公的土地利用計画により確認すること。
  - b　事業等による土地利用について公的土地利用計画に記載されているものの、その記載が具体的ではない場合は、当該計画と併せて、事業等が当該計画に適合することを当該計画の策定者が認める書類により確認すること。
  - c　事業等の実施が、その土地以外に他に適地を求めることができないことを、a及びbの公的土地利用計画のほか、エの（ア）の計画書により確認すること。
  - d　製造場整備事業に係る要件については、a及びbのほか、エの（ア）の計画書により確認すること。
- (ウ) 面積
  　エの（ア）の計画書により確認するものとし、事業等が他の法令や技術基準等に基づく必要がある場合には、当該法令等も併せて確認すること。
- (エ) 実現の確実性
  - a　事業等に関する計画の内容については、エの（ア）の計画書により確認すること。
  - b　事業者が当該保安林の土地を使用する権利を取得している、又は取得することが確実であることについては、森林の土地の登記事項証明書や所有権、地上権、賃借権その他の権利を証する書類等により確認すること。
  - c　事業者が事業等を実施するため当該保安林と併せて使用する土地がある場合において、その土地を使用する権利を取得している、又は取得することが確実であることの確認については、bを準用すること。

　　　　d　b及びcの土地の利用又は事業等に関する許認可等については、エの（ウ）の書類により確認すること。
　　　　e　事業者に当該事業等を実施するのに十分な信用、資力及び技術があることについては、エの（オ）及びオの書類により確認すること。
　　（オ）利害関係者の意見
　　　　a　転用解除に利害関係を有する市町村の長の同意を得たことを証する書類又は意向を把握することのできる書類により確認すること。
　　　　　なお、転用解除に利害関係を有する市町村が2以上にわたる場合は、それぞれの市町村の長の同意を得ている、又は得ることができると認められることを上記の書類により確認すること。
　　　　b　転用解除に直接の利害関係を有する者の同意については、原則として、その全ての者の同意を得たことを証する書類又は意向を把握することのできる書類により確認すること。ただし、当該者が多数に及ぶ場合や所有者が不明な場合等においては、事業等に係る説明会を開催した上で、当該地区を代表する者等からの同意を得たことを証する書類又は意向を把握することのできる書類により確認することもできる。
　　　　　なお、意見を聴取する直接利害関係者については、その範囲を示す図面等を事業者に提出させることにより確認すること。
　キ　都道府県知事は、申請が不適法であって、補正することができるものであるときは直ちに補正を求め、補正することができないものであるときは、当該申請者に対し、理由を付した書面を送付して、却下するものとする。
　ク　都道府県知事が申請をする場合には、申請書の指定の解除の理由欄に別に定める法第27条第3項の保安林解除意見書の様式に定める事項に準ずる事項を記載するものとする。
(2)　**解除に係る調査等**
　都道府県知事が行う保安林の解除に係る調査等については、第1の3の(2)を準用するものとする。
(3)　**解除予定保安林の告示等**
　解除予定保安林の告示等については、第1の3(3)（ウ、カ、ケ及びコを除く。）を準用するものとする。この場合において、「保安林予定森林」とあるのは「解除予定保安林」と読み替えるものとする。
(4)　**意見の聴取**
　ア　意見書を提出しようとする者が、当該意見書の提出に係る保安林の解除に直接の利害関係を有する者であるか否かの判断は、第1の3の(4)のアを準用するものとする。
　イ　アのほか、意見の聴取については、第1の3の(4)（アを除く。）を準用するものとする。
(5)　**代替施設の設置等の確認に関する措置**
　ア　確認
　　（ア）都道府県知事は、転用に係る解除予定保安林について、法第30条又は法第30条の2第1項の告示の日から40日を経過した後（法第32条第1項の意見書の提出があったときは、これについて同条第2項の意見の聴取を行い、法第29条に基づき通知した内容が変更されない場合又は法第30条の2第1項に基づき告示した内容を変更しない場合に限る。）に、事業者に対し、1の(3)のアの（カ）の代替施設の設置等を速やかに講じるよう指導するとともに、当該施設の設置等が講じられた、又は確実に講じられることについて確認を行うものとする。ただし、製造場整備事業が、次の各号に掲げる要件を満たすことを都道府県知事が確認したときは、当該確認を要せず、代替施設の設置等を速やかに講じるよう指導するものとする。
　　　　a　主要な代替施設（法第26条第1項に規定する保安林にあっては林野庁長官に、法第26条の2第1項に規定する民有林である保安林にあっては都道府県知事に事前に協議した代替施設のうち、その主要部分を構成する排水施設、流出土砂貯留施設、洪水調節施設等のことをいう。以下同じ。）の設置が完了していること。
　　　　b　主要な代替施設以外の代替施設に関する工事の完了期日が明らかであること。

           c 主要な代替施設以外の代替施設に関する工事の完了までの間に、製造場整備事業の実施に伴う土砂の
             流出又は崩壊その他の災害の防止、周辺の環境保全等についての措置が適切に講じられることが明らか
             であること。
           d 主要な代替施設以外の代替施設に関する工事の完了までの間に、製造場整備事業の実施に伴う土砂の
             流出又は崩壊その他の災害、周辺の環境を著しく悪化させる事象等が生じた場合、都道府県知事に報告
             を行うとともに、復旧作業等が適切に講じられる体制が構築されていること。
           e 主要な代替施設以外の代替施設が設置されなかった場合、解除区域において保安林の機能を回復させ
             る措置が講じられることが明らかであること。
             また、法第32条第2項の意見の聴取を行い、法第29条に基づき通知した内容が変更される場合又は法
             第30条の2第1項に基づき告示した内容を変更する場合には、法第29条又は法第30条の2第1項に基づ
             き改めて通知又は告示を行うなどの手続を行うことが必要であり、事業者に対し、代替施設の設置等に
             着手しないよう指導するものとする。
       (イ) (ア)の確認は、次のものについて行うものとする。
           a 法第26条第1項及び法第26条の2第1項の規定による解除
           b 法第26条第2項及び法第26条の2第2項の規定による解除であって、令第2条の3に規定する規模を
             超え、かつ、法第10条の2第1項第1号から第3号までに該当しないもの
    イ 確認報告
       法第26条の2により規定されている保安林以外のものについては、都道府県知事は、アの(ア)の確認を了
       した場合には、速やかに別記様式により林野庁長官に報告するものとする。
    ウ 確認に当たっての留意事項
       都道府県知事は、代替施設の設置等の確認に当たって、単に、当該保安林種ごとの指定目的に係る機能の代
       替施設だけでなく、防災施設、造成森林等の設置状況を確認するとともに、これらの代替施設以外にも、事業
       等に係る転用に伴う土砂の流出又は崩壊その他災害の防止、周辺の環境保全等の観点から措置すべき事項につ
       いても厳正に確認を行うものとする。
(6) 解除の告示等
    ア 法第33条第1項の規定に基づく解除の告示は、(5)のアの確認を了した後に行うものとする。
    イ 法第33条第3項（同条第6項において準用する場合を含む。）の規定に基づく森林所有者等への保安林の指
       定の解除の通知（以下「解除通知」という。）については、第1の3の(5)（エ及びオを除く。）を準用するもの
       とする。この場合において、「指定通知」とあるのは「解除通知」と、「保安林予定森林」とあるのは「解除予
       定保安林」と読み替えるものとする。
(7) その他留意事項
    ア 事業者に対する指導等
       転用解除に係る事務については、保安林の指定の解除に係る事務手続について（令和3年6月30日付け3林
       整治第478号林野庁長官通知）に基づき事前相談を適正に行うとともに、許可等を必要とする場合又は環境
       影響評価法若しくは地方公共団体の条例等に基づく環境影響評価手続の対象となる場合には、当該許認可等を
       所管する行政庁と相互に緊密な連絡調整を図るものとする。
    イ 都道府県森林審議会への諮問
       (ア) 都道府県知事は、法第27条第3項の規定による意見書の提出に当たって、都道府県森林審議会の意見を
          聴取し、その結果に基づき適否を明らかにした上、意見書を提出するものとする。
             ただし、転用目的に係る事業等が国又は地方公共団体により行われるもの及び転用に係る面積が1ヘク
          タール未満のものについては、当該転用の目的、態様等からみて、国土保全等に相当の影響を及ぼすと認
          められる場合を除き、あらかじめ都道府県森林審議会の意見を聴いて基本方針を定めておき、法第27条第
          3項の規定による申請書を進達する際に当該方針に照らし適否を判断の上、意見書を提出することができ
          るものとする。

(イ) 都道府県知事は、法第26条の2により規定されている転用解除について、解除に当たって都道府県森林審議会に対し（ア）に準じて諮問を行い、その結果を参酌の上、解除の適否を判断するものとする。
ウ 事業実施期間が長期にわたる転用解除に係る事務
(ア) 保安林解除の予定通知
次に掲げる要件を全て満たすものについては、事業の全体計画に係る転用区域の全部又は一部について一括して法第29条の通知を行うことができるものとする。
a 保安林の解除が、法第26条第2項に規定する「公益上の理由」によるもの又は当該事業が規則第5条に規定するものであること。
b 事業者が、法第10条の2第1項第1号に規定するものであること。
(イ) 作業許可及び確定告示の取扱い
（ア）による解除予定保安林についての法第34条第2項の許可（以下「作業許可」という。）及び法第33条第1項の告示等（以下「確定告示等」という。）については、次により取り扱うものとする。
a 代替施設の設置等のための作業許可の申請は、期別実施計画に従い予算措置等の見通しが得られた区域から計画的に行うよう事業者に指示するものとする。
b 確定告示等については、代替施設の設置や地番の分筆の措置状況等を踏まえ、まとまりのある区域ごとに逐次行うこととする。

3 解除予定保安林における作業許可等の取扱い

解除予定保安林において法第30条又は法第30条の2第1項の告示の日から40日を経過した後（法第32条第1項の意見書の提出があったときは、これについて同条第2項の意見の聴取を行い、法第29条に基づき通知した内容が変更されない場合又は法第30条の2第1項に基づき告示した内容を変更しない場合に限る。）に行う代替施設の設置等につき、確認を必要とする場合の作業許可等の取扱いに当たっては、次によるものとする。

(1) **作業許可等を行う場合の取扱い**
ア 作業許可の取扱い方法
(ア) 作業許可申請書が提出された場合には次に掲げる順序に従い、許可手続を進めるものとする。
ただし、解除予定保安林の区域が小規模である等の理由により、aからcまでに掲げる行為（bに掲げる行為を必要としない場合にあっては、a及びcに掲げる行為）を同時に許可せざるを得ない場合であってそれぞれの行為が終わった時点で次の工事に着手することを条件として許可するときは、この限りでない。
a 代替施設の設置等のために必要な起工測量等（解除予定保安林の区域の測量及び当該区域の縦横断測量、当該測量のための測量杭の設置、ベンチマーク及び引照点の設置、丁張り等）のための土地の形質の変更等の行為
b 事業計画書に基づき実施する工事に先行して代替施設（貯砂えん堤、沈砂池、調整池、流末排水施設等）を設置する場合の土地の形質の変更等の行為
c 事業計画書に基づき実施する工事と併せて代替施設（切盛法面の保護、土留施設、排水路等）を設置する場合の土地の形質の変更等の行為
(イ) （ア）のbの許可は、ウの（イ）のaによる審査を了しているか否かを確認した後に、（ア）のcの許可は、ウの（イ）のbによる審査を了しているか否かを確認した後に行うものとする。
(ウ) （ア）のaからcまでの代替施設の設置等については、それぞれの許可期間満了後現地確認を行うものとする。
ただし、当該期間満了前に行為が終了したものについて、届出があった場合は、その時点で確認を行うものとする。
イ 作業許可申請に当たっての事前指導
作業許可の申請に先立ちあらかじめ、次の事項について当該申請者を指導するものとする。
(ア) 立木の伐採については、規則第60条第1項第5号の規定により、同条第2項の立木伐採届出書を伐採し

ようとする日の2週間前までに必ず提出させること。
　(イ)　原則としてアの（ア）のaからcまでに掲げる順序に従い、作業許可申請をさせること。
　(ウ)　代替施設の設置等に係る工事の工程を変更する必要が認められるときは、それぞれの作業許可申請書に変更工程表及び変更理由書を添付させること。
　(エ)　作業許可の内容（作業許可に付する条件を含む。）に違反したときは、法第38条第2項の規定による復旧命令等厳正な取扱いをすること。
　(オ)　解除予定保安林において、転用目的以外の用に供し、若しくは供しようとすることが明らかとなった場合又は作業許可の期間内に、代替施設の設置等が適正に行われない、若しくは行われる見込みがない場合には、当該解除予定保安林につき解除を行わないことがあること。
ウ　作業許可申請書の審査
　(ア)　作業許可、許可申請及び附属図面に記載された内容が次の事項に適合するか否かにつき審査の上行うものとする。
　　a　許認可等を必要とするものについて、当該許認可等があったことを証する書類が添付されていること。（法第29条の予定通知までに許認可等があったことを証する書類の提出があったものを除く。）
　　b　原則としてアの（ア）のaからcまでに掲げる順序に従って許可申請されており、かつ、解除予定保安林の所在場所（又は区域）と一致していること。
　　c　代替施設の設置等に係る事業計画の内容と適合していること。
　　d　規則第60条第1項第5号の規定による同条第2項の届出に係る区域と一致していること。
　(イ)　アの（ア）のb又はcに係る作業許可申請書については、次の事項を確認するものとする。
　　a　アの（ア）のbに係る作業許可申請書が提出された場合にあっては、実地調査等により、アの（ア）のaによる起工測量等が終了しているか否かを確認すること。
　　b　アの（ア）のcに係る作業許可申請書が提出された場合にあっては、実地調査等により、アの（ア）のaの起工測量及びbの代替施設の設置が完了しているか否かを確認すること。
　　　なお、アの（ア）のbの代替施設を設置する区域が解除予定保安林の区域外である場合においても、同様とする。

(2)　代替施設の設置等について変更を要する場合の措置
　　代替施設の設置等について、変更を要することとなった場合には、次により取り扱うものとする。
ア　代替施設の位置、工種、規模及び数量等の変更は、当初計画（解除予定保安林の代替施設計画）と比較し、代替機能が下回らないよう措置するものとする。
イ　代替施設の設置等に係る事業計画の内容が軽微な変更（法第29条の規定による予定通知の変更が伴わない内容の変更）である場合は、林野庁に協議し、指示を待って措置するものとする。
ウ　代替施設の設置等に係る事業計画の内容の変更であって、当該内容を著しく変更し、又は解除予定保安林の変更（法第29条の予定通知の変更）を伴うものは認めないものとする。
　　ただし、当該変更が区域の変更であって、変更しなければ事業目的が達成できないと認められるものについては、あらかじめ、法第29条の規定による予定通知の変更手続を行う前に林野庁に協議し、指示を待って措置するものとする。
エ　代替施設の設置等につき確認報告を要するものについてアによる代替施設の変更を行った場合には、確認報告書に変更理由及び当初計画と変更計画の対比表並びに変更した関係書面等を添付するものとする。

(3)　その他
ア　作業許可申請書の様式及び記載方法
　　作業許可申請の手続を行うに当たっては、規則第61条の申請書の様式及び記載方法によるもののほか、(1)のアの（ア）のaからcまでに掲げる順序に従って次のように記載するよう申請者を指導するものとする。
　(ア)　作業許可申請書の所在場所欄は、保安林が2筆以上ある場合にあっては、1筆の代表地番を記載し、その他の場合にあっては大字、字、地番について「ほか〇〇」と記載するほか、「明細は別紙調書及び添付

図面のとおり」と併記すること。
（イ）　行為の方法欄は、「別紙調書のとおり」と記載すること。
（ウ）　行為の期間欄は、原則として(1)のアの（ア）のaからcまでに掲げる順序に従って記載すること。
（エ）　作業許可申請書に添付する図面は、解除申請書の事業計画（平面図）に様式告示12の解除図面の作成に必要な記号を用いて地番界等を明示するとともに、当該申請区域を色別すること。
（オ）　（ア）及び（イ）の調書の様式は、次によること。

申請の目的	字名及び地番	許可申請面積	行為の種類内容等	備　考
（記載要領）				
ゴルフ場の造成	字甲－1		起工測量、丁張り、杭打ち	No.1コンクリートえん堤の起工測量
	字乙－2			No.2　　〃
	字丙－3			No.1コースの起工測量 No.2コースの起工測量

　　イ　代替施設の設置等に伴い一時的に使用する附帯施設等（使用後は森林に復旧する施設）の作業許可については、(1)に準じて取り扱うよう指導すること。
4　同意の基準等
　法第26条の2第4項の規定に基づく保安林の解除の協議に係る農林水産大臣の同意の基準及び当該協議における添付書類は、次によるものとする。
　なお、当該基準は地方自治法第250条の2第1項の規定によるものである。
(1)　解除の理由
　　解除の理由については、第2の1の(1)から(3)までを準用するものとする。
(2)　添付書類
　　都道府県知事は、法第30条の2の告示をする前に、別表6の書類により農林水産大臣に協議するものとする。ただし、「地域森林計画等に基づく計画的な保安林の指定、解除等について」（平成24年3月30日付け23林整治第2925号林野庁長官通知）第3の規定を準用して事務処理を進める場合にあっては、別表7の書類によることができるものとする。

第3　指定施業要件の変更
1　指定施業要件の変更を行う場合
(1)　災害の発生等に伴い保安林に係る指定施業要件を変更しなければ当該保安林の指定の目的を達成することができないと認められるに至った場合又は植栽に係る指定施業要件が定められていない保安林において植栽が行われた場合には、法第33条の2第2項の指定施業要件を変更すべき旨の申請がなくても、同条第1項の規定に基づく指定施業要件の変更を遅滞なく行うものとする。
(2)　都道府県知事は、森林所有者から規則第72条第1号の規定による認定を求められた場合において、当該保安林について現に指定施業要件として定められている植栽の方法、期間又は樹種が当該伐採跡地の的確な更新を図る上で実情に即しないと認められるときであって、法第33条の2第1項の規定により当該指定施業要件を変更することにより植栽が可能となり、かつ当該変更をする時間的な余裕があるときは、当該保安林が国有林（国有林野、国庫帰属森林及び官行造林地を除く。）又は法第25条第1項第1号から第3号までに掲げる目的を達成するための民有林の保安林（同項に規定する重要流域内に存するものに限る。）である場合は、農林水産大臣に対し指定施業要件の変更の申請を行わせるものとし、当該保安林が同項第1号から第3号までに掲げる目的を達成するために指定された民有林の保安林（同項に規定する重要流域内に存するものを除く。）又は同項第4号から第

11号までに掲げる目的を達成するために指定された民有林の保安林である場合は、職権により指定施業要件の変更の手続を行うものとする。現地の状況に著しい変化が生じたため植栽が不可能となった場合又は指定施業要件を変更する時間的な余裕がない場合は、規則第72条第1号の規程による認定を行うものとし、指定施業要件の変更をすべきものについてはその後遅滞なく同様の手続を行うものとする。

(3) 指定施業要件として植栽が定められている保安林については、作業許可又は規則第63条第1項第5号の協議（以下「作業協議」という。）の同意を伴う場合であって保安機能の維持上問題がないと認められるときは、当該指定施業要件を変更し、当該許可又は当該同意の際に条件として付した行為の期間内に限り植栽することを要しない旨を当該指定施業要件とすることができるものとする。

2 指定施業要件の変更の手続

(1) 申請書の受理

ア 法第33条の2第2項の規定に基づく指定施業要件の変更に係る申請書の受理については、第1の3の(1)を準用するものとする。

イ 都道府県知事が申請をする場合には、申請書の変更希望内容及びその理由欄に別に定める法第33条の3において準用する法第27条第3項の保安林指定施業要件変更意見書の様式に定める事項に準ずる事項を記載するものとする。

(2) 指定施業要件の変更に係る調査等

都道府県知事が行う保安林の指定施業要件の変更に係る調査等については、第1の3の(2)を準用するものとする。

(3) 指定施業要件変更予定保安林の告示等

法第33条の3において準用する第30条の2の規定に基づく指定施業要件変更予定保安林の告示等については、第1の3の(3)（カ、ケ及びコを除く。）を準用するものとする。この場合において、「保安林予定森林」とあるのは、「指定施業要件変更予定保安林」と読み替えるものとする。

(4) 意見の聴取

法第33条の3において準用する第32条の規定に基づく意見の聴取については、第1の3の(4)を準用するものとする。

(5) 指定施業要件の変更の通知

法第33条の3において準用する第33条第6項において準用する同条第3項の規定に基づく森林所有者等への保安林の指定施業要件の変更の通知（以下「指定施業要件変更通知」という。）については、第1の3の(5)を準用するものとする。この場合において、「指定通知」とあるのは、「指定施業要件変更通知」と、「保安林予定森林」とあるのは、「指定施業要件変更予定保安林」と読み替えるものとする。

3 その他留意事項

保安林又は保安施設地区の指定後に択伐又は皆伐が行われている森林について指定施業要件を変更する場合には、規則第56条第3項に規定する保安林又は保安施設地区の指定後初に択伐による伐採を行う森林についての令別表第2の第2号（一）ニの択伐率を定めることを要しないものとする。

第4 立木伐採許可及び届出

1 皆伐面積の限度を算出する基礎となる伐期齢

令別表第2の第2号（一）イの皆伐面積の限度を算出する基礎となる伐期齢は、指定施業要件において植栽の樹種が定められている森林にあっては当該樹種の標準伐期齢とし、それ以外の森林にあっては更新期待樹種の標準伐期齢とするものとする。ただし、同一の単位とされる保安林に樹種が2以上ある場合には、次式によって算出して得た平均年齢とし、当該年齢は整数にとどめ小数点以下は四捨五入するものとする。

$$u = au_1 + bu_2 + cu_3 + \cdots\cdots\cdots\cdots\cdots\cdots$$

u ・・・・・・・・・ 平均年齢

u_1、u_2、u_3 ・・・・ 各樹種の標準伐期齢

a、b、c ・・・・・・ 各樹種の期待専有面積歩合

2　協議に係る皆伐面積の取扱い

令第4条の2第4項及び第1の2の(2)のイの規定による皆伐面積の限度の算出に当たっては、規則第60条第1項第10号の規定による協議（同項第5号から第9号までに該当する立木の伐採についての協議を除く。以下「立木伐採協議」という。）に係る皆伐面積は、立木伐採許可をした面積とみなすものとする。

3　皆伐面積の限度の公表

(1)　令第4条の2第3項の規定による公表は、都道府県公報又はインターネットを利用した方法により掲載してするものとし、同一の単位とされる保安林等ごとに皆伐面積の限度を明示するものとする。この場合においては、伐採方法の特例に該当して伐採種を定めないとされたものについての皆伐面積の限度は、別表1により指定されたものについての皆伐面積の限度に合算して定めるものとする。

(2)　同一の単位とされる保安林等については、当該保安林等に流域又は行政単位等（市郡、町村、大字、字）の名称を冠して表示するものとする。

4　許可申請又は協議の適否の判定

(1)　令別表第2の第1号（一）ロの択伐とは、森林の構成を著しく変化させることなく逐次更新を確保することを旨として行う主伐であって、次に掲げるものとする。

なお、これらに該当しない主伐については、皆伐として取り扱うものとする。

ア　伐採区域の立木をおおむね均等な割合で単木的に選定してする伐採又は10メートル未満の幅の帯状に選定してする伐採（当該伐採区域内に当該伐採によって帯状に生ずる無立木地の配置及びその間隔が、おおむね均等であり、それぞれの無立木地の幅が10メートル未満であるような伐採をいう。）

イ　樹群を単位とする伐採で当該伐採によって生ずる無立木地の面積が0.05ヘクタール未満であるもの

(2)　令別表第2の第1号（二）イの樹冠疎密度は、その森林の区域内における平均の樹冠疎密度を示すものではなく、その森林の区域内においてどの部分に20メートル平方の区域をとったとしても得られる樹冠疎密度とするものとする。

(3)　令別表第2の第2号（一）ロの1箇所とは、立木の伐採により生ずる連続した伐採跡地（連続しない伐採跡地があっても、相隣する伐採跡地で当該伐採跡地間の距離（当該伐採跡地間に介在する森林（未立木地を除く。）又は森林以外の土地のそれぞれについての距離をいう。）が20メートル未満に接近している部分が20メートル以上にわたっているものを含む。）をいう。ただし、形状が一部くびれている伐採跡地でそのくびれている部分の幅が20メートル未満であり、その部分の長さが20メートル以上にわたっているものを除く。

なお、形状が細長い伐採跡地であらゆる部分の幅が20メートル未満であるもの及びその幅が20メートル以上の部分があってもその部分の長さが20メートル未満であるものについては、令別表第2の第2号（一）ロの規定は適用されないものとする。

(4)　規則第56条第1項の「前回の択伐」には、規則第60条第1項第1号から第9号までに掲げる伐採は含まれないものとする。

なお、規則第60条第1項第10号による伐採であって、同項第1号から第9号までに相当する伐採についても同様とする。

(5)　前回の主伐の方法が択伐によらない場合における規則第56条第1項の適用については、当該択伐によらない前回の伐採を「前回の択伐」とみなすものとする。

(6)　規則第56条第1項の「前回の択伐を終えたときの当該森林の立木の材積」が不明である場合には、同項の択伐率は、当該森林の年成長率（年成長率が不明な場合には、当該伐採年度の初日におけるその森林の立木の材積に対する当該森林の総平均成長量の比率）に前回の択伐の終わった日を含む伐採年度から伐採をしようとする前伐採年度までの年度数を乗じて算出するものとする。

なお、「前回の択伐を終えたときの当該森林の立木の材積が不明である場合」とは、原則として、次のいずれかの場合に限られる。

ア　前回の択伐が平成14年3月31日以前であって、当該択伐を終えたときの当該森林の立木の材積が保安林台帳等に記載されていない場合

イ　前回の伐採が択伐ではないために、8の(6)が適用されず、伐採を終えたときの当該森林の立木の材積が保安林台帳等に記載されていない場合
(7)　同一の伐採年度内において、間伐を行った後に択伐による立木伐採許可申請がされた場合には、令別表第2の第2号（二）並びに規則第56条第1項及び第2項の規定を踏まえるほか、特に当該申請に係る伐採が適切な森林施業であるかどうかを十分に審査の上、当該保安林がその指定の目的に即して機能することを確保するために必要な指導等を行うものとする。
　　なお、当該指導等を行った上で許可が必要とされるときには、法第34条第6項及び第7項の規定を踏まえ、「当該森林の立木の材積が、当該伐採年度の初日における当該森林の立木の材積に相当する材積以上に回復した後に伐採を行うこと。」等、当該保安林の指定の目的を達成するために必要な条件を付して許可するものとする。
(8)　規則付録第8の「当該森林と同一の樹種の単層林が標準伐期齢に達しているものとして算出される当該単層林の立木の材積」は、原則として、森林簿等に示されている当該森林の樹種に係る地位級に対応する収穫表に基づき、当該樹種の単層林が標準伐期齢（当該森林が複数の樹種から構成されている場合にあっては、伐採時点の構成樹種が第4の1の式によって算出して得た平均年齢）に達した時点の収穫予想材積をもって表すものとする。
(9)　国有林の保安林の立木で主伐をすることのできるものは、当該国有林の所在する市町村における当該国有林の近傍類似の民有林の当該樹種に係る標準伐期齢以上のものとする。
(10)　伐採跡地に点在する残存木又は点生する上木の伐採は、間伐に該当する場合を除き皆伐による伐採として取り扱うものとし、その面積は伐採する立木の占有面積とするものとする。
(11)　許可又は協議に係る伐採の方法が伐採方法の特例に該当する場合は、当該保安林の指定の目的の達成に支障を来さないと認められるときに限り許可又は同意をするものとする。ただし、許可又は同意に条件を付することによって支障を来さないこととなる場合は、この限りでない。

5　許可申請等の処理
(1)　規則第59条第1項各号に掲げる申請書に添付する書類については、次によるものとする。
　　ア　第1号の「森林の位置図及び区域図」については、原則として保安林台帳の図面又は森林計画図の写しとする。
　　イ　第2号については、第2の2の(1)のエの（エ）を準用する。
　　ウ　第3号については、第2の2の(1)のエの（ウ）を準用する。
　　エ　第4号の森林の土地の登記事項証明書に準ずるものについては、許可を受けようとする者が申請の対象となる森林の土地の所有権、地上権、賃借権その他の権利を取得していることを証する書類とする。
　　オ　第5号については、第1の3の(1)のウの（イ）を準用する。
　　カ　第6号の「許可を受けようとする者が申請の対象となる森林の土地に隣接する森林の土地の所有者と境界の確認を行ったことを証する書類」については、申請の対象となる保安林の伐採区域が明確になっているかを確認するために添付を求めるものであるため、境界の確認に立ち会った者の氏名や境界の確認日時など境界の確認時の状況を記載した書類など境界の確認に関する取組状況を証する書類とする。
　　キ　第7号の「都道府県知事が必要と認める書類」については、地域の実情に応じて、都道府県知事が求める書類とする。
(2)　規則第59条第2項各号の同条第1項第6号に掲げる書類の添付を省略できる場合は、次によるものとする。
　　ア　第1号の「申請の対象となる森林の土地が隣接する森林の土地との境界に接していないことが明らかな場合」とは、路網の作設や施設の保守等のため線状に伐採を行う場合又は単木的な伐採を行う場合や、面的に伐採する場合であって申請者が隣接する森林の土地から距離をおいて伐採することを明らかにしたときとする。
　　イ　第2号の「地形、地物その他の土地の範囲を明示するのに適当なものにより申請の対象となる森林の土地が隣接する森林の土地との境界が明らかな場合」については、明確な谷や尾根により境界を判断できる場合や、地籍調査済みで境界を示す杭が存在している場合や、立木への標示や林相により境界が明らかな場合等とする。
　　ウ　3号の「申請の対象となる森林の土地に隣接する森林の土地の所有者と境界の確認を確実に行うと認められる場合」については、申請者が国、地方公共団体又は独立行政法人である場合や、伐採開始時までに隣接する

森林の土地の所有者と境界の確認を行うことを明らかにした場合とする。
　　ただし、申請者が過去３年の間に都道府県から保安林の立木の伐採に係る指導、勧告又は命令を受けている場合（規則第59条第１項第７号の都道府県知事が必要と認める書類により提供された情報により判明したものを含む。）は、同条第２項第３号の規定に該当しないものとして、同条第１項６号に規定する書類の添付の省略を認めないものとする。
(3) 様式告示14の注意事項７の(1)において、備考欄には「皆伐による伐採をしようとする場合にあっては、植栽によらなければ的確な更新が困難と認められる伐採跡地の面積」を記載することとされているが、当該伐採跡地に残存し、次のいずれかに該当する残存木の占有面積については、的確な更新が認められる面積に相当することから、記載を要しないものとする。
　ア　標準伐期齢以上の樹齢にある立木
　イ　標準伐期齢未満の樹齢にある立木のうち、当該森林について指定施業要件として定められた樹種であって、植栽する苗の満１年以上に相当する大きさと同等以上の大きさであり、かつ、当該樹種の標準伐期齢に達する時点で植栽によるものと同等以上に成長することが期待できるもの
　　なお、この場合の「残存木の占有面積」については、原則として、当該残存木の現に占有する面積とするが、当該残存木の現に占有する面積が当該樹種の平均占有面積（１ヘクタールを、指定施業要件として定められた当該樹種についての１ヘクタール当たりの植栽本数で除して得られる面積。以下同じ。）に満たない場合にあっては、当該平均占有面積を当該残存木の占有面積とし、複数の残存木の占有する区域が重なっている場合にあっては、その重複分を差し引いた占有面積とするものとする。
(4) 立木伐採許可申請があったときは、実地調査を行うほか適宜の方法により十分な調査を行い、申請が不適法であって、補正することができるものであるときは、直ちにその補正を命じ、補正することができないものであるときは、申請者に対し理由を付した書面を送付して却下するものとする。
(5) 令第４条の２第５項の規定による通知は、決定通知書を送付してするものとし、不許可の通知に当たっては、当該不許可の理由を付するものとする。
(6) 立木の伐採について許認可等を必要とする場合（当該保安林が国有林野及び国庫帰属森林であって管理処分の申請がなされている場合を除く。）であって、当該許認可等がなされる前に立木伐採許可したときは、当該許認可等を必要とする旨その他必要な事項を決定通知書に付記するとともに、関係行政庁に対し立木伐採許可をした旨その他必要な事項を連絡するものとする。ただし、関係行政庁に対する連絡が、法令の規定により又は法令の運用に関する覚書等により事前に関係行政庁と連絡、協議を行って処理することとされている場合はこの限りでない。
(7) 都道府県知事は、保安林における立木伐採許可又は択伐若しくは間伐の届出の受理に当たり、その状況を明らかにするため、伐採年度毎に、立木に係る伐採整理簿（様式は別に定める。）を調整するものとする。

6　許可の条件
　立木の伐採について付する許可の条件は、次によるものとする。
(1) 伐採の期間については、必ず条件を付する。
(2) 伐採木を早期に搬出しなければ森林病害虫が発生し、若しくはまん延するおそれがある場合又は豪雨等により受益の対象に被害を与えるおそれがある場合その他の公益を害するおそれがある場合には、搬出期間について条件を付する。
(3) 土しゅら、地びきその他特定の搬出方法によることを禁止しなければ、立木の生育を害し、又は土砂を流出若しくは崩壊するおそれがある場合には、禁止すべき搬出方法について条件を付する。
(4) 当該伐採の方法が伐採方法の特例に該当するものであって、４の(11)のただし書に該当する場合にあっては当該条件を、当該伐採跡地につき植栽によらなければ樹種又は林相を改良することが困難と認められる場合にあっては、植栽の方法、期間及び樹種について条件を付する。

7　縮減
(1) 皆伐による立木伐採許可申請（２月１日の公表に係るものを除く。）について、令第４条の３第１項第１号の

規定により縮減するに当たり、令第4条の2第4項の残存許容限度が当該申請に係る森林の森林所有者等が同一の単位とされる保安林等において森林所有者となっている森林の年伐面積の限度の合計に満たない場合には、当該合計に対する残存許容限度の比率を森林所有者の年伐面積に乗じて得た面積を令第4条の3第1項第1号の年伐面積とみなして計算するものとする。
(2) 令第4条の3第1項第4号の規定による縮減は、少なくとも次の事項を考慮して行うものとする。
　ア　当該箇所に係る申請が1である場合には、保安機能が高い部分の立木を残存させること。
　イ　当該箇所に係る申請が2以上ある場合には、申請面積に応じてすること。ただし、保安上の影響の差が明白な場合にはこれを考慮すること。

8　届出の処理

(1) 規則第68条第2項各号に掲げる保安林の択伐及び間伐の届出書に添付する書類については、5の(1)を、同条第3項各号の同条第2項第6号に掲げる書類を省略することができる場合については、5の(2)を準用するものとする。
(2) 様式告示18の注意事項5の(1)については、5の(3)を準用するものとする。
(3) 法第34条の2及び第34条の3の届出書の提出があったときは、遅滞なく実地調査その他適宜の方法により調査を行い、その内容を検討することとし、提出された計画が当該保安林に係る指定施業要件に適合すると認められるときは、その旨を当該届出者に通知するものとする。また、提出された届出書に記載された計画が当該保安林に係る指定施業要件に適合していないと認められるときは、当該届出者に対し、当該届出者に記載された計画の変更を命じるものとする。
(4) 法第34条第8項の届出があったときは、実地調査を行うほか適宜の方法により十分な調査を行い、届出が不適法であって、補正することができるものであるときは、直ちにその補正を命じ、補正することができないものであるときは、届出者に対し理由を付した書面を送付して却下するものとする。特に、届出書の備考欄に「植栽によらなければ的確な更新が困難と認められる伐採跡地の面積」が記載されている場合は、実地調査、補正等の措置を適正に行うものとする。
(5) 許可の条件として付した期間が経過したとき（立木の伐採について法第34条第8項の届出がなされている場合を除く。）は、実地調査を行うほか適宜の方法により十分な調査を行い、申請に係る行為がなされたかどうか確認するものとし、立木の伐採について法第34条第8項の届出がなされていない場合には、許可を受けた者に対し届出をするよう勧告するものとする。
(6) 択伐による立木の伐採がなされた場合には、当該択伐を終えたときの当該森林の立木の材積を把握し、当該材積を保安林台帳に記載するものとする。

9　立木伐採許可を要しない場合

(1) 規則第60条第1項第1号及び第5号から第10号までに掲げる立木伐採許可を要しない場合については、次によるものとする。
　ア　第1号の保安施設事業、砂防工事、地すべり防止工事及びぼた山崩壊防止工事には、当該事業又は実施上必要な材料の現地における採取又は集積、材料の運搬等のための道路の開設又は改良その他の附帯工事を含むものとする。
　イ　第5号については、次によるものとする。
　　（ア）当該保安林の機能に代替する機能を有する施設の解釈は、第2の1の(3)のアの（カ）のaと同様であること。
　　（イ）伐採できる立木は、当該施設の設置又は改良に直接供される土地及び当該施設の設置又は改良に係る工事の実施上必要な材料の採取、集積、運搬その他附帯工事に係る土地に生育する立木であること。
　ウ　第6号については、次によるものとする。
　　（ア）樹木又は林業種苗に損害を与える害虫、菌類及びバイラス（以下「害虫等」という。）は、森林病害虫等防除法（昭和25年法律第53号）第2条に規定する森林病害虫等をも含むものであること。
　　（イ）指定は、都道府県公報に害虫等の種類を公示して行うこと。

(ウ) 都道府県知事は、森林病害虫等防除法第2条第1項第1号並びに森林病害虫等防除法施行令（平成9年政令第87号）第1条第1号及び第9号に掲げる森林病害虫等以外の害虫等を指定しようとするときは、あらかじめ害虫等の種類及び指定を必要とする事由を明らかにして林野庁長官に協議すること。これを変更しようとするときもまた同様とする。

(エ) 森林病害虫等防除法第3条又は第5条の規定による命令に基づく駆除措置として立木を伐採する場合は、法第34条第1項第1号に該当し本号の適用はないから注意すること。

エ 第7号の林産物の搬出その他森林施業に必要な設備は、木材集積場、防火線、区画線（林班界、小班界等の区画線をいう。）、林道（森林鉄道、索道、自動車道、車道、木馬道、牛馬道をいう。以下同じ。）、歩道、簡易索道、造林小屋又は製炭小屋その他これに類するものであること。

なお、これらの設備を設置するため保安林の指定を解除する必要がある場合は本号の届出をする前に解除の申請を行うよう指導し、また作業許可を受ける必要がある場合は本号の届出と同時に同項の申請を行うよう指導すること。

オ 第8号については、次によるものとする。

(ア) 土地収用法（昭和26年法律第219号）第3条各号に掲げる事業のために必要な測量又は実地調査は、同法第14条第1項に規定する当該事業の準備のため行う測量若しくは実地調査又は当該事業により施設を設置するために行う測量若しくは実地調査であること。

(イ) 測量又は実地調査について土地の占有者及びその立木の所有者の同意を得ることができないため、土地収用法第14条第1項の規定により市町村長又は都道府県知事の許可を受けて立木を伐採する場合は、第2号に該当し本号を適用する余地はないから注意すること。

また、電気通信事業法（昭和59年法律第86号）第136条、自然公園法（昭和32年法律第161号）第62条、電気事業法（昭和39年法律第170号）第61条その他法令又はこれに基づく処分により、測量又は実地調査のためにする立木の伐採についても同様であること。

(ウ) 測量又は実地調査を行うため作業許可を受ける必要がある場合は、本号の届出と同時に許可の申請を行うよう指導すること。

カ 第9号については、次によるものとする。

(ア) 「道路」は、林道、農道その他の一般交通の用に供する道路も含み、「鉄道」は、索道を含むものであること。

(イ) 「その他これらに準ずる設備」は、土地収用法第3条各号に掲げるもの及び法令により土地を収用し、若しくは使用できることとされている事業により設置された施設並びにこれらに類するもので建築物以外のものであること。

(ウ) 「その他の建築物」は、工場、病院、集会場、旅館その他これに類するものであること。

(エ) 「著しく被害を与え」とは、立木が移動し、傾き、又は折れて設備又は建築物に重大な損害を与えている状態をいい、「与えるおそれがあり」とは、放置すれば立木が移動し、傾き、又は折れて設備又は建築物に重大な損害を与えることが確実と見込まれる場合をいい、「用途を著しく妨げている」とは、立木が移動し、傾き、又は折れて設備又は建築物の機能又は効用に著しい支障を及ぼしている場合をいうものであること。

(オ) 電気通信事業法第136条、ガス事業法（昭和29年法律第51号）第168条、電気事業法第61条その他法令又はこれに基づく処分による施設の保守のためにする立木の伐採は、第2号に該当し本号を適用する余地はないから注意すること。

キ 第10号については、次によるものとする。

(ア) 立木伐採協議は、立木伐採許可申請書、保安林内択伐届出書又は保安林内間伐届出書に準ずる書面に当該伐採に係る区域を表示した図面を添付する書類によって応ずるものとする。ただし、当該書面については、都道府県知事と当該伐採に係る国有林を管理する国の機関が協議して定めたものをもって代えることができるものとする。

（イ）　立木伐採協議に応ずる期間は、令第4条の2第1項若しくは第2項又は規則60条第2項若しくは規則第68条第1項に規定する日までとするものとする。
　　　（ウ）　立木伐採協議に対する同意には、許可の場合に準じて留意事項を付するものとする。
　　　（エ）　立木伐採協議があったときは、令第4条の2第5項に規定する期間内に決定するものとする。ただし、法第34条の2第1項又は第34条の3第1項（これらの規定を法第44条において準用する場合を含む。）に係る立木伐採協議があったときは、20日以内に決定するものとする。
　　　（オ）　立木伐採協議に対する同意又は不同意の通知は、書面により行うものとし、不同意の場合は当該不同意の理由を付するものとする。
　(2)　立木伐採許可を要しない場合の届出の処理については、次によるものとする。
　　ア　法第34条第9項の届出があったときは、実地調査を行うほか適宜の方法により十分な調査を行い、届出が不適法であって、補正することができるものであるときは、直ちにその補正を命じ、補正することができないものであるときは、届出者に対し理由を付した書面を送付して却下するものとする。
　　イ　規則第60条第3項各号に掲げる届出書に添付する書類については、第4の5の(1)を、同条第4項各号の同条第3項第6号に掲げる書類を省略することができる場合については、第4の5の(2)を準用するものとする。ただし、第7号の届出のうち、法第11条第5項の認定を受けた森林経営計画の期間内の伐採を一括して届け出る場合の届出書に添付する森林の位置図及び区域図は、当該森林経営計画の認定の申請の際に添付した図面の写しとすることもできる。
　　ウ　規則第60条第3項ただし書において、同条第1項第5号の規定による届出について、添付書類を要しないこととしているのは、同号が転用のための代替施設の設置等に当たって立木を伐採する場合であり、当該書類に準ずる書類について、転用解除申請時に提出されているからである。
　　エ　様式告示15の注意事項2の(1)については、5の(3)を準用するものとする。
　　オ　規則第60条第1項第5号から第9号までの規定は、伐採許可制の特例措置として設けられたものであるから、届出に係る事実の認定は厳格に行い、拡大解釈等本旨を逸脱した運用は厳に避けるものとする。
　　カ　届出書の提出があったときは、遅滞なく実地調査その他適宜の方法により調査を行い、その結果適当と認めて受理したときは当該届出者に対し受理の通知をするものとする。特に、届出書の備考欄に「植栽によらなければ的確な更新が困難と認められる伐採跡地の面積」が記載されている場合は、実地調査、補正等の措置を適正に行うものとする。
　　　なお、届出が不適法であって、補正することができるものであるときは、直ちにその補正を命じ、補正することができないものであるときは、当該届出者に対し理由を付した書面を送付して却下するものとする。
　　キ　国有林野、国庫帰属森林又は官行造林地に係る保安林（森林管理局、森林管理署若しくはその支署又は森林管理事務所が直轄で管理経営する区域に係るものに限る。）において立木の伐採をする者が森林管理局長、森林管理署長若しくは支署長又は森林管理事務所長以外の者である場合は、原則として規則第60条第1項第10号の協議によらず同項第5号から第9号までの規定による届出により取り扱うよう指導するものとする。
　　　なお、この場合において、届出書には、当該保安林を直轄で管理経営する森林管理局長、森林管理署長若しくは支署長又は森林管理事務所長の当該立木の伐採についての承諾書（同意書）を添付させるよう指導するものとする。
　　ク　規則第60条第1項第5号から第9号までの届出及び同条同項第5号から第9号までに掲げる目的を達成するための立木の伐採についての協議に係る伐採面積は、令第4条の2第4項に規定された「法第34条第1項（法第44条において準用する場合を含む。）の許可をした面積」には含まれないものとする。

第5　作業許可
1　土地の形質を変更する行為
　法第34条第2項の「土石若しくは樹根の採掘」には、砂、砂利又は転石の採取を含むものとする。また、同項の「その他の土地の形質を変更する行為」は、例示すれば次に掲げるとおりである。

(1)　鉱物の採掘
　(2)　宅地の造成
　(3)　土砂捨てその他物件の堆積
　(4)　建築物その他の工作物又は施設の新築又は増築
　(5)　土壌の理学的及び科学的性質を変更する行為その他の植生に影響を及ぼす行為
２　許可申請又は協議の適否の判定
　(1)　許可申請又は協議に係る行為が次のいずれかに該当する場合には、作業許可又は作業協議の同意をしないものとする。ただし、解除予定保安林において、法第30条又は第30条の２の告示の日から40日を経過した後（法第32条第１項の意見書の提出があったときは、これについて同条第２項の意見の聴取を行い、法第29条に基づき通知した内容が変更されない場合又は法第30条の２第１項に基づき告示した内容を変更しない場合に限る。）に規則第48条第２項第１号及び第２号の計画書の内容に従い行う場合並びに別表８に掲げる場合は、この限りでない。
　　ア　立竹の伐採については、当該伐採により当該保安林の保安機能の維持に支障を来すおそれがある場合
　　イ　立木の損傷については、当該損傷により立木の生育を阻害し、そのため保安林の指定目的の達成に支障を来すおそれがある場合
　　ウ　下草、落葉又は落枝の採取については、当該採取により土壌の生成が阻害され、又は土壌の理学性が悪化若しくは土壌が流亡する等により当該保安林の保安機能の維持に支障を来すおそれがある場合
　　エ　家畜の放牧については、当該放牧により立木の生育に支障を来し又は土砂が流出し若しくは崩壊し、そのため当該保安林の保安機能の維持に支障を来すおそれがある場合
　　オ　土石又は樹根の採掘については、当該採掘（鉱物の採掘に伴うものを含む。）により立木の生育を阻害する、又は土砂が流出し、若しくは崩壊しそのため当該保安林の保安機能の維持に支障を来すおそれがある場合。ただし、当該採掘による土砂の流出又は崩壊を防止する措置が講じられる場合において、２年以内に当該採掘跡地に造林が実施されることが確実と認められるときを除く。
　　カ　開墾その他の土地の形質を変更する行為については、農地又は宅地の造成、道路の開設又は拡幅、建築物その他の工作物又は施設の新設又は増設をする場合、一般廃棄物又は産業廃棄物の堆積をする場合及び土砂捨てその他物件の堆積により当該保安林の保安機能の維持に支障を来すおそれがある場合
　(2)　作業許可申請に係る行為が別表８に適合するものであっても、周辺地域に土砂の流出等の被害を及ぼすおそれがある場合、立木の生育及び土壌の生成を阻害し、又は土壌の性質を改変する等保安林の保安機能の低下をもたらすと認められる場合については、作業許可は行わないものとし、当該保安林の指定の目的、指定施業要件、現況等からみて保安機能の維持に支障を来すおそれがある次のような場合には、画一的に許可を行うことは適当ではなく、慎重に判断するものとする。
　　ア　急傾斜地である等個々の保安林の地形、土壌又は気象条件等により、変更行為が周囲の森林に与える影響が大きくなるおそれがある場合
　　イ　風致保安林内での景観を損なう施設の設置等その態様が保安林の指定の目的に適合しない場合
　　ウ　変更行為が立木の伐採を伴う場合において、その態様が当該保安林の指定施業要件に定める伐採の方法、限度に適合しない場合
　　エ　変更行為により、当該保安林の大部分が森林でなくなる等保安林としての機能を発揮できなくなるおそれがある場合
　(3)　行為に係る区域は、許可後も引き続き保安林としての制限を受けるものであり、許可に当たっては、行為の期間内及び終了後にわたり適切な管理がなされるよう措置するものとする。
　(4)　申請又は協議に係る行為を行うに際し、当該行為をしようとする区域の立木を伐採する必要がある場合で、立木伐採許可又は規則第60条第１項第７号から第９号までの届出若しくは立木伐採協議を要するときに、当該許可又は届出若しくは協議がなされていないときは、許可又は同意しないものとする。
３　許可申請等の処理
　(1)　規則第61条第１項各号に掲げる申請書に添付する書類については、第４の５の(1)を、同条第２項各号の同条第

1項第第6号に掲げる書類を省略することができる場合については、第4の5の(2)を準用するものとする。
(2) 様式告示16の注意事項4の図面は、原則として実測図とするものとする。（立竹の伐採に係るものを除く。）
(3) 作業許可の申請があったときは、実地調査を行うほか適宜の方法により十分な調査を行い、申請が不適法であって、補正することができるものであるときは、直ちにその補正を命じ、補正することができないものであるときは、申請者に対し理由を付した書面を送付して却下するものとする。
(4) 作業許可の申請に対する許可又は不許可の通知は、書面により行うものとし、不許可の場合は当該不許可の理由を付するものとする。
(5) 作業許可申請に係る行為について許認可等を必要とする場合（当該保安林が国有林野及び国庫帰属森林であって管理処分の申請がなされている場合を除く。）であって、当該許認可等がなされる前に作業許可したときは、当該許認可等を必要とする旨その他必要な事項を決定通知書に付記するとともに、関係行政庁に対し作業許可をした旨その他必要な事項を連絡するものとする。ただし、関係行政庁に対する連絡が、法令の規定により又は法令の運用に関する覚書等により事前に関係行政庁と連絡、協議を行って処理することとされている場合はこの限りでない。
(6) 許可に当たっては、保安林として適正な林地の利用が確保されるよう次の事項に留意し、審査の徹底を図るものとする。

 ア 行為の確実性
  次の全ての事項に該当し、作業許可申請に係る行為が計画の内容どおり実施されることが確実であること。
 （ア） 行為に関する計画の内容が具体的であること。
 （イ） 申請者が当該保安林の土地を使用する権利を取得している、又は取得することが確実であること。
 （ウ） 申請者に当該行為を遂行するのに十分な信用、資力及び技術があることが確実であること。

 イ 行為による影響
  作業許可申請に係る行為により、当該保安林の保全対象が害されることのないこと。特に、施設の設置等に係る許可申請については、当該行為の内容について、事前に関係市町村長等へ説明するよう申請者に指導し、必要に応じて関係市町村長、都道府県森林審議会等の意見を聴取すること。
  また、申請者が環境影響評価法等に基づく環境影響評価手続を実施している場合は、その結果を踏まえること。

 ウ 行為の内容
  施設の設置に係る許可申請については、所定の許可申請書に、具体的な行為の内容、設置する施設の位置、規模、構造、工程等を明らかにした実施計画書、実施設計図、土量計算書その他必要な図書を明細として添付するよう当該申請者を指導し、行為内容を的確に把握すること。
  ただし、申請者に過重な負担とならないよう、作業道等の申請頻度が高い施設については、構造等にあらかじめ標準的な添付図書の種類を定めておくとともに、必要に応じて追加図書を求める等の運用を行うことが望ましい。
  なお、4の(1)に定めるところにより許可に際して条件として付された期間の終了前において、当該許可行為を継続して実施するために再度許可申請を行う場合にあっては、行為内容を的確に把握する上で支障がない限り、添付図書を省略させて差し支えない。

 エ その他の手続
  作業許可申請に係る行為が複数の都府県にわたる場合等許可の是非の判断が困難な場合には、当該申請の取扱いについて、あらかじめ林野庁と連絡調整すること。

4 許可の条件
作業許可について付する条件は、次によるものとする。
(1) 行為の期間については、次により必ず条件を付する。
 ア 2の(1)のただし書に該当しない行為
 （ア） 当該保安林について指定施業要件として植栽の期間が定められている場合は、原則として当該期間内に植栽することが困難にならないと認められる範囲内の期間とする。

（イ）当該保安林について指定施業要件として植栽の期間が定められていない場合は、下草、落葉又は自家用薪炭の原料に用いる枝若しくは落枝の採取、一時的な農業利用、家畜の放牧にあってはそれらの行為に着手する時から5年以内の期間、それら以外にあっては行為に着手する時から2年以内の期間とする。
　　イ　解除予定保安林において規則第48条第2項第1号及び第2号の計画書の内容に従い行う行為については、当該計画書に基づき行為に着手する時から完了するまでの期間とする。
　　ウ　2の(1)の別表8に掲げる行為
　　　（ア）当該保安林について指定施業要件として植栽の期間が定められている場合は、原則として当該期間内に植栽することが困難にならないと認められる範囲内の期間とする。
　　　（イ）当該保安林について指定施業要件として植栽の期間が定められていない場合は、別表8の1及び2にあっては、当該行為に着手する時から5年以内の期間又は当該施設の使用が終わるまでの期間のいずれか短い期間とし、別表8の3及び4にあっては、当該施設の使用又は当該行為が終わるまでの期間とする。
　(2)　行為終了後、施設等の廃止後又は撤去後、植栽によらなければ的確な更新が困難と認められる場合（指定施業要件として植栽が定められている場合を除く。）には、植栽の方法、期間及び樹種について条件を付する。
　(3)　家畜の放牧、土石又は樹根の採掘その他土地の形質を変更する行為に起因して、土砂が流出し、崩壊し、若しくは堆積することにより付近の農地、森林その他の土地若しくは道路、鉄道その他これらに準ずる設備又は住宅、学校その他の建築物に被害を与えるおそれがある場合には、当該被害を防除するための施設の設置その他必要な措置について条件を付する。
　　なお、当該行為が規則第48条第2項第1号又は第2号の計画書の内容に従って行われるものである場合に付する条件の内容は、当該計画書に基づいて定める。
　(4)　その他次の事項について、条件を付するものとする。
　　ア　事業の着手時及び完了時には、遅滞なくその旨を都道府県知事に届け出ること。
　　イ　許可年月日、許可内容、期間、氏名等が明記された許可証等を現地に表示すること。
　　ウ　施設等を設置した場合は、適切に保守、管理を行い、有責事由により災害が発生した場合は、災害復旧の責務を負うこと。
　　エ　都道府県の職員により現地指示等が行われた場合は、これを遵守すること。
　　オ　監督処分、許可の取消し等に該当する事項
　　カ　その他申請者に徹底すべき事項
　(5)　許可の条件として付した期間が経過したときは、実地調査を行うほか適宜の方法により十分な調査を行い、申請に係る行為がなされたかどうか確認するものとする。
5　許可に伴う指定施業要件の取扱い
　(1)　第3の1の(3)の取扱いに基づき指定施業要件の特例（以下「指定施業要件の特例」という。）を定めた保安林又は保安施設地区については、当該保安林又は保安施設地区についてなされた作業許可又は作業協議の同意（以下「許可等」という。）に際して条件として付された規則第61条の申請書又は7の(2)のイの（ア）の規則第61条の申請書の様式に準ずる書面に記載されている期間（以下「申請期間」という。）の終期が、条件期間の終了する日以降の場合には、当該条件期間内に再度都道府県知事に対する当該許可等の申請又は協議がなくとも、都道府県知事は第4の8の(5)に準じて調査を行い、当該許可等に係る行為が当該許可等に基づきなされていることを確認した上で、3又は7の(2)のイに準じた処理を行って差し支えないものとする。
　　なお、指定施業要件として植栽の期間が定められていない保安林又は保安施設地区及び別表8の区分4の(1)に掲げる行為に関する許可等に係る保安林又は保安施設地区であって、指定施業要件の特例が定められていないものについても同様である。
　(2)　次に掲げる行為について許可等がなされた場合は、当該行為の目的、態様、規模等からして、指定施業要件として定められている植栽の期間（以下「植栽期間」という。）内に行為が終了するものである、又は施設の使用若しくは行為の期間中であっても植栽期間内に植栽することが可能であることから、特に植栽期間内に植栽することが困難になると認められる場合を除き、原則として、指定施業要件の特例を定めるための指定施業要件の変

更は要しないものとする。
　　ア　2の(1)のただし書に該当しない行為
　　イ　別表8の区分4に掲げる行為
　　ウ　ア又はイ以外の行為であって、申請期間が植栽期間より短いもの
6　許可後の保安林の管理
(1) 作業許可を行った場合には、必要に応じ現地の巡回、調査等を行い、許可に係る行為の実施状況等を把握するものとする。特に、施設の設置等が完了したときは、所要の調査を実施し、施行結果の確認を行うものとする。
(2) 調査等の結果、行為の内容が申請の内容と異なる場合又は許可に付した条件に従っていない場合には、当該許可を受けた者に対し、当該行為を是正するよう指導を行い、是正されない場合には、復旧命令等適切な措置を講じるものとする。
(3) 管理台帳等を調製し、許可に至る経緯、許可に係る土地の所在場所及び面積、行為の概要、行為の期間、現地指導等の特記事項、施設等の維持・管理の状況、その他必要な項目について整理するものとする。
7　作業許可を要しない場合
(1) 法第34条第2項に例示される土地の形質を変更する行為については、次によるものとする。
　　ア　「立竹を伐採」とは、立竹を刈り取ることにより当該保安林を維持できないおそれのある行為であり、ササの刈払いは含まれない。
　　イ　「立木を損傷」とは、立木を損ない傷つけることにより立木の成育を阻害するおそれのある行為であり、次に例示する行為はこれに該当しない。
　　　　(ア)　樹幹の外樹皮の剥離（桧皮・桜皮のはく皮、虫害防除のための荒皮むき等）
　　　　(イ)　生長錐等による樹幹のせん孔、ステイプル・針・釘等の打付け、極印の打刻、品等調査のための打突等
　　　　(ウ)　枯枝又は葉量を大幅に減少させず樹幹を損傷しない生枝の切除（歩道のかぶり取りのための枝の切除、測量の見通し確保のための枝の切除等）
　　　　(エ)　病害虫の治癒又は樹勢の回復のために行う腐朽部分の切除等
　　　　(オ)　立木からのキノコの採取及び立竹の損傷
　　ウ　「家畜を放牧」とは、牛、馬、羊等を放し飼いにすることにより立木の生育に支障を及ぼし、又は土砂が流出し、若しくは崩壊するおそれのある行為であり、家畜の通行及び一時的な繋留は含まれない。
　　エ　「下草、落葉若しくは落枝を採取」とは、下草、落葉若しくは落枝を選んで拾い取ることにより土壌の生成が阻害され、又は土壌の理学性が悪化若しくは土壌が流亡するおそれのある行為であり、表土を露出させない範囲の下草、落葉又は落枝の収集（数株程度の下草・数枚程度の落葉・数本程度の落枝の収集）、下草の刈払、下草、落葉又は落枝を一時的に除去した後に直ちに復元する行為、キノコ及びタケノコの採取はこれに該当しない。
　　オ　「土石若しくは樹根の採掘」は、土や岩石を掘って、その中の土石若しくは樹根を取ることにより立木の生育を阻害する、又は土砂が流出し、若しくは崩壊するおそれのある行為であり、立木の根系を露出又は損傷せず、下草、落葉又は落枝によって拾集後の地表が被覆される程度の土石の拾集（数個程度の石の拾集等）は該当しない。
　　カ　「開墾その他の土地の形質を変更する行為」は、土地の形状又は性質を復元できない状態にするおそれのある行為であり、立木の更新又は生育の支障とならず、かつ掘削又は盛土をしない、又は一時的にした後に直ちに復元する行為（例示すれば、杭・測量杭の挿入、基礎・境界標・炭焼窯の埋設、挿入又は埋設した物件の採掘、施肥、標識・道標・案内板・作業小屋・トイレ・集材路の設置又は改築、人の通行及び車両の通行等）は該当しない。
(2) 規則第63条第1項第1号及び第5号の立竹の伐採等の許可を要しない場合は、次によるものとする。
　　ア　規則第63条第1項第1号の保安施設事業、砂防工事、地すべり防止工事及びぼた山崩壊防止工事には、当該事業又は工事の実施上必要な材料の現地における採取又は集積、材料の運搬等のための道路の開設又は改良その他の附帯工事を含むものとする。

イ　規則第63条第1項第5号については、次によるものとする。
　　（ア）　作業協議は、規則第61条の申請書の様式に準ずる書面に土地の形質を変更する行為に係る区域を表示した図面を添付する書類によって応ずるものとする。ただし、当該書面については、都道府県知事と当該伐採に係る国有林を管理する国の機関が協議して定めたものをもって代えることができるものとする。
　　（イ）　作業協議に対する同意には、許可の場合に準じて留意事項を付するものとする。
　　（ウ）　作業協議に対する同意又は不同意の通知は、書面により行うものとし、不同意の場合は当該不同意の理由を付するものとする。

第6　植栽の義務

1　植栽本数等

(1)　規則第57条第3項の適用は、指定施業要件として伐採種が定められていない森林において、択伐による伐採が行われる場合についても適用するものとする。

(2)　指定施業要件として定められている複数の樹種を植栽するときは、樹種ごとに、植栽する1ヘクタール当たりの本数を規則第57条第2項の規定による植栽本数で除した値を求め、その総和が1以上となるような本数を植栽するものとする。

2　植栽の義務の履行の確認

(1)　都道府県知事は、指定施業要件として、植栽の方法、期間及び樹種が定められている保安林において立木の伐採が行われた場合は、当該植栽の期間の満了後速やかに、指定施業要件の定めるところに従って植栽が行われたかどうかを調査するものとする。特に、満1年未満の苗を植栽した場合にあっては、根元径及び苗長が明らかに規格を満たしていないなど不適当な苗が植栽されていないことを、目視等の方法により確認するものとする。

(2)　第4の8のエ又は9の(2)のカの届出書の備考欄に「植栽によらなければ的確な更新が困難と認められる伐採跡地の面積」が記載されている場合は、指定施業要件として定められた1ヘクタール当たりの植栽本数を当該面積に乗じて得られる本数の苗の植栽が行われたかどうかについて確認するものとする。

3　植栽の義務の免除又は猶予の認定

(1)　規則第72条第1号の規定による認定は、森林所有者から認定の請求があった場合又は都道府県知事が必要があると認めた場合において、次のいずれかに該当するときに限り行うものとする。

　ア　火災、風水害その他の非常災害（以下「非常災害」という。）により当該伐採跡地の現地の状況に著しい変更が生じたため、植栽が不可能となった場合又は法第33条の2第1項の規定により指定施業要件を変更する時間的な余裕がない場合。

　　　なお、後段の場合には、指定施業要件の変更により植栽の方法、期間又は樹種が変更されたときはその変更されたところに従って植栽しなければならない旨を付して認定する。

　イ　非常災害により当該伐採跡地までの通行が困難になり、又は苗木若しくは労務の調達が著しく困難になったため、森林所有者が当該保安林に係る指定施業要件として定められている植栽の方法、期間又は樹種に従って植栽をすることが著しく困難となった場合。

　　　なお、この場合には、植栽の義務を停止する期間及び必要に応じて植栽の方法又は樹種を明らかにして認定する。

(2)　規則第72条第2号の規定による認定は、森林所有者から認定の請求があった場合において、次のいずれにも該当しないときに行うものとし、この認定に当たっては、伐採が終了した日を含む伐採年度の翌伐採年度の初日から起算して5年を超えない範囲で植栽の義務を猶予する期間を明らかにすることとする。

　ア　当該伐採跡地が、当該保安林に係る指定施業要件に適合しない択伐による伐採により生ずるものである場合

　イ　当該伐採跡地における稚樹の発生状況、母樹の賦存状況、更新補助作業の実施予定その他の状況からみて、植栽の義務を猶予することができる期間内において、当該保安林に係る指定施業要件に植栽することが定められている樹種の苗木と同等以上の天然に生じた立木（当該樹種の立木に限る。）による更新が期待できない場合

第7　監督処分
1　監督処分を行うべき場合
(1) 法第38条第1項又は第2項の中止命令は、立木竹の伐採その他の行為が立木伐採許可又は作業許可を受けずに行われた場合のほか、当該行為が立木伐採許可若しくは作業許可の内容若しくは許可に付した条件に違反していると認められる場合、法第34条第1項第7号若しくは第2項第4号の規定に該当するものでないと認められる場合又は偽りその他不正な手段により立木伐採許可若しくは作業許可を受けたものと認められる場合に行うものとする。
(2) 法第38条第1項又は第3項の造林命令は、立木の伐採が立木伐採許可を受けずに行われた場合のほか、立木の伐採が当該許可の内容若しくは当該許可に付した条件に違反していると認められる場合、法第34条第1項第7号の規定に該当するものでないと認められる場合若しくは偽りその他不正な手段により当該許可を受けたものと認められる場合又は法第34条の2第1項の届出をせずに行われた場合であって、造林によらなければ当該伐採跡地につき的確な更新が困難と認められる場合に行うものとする。ただし、違反者が自発的に当該伐採跡地について的確な更新を図るため必要な期間、方法及び樹種により造林をしようとしている場合はこの限りでない。
(3) 法第38条第2項の復旧命令は、立竹の伐採その他の行為が、作業許可を受けずに行われた場合のほか、当該行為が当該許可の内容又は当該許可に付した条件に違反していると認められる場合、法第34条第2項第4号の規定に該当するものでないと認められる場合若しくは偽りその他不正な手段により当該許可を受けたものと認められる場合であって、当該違反行為に起因して、当該保安林の機能が失われ、若しくは失われるおそれがある場合又は土砂が流出し、崩壊し、若しくは堆積することにより付近の農地、森林その他の土地若しくは道路、鉄道その他これらに準ずる設備又は住宅、学校その他の建築物に被害を与えるおそれがある場合に行うものとする。
(4) 法第38条第4項の植栽命令は、指定施業要件として植栽の方法、期間及び樹種が定められている保安林において立木の伐採が行われ、当該植栽期間が満了した後も当該指定施業要件の定めるところに従って植栽が行われていない場合に行うものとする。
2　監督処分を行うべき時期
　　中止命令及び植栽命令にあっては違反行為を発見したとき、造林命令及び復旧命令にあっては当該命令を行う必要があると認めるとき、それぞれ遅滞なく行うものとする。
3　監督処分の内容
(1) 造林命令の内容は、当該保安林について指定施業要件として植栽の方法、期間及び樹種が定められている場合は、その定められたところによるものとする。
(2) 法第38条第2項に規定する期間は、原則として、命令をする時から1年を超えない範囲内で定めるものとする。
　　なお、同項に規定する「復旧」には、原形に復旧することのほか、原形に復旧することが困難な場合において造林又は森林土木事業の実施その他の当該保安林の従前の効用を復旧することを含むものとする。
(3) 法第38条第4項に規定する期間は、原則として指定施業要件として定められている植栽の期間の満了の日から1年を超えない範囲で定めるものとする。
4　監督処分の方法
　　法第38条の規定による命令は、次に掲げる事項を記載した書面を送付してするものとする。
　　なお、(4)には命令の内容の実施状況の報告をすべき事項及び保育その他当該保安林の維持管理上の注意すべき事項を含むものとする。
(1) 命令に係る保安林の所在場所
(2) 命令の内容
(3) 命令を行う理由
(4) その他必要な事項

第8　標識の設置
1　標識の様式

(1) 保安林の標識に記載する保安林の名称は、第1の1の①から⑰までに掲げるとおりとする。
(2) 保安林の標識の色彩は、次のとおりとする。
　ア　第1種標識の地は白色、文字は黒色
　イ　第2種標識の標板の地は黄色、文字は黒色
　ウ　第3種標識の標板の地は白色、文字は黒色、略図の保安林の区域の境界線は赤色

2　標識の設置の時期
　法第39条第1項の規定による標識の設置は、保安林の指定について法第33条第1項の規定による告示がなされた日又は法第47条の規定により保安林として指定されたものとみなされた日以降遅滞なく行うものとする。

3　標識の設置地点
　標識は、次のいずれかに該当する地点に設置するほか、その他特に保安林の境界を示すに必要な地点に設置するものとする。
(1) 道路に隣接する地点
(2) 駐車場、野営場その他人の集まる場所に隣接する地点
(3) 農地、宅地その他森林以外の土地に隣接する地点

4　標識の維持管理
　都道府県知事は、設置した標識が損壊されないよう監視し、損壊等によりその効用が減じた場合には、修繕、再設置その他の所要の措置を講じ、また、保安林が解除された場合には速やかに標識を撤去するものとする。

第9　保安林台帳

1　調製の時期
　法第39条の2第1項の規定による保安林台帳の調製は、保安林の指定について法第33条第1項（同条第6項において準用する場合を含む。以下3の(3)及び(4)において同じ。）の規定による告示がなされたとき又は法第47条の規定により保安林として指定されたものとみなされたときに遅滞なく行うものとする。

2　台帳の記載事項
(1) 規則第74条第3項第6号のその他必要な事項には、申請者の氏名又は名称及び住所、指定の事由、指定手続の経過、治山事業等との関係、当該森林についての土地利用に関する他の法令による制限との関係並びに立木竹の伐採等、造林、治山事業等、損失補償、違反行為、監督処分、標識、特定保安林の指定及び当該指定の解除その他保安林の維持管理に関する事項を含むものとする。
(2) 規則第74条第4項に規定する図面に記載する事項については、次によるものとする。
　ア　第3号の保安林に係る指定施業要件の記載は、伐採種、伐採の方法に関する特例、1箇所当たりの面積の限度及び植栽に関する事項をそれぞれの区域を明らかにして適当な色彩又は記号を用いて描示するものとする。
　イ　第5号のその他必要な事項には、方位、縮尺、治山事業等に係る施設の位置、標識の位置及び道路、河川その他顕著な地物を含むものとする。

3　台帳の訂正
(1) 保安林台帳の訂正に当たっては、土地登記簿の閲覧等の方法により保安林の所在場所の変更を的確に把握するよう措置するものとする。
(2) 記載事項の訂正を行った場合には、訂正の年月日及び原因を付記するものとする。
(3) 保安林の解除があったときは、保安林が解除された年月日及び当該保安林の解除に係る法第33条第1項の規定による告示の番号その他必要な事項を記載するものとする。
(4) 指定施業要件の変更があったときは、指定施業要件が変更された年月日及び当該指定施業要件の変更に係る法第33条の3において準用する法第33条第1項の規定による告示の番号その他必要な事項を記載するものとする。

4　台帳の閲覧
　法39条の2第2項の「保安林台帳の閲覧を求められたとき」については、対面により閲覧を求められたときのほか、インターネットや電子メール等を利用する方法により閲覧を求められたときを含むものとし、閲覧は、電磁的

記録（電子的方式、磁気的方式その他人の知覚によっては認識することができない方式で作られる記録をいう。）を利用する方法を含むものとする。

第10 保安施設地区
1 指定
(1) 法第41条第3項の規定による申請は、保安施設事業を実施しようとする土地について、当該事業に係る計画及び予算の実施予定額が確定し、工種及び施行場所が明らかとなった後速やかに行うものとする。
　　ただし、当該申請に係る地区の隣接地（地続きではないが地形の状況から接続しているとみなされるものを含む。）で次年度以降の事業予定地のうち、事業計画及び設計が明らかで、おおむね確実に実施されると見込まれるものは、1の地区に含め併せて申請できるものとする。
(2) 地すべり等防止法第3条第1項の地すべり防止区域又は同法第4条第1項のぼた山崩壊防止区域内における地すべり防止施設又はぼた山崩壊防止施設で保安施設事業の施設と効用を兼ねると認められる施設を造成し、又は維持する必要があると認められる場合にも速やかに指定を行うものとする。
(3) 指定する土地については、次によるものとする。
　ア　指定する土地は、保安施設事業として山腹工事、渓間工事等を施行する土地及び当該施行地の隣接地であってその効用を果たすために必要な土地とする。ただし、その土地を指定しなければ当該事業の実施に支障を来すと認められる場合には、当該事業の実施上必要な材料の採取地、集積地又は資材運搬道路敷地その他の附帯地を指定するものとする。
　　　なお、効用を果たすために必要な土地とは、当該土地において立木竹の伐採、土地の形質変更などが行われた場合、保安施設事業の実施又は施設の維持が困難になると認められる区域で、例示すれば、山腹工事の施行地の周辺で工事の施行又は施設の維持に直接影響を及ぼす区域、渓間工事のえん堤の水たたき部分及び袖部の周辺、堆砂地等である。
　イ　保安施設事業の実施のため一時的に必要とする材料の採取地、集積地又は資材運搬道路敷地その他の附帯地については、当該土地所有者等の協力を得て土地使用承諾書をとることとし、つとめて指定は行なわないものとする。
(4) 次に掲げる土地については、保安施設事業の実施につき当該土地の所有権その他の権利を有する者の同意を得ることができないと認められる場合、当該事業が大規模でかつ長期にわたる場合、又は当該事業の実施に必要な区域の一部が当該土地以外の土地にかかる場合を除き、指定を省略して差し支えないものとする。
　ア　保安林又は保安林予定森林（法第25条第1項第8号から第11号までに掲げる目的に係るものを除く。）
　イ　「保安林整備管理事業実施要領の制定について」（昭和53年8月22日53林野治第1883号林野庁長官通知）第2の1に基づく指定に係る調査事務の対象森林
　ウ　国有林野
(5) 指定区域の形状は、原則として多角形とするものとし、法第41条第3項の規定による申請に先立ち当該区域のそれぞれの辺の交点に標柱を設置するものとする。
(6) 保安施設地区に係る指定施業要件は、森林である土地及び森林の造成事業又は造成に必要な事業を実施する土地について定めるものとする。
　　なお、指定施業要件のうち立木の伐採の方法は、令別表第2の第1号（一）ハにより原則として禁伐とされるが、立木を伐採しても保安施設地区の指定の目的の達成に支障を来すおそれがないと認められる場合には、択伐とする、又は伐採種を定めないものとする。この場合における指定施業要件の内容は、当該保安施設地区の指定の目的を達成するための保安林に係る指定施業要件に準ずるものとする。
(7) 都道府県知事は、法第41条第3項の規定による申請をしようとする場合には、あらかじめ実地調査を行うほか適宜の方法により十分な調査を行い、申請書に、規則第79条の事業計画書のほか、次の書類を添付するものとする。この場合においては、申請に係る土地の所有者及び当該土地に関し、登記した権利を有する者の当該指定に関する意見を聴くものとする。

    ア 指定調書
    イ 指定調査地図
    ウ 位置図
    エ その他必要な書類
 (8) (7)のエの書類には、次に掲げる書類を含むものとする。
    ア 申請に係る土地が国有林である場合にあっては、当該国有林を管理する国の機関の長（国有林野、国庫帰属森林又は官行造林地にあっては管轄の森林管理局長）の意見
    イ 当該指定については土地所有者又は当該土地に関し登記した権利を有する者に異議がある場合にあってはそれらの者の氏名（法人にあっては名称）、当該土地の所在場所、異議の内容及び理由その他必要な事項を記載した書面
 (9) 申請に係る土地が海岸法（昭和31年法律第101号）第3条の規定により海岸保全区域に指定されている場合には、当該指定の特別の必要がある理由並びに規則第79条の事業計画書及び(7)のアからウまでに掲げる書類を提出するものとする。
 (10) 保安施設事業が、緊急治山事業、公共土木施設災害復旧事業費国庫負担法（昭和26年法第97号）第3条の規定による林地荒廃防止施設に関する災害の復旧事業費である場合には、法第44条ただし書後段規定に基づき法第44条において準用する法第30条の告示の日からなるべく早い時期に指定するものとする。
 (11) 都道府県知事は、年度当初に地区指定計画が確定したときは、個々の地区ごとに指定調書等を提出する前にあらかじめ当該年度の全ての地区の所在場所（市町村、大字、字、地番）及び事業名を明らかにした指定計画箇所一覧表を作成し、林野庁に提出するものとする。
    なお、地区は、当該地区の所在する流域若しくはその支流又は市町村若しくは大字、字の名称で表示することとし、同一地区に2以上の地区が存することとなる場合は、支番号を付すことによって区分するものとする。

2 指定の有効期間
 (1) 法第42条ただし書の規定による指定の有効期間の延長は、指定の有効期間内に保安施設事業の実施行為が完了しない場合であって当該指定の有効期間の満了後3年以内に当該事業の実施行為を完了することができると認められるときに行うものとし、3年以内に完了することができないと認められるときは、指定の有効期間の延長は行わず改めて保安施設地区の指定を行うものとする。
 (2) 都道府県知事は、保安施設地区の指定の有効期間の延長を必要と認めるときは、申請書を、その期間の満了の日から4か月前までに農林水産大臣に提出するものとする。

3 解除
 (1) 法第43条第1項に規定する「保安施設事業を廃止したとき」とは、当該地区に係る保安施設事業に着手したのち、当該事業の全部又は一部を将来にわたって実施しないこととしたとき、又は当該事業により設置された全部又は一部の施設の撤去、埋没その他その効用の消滅を必要とするときとするものとする。
 (2) 法第43条第2項に規定する「着手」とは、保安施設事業の実施行為をいい、本工事と密接不可分の関係にある準備行為の開始を含むものとする。
    なお、当該地区において保安施設事業の実施行為の一部について着手があれば、その全体について着手があったものとして取り扱うものとする。
 (3) 都道府県知事は、保安施設事業を廃止したときは、遅滞なく、次の書類を添えて、その旨を農林水産大臣に通知するものとする。
    ア 解除調書
    イ 解除調査地図
    ウ 位置図
    エ その他必要な書類
 (4) 解除に係る区域が保安施設地区の区域の一部である場合には、(3)の規定による通知に先立ち、当該解除に係る区域のそれぞれの辺の交点に標柱を設置するものとする。

(5) 都道府県知事は、法第41条第3項の規定により指定された保安施設地区の指定の効力が法第43条第2項の規定により失われたときは、遅滞なく当該保安施設地区の土地の所有者及びその土地に関し登記した権利を有する者に対しその旨を通知するものとする。

(6) 都道府県知事は、保安施設地区の指定後1年を経過したときに、当該保安施設地区において保安施設事業に着手していないときは、遅滞なく、その旨を農林水産大臣に通知するものとする。

4 指定施業要件の変更

(1) 都道府県知事は、法第41条第1項の規定により指定された保安施設地区に係る指定施業要件についてその変更を申請し、又は申請の進達をする場合には、あらかじめ保安施設事業を行う森林管理局長の意見を聴くものとする。

(2) 変更の手続については、第3の2の(1)及び(2)で準用する第1の3の(2)（エを除く。）(3)から(5)まで及び第3の3を準用するものとする。

5 保安施設地区における制限

(1) 都道府県知事は、法第41条第1項の規定により指定された保安施設地区内における立木竹の伐採その他の行為に係る法第44条において準用する立木伐採許可若しくは作業許可の申請又は規則第60条第1項第5号から第9号までの規定による届出を受けたときは、保安施設事業を行う森林管理局長の意見を聴くものとする。

(2) 伐採の限度を算出する基礎となる伐期齢、協議に係る皆伐面積の取扱い、皆伐面積の限度の公表、許可申請又は協議の適否の判定、許可申請等又は協議の処理、許可の条件、縮減、届出の処理、規則第60条第1項第1号及び第63条第1項第1号の保安施設事業等の範囲、規則第60条第1項第5号から第9号までの取扱いについては第4に準ずるものとする。

6 標識等の設置

(1) 法第44条において準用する法第39条の規定による標識の設置は、第8を準用するものとする。

(2) 標柱は、指定区域を明らかにするとともに指定後における適正な管理を行うために必要なものであるから、耐久性のあるものを使用し、土砂の崩落による埋没及び流水による消失等のおそれのないところに設置するものとする。

7 保安施設地区台帳

法第46条の2第1項の保安施設地区台帳は、地区ごとに調製するものとし、その保管及び調製については、第9を準用するものとする。

8 保安林への転換

(1) 都道府県知事は、指定の有効期間が満了するまでに保安林への転換に必要な調査を行い、保安林へ転換すべき土地については転換調書及び転換調査地図を作成するものとする。

(2) 都道府県知事は、保安林へ転換したものについて、指定の有効期間の満了後、遅滞なく森林所有者並びに当該保安林の所在地を管轄する市町村長及び登記所に対し当該保安林の所在場所その他必要な事項を通知するものとする。

9 保安施設地区の監視

都道府県知事は、保安施設事業に係る施設の維持管理行為の適正な実施及び保安施設地区における違反行為の発生を防止するため監視に必要な措置を講ずるものとする。

第11 意見書等の様式及び指定調査地図等の作成要領

次の1から10までに掲げる書類の様式及び11から15までに掲げる図面の作成要領は、別に定めるものとする。

1 法第27条第3項（第33条の3及び第44条において準用する場合を含む。）の意見書
2 規則第79条の事業計画書
3 第1の3の(2)のアの（ア）及び第10の1の(7)のア①の指定調書
4 第2の2の(2)で準用する第1の3の(2)のアの（ア）及び第10の3の(3)のアの解除調書
5 第3の2の(2)で準用する第1の3の(2)のアの（ア）（第10の4の(2)において準用する場合を含む。）の指定施業

要件変更調書
　　6　第4の5の(5)の伐採許可決定通知書
　　7　第4の5の(7)の伐採整理簿
　　8　第10の2の(2)の有効期間延長申請書
　　9　第10の3の(6)の未着手通知書
　10　第10の8の(1)の転換調書
　11　第1の3の(2)のアの（イ）及び第10の1の(7)のイの指定調査地図
　12　第2の2の(2)で準用する第1の3の(2)のアの（イ）及び第10の3の(3)のイの解除調査地図
　13　第3の2の(2)で準用する第1の3の(2)のアの（イ）（第10の4の(2)において準用する場合を含む。）の指定施業
　　　要件変更調査地図
　14　第1の3の(2)のアの（ウ）（第2の2の(2)、第3の2の(2)及び第10の4の(2)において準用する場合を含む。）、
　　　第10の1の(7)のウ及び第10の3の(3)のウの位置図
　15　第10の8の(1)の転換調査地図

別表1　指定施業要件として定める保安林の種類ごとの伐採種（主伐に係るもの）
別表2　規則付録第8の算式による植栽本数
別表3　保安林の指定又は解除等に係る直接の利害関係を有する者
別表4　国等以外の者が実施する事業
別表5　転用を目的とする保安林解除の審査に当たっての級地区分
別表6　法第26条の2第4項の規定に基づく保安林の解除の協議に係る添付書類
別表7　法第26条の2第4項の規定に基づく保安林の解除の協議に係る添付書類（計画通知第3の規定を準用する場
　　　合）
別表8　保安林の土地の形質の変更行為の許可基準
別記様式　代替施設の配置等の確認について
別紙　転用の目的に係る事業又は施設の設置の基準

別表1　指定施業要件として定める保安林の種類ごとの伐採種（主伐に係るもの）

保安林の種類	指定施業要件における伐採種（主伐）
水源かん養保安林	1　林況が粗悪な森林並びに伐採の方法を制限しなければ、急傾斜地、保安施設事業の施行地等の森林で土砂が崩壊し、又は流出するおそれがあると認められるもの及びその伐採跡地における成林が困難になるおそれがあると認められる森林にあっては、択伐（その程度が特に著しいと認められるものにあっては、禁伐） 2　その他の森林にあっては、伐採種を定めない。
土砂流出防備保安林	1　保安施設事業の施行地の森林で地盤が安定していないものその他伐採すれば著しく土砂が流出するおそれがあると認められる森林にあっては、禁伐 2　地盤が比較的安定している森林にあっては、伐採種を定めない。 3　その他の森林にあっては、択伐
土砂崩壊防備保安林	1　保安施設事業の施行地の森林で地盤が安定していないものその他伐採すれば著しく土砂が崩壊するおそれがあると認められる森林にあっては、禁伐 2　その他の森林にあっては、択伐
飛砂防備保安林	1　林況が粗悪な森林及び伐採すればその伐採跡地における成林が著しく困難になるおそれがあると認められる森林にあっては、禁伐 2　その地表が比較的安定している森林にあっては、伐採種を定めない。 3　その他の森林にあっては、択伐
防風保安林 防霧保安林	1　林帯の幅が狭小な森林（その幅がおおむね20メートル未満のものをいうものとする。）その他林況が粗悪な森林及び伐採すればその伐採跡地における成林が困難になるおそれがあると認められる森林にあっては、択伐（その程度が特に著しいと認められるもの（林帯については、その幅がおおむね10メートル未満のものをいうものとする。）にあっては、禁伐） 2　その他の森林にあっては、伐採種を定めない。
水害防備保安林 潮害防備保安林 防雪保安林	1　林況が粗悪な森林及び伐採すればその伐採跡地における成林が著しく困難になるおそれがあると認められる森林にあっては、禁伐 2　その他の森林にあっては、択伐
干害防備保安林	1　林況が粗悪な森林並びに伐採の方法を制限しなければ、急傾斜地等の森林で土砂が流出するおそれがあると認められるもの及び用水源の保全又はその伐採跡地における成林が困難になるおそれがあると認められる森林にあっては、択伐（その程度が特に著しいと認められるものにあっては、禁伐） 2　その他の森林にあっては、伐採種を定めない。
なだれ防止保安林 落石防止保安林	1　緩傾斜地の森林その他なだれ又は落石による被害を生ずるおそれが比較的少ないと認められる森林にあっては、択伐 2　その他の森林にあっては、禁伐
防火保安林	禁伐
魚つき保安林	1　伐採すればその伐採跡地における成林が著しく困難になるおそれがあると認められる森林にあっては、禁伐 2　魚つきの目的に係る海洋、湖沼等に面しない森林にあっては、伐採種を定めない。 3　その他の森林にあっては、択伐
航行目標保安林	1　伐採すればその伐採跡地における成林が著しく困難になるおそれがあると認められる森林にあっては、禁伐 2　その他の森林にあっては、択伐
保健保安林	1　伐採すればその伐採跡地における成林が著しく困難になるおそれがあると認められる森林にあっては、禁伐 2　地域の景観の維持を主たる目的とする森林のうち、主要な利用施設又は眺望点からの視界外にあるものにあっては、伐採種を定めない。 3　その他の森林にあっては、択伐
風致保安林	1　風致の保存のため特に必要があると認められる森林にあっては、禁伐 2　その他の森林にあっては、択伐

(注)
1 保安施設事業の施行地の森林の伐採方法については、水源かん養保安林において「伐採の方法を制限しなければ、急傾斜地、保安施設事業の施行地等の森林で土砂が崩壊し、又は流出するおそれがあると認められるもの」は択伐（その程度が特に著しいと認められるものにあっては、禁伐）、土砂流出防備保安林及び土砂崩壊防備保安林において「保安施設事業の施行地の森林で地盤が安定していないものその他伐採すれば著しく土砂が流出又は崩壊するおそれがあると認められる」ものは禁伐とされていることを踏まえ、原則として、保安施設事業の施行地であって施行後一定の期間（事業施行後10年（保安施設事業により森林の造成（山腹緑化工、植栽工、植生導入工等）を実施した区域にあっては事業施行後20年）を目安とする。）を経過していないものについては、禁伐又は択伐とすること。
  なお、当該期間が経過したものについては、林況、地況等から引き続き伐採の方法を制限しなければ土砂が崩壊し、又は流出するおそれがあると認められるものを除き、当該保安林の指定の目的を達成するため必要最小限度の制限となることを旨として伐採の方法に係る指定施業要件を変更（例えば、禁伐を択伐に、択伐を伐採種を定めないに変更）することができる。
2 保健保安林において「地域の景観の維持を主たる目的とする森林のうち、主要な利用施設又は眺望点からの視界外にあるものにあっては、伐採種を定めない」としているが、原則として、当該視界外にある森林を地域の景観の維持を主たる目的とする保健保安林として指定する場合とは、一体性の観点から当該視界内にある森林と一体のものとして指定する必要がある場合に限ること。
  なお、主要な利用施設又は眺望点からの視界外にある森林であっても、地域の景観の維持以外を主たる目的として森林を保健保安林に指定する場合にあっては、その伐採方法は禁伐又は択伐となる。

別表2　規則付録第8の算式による植栽本数

V	5	6	7	8	9	10	11	12
$(5/V)^{2/3}$	1.000	0.886	0.800	0.732	0.676	0.630	0.592	0.558
植栽本数	3,000	2,700	2,400	2,200	2,100	1,900	1,800	1,700

V	13	14	15	16	17	18	19	20
$(5/V)^{2/3}$	0.529	0.504	0.481	0.461	0.443	0.426	0.411	0.397
植栽本数	1,600	1,600	1,500	1,400	1,400	1,300	1,300	1,200

別表3　保安林の指定又は解除等に係る直接の利害関係を有する者

保安林の種類	保安林の指定により直接利益を受ける者等
水源かん養保安林	1　洪水の防止については、過去の災害状況、地形、土地利用状況等から保安林の指定又は解除等の申請がなされた森林（以下この表において「当該森林」という。）の流出係数の変化に伴い、いっ水による浸水のおそれがある区域内に居住する者並びに当該区域内の土地、建築物その他の物件（以下「土地等」という。）について正当な権原を有する者（当該権原が当該森林の存続と重要な関連を有するものであると認められる場合に限る。）とする。 2　各種用水の確保については、過去の渇水事例、水利用状況等からみて水の確保に支障を及ぼすおそれがある区域内の取水施設に正当な権原を有する者とする。
土砂流出防備保安林	過去の土石流、土砂流、洪水等の発生状況、河床勾配等からみて土砂流出のおそれがある区域内に居住する者及び土地等について正当な権原を有する者（当該権原が当該森林の存続と重要な関連を有するものであると認められる場合に限る。）とする。
土砂崩壊防備保安林	当該森林の地形、地質、山麓より下方の地形等からみて崩壊土砂が流下し、たい積するおそれのある区域（当該森林の斜面上部で崩壊のおそれがある場合は、その区域を含む。）内に居住する者及び土地等について正当な権原を有する者（当該権原が当該森林の存続と重要な関連を有するものであると認められる場合に限る。）とする。
飛砂防備保安林	当該森林の林帯方向における両端を通って林帯方向に対して直角に交わる直線が当該林帯の林縁と交わる点（以下「林縁点」という。）から当該林帯の期待平均樹高（以下「樹高」という。）の風上側へ5倍、風下側へ10倍の水平距離（林帯が不整形の場合は、最も風上側及び風下側となる林縁からのそれぞれ5倍、10倍の水平距離）となる点（以下それぞれ「風上点」、「風下点」という。）をその直線上にとり、風上点及び風下点をそれぞれ結んだ線分によって囲まれる区域（林帯の連続状態が失われる場合には、風の吹き抜けによる影響が予想される区域を含む。）内に居住する者及び土地等について正当な権原を有する者（当該権原が当該森林の存続と重要な関連を有するものであると認められる場合に限る。）とする。
防風保安林	飛砂防備保安林に準ずる区域（風下点は、風下側の林縁点から樹高の35倍の水平距離となる点とする。）内に居住する者及び土地等について正当な権原を有する者（当該権原が当該森林の存続と重要な関連を有するものであると認められる場合に限る。）とする。
水害防備保安林	当該森林に隣接し、その周辺における災害状況等からみて当該森林の水制作用、洪水流送物の制御作用の効果を直接受ける区域内に居住する者及び土地等について正当な権原を有する者（当該権原が当該森林の存続と重要な関連を有するものであると認められる場合に限る。）とする。
潮害防備保安林	1　塩害の防止については、飛砂防備保安林に準ずる区域（風上側の区域は除くとともに、風下点は風下側の林縁点から樹高の25倍の水平距離となる点とする。）内に居住する者及び土地等について正当な権原を有する者（当該権原が当該森林の存続と重要な関連を有するものであると認められる場合に限る。）とする。 2　津波等の被害の防止については、当該森林に隣接し、その周辺の災害状況、沿岸の地形等からみて当該森林の津波・高潮の防止効果を直接受ける区域内に居住する者及び土地等について正当な権原を有する者（当該権原が当該森林の存続と重要な関連を有するものであると認められる場合に限る。）とする。
干害防備保安林	当該森林に水利用を直接依存している取水施設、貯水池等に正当な権原を有する者とする。
防霧保安林	飛砂防備保安林に準ずる区域（風上側の区域は除くとともに、風下点は風下側の林縁点から樹高の20倍の水平距離となる点とする。）内に居住する者及び土地等について正当な権原を有する者（当該権原が当該森林の存続と重要な関連を有するものであると認められる場合に限る。）とする。
なだれ防止保安林	当該森林の下方の地形等からみてなだれが流下し、たい積するおそれがある区域内に居住する者及び土地等について正当な権原を有する者（当該権原が当該森林の存続と重要な関連を有するものであると認められる場合に限る。）とする。
落石防止保安林	当該森林の地形、下方の地形等からみて落石の影響が予想される区域内に居住する者及び土地等について正当な権原を有する者（当該権原が当該森林の存続と重要な関連を有するものであると認められる場合に限る。）とする。

防火保安林		当該森林に隣接し、当該森林の火災の延焼防止の効果を直接受ける区域内に居住する者及び土地等について正当な権原を有する者（当該権原が当該森林の存続と重要な関連を有するものであると認められる場合に限る。）とする。
魚つき保安林		当該森林が魚類の棲息と繁殖に影響を与える海域等において、漁業権を有する者とする。
航行目標保安林		当該森林を通常航行の目標としている小型漁船及び小型船舶に正当な権原を有する者とする。
保健保安林	1	「局所的な気象条件の緩和、塵埃・煤煙のろ過作用等」を目的とするものについては、当該森林の隣接する区域内に居住する者及び土地等について正当な権原を有する者（当該権原が当該森林の存続と重要な関連を有するものであると認められる場合に限る。）とする。
	2	「市民のレクリエーション等の保健、休養の場」を目的とするものについては、その効果、効用の及ぶ範囲は極めて不特定かつ広範囲に及ぶものであり、保安林の指定により直接利益を受ける者等に該当する者はいない。
風致保安林		名所、旧跡と一体となって景観の保存を目的としているものについては、その名所、旧跡について正当な権原を有する者とする。

別表4　国等以外の者が実施する事業

1	道路運送法（昭和26年法律第183号）による一般自動車道又は専用自動車道（同法による一般旅客自動車運送事業又は貨物自動車運送事業法（平成元年法律第83号）による一般貨物自動車運送事業の用に供するものに限る。）に関する事業
2	運河法（大正2年法律第16号）による運河の用に供する施設に関する事業
3	土地改良区（土地改良区連合を含む。以下同じ。）が設置する農業用道路、用水路、排水路、海岸堤防、かんがい用若しくは農作物の災害防止用のため池又は防風林その他これに準ずる施設に関する事業
4	土地改良区が土地改良法（昭和24年法律第195号）によって行う客土事業又は土地改良事業の施行に伴い設置する用排水機若しくは地下水源の利用に関する設備に関する事業
5	鉄道事業法（昭和61年法律第92号）による鉄道事業者又は索道事業者がその鉄道事業又は索道事業で一般の需要に応ずるものの用に供する施設に関する事業
6	軌道法（大正10年法律第76号）による軌道又は同法が準用される無軌条電車の用に供する施設に関する事業
7	石油パイプライン事業法（昭和47年法律第105号）による石油パイプライン事業の用に供する施設に関する事業
8	道路運送法による一般乗合旅客自動車運送事業（路線を定めて定期に運行する自動車により乗合旅客の運送を行うものに限る。）又は貨物自動車運送事業法による一般貨物自動車運送事業（特別積合せ貨物運送をするものに限る。）の用に供する施設に関する事業
9	自動車ターミナル法（昭和34年法律第136号）第3条の許可を受けて経営する自動車ターミナル事業の用に供する施設に関する事業
10	漁港及び漁場の整備等に関する法律（昭和25年法律第137号）による漁港施設に関する事業
11	航路標識法（昭和24年法律第99号）による航路標識に関する事業又は水路業務法（昭和25年法律第102号）第6条の許可を受けて設置する水路測量標に関する事業
12	航空法（昭和27年法律第231号）による飛行場又は航空保安施設で公共の用に供するものに関する事業
13	日本郵便株式会社が日本郵便株式会社法（平成17年法律第100号）第4条第1項第1号に掲げる業務の用に供する施設に関する事業
14	電気通信事業法（昭和59年法律第86号）第120条第1項に規定する認定電気通信事業者が同項に規定する認定電気通信事業の用に供する施設に関する事業
15	放送法（昭和25年法律第132号）による基幹放送事業者又は基幹放送局提供事業者が基幹放送の用に供する放送設備に関する事業

16	電気事業法（昭和39年法律第170号）第2条第1項第8号に規定する一般送配電事業又は同項第10号に規定する送電事業の用に供する同項第18号に規定する電気工作物に関する事業
17	発電用施設周辺地域整備法（昭和49年法律第78号）第2条に規定する発電用施設に関する事業
18	ガス事業法（昭和29年法律第51号）第2条第13項に規定するガス工作物に関する事業（同条第5項に規定する一般ガス導管事業の用に供するものに限る。）
19	水道法（昭和32年法律第177号）による水道事業若しくは水道用水供給事業又は工業用水道事業法（昭和33年法律第84号）による工業用水道事業
20	学校教育法（昭和22年法律第26号）第1条に規定する学校又はこれに準ずるその他の教育若しくは学術研究のための施設に関する事業
21	社会福祉法（昭和26年法律第45号）による第一種社会福祉事業、生活困窮者自立支援法（平成25年法律第105号）に規定する認定生活困窮者就労訓練事業、児童福祉法（昭和22年法律第164号）に規定する助産施設、保育所、児童厚生施設若しくは児童家庭支援センターを経営する事業、就学前の子どもに関する教育、保育等の総合的な提供の推進に関する法律（平成18年法律第77号）に規定する幼保連携型認定こども園を経営する事業又は更生保護事業法（平成7年法律第86号）による継続保護事業の用に供する施設に関する事業
22	健康保険組合若しくは健康保険組合連合会、国民健康保険組合若しくは国民健康保険団体連合会、国家公務員共済組合若しくは国家公務員共済組合連合会若しくは地方公務員共済組合若しくは全国市町村職員共済組合連合会が設置する病院、療養所、診療所若しくは助産所又は医療法（昭和23年法律第205号）による公的医療機関に関する事業
23	墓地、埋葬等に関する法律（昭和23年法律第48号）による火葬場に関する事業
24	と畜場法（昭和28年法律第114号）によると畜場又は化製場等に関する法律（昭和23年法律第140号）による化製場若しくは死亡獣畜取扱場に関する事業
25	廃棄物の処理及び清掃に関する法律（昭和45年法律第137号）第15条の5第1項に規定する廃棄物処理センターが設置する同法による一般廃棄物処理施設、産業廃棄物処理施設その他の廃棄物の処理施設（廃棄物の処分（再生を含む。）に係るものに限る。）に関する事業
26	卸売市場法（昭和46年法律第35号）による地方卸売市場に関する事業
27	自然公園法（昭和32年法律第161号）による公園事業
28	鉱業法（昭和25年法律第289号）第104条の規定により鉱業権者又は租鉱権者が他人の土地を使用することができる事業
29	鉱業法第105条の規定により採掘権者が他人の土地を収用することができる事業
30	法第50条第1項の規定により他人の土地を使用する権利の設定に関する協議を求めることができる事業

別表5　転用を目的とする保安林解除の審査に当たっての級地区分

級地区分	該当する保安林
第1級地	次のいずれかに該当する保安林 1　法第10条の15第4項4号に規定する治山事業の施行地（これに相当する事業の施行地を含む。）であるもの（事業施行後10年（保安林整備事業、防災林造成事業等により森林の整備を実施した区域にあっては事業施行後20年（法第39条の7第1項の規定により保安施設事業を実施した森林にあっては事業施行後30年））を経過し、かつ、現在その地盤が安定しているものを除く。） 2　傾斜度が25度以上のもの（25度以上の部分が局所的に含まれている場合を除く。）その他地形、地質等からして崩壊しやすいもの 3　人家、校舎、農地、道路等国民生活上重要な施設等に近接して所在する保安林であって、当該施設等の保全又はその機能の維持に直接重大な関係があるもの 4　海岸に近接して所在するものであって、林帯の幅が150メートル未満（本州の日本海側及び北海道の沿岸にあっては250メートル未満）であるもの 5　保安林の解除に伴い残置し、又は造成することとされたもの
第2級地	第1級地以外の保安林

(注)
1　治山事業の施行地については、特に国土保全等公益を確保する上で厳正な取扱いを必要とするものであり、当該施行地が介在する保安林については、開発転用を極力避けるよう指導するものとする。
2　海岸に近接して所在する保安林は、その立地特質等からして多様な役割を果たすことが期待されているものであり、また、その林帯幅が縮減又は分断された場合には全体として機能の減退をもたらすこととなることから、原則として解除を行わないものとし、第1級地の林帯幅以上の保安林にあっても開発転用は極力避けるよう指導するものとする。

別表6　法第26条の2第4項の規定に基づく保安林の解除の協議に係る添付書類

編さん順序	書類の名称	関係法令等
1	保安林解除協議書	様式は任意
2	保安林解除調書	処理基準第2の2の(2)で準用する第1の3の(2)のアの(ア) 本通知第2の2の(2)で準用する第1の3の(2)のアの(ア) 様式通知第1の3の様式5
3	保安林解除調書付属明細書	処理基準第2の2の(2)で準用する第1の3の(2)のアの(エ) 本通知第2の2の(2)で準用する第1の3の(2)のアの(エ) 様式通知第1の3の様式5-1
4	事業計画の概要	処理基準第2の2の(2)で準用する第1の3の(2)のアの(エ) 本通知第2の2の(2)で準用する第1の3の(2)のアの(エ) 様式通知第1の3の様式5-2
5	事業計画の内容審査結果	処理基準第2の2の(2)で準用する第1の3の(2)のアの(エ) 本通知第2の2の(2)で準用する第1の3の(2)のアの(エ) 様式通知第1の3の様式5-3
6	位置図	処理基準第2の2の(2)で準用する第1の3の(2)のアの(ウ) 本通知第2の2の(2)で準用する第1の3の(2)のアの(ウ) 様式通知第2の6
7	保安林解除調査地図	処理基準第2の2の(2)で準用する第1の3の(2)のアの(イ) 本通知第2の2の(2)で準用する第1の3の(2)のアの(イ) 様式通知第2の3
8	写真	処理基準第2の2の(2)で準用する第1の3の(2)のアの(エ) 本通知第2の2の(2)で準用する第1の3の(2)のイの(ウ)
9	事業計画図	規則第48条第2項 本通知第2の2の(1)のエの(ア)
10	事業計画書	規則第48条第2項 本通知第2の2の(1)のエの(ア)

(注)
1　用紙の大きさは、日本産業規格A4版とする。
2　保安林の解除申請書の添付書類の写しでもよいこととする。
3　関係通知の呼称は次のとおりとする。
　　処理基準：森林法に基づく保安林及び保安施設地区関係事務に係る処理基準について
　　　　　　（平成12年4月27日付け12林野治第790号農林水産事務次官依命通知）
　　様式通知：保安林指定調書等の様式について
　　　　　　（令和5年3月23日付け4林野治第2041号林野庁長官通知）

別表7 法第26条の2第4項の規定に基づく保安林の解除の協議に係る添付書類
（計画通知第3の規定を準用する場合）

編さん順位	書類の名称	関係法令等
1	保安林解除協議書	様式は任意
2	保安林解除調書 （保安林解除計画表）	処理基準第2の2の(2)で準用する第1の3の(2)のアの(ア) 本通知第2の2の(2)で準用する第1の3の(2)のアの(ア) 計画通知第3の2の(2)のイの別紙3、別紙3-1
3	保安林解除調査地図	処理基準第2の2の(2)で準用する第1の3の(2)のアの(イ) 本通知第2の2の(2)で準用する第1の3の(2)のアの(イ) 計画通知第3の2の(2)のウ
4	写真	処理基準第2の2の(2)で準用する第1の3の(2)のアの(エ) 本通知第2の2の(2)で準用する第1の3の(2)のイの(ウ) 計画通知第2の3の(2)のエ

（注）
1　関係通知の呼称は次のとおりとする。
　　計画通知：「地域森林計画等に基づく計画的な保安林の指定、解除等について」（平成24年3月30日付け23林整治第2925号林野庁長官通知）
2　用紙の大きさは、計画通知の定めを準用することとし、特段定めのないものは日本産業規格A4版とする。

別表8　保安林の土地の形質の変更行為の許可基準

区分	行為の目的、態様、規模等
1　森林の施業及び管理に必要な施設	(1)　林道（車道幅員が4メートル以下のものに限る。）、森林の施業及び管理の用に供する作業道、作業用索道、木材集積場、歩道、防火線、作業小屋等を設置する場合 (2)　森林の施業及び管理に資する農道等で、規格及び構造が(1)の林道に類するものを設置する場合
2　森林の保健機能増進に資する施設	保健保安林の区域内に、森林の保健機能の増進に関する特別措置法（平成元年法律第71号。以下「森林保健機能増進法」という。）第2条第2項第2号に規定する森林保健施設に該当する施設を設置する場合（森林保健機能増進法第5条の2第1項第1号の保健機能森林の区域内に当該施設を設置する場合又は当該施設を設置しようとする者が当該施設を設置しようとする森林を含むおおむね30ヘクタール以上の集団的森林につき所有権その他の土地を使用する権利を有する場合を除く。）であって、次の要件を満たすもの。 (1)　当該施設の設置のための土地の形質の変更（以下この表において「変更行為」という。）に係る森林の面積の合計が、当該変更行為を行おうとする者が所有権その他の土地を使用する権利を有する集団的森林（当該変更行為を行おうとする森林を含むものに限る。）の面積の10分の1未満の面積であること。 (2)　変更行為（遊歩道及びこれに類する施設に係る変更行為を除く。以下同じ。）を行う箇所が、次の条件を満たす土地であること。 　①　土砂の流出又は崩壊その他の災害が発生するおそれのない土地 　②　非植生状態（立木以外の植生がない状態をいう。）で利用する場合にあっては傾斜度が15度未満の土地、植生状態（立木以外の植生がある状態をいう。）で利用する場合にあっては傾斜度が25度未満の土地 (3)　1箇所当たりの変更行為に係る森林の面積は、立木の伐採が材積にして30パーセント以上の状態で変更行為を行う場合には0.05ヘクタール未満であり、立木の伐採が材積にして30パーセント未満の場合には1.20ヘクタール未満であること。 (4)　建築物の建築を伴う変更行為を行う場合には、一建築物の建築面積は200平方メートル未満であり、かつ、一変更行為に係る建築面積の合計は400平方メートル未満であること。 (5)　一変更行為と一変更行為との距離は、50メートル以上であること。 (6)　建築物その他の工作物の設置を伴う変更行為を行う場合には、当該建築物その他の工作物の構造が、次の条件に適合するものであること。 　①　建築物その他の工作物の高さは、その周囲の森林の樹冠を構成する立木の期待平均樹高未満であること。 　②　建築物その他の工作物は、原則として木造であること。 　③　建築物その他の工作物の設置に伴う切土又は盛土の高さは、おおむね1.5メートル未満であること。 (7)　遊歩道及びこれに類する施設に係る変更行為を行う場合には、幅3メートル未満であること。 (8)　土地の舗装を伴う変更行為（遊歩道及びこれに類する施設に係る変更行為を含む。）を行う場合には、地表水の浸透、排水処理等に配慮してなされるものであること。
3　森林の有する保安機能の維持又は代替をする施設	(1)　森林の保安機能の維持及び強化に資する施設を設置する場合 (2)　転用に当たり、当該保安林の機能に代替する機能を果たすべき施設を転用に係る区域外に設置する場合

4　その他	(1) 上記1から3までに規定する以外のものであって次に該当する場合 　① 施設等の幅が1メートル未満の線的なものを設置する場合（例えば、水路、へい、柵等） 　② 変更行為に係る区域の面積が0.05ヘクタール未満で、切土又は盛土の高さがおおむね1.5メートル未満の点的なものを設置する場合（例えば、標識、掲示板、墓碑、電柱、気象観測用の百葉箱及び雨量計、送電用鉄塔、無線施設、水道施設、簡易な展望台等）ただし、区域内に建築物を設置するときには、建築面積が50平方メートル未満であって、かつ、その高さがその周囲の森林の樹冠を構成する立木の期待平均樹高未満であるものに限ることとし、保健、風致保安林内の区域に建築物以外の工作物を設置するときには、その高さがその周囲の森林の樹冠を構成する立木の期待平均樹高未満であるものに限ることとする。 (2) その他 　一時的な変更行為であって次の要件を満たす場合。ただし、一般廃棄物又は産業廃棄物を堆積する場合は除く。 　① 変更行為の期間が原則として2年以内のものであること。 　② 変更行為の終了後には植栽され確実に森林に復旧されるものであること。 　③ 区域の面積が0.2ヘクタール未満のものであること。 　④ 土砂の流出又は崩壊を防止する措置が講じられるものであること。 　⑤ 切土又は盛土の高さがおおむね1.5メートル未満のものであること。

（注）
1　林道については、車道幅員（路肩を除く。）が4メートル以下であって、森林の施業及び管理の用に供するため周囲の森林と一体として管理することが適当と認められる場合には、作業許可の対象とする。
　　農道、市町村道その他の道路については、森林内に設置され、その規格及び構造が林道に類するものであって、森林の施業及び管理に資すると認められるものに限り林道と同様に取り扱うものとする。
　　なお、森林の施業及び管理の用に供する、又は資するとは、林道等の沿線の森林において、施業の実施予定がある場合や施業を行う対象であることが森林施業に関する各種計画から明らかである場合、山火事防止等森林保全のための巡視や境界管理、森林に関する各種調査等の実施が見込まれる場合とする。
2　森林の保安機能の維持及び強化に資する施設とは、その設置目的及び構造からみて保安機能を持つことが明らかであって、周囲の森林と一体となって管理することが保安林の指定の目的の達成に寄与すると認められるものをいい、例えば道路に附帯する保全施設等がこれに該当する。
　　転用に当たり、転用に係る区域内に設置する当該保安林の機能に代替する機能を果たすべき施設については、本体施設と一体となって管理されるべきものであり、作業許可の対象としないものとする。また、転用に係る区域外に設置する施設であっても、洪水調節池等の森林を改変する程度が大きいものについては、作業許可の対象としないものとする。
3　土砂捨て、しいたけ原木等の堆積、仮設構造物の設置その他物件の堆積等の一時的な変更行為に係る作業許可は、土壌の性質、林木の生育に及ぼす影響が微小であると認められるものに限って行うものとする。
4　切土の高さとして示すおおむね1.5メートルとは、樹木の根系が一般的に分布し、変更行為によっても保安機能の維持に支障を来さない範囲として目安を示したものである。このため、現地の樹種や土壌等の調査等を行い、根系が密に分布する深さを明らかにすることで、その深さを限度として差し支えないものとする。
　　また、盛土の高さとして示すおおむね1.5メートルとは、切土を流用土として現地処理することを前提に目安を示したものであるが、一般に、切土に比べて盛土の体積は増加することとなるため、一定の厚さで締固めを行うなど適切な施工を行う上で、1.5メートルを超えることは差し支えないものとする。
　　なお、切土又は盛土の高さについて、現場での施工上必要な場合には、1.5メートルを2割の範囲内で超えることも、「おおむね」の範囲内であるとして差し支えないものとする。
5　一時的な変更行為に係る作業許可の期間については、作業許可基準が森林の機能を維持した状態を前提としていることから、伐採後の植栽義務の履行期間と同様に2年を原則としている。ただし、事業実施後の遅延に合理的な理由がある場合には、確実な原状回復を前提に、その期間を5年まで延長することを可能とする。
6　変更行為に係る区域（以下「変更区域」という。）の一箇所の考え方については、変更区域が連続しない場合であっても、相隣する変更区域間の距離が20メートル未満に接近している場合は、これらの変更区域は連続しているものとし一箇所として扱うものとする。

別記様式

番　　　号
年　月　日

林野庁長官　殿

都道府県知事　氏　名

代替施設の配置等の確認について

年　月　日付け　林野治第　号による保安林については、下記のとおり代替施設の設置等を確認したので報告します。

記

規則第48条第2項第1号の計画書に記載の事業者氏名	
施工者氏名	
着工年月日・完成年月日	自　　　　　　至
確認者職氏名	
代替施設等の概要	
確認内容	
その他特記すべき事項	

(注)
1　確認内容については、確認した事項及び代替施設等が計画書どおり施行されたことを確認した根拠等を記載する。
2　その他特記すべき事項については、権利関係の調整等について記載する。

別紙

転用の目的に係る事業又は施設の設置の基準

第1 基準
転用の目的に係る事業又は施設の設置（以下「事業等」という。）については、次の全ての基準に適合するものであること。
1 事業等に係る保安林の現に有する土地に関する災害の防止の機能からみて、当該事業等により当該保安林の周辺の地域において土砂の流出又は崩壊その他の災害を発生させるおそれがないこと。
2 事業等に係る保安林の現に有する水害の防止の機能からみて、当該事業等により当該機能に依存する地域における水害を発生させるおそれがないものであって、事業等に係る保安林の現に有する水害の防止の機能に依存する地域において、当該事業等に伴い増加するピーク流量を安全に流下させることができないことにより水害が発生するおそれがある場合には、洪水調節池の設置その他の措置が適切に講じられることが明らかであること。
3 事業等に係る保安林の現に有する水源のかん養の機能からみて、当該事業等により当該機能に依存する地域における水の確保に著しい支障を及ぼすおそれがないこと。
4 事業等に係る保安林の現に有する環境の保全の機能からみて、当該事業等により当該保安林の周辺の地域における環境を著しく悪化させるおそれがないこと。

第2 技術的細則
1 災害を発生させるおそれに関する事項
　第1の1については、次の全ての基準に適合するものであること。
(1) 土砂の移動量
　　事業等が原則として現地形に沿って行われること及び事業等による土砂の移動量が必要最少限度であることが明らかであること。
　　スキー場の滑走コースの造成は、その利用形態からみて土砂の移動が周辺に及ぼす影響が比較的大きいと認められるため、その造成に係る切土量は1ヘクタール当たりおおむね1,000立方メートル以下とすること。
　　なお、滑走コースは傾斜地を利用するものであることから、切土を行う区域はスキーヤーの安全性の確保等やむを得ないと認められる場合に限るものとし、土砂の移動量を極力縮減するよう事業等を実施する者（以下「事業者」という。）に対し指導するものとすること。
　　また、ゴルフ場の造成に係る切土量、盛土量はそれぞれ18ホール当たりおおむね200万立方メートル以下とすること。
(2) 切土、盛土又は捨土
　　切土、盛土又は捨土を行う場合には、その工法が法面の安定を確保するものであること及び捨土が適切な箇所で行われること並びに切土、盛土又は捨土を行った後に法面を生ずるときはその法面の勾配が地質、土質、法面の高さからみて崩壊のおそれのないものであり、かつ、必要に応じ小段又は排水施設の設置その他の措置が適切に講じられることが明らかであること。技術的細則は、次に掲げるとおりとする。
　ア　工法等は、次によるものであること。
　　(ア) 切土は、原則として階段状に行う等法面の安定が確保されるものであること。
　　(イ) 盛土は、必要に応じて水平層にして順次盛り上げ、十分締め固めが行われるものであること。
　　(ウ) 土石の落下による下斜面等の荒廃を防止する必要がある場合には、柵工の実施等の措置が講じられていること。
　　(エ) 大規模な切土又は盛土を行う場合には、融雪、豪雨等により災害が生ずるおそれのないように工事時期、工法等について適切に配慮されていること。

イ 切土は、次によるものであること。
　（ア）　法面の勾配は、地質、土質、切土高、気象及び近傍にある既往の法面の状態等を勘案して、現地に適合した安全なものであること。
　（イ）　土砂の切土高が10メートルを超える場合には、原則として高さ5メートルないし10メートル毎に小段が設置されるほか、必要に応じて排水施設を設置する等崩壊防止の措置が講じられていること。
　（ウ）　切土を行った後の地盤に滑りやすい土質の層がある場合には、その地盤にすべりが生じないように杭打ちその他の措置が講じられていること。
ウ 盛土は、次によるものであること。
　（ア）　法面の勾配は、盛土材料、盛土高、地形、気象及び近傍にある既往の法面の状態等を勘案して、現地に適合した安全なものであること。
　（イ）　一層の仕上がり厚は、30センチメートル以下とし、その層ごとに締め固めを行うとともに、必要に応じて雨水その他の地表水又は地下水を排除するための排水施設の設置等の措置が講じられていること。
　（ウ）　盛土高が5メートルを超える場合には、原則として5メートルごとに小段を設置するほか、必要に応じて排水施設を設置する等崩壊防止の措置が講じられていること。
　（エ）　盛土がすべり、ゆるみ、沈下し又は崩壊するおそれがある場合には、盛土を行う前の地盤の段切り、地盤の土の入替え、埋設工の施行、排水施設の設置等の措置が講じられていること。
エ 捨土は、次によるものであること。
　（ア）　捨土は、土捨場を設置し、土砂の流出防止措置を講じて行われるものであること。この場合における土捨場の位置は、急傾斜地、湧水の生じている箇所等を避け、人家又は公共施設との位置関係を考慮の上設定されているものであること。
　（イ）　法面の勾配の設定、締固めの方法、小段の設置、排水施設の設置等は、盛土に準じて行われ、土砂の流出のおそれがないものであること。

(3) 法面崩壊防止の措置

　切土、盛土又は捨土を行った後の法面の勾配が(2)によることが困難である場合若しくは適当でない場合又は周辺の土地利用の実態からみて必要がある場合には、擁壁の設置その他の法面崩壊防止の措置が適切に講じられることが明らかであること。技術的細則は、次に掲げるとおりとする。
ア 「周辺の土地利用の実態からみて必要がある場合」とは、人家、学校、道路等に近接し、かつ、次のいずれかに該当する場合をいう。ただし、土質試験等に基づき地盤の安定計算をした結果、法面の安定を保つために擁壁等の設置が必要でないと認められる場合には、これに該当しない。
　（ア）　切土により生ずる法面の勾配が30度より急で、かつ、高さが2メートルを超える場合。ただし、硬岩盤である場合又は次のいずれかに該当する場合はこの限りでない。
　　a　土質が表1の左欄に掲げるものに該当し、かつ、土質に応じた法面の勾配が同表中欄の角度以下のもの。
　　b　土質が、表1の左欄に掲げるものに該当し、かつ、土質に応じた法面の勾配が同表中欄の角度を超え、同表右欄の角度以下のもので、その高さが5メートル以下のもの。この場合において、aに該当する法面の部分により上下に分離された法面があるときは、aに該当する法面の部分は存在せず、その上下の法面は連続しているものとみなす。

表1

土質	擁壁等を要しない勾配の上限	擁壁等を要する勾配の下限
軟岩（風化の著しいものを除く。）	60度	80度
風化の著しい岩	40度	50度
砂利、真砂土、関東ローム、硬質粘土、その他これに類するもの	35度	45度

（イ）　盛土により生ずる法面の勾配が30度より急で、かつ、高さが1メートルを超える場合
　イ　擁壁の構造は、次によるものであること。
　　（ア）　土圧、水圧及び自重（以下「土圧等」という。）によって擁壁が破壊されないこと。
　　（イ）　土圧等によって擁壁が転倒しないこと。この場合において、安全率は1.5以上であること。
　　（ウ）　土圧等によって擁壁が滑動しないこと。この場合において、安全率は1.5以上であること。
　　（エ）　土圧等によって擁壁が沈下しないこと。
　　（オ）　擁壁には、その裏面の排水を良くするため、適正な水抜穴が設けられていること。

(4)　法面保護の措置

　　切土、盛土又は捨土を行った後の法面が雨水、渓流等により侵食されるおそれがある場合には、法面保護の措置が講じられることが明らかであること。技術的細則は、次に掲げるとおりとする。
　ア　植生による保護（実播工、伏工、筋工、植栽工等）を原則とし、植生による保護が適さない場合又は植生による保護だけでは法面の侵食を防止できない場合には、人工材料による適切な保護（吹付工、張工、法枠工、柵工、網工等）が行われるものであること。工種は、土質、気象条件等を考慮して決定され、適期に施行されるものであること。
　イ　表面水、湧水、渓流等により法面が侵食され又は崩壊するおそれがある場合には、排水施設又は擁壁の設置等の措置が講じられるものであること。この場合における擁壁の構造は、(3)のイによるものであること。

(5)　土砂流出防止の措置

　　事業等に伴い相当量の土砂が流出する等の下流地域に災害が発生するおそれがある区域が事業区域（事業者が、所有権その他の当該土地を使用する権利を有し、事業等に供しようとする区域をいう。以下同じ。）に含まれる場合には、事業等に先行して十分な容量及び構造を有するえん堤等の設置、森林の残置等の措置が適切に講じられることが明らかであること。技術的細則は、次に掲げるとおりとする。
　ア　えん堤等の容量は、次により算定された事業等に係る土地の区域からの流出土砂量を貯砂し得るものであること。
　　（ア）　事業等の施行期間中における流出土砂量は、事業等に係る土地の区域1ヘクタール当たり1年間に、特に目立った表面侵食のおそれが見られない場合にあっては200立方メートル、脆弱な土壌で全面的に侵食のおそれが高い場合にあっては600立方メートル、それ以外の場合にあっては400立方メートルとするなど、地形、地質、気象等を考慮の上適切に定められたものであること。
　　（イ）　事業等の終了後において、地形、地被状態等からみて、地表が安定するまでの期間に相当量の土砂の流出が想定される場合には、別途積算するものであること。
　イ　えん堤等の設置箇所は、極力土砂の流出地点に近接した位置であること。
　ウ　えん堤等の構造は、「治山技術基準」（昭和46年3月13日付け46林野治第648号林野庁長官通知）によるものであること。
　エ　「災害が発生するおそれがある区域」については、表2に掲げる区域を含む土地の範囲とし、その考え方については、災害の特性を踏まえ、（ア）及び（イ）を目安に現地の荒廃状況に応じて整理すること。
　　なお、表2に掲げる区域以外であっても、同様のおそれがある区域については、「災害が発生するおそれがある区域」に含めることができる。
　　（ア）　山腹崩壊や急傾斜地の崩壊、地すべりに関する区域については、土砂災害警戒区域等における土砂災害防止対策の推進に関する法律（平成12年法律第57号。以下「土砂災害防止法」という。）の土砂災害警戒区域の考え方を基本とすること。
　　（イ）　土石流に関する区域については、土石流の発生の危険性が認められる渓流を含む流域全体を基本とすること。ただし、土石流が発生した場合において、地形の状況により明らかに土石流が到達しないと認められる土地の区域を除く。

表2

区域の名称	根拠とする法令等
砂防指定地	砂防法（明治30年法律第29号）
災害危険区域	建築基準法（昭和25年法律第201号）
地すべり防止区域	地すべり等防止法（昭和33年法律第30号）
急傾斜地崩壊危険区域	急傾斜地の崩壊による災害の防止に関する法律（昭和44年法律第57号）
土砂災害警戒区域	土砂災害防止法
山腹崩壊危険地区	山地災害危険地区調査要領（平成18年7月3日付け18林整治第520号林野庁長官通知）
地すべり危険地区	
崩壊土砂流出危険地区	

オ　なだれ危険箇所点検調査要領に基づくなだれ危険箇所に係る森林を事業区域に含む場合についても、開発区域に先行して周囲へのなだれ防止措置について検討し、必要な措置を講じること。

カ　上記の検討結果を整理し、必要な措置の内容について、事業等に関する計画書及び代替施設の設置に関する計画書に必要な事項を記載すること。

(6) **排水施設**

　雨水等を適切に排水しなければ災害が発生するおそれがある場合には、十分な能力及び構造を有する排水施設が設けられることが明らかであること。技術的細則は、次に掲げるとおりとする。

ア　排水施設の断面は、次によるものであること。

（ア）排水施設の断面は、計画流量の排水が可能になるように余裕をみて定められていること。この場合、計画流量はa及びbにより、流量は原則としてマニング式により求められていること。

　a　排水施設の計画に用いる雨水流出量は、原則として次式により算出されていること。ただし、降雨量と流出量の関係が別途高い精度で求められている場合には、単位図法等によって算出することができる。

$$Q = 1/360 \cdot f \cdot r \cdot A$$

　　　Q：雨水流出量（m^3／sec）
　　　f：流出係数
　　　r：設計雨量強度（mm／hour）
　　　A：集水区域面積（ha）

　b　前式の適用に当たっては、次によるものであること。

（a）流出係数は、表3を参考にして定められていること。浸透能は、地形、地質、土壌等の条件によって決定されるものであるが、表3の区分の適用については、おおむね、山岳地は浸透能小、丘陵地は浸透能中、平地は浸透能大として差し支えない。

（b）設計雨量強度は、(c)による単位時間内の10年確率で想定される雨量強度とされていること。ただし、人家等の人命に関わる保全対象が事業区域に隣接している場合など排水施設の周囲にいっ水した際に保全対象に大きな被害を及ぼすことが見込まれる場合については、20年確率で想定される雨量強度を用いるほか、水防法（昭和24年法律第193号）第15条第1項第4号のロ又は土砂災害防止法第8条第1項第4号でいう要配慮者利用施設等の災害発生時の避難に特別の配慮が必要となるような重要な保全対象がある場合は、30年確率で想定される雨量強度を用いること。

（c）単位時間は、到達時間を勘案して定めた表4を参考として用いられていること。

表3

区分 地表状態	浸透能　小	浸透能　中	浸透能　大
林　　地	0.6～0.7	0.5～0.6	0.3～0.5
草　　地	0.7～0.8	0.6～0.7	0.4～0.6
耕　　地	―	0.7～0.8	0.5～0.7
裸　　地	1.0	0.9～1.0	0.8～0.9

表4

流　域　面　積	単　位　時　間
50ヘクタール以下	10分
100ヘクタール以下	20分
500ヘクタール以下	30分

(イ) 雨水のほか土砂等の流入が見込まれる場合又は排水施設の設置箇所からみていっ水による影響の大きい場合にあっては、排水施設の断面は、必要に応じて（ア）に定めるものより一定程度大きく定められていること。

(ウ) 洪水調節池の下流に位置する排水施設については、洪水調節池からの許容放流量を安全に流下させることができる断面とすること。

イ　排水施設の構造等は、次によるものであること。

(ア) 排水施設は、立地条件等を勘案して、その目的及び必要性に応じた堅固で耐久力を有する構造であり、漏水が最小限度となるよう措置されていること。

(イ) 排水施設のうち暗渠である構造の部分には、維持管理上必要なます又はマンホールの設置等の措置が講じられていること。

(ウ) 放流によって地盤が洗掘されるおそれがある場合には、水叩きの設置その他の措置が適切に講じられていること。

(エ) 排水施設は、排水量が少なく土砂の流出又は崩壊を発生させるおそれがない場合を除き、排水を河川等まで導くように計画されていること。ただし、河川等に排水を導く場合には、増加した流水が河川等の管理に及ぼす影響を考慮するため、当該河川等の管理者の同意を得ているものであること。特に、用水路等を経由して河川等に排水を導く場合には、当該施設の管理者の同意に加え、当該施設が接続する下流の河川等において安全に流下できるよう、併せて当該河川等の管理者の同意を得ているものであること。

なお、「同意」については、他の排水施設を経由して河川等に排水を導き河川等の管理に著しい影響を及ぼすこととなる場合にあっては、関係する河川等の管理者の同意を必要とする趣旨であり、その取得について審査する際には、都道府県と関係行政庁の間で十分連絡調整すること。

(7) 洪水調節池等の設置等

下流の流下能力を超える水量が排水されることにより災害が発生するおそれがある場合には、洪水調節池等の設置その他の措置が適切に講じられることが明らかであること。技術的細則は、次に掲げるとおりとする。

ア　洪水調節容量は、下流における流下能力を考慮の上、30年確率で想定される雨量強度における開発中及び開発後のピーク流量を開発前のピーク流量以下にまで調節できるものであることを基本とする。ただし、排水を導く河川等の管理者との協議において必要と認められる場合には、50年確率で想定される雨量強度における開発中及び開発後のピーク流量を開発前のピーク流量以下にまで調節できるものとすることができる。

また、事業等の施行期間中における洪水調節池の堆砂量を見込む場合については、事業等に係る土地の区域

　　　　1ヘクタール当たり1年間に、特に目立った表面侵食のおそれが見られないときには200立方メートル、脆弱な土壌で全面的に侵食のおそれが高いときには600立方メートル、それ以外のときには400立方メートルとするなど、流域の地形、地質、土地利用の状況、気象等に応じて必要な堆砂量とすること。
　　　　なお、「下流における流下能力を考慮の上」とは、開発行為の施行前において既に3年確率で想定される雨量強度におけるピーク流量が下流における流下能力を超えるか否かを調査の上、必要があれば、この流下能力を超える流量も調節できる容量とする趣旨である。
　　イ　余水吐の能力は、コンクリートダムにあっては200年確率で想定される雨量強度におけるピーク流量の1.2倍以上、フィルダムにあってはコンクリートダムの余水吐の能力の1.2倍以上のものであること。ただし、200年確率で想定される雨量強度を用いることが計算技法上不適当であり、都道府県ごとの状況も踏まえ、100年確率で想定される雨量強度を用いても災害が発生するおそれがないと認められる場合には、100年確率で想定される雨量強度を用いることができる。
　　ウ　洪水調節の方式は、原則として自然放流方式であること。やむを得ず浸透型施設として整備する場合については、尾根部や原地形が傾斜地である箇所、地すべり地形である箇所又は盛土を行った箇所等浸透した雨水が土砂の流出・崩壊を助長するおそれがある箇所には設置しないこと。
　　エ　用水路等を経由して河川等に排水を導く場合であって、洪水調節池を設置するよりも用水路等の断面を拡大することが効率的なときには、当該用水路等の管理者の同意を得た上で、事業者の負担で用水路等の断面を大きくすることをもって洪水調節池の設置に代えることができる。
　　オ　2の規定に基づく洪水調節池の設置を併せて行う必要がある場合、本項及び2のそれぞれの技術的細則を満たすよう設置すること。
(8)　静砂垣等の設置等
　　　飛砂、落石、なだれ等の災害が発生するおそれがある場合には、静砂垣、落石又はなだれ防止柵の設置その他の措置が適切に講じられることが明らかであること。
(9)　設計雨量強度における降雨量変化倍率の適用
　　　排水施設の断面、洪水調節容量及び余水吐の能力の設計に適用する雨量強度については、(6)のア並びに(7)のア及びイによるほか、事業等を実施する流域の河川整備基本方針において、降雨量の設定に当たって気候変動を踏まえた降雨量変化倍率を採用している場合には、適用する雨量強度に当該降雨量変化倍率を用いることができる。
(10)　仮設防災施設の設置等
　　　事業等の施行に当たって、災害の防止のために必要なえん堤、排水施設、洪水調節池等について仮設の防災施設を設置する場合は、全体の施行工程において具体的な箇所及び施行時期を明らかにするとともに、仮設の防災施設の設計は本設のものに準じて行うこと。
(11)　防災施設の維持管理
　　　事業等の完了後においても整備した排水施設や洪水調節池等が十分に機能を発揮できるよう土砂の撤去や豪雨時の巡視等の完了後の維持管理方法について明らかにすること。

2　水害を発生させるおそれに関する事項
　第1の2については、次の全ての基準に適合するものであること。
(1)　洪水調節容量は、当該事業等を実施する森林の下流において当該事業等に伴いピーク流量が増加することにより当該下流においてピーク流量を安全に流下させることができない地点が生ずる場合には、当該地点での30年確率で想定される雨量強度及び当該地点において安全に流下させることができるピーク流量に対応する雨量強度における開発中及び開発後のピーク流量を開発前のピーク流量以下までに調節できるものであること。ただし、排水を導く河川等の管理者との協議において必要と認められる場合には、50年確率で想定される雨量強度における開発中及び開発後のピーク流量を開発前のピーク流量以下にまで調節できるものとすることができる。
　　　また、事業等の施行期間中における洪水調節池の堆砂量を見込む場合にあっては、1の(7)のアによるものであること。

なお、安全に流下させることができない地点が生じない場合には、1の(7)のアによるものであること。
(2) 当該事業等に伴いピーク流量が増加するか否かの判断は、当該下流のうち当該事業等に伴うピーク流量の増加率が原則として1％以上の範囲内とし、「ピーク流量を安全に流下させることができない地点」とは、当該事業等を実施する森林の下流の流下能力からして、30年確率（排水を導く河川等の管理者との協議において必要と認められる場合には50年確率を用いることができる。）で想定される雨量強度におけるピーク流量を流下させることができない地点のうち、原則として当該事業等による影響を最も強く受ける地点とする。ただし、当該地点の選定に当たっては、当該地点の河川等の管理者の同意を得ているものであること。
なお、「同意」については、下流における水害の発生するおそれの有無について、より専門的な知見を有する河川等の管理者の同意を必要とする趣旨であり、その同意の取得について審査する際には、都道府県と関係行政庁の間で十分連絡調整するものとする。
(3) 余水吐の能力は、1の(7)のイによるものであること。
(4) 洪水調節の方式は、1の(7)のウによるものであること。
(5) 用水路等を経由して河川等に排水を導く場合であって、洪水調節池を設置するよりも用水路等の断面を拡大することが効率的なときには、当該用水路等の管理者の同意を得た上で、事業者の負担で用水路等の断面を大きくすることをもって洪水調節池の設置に代えることができること。
(6) 1の規定に基づく洪水調節池等の設置を併せて行う必要がある場合には、1の(7)及び本項のそれぞれの技術的細則を満たすよう設置すること。
(7) 洪水調節容量及び余水吐の能力の設計に適用する雨量強度については、(1)によるほか、事業等を実施する流域の河川整備基本計画において、降雨量の設定に当たって気候変動を踏まえた地域区分ごとの降雨量変化倍率を採用している場合には、洪水調節容量の計算に当該降雨量変化倍率を用いることができる。
(8) 事業等の施行に当たって、水害の防止のために必要な洪水調節池等について仮設の防災施設を設置する場合は、全体の施行工程において具体的な箇所及び施行時期を明らかにするとともに、仮設の防災施設の設計は本設のものに準じて行うこと。
(9) 事業等の完了後においても整備した洪水調節池等が十分に機能を発揮できるよう土砂の撤去や豪雨時の巡視等の完了後の維持管理方法について明らかにすること。

3 水の確保に著しい支障を及ぼすおそれに関する事項
第1の3については、次の全ての基準に適合するものであること。
(1) 貯水池等の設置等
他に適地がない等によりやむを得ず飲用水、かんがい用水等の水源として依存している森林を事業等の対象とする場合で、周辺における水利用の実態等からみて必要な水量を確保するため必要があるときには、貯水池又は導水路の設置その他の措置が適切に講じられることが明らかであること。
導水路の設置その他の措置が講じられる場合には、取水する水源に係る河川管理者等の同意を得ている等水源地域における水利用に支障を及ぼすおそれのないものであること。
(2) 沈砂池の設置等
周辺における水利用の実態等からみて土砂の流出による水質の悪化を防止する必要がある場合には、沈砂池の設置、森林の残置その他の措置が適切に講じられることが明らかであること。

4 環境を著しく悪化させるおそれに関する事項
第1の4については、次の全ての基準に適合するものであること。
(1) 森林又は緑地の残置又は造成
事業等に係る保安林の区域に、事業等の目的及び態様、周辺における土地利用の実態等に応じ相当面積の残置し、若しくは造成する森林又は緑地（以下「残置森林等」という。）の配置が適切に行われることが明らかであること。残置森林等の考え方は次に掲げるとおりとする。

ア 相当面積の残置森林等の配置が適切に行われることとは、森林又は緑地を現況のまま保全することを原則とし、やむを得ず一時的に土地の形質を変更する必要がある場合には、可及的速やかに伐採前の植生に回復を図ることを原則として森林又は緑地が造成されるものであること。森林の配置については、森林を残置することを原則とし、極力基準を上回る林帯幅で適正に配置されるよう事業者に対し指導するとともに、森林の造成は、土地の形質を変更することがやむを得ないと認められる箇所に限って適用する等その運用については厳正を期するものとすること。

この場合において、残置森林等の面積の事業区域内の森林面積に対する割合は、表5の事業区域内において残置し、又は造成する森林又は緑地の割合によること。ただし、事業等に係る保安林の面積が5ヘクタール以上である場合又は事業区域内の森林の面積に占める保安林の面積の割合が10パーセント以上である場合(事業等に係る保安林の面積が1ヘクタール未満の場合を除く。)には、1の(1)及び表5に代えて表6に示す基準に適合するものであること。

また、残置森林等は、表5又は表6の森林の配置等により事業等の規模及び地形に応じて、事業区域内の周辺部及び施設等の間に適切に配置されていること。

なお、表5又は表6に掲げる事業等の目的以外の事業等については、その目的、態様、社会的経済的必要性、対象となる土地の自然的条件等に応じ、表5又は表6に準じて適切に措置されていること。

表5

事業等の目的	事業区域内において残置し、又は造成する森林又は緑地の割合	森林の配置等
別荘地の造成	残置森林率はおおむね60パーセント以上とする。	1　原則として周辺部に幅おおむね30メートル以上の残置森林又は造成森林を配置する。 2　1区画の面積はおおむね1,000平方メートル以上とし、建物敷等の面積はその面積のおおむね30パーセント以下とする。
スキー場の造成	残置森林率はおおむね60パーセント以上とする。	1　原則として周辺部に幅おおむね30メートル以上の残置森林又は造成森林を配置する。 2　滑走コースの幅はおおむね50メートル以下とし、複数の滑走コースを並列して設置する場合はその間の中央部に幅おおむね100メートル以上の残置森林を配置する。 3　滑走コースの上、下部に設けるゲレンデ等は1箇所当たりおおむね5ヘクタール以下とする。また、ゲレンデ等と駐車場との間には幅おおむね30メートル以上の残置森林又は造成森林を配置する。
ゴルフ場の造成	森林率はおおむね50パーセント以上とする。(残置森林率はおおむね40パーセント以上)	1　原則として周辺部に幅おおむね30メートル以上の残置森林又は造成森林(残置森林は原則としておおむね20メートル以上)を配置する。 2　ホール間に幅おおむね30メートル以上の残置森林又は造成森林(残置森林はおおむね20メートル以上)を配置する。
宿泊施設、レジャー施設の設置	森林率はおおむね50パーセント以上とする。(残置森林率はおおむね40パーセント以上)	1　原則として周辺部に幅おおむね30メートル以上の残置森林又は造成森林を配置する。 2　建物敷の面積は事業区域の面積のおおむね40パーント以下とし、事業区域内に複数の宿泊施設を設置する場合は極力分散させるものとする。 3　レジャー施設に係る事業等の1箇所当たりの面積はおおむね5ヘクタール以下とし、事業区域内にこれを複数設置する場合は、その間に幅おおむね30メートル以上の残置森林又は造成森林を配置する。

工場、事業場の設置	森林率はおおむね25パーセント以上とする。	1　事業区域内の事業等に係る森林の面積が20ヘクタール以上の場合は、原則として周辺部に幅おおむね30メートル以上の残置森林又は造成森林を配置する。これ以外の場合にあっても極力周辺部に森林を配置する。 2　事業等に係る1箇所当たりの面積はおおむね20ヘクタール以下とし、事業区域内にこれを複数造成する場合は、その間に幅おおむね30メートル以上の残置森林又は造成森林を配置する。
住宅団地の造成	森林率（緑地を含む。）はおおむね20パーセント以上とする。	1　事業区域内の事業等に係る森林の面積が20ヘクタール以上の場合は、原則として周辺部に幅おおむね30メートル以上の残置森林等を配置する。これ以外の場合にあっても極力周辺部に森林又は緑地を配置する。 2　事業等に係る1箇所当たりの面積はおおむね20ヘクタール以下とし、事業区域内にこれを複数造成する場合は、その間に幅おおむね30メートル以上の残置森林等を配置する。
土石等の採掘		1　原則として周辺部に幅おおむね30メートル以上の残置森林又は造成森林を配置する。 2　採掘跡地は必要に応じ埋め戻しを行い、緑化及び植栽する。また、法面は可能な限り緑化し小段平坦部には必要に応じ客土等を行い植栽する。

(注)
1　「残置森林率」とは、残置森林（残置する森林）のうち若齢林（15年生以下の森林）を除いた面積の事業区域内の森林の面積に対する割合をいう。これは森林を残置することの趣旨からして森林機能が十全に発揮されるに至らないものを同等に取扱うことが適切でないことによるものである。
2　「森林率」とは、事業区域内の森林の面積に対する残置森林及び造成森林（植栽により造成する森林であって硬岩切上面等の確実な成林が見込まれない箇所を除く。）の面積の割合をいう。この場合、森林以外の土地に造林する場合も算定の対象として差し支えないが、土壌条件、植栽方法、本数等からして林叢状態を呈していないと見込まれるものは対象としないものとする。
3　「残置し、若しくは造成する森林又は緑地の割合」を示す数値は標準的なもので、「おおむね」は、その2割の許容範囲を示しており、適用は個別具体的事案に即して判断するものとする。
4　「事業等の目的」について
　(1)　「別荘地」とは、保養等非日常的な用途に供する家屋等を集団的に設置しようとする土地を指すものとする。
　(2)　「ゴルフ場」とは、地方税法等によるゴルフ場の定義以外の施設であっても、利用形態等が通常のゴルフ場と認められる場合は、これに含め取扱うものとする。
　(3)　「宿泊施設」とは、ホテル、旅館、民宿、ペンション、保養所等専ら宿泊の用に供する施設及びその付帯施設を指すものとする。なお、リゾートマンション、コンドミニアム等所有者等が複数となる建築物等もこれに含め取扱うものとする。
　(4)　「レジャー施設」とは、総合運動公園、遊園地、動・植物園、サファリパーク、レジャーランド等の体験娯楽施設その他の観光、保養等の用に供する施設を指すものとする。
　(5)　「工場、事業場」とは、製造、加工処理、流通等産業活動に係る施設を指すものとする。
　(6)　上記表に掲げる以外の事業等の目的のうち、学校教育施設、病院、廃棄物処理施設等は工場・事業場の基準を、ゴルフ練習場はゴルフ場と一体のものを除き宿泊施設・レジャー施設の基準をそれぞれ適用するものとする。また、企業等の福利厚生施設については、その施設の用途に係る事業等の目的の基準を適用するものとする。
　(7)　1事業区域内に異なる事業等の目的に区分される複数の施設が設置される場合には、それぞれの施設ごとに区域区分を行い、それぞれの事業等の目的別の基準を適用するものとする。
　　　この場合、残置森林又は造成森林は区分された区域ごとにそれぞれ配置することが望ましいが、施設の配置計画等からみてやむを得ないと認められる場合には、施設の区域界におおむね50メートルの残置森林又は造成森林を配置するものとする。
5　レジャー施設並びに工場及び事業場の設置については、1箇所当たりの面積がそれぞれおおむね5ヘクタール以下、おおむね20ヘクタール以下とされているが、施設の性格上施設の機能を確保することが著しく困難と認められる場合には、その必要の限度においてそれぞれ5ヘクタール、20ヘクタールを超えて設置することもやむを得ないものとする。
6　工場及び事業場の設置並びに住宅団地の造成に係る「1箇所当たりの面積」とは、当該施設又はその集団を設置するための事業等に係る土地の区域面積を指すものとする。
7　住宅団地の造成に係る「緑地」については、土壌条件、植栽方法、本数等からして林叢状態を呈していないと見込まれる土地についても対象とすることができ、当面、次に掲げるものを含めることとして差し支えない。
　(1)　公園、緑地又は広場
　(2)　隣棟間緑地、コモン・ガーデン
　(3)　緑地帯、緑道
　(4)　法面緑地
　(5)　その他上記に類するもの
8　「ゲレンデ等」とは、滑走コースの上、下部のスキーヤーの滞留場所であり、リフト乗降場、レストハウス等の施設用地を含む区域をいう。

表6

事業等の目的	事業区域内において残置し、又は造成する森林又は緑地の割合	森　林　の　配　置　等
別荘地の造成	残置森林率はおおむね70パーセント以上とする。	1　原則として周辺部に幅おおむね50メートル以上の残置森林又は造成森林を配置する。 2　1区画の面積はおおむね1,000平方メートル以上とする。 3　1区画内の建物敷の面積はおおむね200平方メートル以下とし、建物敷その他付帯施設の面積は1区画の面積のおおむね20パーセント以下とする。 4　建築物の高さは当該森林の期待平均樹高以下とする。
スキー場の造成	残置森林率はおおむね70パーセント以上とする。	1　原則として周辺部に幅おおむね50メートル以上の残置森林又は造成森林を配置する。 2　滑走コースの幅はおおむね50メートル以下とし、複数の滑走コースを並列して設置する場合はその間の中央部に幅おおむね100メートル以上の残置森林を配置する。 3　滑走コースの上、下部に設けるゲレンデ等は1箇所当たりおおむね5ヘクタール以下とする。また、ゲレンデ等と駐車場との間には幅おおむね50メートル以上の残置森林又は造成森林を配置する。 4　滑走コースの造成に当たっては原則として土地の形質変更は行わないこととし、止むを得ず行う場合には、造成に係る切土量は、1ヘクタール当たりおおむね1,000立方メートル以下とする。
ゴルフ場の造成	森林率はおおむね70パーセント以上とする。（残置森林率はおおむね60パーセント以上）	1　原則として周辺部に幅おおむね50メートル以上の残置森林又は造成森林（残置森林は原則としておおむね40メートル以上）を配置する。 2　ホール間に幅おおむね50メートル以上の残置森林又は造成森林（残置森林はおおむね40メートル以上）を配置する。 3　切土量、盛土量はそれぞれ18ホール当たりおおむね150万立方メートル以下とする。
宿泊施設、レジャー施設の設置	残置森林率はおおむね70パーセント以上とする。	1　原則として周辺部に幅おおむね50メートル以上の残置森林又は造成森林を配置する。 2　建物敷の面積は事業区域の面積のおおむね20パーセント以下とし、事業区域内に複数の宿泊施設を設置する場合は極力分散させるものとする。 3　レジャー施設に係る事業等の1箇所当たりの面積はおおむね5ヘクタール以下とし、事業区域内にこれを複数設置する場合は、その間に幅おおむね50メートル以上の残置森林又は造成森林を配置する。
工場、事業場の設置	森林率はおおむね35パーセント以上とする。	1　事業区域内の事業等に係る森林の面積が20ヘクタール以上の場合は、原則として周辺部に幅おおむね50メートル以上の残置森林又は造成森林を配置する。これ以外の場合にあっても極力周辺部に森林を配置する。 2　事業等に係る1箇所当たりの面積はおおむね20ヘクタール以下とし、事業区域内にこれを複数造成する場合は、その間に幅おおむね50メートル以上の残置森林又は造成森林を配置する。
住宅団地の造成	森林率（緑地を含む。）はおおむね30パーセント以上とする。	1　事業区域内の事業等に係る森林の面積が20ヘクタール以上の場合は、原則として周辺部に幅おおむね50メートル以上の残置森林等を配置する。これ以外の場合にあっても極力周辺部に森林又は緑地を配置する。 2　事業等に係る1箇所当たりの面積はおおむね20ヘクタール以下とし、事業区域内にこれを複数造成する場合は、その間に幅おおむね50メートル以上の残置森林等を配置する。
土石等の採掘		1　原則として周辺部に幅おおむね50メートル以上の残置森林又は造成森林を配置する。 2　採掘跡地は必要に応じ埋め戻しを行い、緑化及び植栽する。また、法面は可能な限り緑化し小段平坦部には必要に応じ客土等を行い植栽する。

（注）
表5に同じ。

イ 造成する森林については、必要に応じ植物の成育に適するよう表土の復元、客土等の措置を講じ、森林機能が早期に回復、発揮されるよう、地域の自然的条件に適する原則として樹高1メートル以上の高木性樹木を、表7を基準として均等に分布するよう植栽すること。

なお、住宅団地、宿泊施設等の間、ゴルフ場のホール間等で修景効果を併せ期待する森林を造成する場合には、できるだけ大きな樹木を植栽するよう努めるものとし、樹種の特性、土壌条件等を勘案し、植栽する樹木の規格に応じ1ヘクタール当たり500本から1,000本までの範囲で植栽本数を定めることとして差し支えないものとすること。

表7

樹　高	植栽本数（1ヘクタール当たり）
1メートル	2,000本
2メートル	1,500本
3メートル	1,000本

ウ 道路の新設若しくは改築又は畑地等の造成の場合であって、その土地利用の実態からみて森林を残置し又は造成することが困難又は不適当であると認められるときは、森林の残置又は造成が行われないこととして差し支えない。

(2) 騒音、粉じん等の著しい影響の緩和、風害等から周辺の植生の保全等

騒音、粉じん等の著しい影響の緩和、風害等からの周辺の植生の保全等の必要がある場合には、事業等に係る保安林の区域内の適切な箇所に必要な森林の残置又は必要に応じた造成が行われることが明らかであること。

「周辺の植生の保全等」には、貴重な動植物の保護を含むものとする。また、「必要に応じた造成」とは、必要に応じて複層林を造成する等安定した群落を造成することを含むものとする。

(3) 景観の維持

景観の維持に著しい支障を及ぼすことのないように適切な配慮がなされており、特に市街地、主要道路等からの景観を維持する必要がある場合には、事業等により生ずる法面を極力縮少するとともに、可能な限り法面の緑化を図り、また、事業等に係る事業により設置される施設の周辺に森林を残置し、若しくは造成し又は木竹を植栽する等の適切な措置が講じられることが明らかであること。

特に土砂の採取、道路の開設等の事業等について景観の維持上問題を生じている事例が見受けられるので、事業等の対象地（土捨場を含む。）の選定、法面の縮小又は緑化、森林の残置又は造成、木竹の植栽等の措置につき慎重に審査し指導すること。

(4) 残置森林等の維持管理

残置森林等が善良に維持管理されることが明らかであること。残置森林等については、申請者が権原を有していることを原則とし、地方公共団体との間で残置森林等の維持管理につき協定が締結されていることが望ましいが、この場合において、事業区域内の残置森林等については、原則として将来にわたって厳正に保全・管理に努めるものとし、必要に応じ保安林の指定を進めるものとする。

また、事業区域内の残置森林等については、地域森林計画の対象とすることを原則とする。さらに、市町村に対しては、残置森林等が市町村森林整備計画において適切な公益的機能別施業森林区域に設定されるよう指導するとともに、事業者に対しては、市町村等との維持管理協定等の締結、除間伐等の保育、疎林地への植栽等適切な施業の実施等について指導するものとする。また、残置森林等の立地条件、保全上の特性等を踏まえ、必要に応じて保健保安林等の指定を進めるとともに、都市緑地部局、環境部局等の関係部局とも連携し、残置森林等の保全又は形成に資する関係制度の活用についても検討するものとする。

さらに、残置森林率等の基準は、施設の増設、改良を行う場合にも適用されるものであり、事業者から施設の増設等に係る事業等の申請があった場合は、残置森林等の面積等が基準を下回らないと認められるものに限って事業等を実施するものとする。

なお、別荘地の造成等事業等の完了後に売却、分譲等が予定される事業等における残置森林等については、分譲後もその機能が維持されるよう適切に管理すべきことを売買契約に当たって明記するなどの指導を行うものとする。

第3　経過措置
　本通知は、通知施行日以降に転用解除の申請を行うものに適用されるが、通知施行日以降1年以内に当該申請の手続を行うものについては、従前の基準により取り扱うものとする。

森林管理局長が行う保安林及び保安施設地区の指定、解除等の手続について

> 昭和45年8月8日付け45林野治第1552号
> 林野庁長官から各営林局長宛て
> 最終改正：令和6年4月1日付け5林整治第1878号

　森林法（昭和26年法律第249号。以下「法」という。）、森林法施行令（昭和26年政令第276号。以下「令」という。）及び森林法施行規則（昭和26年農林省令第54号。以下「規則」という。）による保安林及び保安施設地区の指定、解除等の事務手続を森林管理局長が行なう場合の運用については、保安林及び保安施設地区の指定、解除等の取扱いについて（昭和45年6月2日付け45林野治第921号林野庁長官通知。以下「基本通知」という。）に準ずるほか、下記により取扱われたく、通達する。
　なお、保安林および保安施設地区に関する事務処理規程（昭和37年農林省訓令第42号）は、平成12年4月1日付けをもって廃止したので、留意されたい。

記

第1　保安林の指定、解除又は指定施業要件の変更（以下「保安林の指定等」という。）の手続について
　1　保安林の指定等の上申
　　(1)　森林管理局長は、国有林野の管理経営に関する法律（昭和26年法律第246号）第2条に規定する国有林野（以下「国有林野」という。）、相続等により取得した土地所有権の国庫への帰属に関する法律（令和3年法律第25号）第12条第1項の規定により農林水産大臣が管理する土地のうち主に森林として利用されているもの（以下「国庫帰属森林」という。）及び旧公有林野等官行造林法（大正9年法律第7号）第1条の契約に係る森林、原野その他の土地（以下「官行造林地」という。）について保安林の指定等を必要と認めるときは、必要な調査を行い農林水産大臣に上申するものとする。
　　　　ただし、都道府県知事と協議して都道府県知事が申請することとしたものについてはこの限りではない。
　　(2)　森林管理局長は、民有林の保安林について国有林野の管理経営に関する法律第2条第2項の国有林野事業のため施設の設置及び直轄治山事業（法第10条の15第4項第4号に規定する治山事業で国が施行するものをいう。）の施行のために保安林の解除を必要とするときは、都道府県知事と協議して当該解除の上申をすることができるものとする。
　　(3)　森林管理局長は、保安林の指定等の上申をするときは、上申書に基本通知第1の3の(2)のア及びイの書類のほか当該国有林野、国庫帰属森林又は官行造林地の所在地を管轄する都道府県知事の当該保安林の指定等に関する意見書を添えて、農林水産大臣に提出するものとする。
　　　　なお、国有林野事業以外の用に供する転用のための解除にあっては、事業者に規則第48条第2項の書類に準ずる書類を提出せしめ、これを添付するものとする。
　　(4)　森林管理局長は、国有林に係る公衆の保健又は風致の保存のための保安林の指定等の上申をするときは、(3)に規定する書類のほかその写しを1部添付するものとする。
　　(5)　森林管理局長は、保安林の指定等に関し都道府県知事の意見を求める場合には、基本通知第1の3の(2)のア及びイの書類を添えてするものとする。
　　(6)　森林管理局長は、国有林野、国庫帰属森林又は官行造林地の保安林の指定等に関し都道府県知事から意見を求められた場合には、基本通知第1の3の(2)のア及びイの書類の提示を受けて、当該指定等の適否について意見を述べるものとする。
　　(7)　保安林の指定の上申に係る森林が海岸法（昭和31年法律第101号）第3条の規定による海岸保全区域に指定されている場合には、森林管理局長は、上申に先立って当該保安林の指定について当該海岸保全区域に係る海岸管

理者と事前に協議を行うものとし、上申に当たっては(3)の書類にその協議の経緯及び当該保安林の指定の特別の必要があると認める理由を記載した書類を添付するものとする。
2 上申書等の様式
 保安林指定等の上申書の様式は別記様式第1号から第3号までによるものとし、保安林指定調書、保安林解除調書、保安林指定及び解除（保安林種変更）調書、保安林指定施業要件変更調書、指定調査地図、解除調査地図、保安林種変更調査地図、指定施業要件変更調査地図及び位置図の様式は、「保安林指定調書等の様式について」（令和5年3月23日付け4林野治第2041号林野庁長官通知。以下「様式通知」という。）の様式に準ずるものとする。ただし、保安林解除調書附表については、国有林野事業の用地として転用するものに限り別記様式第4号によるものとする。
3 上申書類の編さん
 保安林を国有林野事業以外の用に供する転用に係る上申書類の編さんは、別表によるものとする。

第2 保安林における制限について
1 皆伐による伐採についての協議
 皆伐による伐採についての規則第60条第1項第10号の協議（以下「協議」という。）は、翌伐採年度の全量を、なるべく前伐採年度の2月1日（皆伐面積の限度の第1回公表日）を始期とする伐採許可申請書の受理の期間内に行うものとする。
2 択伐又は間伐による伐採等についての協議
 択伐又は間伐による伐採及び規則第60条第1項第5号から第9号までに掲げる伐採については、原則として、協議を行うものとし、当該協議は、原則として、翌伐採年度の全量を行うものとする。なお、同項第7号に掲げる伐採については、国有林野管理経営規程（平成11年1月21日農林水産省訓令第2号）第12条の規定により樹立した国有林野施業実施計画に基づく森林施業に必要な設備を設置（当該設置に係る設備の維持を含む。）するための立木の伐採に限り、当該実施計画の計画期間内の立木の伐採について、当該期間の全量を一括して協議を行うことができるものとする。
3 立木伐採の実行結果の通知
 森林管理局長は、協議をしたものについて、伐採年度毎にその全部又は一部について不実行とした箇所があるときは、その区域及び数量を明示して遅滞なく都道府県知事に通知するものとする。なお、当該不実行とした箇所について翌伐採年度に伐採をする場合には、改めて当該翌伐採年度に係る伐採について協議を行うものとする。

第3 保安林台帳について
1 保安林台帳の調製等
 森林管理局長は、その直轄で管理経営する区域に係る国有林野、国庫帰属森林又は官行造林地について、保安林の指定に係る法第33条第1項の規定による告示があった場合及び法第47条の規定により保安林として指定されたものとみなされる場合には、遅滞なく保安林台帳を調製し、その写しを都道府県知事（当該保安林（法第47条の規定により保安林として指定されたものを含む。）が森林管理署若しくはその支署又は森林管理事務所の管轄区域内にある場合には都道府県知事及び森林管理署長若しくはその支署長又は森林管理事務所長）に送付するとともに、森林管理局に備えるものとする。
2 保安林台帳の様式等
 保安林台帳の作成単位、台帳の組成、記載事項等については、規則第74条に準ずるものとし、択伐による伐採が行われた場合には当該択伐を終えたときの当該森林の立木の材積を把握し、その数量を保安林台帳に記載する旨その他必要な事項については森林管理局において定めるものとする。
3 台帳の訂正等
 森林管理局長は、台帳に記載すべき事項が生じた場合又は記載事項について変更があった場合には、遅滞なく森林管理局に備える台帳の記載又は訂正を行い、その旨及び記載又は変更に係る事項を都道府県知事（当該記載又は

変更に係る事項が森林管理署若しくはその支署又は森林管理事務所の管轄区域内にある保安林に係る事項である場合には都道府県知事及び森林管理署長若しくはその支署長又は森林管理事務所長）に通知するものとする。

第4　国営の保安施設事業に係る保安施設地区の指定、解除若しくは指定施業要件の変更（以下「保安施設地区の指定等」という。）又は保安施設地区の指定の有効期間延長の手続について
　1　保安施設地区の指定等の上申
　　　森林管理局長は、保安施設地区の指定等を必要と認めるときは、上申書に当該保安施設地区を管轄する都道府県知事の保安施設地区の指定等に関する意見書及び次の書類を添えて、農林水産大臣に提出するものとする。
　　(1)　指定の場合には基本通知第10の1の(7)及び(8)の書類
　　(2)　解除の場合には基本通知第10の3の(3)の書類
　　(3)　指定施業要件変更の場合には、指定施業要件変更調書、指定施業要件変更調査地図、位置図その他必要な書類
　2　保安施設地区の指定の有効期間の延長
　　　森林管理局長は、保安施設地区の指定の有効期間の延長を必要と認めるときは、保安施設地区指定有効期間延長上申書を提出するものとする。
　3　都道府県知事の意見
　　　森林管理局長は、保安施設地区の指定等について都道府県知事の意見を求める場合には、1の(1)から(3)までの書類を添えてするものとする。
　4　上申書等の様式
　　　事業計画書、保安施設地区指定有効期間延長上申書、指定調書、指定調査地図、解除調書、解除調査地図、指定施業要件変更調書、指定施業要件変更調査地図の様式は、様式通知の様式に準ずるものとする。
　5　保安施設地区の指定の失効
　　　森林管理局長は、法第43条第2項の規定により保安施設地区の指定が失効した場合には、遅滞なく、その旨を当該保安施設地区に係る土地の所有者その他土地に関し権利を有する者及び都道府県知事に通知するとともに農林水産大臣に報告するものとする。
　6　保安林への転換
　　　森林管理局長は、保安施設地区について保安施設事業が完了したときは、基本通知第10の8に準じて転換調書及び転換調査地図を作成して当該保安施設地区の所在地を管轄する都道府県知事に送付するものとする。

第5　保安施設地区台帳について
　　　森林管理局長は、国営保安施設事業に係る保安施設地区の指定について法第44条において準用する法第33条第1項の規定による告示があった場合には、遅滞なく、保安林台帳の取扱いに準じて保安施設地区台帳の調製及び保管をするものとする。

別記

保安林指定上申書の様式

様式第1号

保 安 林 指 定 上 申 書

番　　号
年 月 日

農林水産大臣　殿

森林管理局長

別添指定調書記載の森林について保安林の指定を適当と認めるので、関係書類を添えて上申する。

添付書類

注意事項
1　用紙の大きさは、日本産業規格Ａ４版とすること。
2　添付した関係書類の名称を列記して付記すること。
3　別添の指定調書が２以上のときは、別紙様式による保安林指定調書一覧表を添付すること。

別紙　保安林指定調書一覧表

調書番号	所在場所						指定の目的	要指定面積 (実測又は見込)	備考
	都道府県	(市)郡	(町)村	大字	字	地番			
								ha	

注意事項
1　用紙の大きさは、日本産業規格Ａ４版とすること。
2　調書ごと別行として調書により各欄に記載すること。
3　備考欄には、要指定地に治山事業施行地を含むものについてはその旨を記載すること。

保安林解除上申書の様式

様式第2号

　　　　　　　　　保 安 林 解 除 上 申 書

　　　　　　　　　　　　　　　　　　　　　　　　　　　　　　番　　　号
　　　　　　　　　　　　　　　　　　　　　　　　　　　　　　年　月　日

農林水産大臣　殿
　　　　　　　　　　　　　　　　　　　　　　　　　　　森林管理局長

別添解除調書記載の保安林について、指定の解除を適当と認めるので、関係書類を添えて上申する。

添付書類

注意事項
1　用紙の大きさは、日本産業規格Ａ4版とすること。
2　添付した関係書類の名称を列記して付記すること。
3　別添の解除調書が2以上のときは、別紙様式の保安林解除調書一覧表を添付すること。

別紙　保安林解除調書一覧表

調書番号	所在場所						解除の理由	要解除面積	備考
	都道府県	(市)郡	(町)村	大字	字	地番			
								ha	

注意事項
1　用紙の大きさは、日本産業規格Ａ4版とすること。
2　調書ごと別行として調書により各欄に記載すること。
3　解除の理由には、転用のための保安林の解除にあっては、当該転用の目的（例：「道路敷地」）を記載すること。
4　備考欄には、保安林種及び転用のための保安林の解除にあっては当該転用の事業主体を記載すること。

保安林指定施業要件変更上申書の様式

様式第3号

保安林指定施業要件変更上申書

番　　　号
年　月　日

農林水産大臣　殿

森林管理局長

別添指定施業要件変更調書記載の保安林について、指定施業要件の変更を適当と認めるので、関係書類を添えて上申する。

添付書類

注意事項
1　用紙の大きさは、日本産業規格Ａ４版とすること。
2　添付した関係書類の名称を列記して付記すること。
3　別添の指定施業要件変更調書が2以上のときは、別紙様式の保安林指定施業要件変更調書一覧表を添付すること。

別紙　保安林指定施業要件変更調書一覧表

調書番号	所在場所						保安林種	変更しようとする事項	備考
	都道府県	（市）郡	（町）村	大字	字	地番			

注意事項
1　用紙の大きさは、日本産業規格Ａ４版とすること。
2　調書ごと別行として調書により各欄に記載すること。
3　変更しようとする事項の欄には、当該事項について伐採種又は伐採することができる立木の年齢に関する変更、特例の新設又は廃止、間伐の指定の新設又は廃止、植栽に関する新設又は廃止のそれぞれに区分した場合の当該事項（適宜略記載してもよい）を記載すること。
4　備考欄には変更しようとする事項に対応させて当該面積を記載すること。

様式　第4号

附表　国有林野事業のための転用計画

事　項		内　容				
転　用　の　目　的						
事　業　主　体						
事　業　量						
事　業　の　実　施　期　間	全　体					
	保安林部分					
用　地　面　積（ha）		転用後の用途＼現況	保安林			計
		計				
用　地　選　定　の　事　由						
用地の転用についての許認可等						
用　地　の　取　得　等						
転用に係る施設等の基準との関係						
要解除面積決定の基礎						
転用による保安上の影響の検討	保安林の機能の代替施設の設置計画					
	直接生産土砂量（㎥）					
	残土の処理方法					
	法面の処理方法					
	その他の裸地部分の処理方法					
	水　理　計　算　等					
	主要な排水施設の種類数量等					
	その他の保全対策					
	結　論					

注意事項
1 転用の目的の欄には、国有林野事業の施設の用途（例：「林道敷地」）を記載すること。
2 事業主体の欄には、事業主体たる森林管理局、森林管理署若しくはその支署又は森林管理事務所の名称を記載すること。
3 事業量の欄には、林道の場合は林道の幅員及び延長、建物敷地の場合は敷地造成面積を記載すること。なお、当該事業が保安林外にわたる場合は保安林内外を区分して記載すること。
4 事業の実施期間の欄には、事業の用地が保安林外にわたる場合は、全体の事業の実施期間と保安林の部分における実施期間を区分して記載する。
5 用地面積の欄には、現況の保安林（国有林野の保安林、国庫帰属森林の保安林、官行造林地の保安林又は民有林の保安林を区分する。）、保安林以外の森林、宅地等に区分したものと転用後の用途（道路敷地、建物敷地等）とを対応させて記載すること。この場合において面積の単位はヘクタールとし、小数第4位まで記載し、第5位を切り上げること。
6 用地選定の事由の欄には、当該事業の目的又は性質等から立地上要求される条件と現地を選定した事由を記載すること。
7 用地の転用についての許認可等の欄には、用地を転用するについて必要な法令による許可、認可及び承認のほかに通達により承認を要するものについても記載することとし、根拠規定とその手続を要する事項及びその許認可等があった年月日（許認可等が未済なものについては、その手続経過と許認可等の見込み）について記載すること。なお、該当がない場合は「なし」と記載すること。
8 用地の取得等の欄には、事業の用地が国有林野又は国庫帰属森林以外の土地を必要とする場合における当該用地の取得状況等を記載すること。事業の用地がすべて国有林野又は国庫帰属森林である場合は、その旨を記載すること。
9 転用に係る施設等の基準との関係の欄には、転用の目的に係る施設等の規模その他の条件について法令又は通達で基準が定められている場合には、当該法令等の名称及び当該基準並びに当該基準と要解除地の関係を記載すること。なお、該当がない場合は「なし」と記載すること。
10 要解除面積決定の基礎の欄には、要解除区域が転用後の具体的な用途として必要な区域であるかどうか及びそれ以外のものを含む場合にはそれらを含めた理由及び必要性について記載すること。
11 保安林の機能の代替施設の設置計画の欄には、当該転用により失なわれると見込まれる保安林の機能の程度及びこれを代替するために行う施設の種類、位置、規模、数量等を記載すること。なお、解除面積が小面積その他軽易なもの等の理由により特に代替施設を設置しないものについては、その旨を記載すること。
12 直接生産土砂量の欄には、要解除地で行う切土、盛土の量及び残土の量を記載すること。
13 残土の処理方法の欄には、残土がある場合に当該残土を処理する場所、方法、容量及び安全性について記載すること。
14 法面の処理方法は、法面の形状と被覆その他の安全方法について記載すること。
15 その他の裸地部分の処理方法の欄には、裸地となる部分について表面侵食を防止するために行う施工の方法を記載すること。
16 水理計算等の欄には、水処理のための施設設計において用いた計算式及び雨量、流出係数等計算に用いた主要な因子とその妥当性について記載すること。
17 主要な排水施設の種類、数量等の欄には、計画されている主要な排水施設について水系統ごとに施設の目的、種類、規模、数量及び排水の安全性について記載すること。
18 その他の保全対策の欄には、転用による保安上の悪影響を避けるために行う主要な措置で前記各項以外のものがあれば当該措置及び法第25条第1項第4号以下の保安林については当該指定目的の機能を補完するために係る措置について記載すること。
19 結論の欄には、記載事項を総括して転用による保安上の影響についての意見を記載する。
20 以上の内容を明らかにするため、次により事業計画図、用地計画図及び保全計画図を添付すること。
　　この場合において、内容が単純なものについては、それぞれの図面は1～2葉に作成して差し支えない。
　(1) 各図面には、縮尺、方位及び凡例を明記すること。
　(2) 事業計画図には、次の事項を記載すること。
　　　イ　転用後における用途別の区域
　　　ロ　既設及び新設する施設等の位置と種類（新設、既設又は改良の別）
　(3) 用地計画図には、次の事項を記載すること。
　　　イ　転用に係る区域の現況（保安林、保安林以外の森林、原野、その他の土地の種類ごとに区分する。）、国立公園特別区域、砂防指定地、その他土地利用等に関し法令等による制限を課されている土地の区域
　　　ロ　保安林の級別区域及び治山事業等に係る施設の位置
　(4) 保全施設計画図には、次の事項を記載すること。
　　　イ　転用後における用途別の区域
　　　ロ　施設等の位置
　　　　① 水路の位置、種類、構造及び流水の経路
　　　　② 切土、盛土等の計画（平面図及び断面図）
　　　　③ 法面保護工事、擁壁、堰堤等の保全施設

別表　転用に係る保安林解除の上申書類の編さん順序

編さん順序	書類等の名称	留意事項	関係法令等
1	上申書（保安林解除申請書）		法第27条
2	知事意見書		法第27条様式通知第1の1
3	保安林解除調書その他必要な書類	(1) 様式通知の様式5-2「事業計画の概要」のその他欄に事業量を記載すること。 (2) その他必要な書類とは、森林審議会の答申書等とする。	処理基準第2の2の(2)で準用する第1の3の(2) 基本通知第2の2の(2)で準用する第1の3の(2)様式通知第1の3
4	位置図	保安林解除申請書の箇所の周辺10,000ヘクタール程度にある保安林の種類別に区域を明示すること。	規則第48条第1項第1号 処理基準第2の2の(2)で準用する第1の3の(2) 基本通知第2の2の(2)で準用する第1の3の(2) 様式通知第2の3
5	保安林解除調査地図		処理基準第2の2の(2)で準用する第1の3の(2) 基本通知第2の2の(2)で準用する第1の3の(2) 様式通知第2の3
6	保安林解除申請書		規則第48条第1項柱書 様式告示12
7	保安林解除図	原則として実測図とすること。	規則第48条第1項第1号 様式告示12 基本通知第2の2の(1)のイ
8	事業計画書	(1) 図面は、原則として縮尺1/1,000～1/5,000で等高線が入ったものを使用すること。 (2) 事業計画図には、保安林解除申請等の区域を明示すること。 (3) 図面袋には在中の図面の種類、枚数等を記入すること。	規則第48条第2項第1号 処理基準第2の2の(1)のウ 基本通知第2の2の(1)のエの(ｱ)
9	代替施設計画書	(1) 図面は、原則として縮尺1/1,000～1/5,000で等高線が入ったものを使用すること。 (2) 代替施設計画図には、保安林解除申請等の区域を明示すること。 (3) 図面袋には在中の図面の種類、枚数等を記入すること。	規則第48条第2項第2号 処理基準第2の2の(1)のエ 基本通知第2の2の(1)のエの(ｲ)
10	許認可関係書類		規則第48条第2項第3号 処理基準第2の2の(1)のオ 基本通知第2の2の(1)のエの(ｳ)
11	申請者に関する書類		規則第48条第1項第2号及び第2項第4号 処理基準第2の2の(1)のイ、カ 基本通知第2の2の(1)のウ、エの(ｴ)

12	資力及び信用があることを証する書類		規則第48条第2項第5号 処理基準第2の2の(1)のキ 基本通知第2の2の(1)のエの(オ)
13	必要な能力があることを証する書類		様式告示12 処理基準第2の2の(1)のク 基本通知第2の2の(1)のオ
14	解除要件を備えていることを確認できる書類		基本通知第2の2の(1)のカ

注意事項
1 用紙の大きさは、原則として、日本産業規格A4判とすること。
2 関係法令等欄の略称は次のとおりとする。
　　法　　　：森林法（昭和26年法律第249号）
　　規則　　：森林法施行規則（昭和26年農林省令第54号）
　　様式告示：森林法施行規則の規定に基づき、申請書等の様式を定める件（昭和37年農林省告示第851号）
　　処理基準：森林法に基づく保安林及び保安施設地区関係事務に係る処理基準について（平成12年4月27日付け12林野治第790号農林水産事務次官依命通知）
　　基本通知：保安林及び保安施設地区の指定、解除等の取扱いについて（昭和45年6月2日付け45林野治第921号林野庁長官通知）
　　様式通知：保安林指定調書等の様式について（令和5年3月23日付け4林野治第2041号林野庁長官通知）

保安林の指定の解除に係る事務手続について

> 令和3年6月30日付け3林整治第478号
> 林野庁長官から各都道府県知事、各森林管理局長宛て
> 最終改正：令和6年4月1日付け5林整治第1878号

　森林法（昭和26年法律第249号。以下「法」という。）第26条及び第26条の2の規定に基づく保安林の指定の解除に係る事務手続については、法、森林法施行令（昭和26年政令第276号。以下「令」という。）及び森林法施行規則（昭和26年農林省令第54号。以下「規則」という。）によるほか、「森林法に基づく保安林及び保安施設地区関係事務に係る処理基準について」（平成12年4月27日付け12林野治第790号農林水産事務次官依命通知）等の通知によるとともに、特に、保安林を森林以外の用途に供する必要が生じた場合の指定の解除については、「保安林の解除事務の迅速化及び簡素化について」（昭和60年12月24日付け60林野治第3992号林野庁長官通知）等の通知により、事前相談等の実施を通じて、その迅速化及び簡素化を図ってきたところである。

　このような中、2050年カーボンニュートラルの実現への貢献に向けた、森林内における風力又は地熱を利用した発電施設の設置に関し、「森林・林業基本計画」（令和3年6月15日閣議決定）においては、保安林の解除に係る事務の迅速化・簡素化等を行い、森林の公益的機能の発揮と調和する再生可能エネルギーの利用促進を図ることとされ、また、「規制改革実施計画」（令和3年6月18日閣議決定）においては、保安林の解除事務の見える化を通じた迅速化・簡素化のため、事前相談等の事務手続の流れの再整理等を行うこととされたところである。

　このため、保安林を森林以外の用途に供する必要が生じた場合の事前相談を含めた保安林の指定の解除に係る事務手続の運用については、下記によることとしたので、御了知の上、その適正かつ円滑な実施について御配慮願いたい。

　なお、本通知の施行に伴い、次の1から7までに掲げる通知は廃止する。

1　「保安林の解除事務の迅速化及び簡素化について」（昭和60年12月24日付け60林野治第3992号林野庁長官通知）
2　「保安林解除事案に係る事前相談等について」（昭和61年10月28日付け61林野治第3486号林野庁長官通知）
3　「保安林解除事務の運用改善について」（平成2年12月25日付け2林野治第2896号林野庁長官通知）
4　「保安林の解除申請書に係る添付書類の簡素化について」（平成7年10月31日付け7林野治第3050号林野庁長官通知）
5　「事前相談に係る標準調整期間等について」（平成9年5月26日付け9－14林野庁指導部治山課長通知）
6　「規制緩和推進3ヵ年計画に基づく許認可等の審査・処理の迅速化等について」（平成11年4月1日付け11-12林野庁指導部治山課長通知）
7　「国有保安林の解除事務等の迅速化等について」（平成28年3月30日付け27林整治第2864号林野庁森林整備部治山課長通知）

記

1　事前相談

　保安林を森林以外の用途に供すること（以下「転用」という。）を目的とした保安林の指定の解除の申請（以下「保安林解除申請」という。）をしようとする者（以下「事業者」という。）から、都道府県知事に対し、その申請に先立ち、保安林解除申請に係る申請書及び事業計画等の添付書類（以下「申請書類」という。）の作成等に係る相談（以下「事前相談」という。）があった場合には、次により対処するものとする。

　なお、事前相談は、事業者の任意で行われるものであって、その有無によって当該事業者に対して不利益となるものであってはならない。

(1)　事前相談の手続の流れや対象項目等
　ア　事前相談においては、転用の目的、開発行為の態様及び規模、事業の実施時期その他の事案の内容とともに、解除の要件等に係る具体的な相談項目について十分聴取の上、保安林解除申請の手続の流れ、申請書類の作成要

領その他留意すべき事項を説明するものとする。

なお、説明に当たっては、事業者に対して関連する法令等を示した上で行うものとする。
- イ　事前相談は、別紙様式1を参考として書面（電磁的記録（電子的方式、磁気的方式その他人の知覚によっては認識することができない方式で作られる記録をいう。）を含む。以下同じ。）により行うものとする。ただし、事業者からの情報提供にとどまるものについては、この限りでない。
- ウ　回答は、書面により行うものとする。ただし、口頭や資料提示等により直ちに回答できるものについては、この限りでない。
- エ　事業者から、申請書類の全部又は一部につき確認を求められた場合には、申請書類の不備等の形式上明らかなものについて補正項目を助言するものとする。

(2) 事前相談の回答に要する期間

回答は、事前相談があった日から起算して14日以内に行うよう努めるものとする。ただし、(1)のエの場合にあっては、申請書類の形式の確認に時間を要することを考慮し、30日以内に行うよう努めるものとする。これらの期間内において回答が困難な場合にあっては、事業者に対してその理由及び回答の時期の見通しを示すよう努めるものとする。

なお、回答に対する事業者からの応答は、任意とする。

(3) 事前相談内容の記録及び進行管理

事前相談で聴取した内容及び対応状況については、その内容が事業者からの情報提供にとどまるものを除き、別紙様式2を参考として記録するとともに、その進行管理に努め、事務処理の一層の迅速化を図るものとする。

2　申請

保安林解除申請があった場合には、都道府県知事は、次により対処するものとする。

(1) 申請書類の形式の確認

法第27条第1項の規定に基づき申請書類の提出があった場合には、別表に基づき、申請書類に所定の添付書類が具備されていること及び申請書の記載事項に不備がないことを確認するものとし、申請の形式上の要件に適合しないときは、遅滞なく、申請をした者（以下「申請者」という。）に対してその補正を指示し、補正することができないものであるときは、当該申請を却下するものとする。

なお、申請を却下する場合にあっては、申請者に対する当該申請を却下する旨の通知は、理由を付した書面により行うものとする。

(2) 申請書類の内容の審査等
- ア　申請書類の形式の確認後は、遅滞なく当該申請書類の内容の審査等を開始するものとし、審査等の結果、事業計画が具体的で申請書類の内容に不備がないことを確認できたものについては、現地調査等所要の保安林解除調査を速やかに実施するものとする。
- イ　申請書類の内容に不備がある場合において、当該不備が補正することができるものであるときは、遅滞なく、申請者に対してその補正を指示するものとし、補正することができないものであるときは、次により対処するものとする。
  - （ア）農林水産大臣の権限に係る保安林の指定の解除に当たっては、都道府県知事は、法第27条第3項の規定に基づき、当該申請書類にその旨を記載した意見書を付して、農林水産大臣に進達するものとする。
  - （イ）都道府県知事の権限に係る保安林の指定の解除に当たっては、都道府県知事は、当該保安林の指定の解除をしない旨の処分をするものとする。
- ウ　保安林解除申請に係る事業の実施につき法令等に基づく行政庁の免許、許可、認可その他の処分（以下「許認可」という。）を併せて必要とする保安林の指定の解除については、当該許認可に係る行政庁と緊密な連絡を取りつつ、極力それらと並行的に審査を行うよう努めるものとする。

なお、当該事業の実施につき許認可を必要とするものであって、いまだ当該行政庁に対する許認可の申請がされていないものについては、速やかに当該申請手続を行うよう助言するとともに、当該申請を行った場合には、その許認可の種類、申請先行政庁及び申請年月日を報告するよう申請者に指示するものとする。

(3) 申請の進行管理及び進行状況の開示
　ア　申請に対する補正の指示の内容及び対応状況については、別紙様式3を参考として記録するとともに、相当期間対応が遅延している申請者に対しては、適宜補正の指示に対する対応状況を確認すること等により、その進行管理に努め、事務処理の一層の迅速化を図るものとする。
　イ　申請者の求めに応じ、当該申請に係る審査の進行状況及び当該申請に対する処分の時期の見通しを示すよう努めるものとする。
(4) 理由の提示
　ア　審査の結果、解除をしない旨の処分をするときは、申請者に対し、同時にその理由を示すものとする。ただし、当該理由を示さないで処分をすべき差し迫った必要がある場合は、この限りでない。
　イ　アのただし書の場合にあっては、申請者の所在が判明しなくなったときその他処分後において理由を示すことが困難な事情があるときを除き、処分後相当の期間内に、アの理由を示すものとする。
　ウ　ア及びイの理由は、書面により示すものとする。
(5) 進達書類の編さん
　　林野庁への転用に係る保安林解除申請の進達書類の編さんについては、別紙によるものとする。

3　林野庁への情報提供
　都道府県知事は、1又は2の事案の対象地が農林水産大臣の権限に係る保安林又は法第26条の2第4項の規定による農林水産大臣協議を必要とする民有保安林であって、利害関係者との調整が難航している等、解除の要件等を満たすことが困難な事案があった場合にあっては、別紙様式1から3までを参考として整理した書面をもって、適宜林野庁に情報提供を行うものとする。

4　添付書類の簡素化等
　申請書に添付する事業計画等の添付書類等については、別表によるほか、次に定めるところによるものとし、その簡素化を図るものとする。
(1) 令第2条の3に定める規模以下の事業のうち、「公益上の理由」（法第26条の2第2項）によるものであって、土地の形質を変更する行為の態様等が軽微であると認められるものに係る保安林解除申請については、次によることを認めるものとする。
　ア　縦横断面図は、それぞれの標準的な切土及び盛土の断面を同一の図面に表示した標準断面図（法面の高さ、土質別の勾配等を表示した断面図をいう。）とする。
　イ　現況写真は、全景の写真のみとする。
(2) 国等（国、地方公共団体、地方公共団体の組合、独立行政法人、地方独立行政法人、地方住宅供給公社、地方道路公社及び土地開発公社をいう。以下同じ。）が事業者となる事業であって、「公益上の理由」によるものに係る保安林解除申請については、当該事業等に係る利害関係者の意見の添付を要しないものとする。
(3) 国等又は成田国際空港株式会社、東日本高速道路株式会社、首都高速道路株式会社、中日本高速道路株式会社、西日本高速道路株式会社、阪神高速道路株式会社若しくは本州四国連絡高速道路株式会社が事業者となる事業に係る保安林解除申請又は規則第5条に定める事業に係る保安林解除申請については、資金の調達方法を証する書類の添付を要しないものとする。
(4) 全体計画に基づき期別実施計画に従って保安林解除申請を継続して行おうとする場合であって、初回の申請の際、全体計画及び当該申請に係る実施計画の内容について審査を了し、都道府県森林審議会の意見を聴いたものについては、第2回目以降の申請に係る用地事情等の解除の要件の審査及び審議会への諮問は省略することができるものとする。ただし、当該実施計画の内容が全体計画と異なることとなる場合は、この限りでない。
(5) 市町村が事業者となる事業に係る保安林解除申請については、当該市町村の長の同意書の添付を要しないものとする。
(6) 専ら道路（高速自動車国道を除く。）の新設又は改良に係る保安林解除申請については、次に掲げる書類の添付を要しないものとする。

書類等の名称	備考
事業計画書関係	
事業等に要する資金等に関する書類	
縦横断面図	
土量計算書	
土捨場位置図	
土捨場平面図	
土捨場容量計算書	
代替施設計画書関係	
事業等に要する資金等に関する書類	
代替施設安定計算書	
排水計画平面図	
排水施設流量計算書	
流出土砂貯留施設平面図	
流出土砂貯留施設計算書	
集水区域図	
構造図	土工定規図を含む。
申請者に関する書類	
直接利害関係者の証書	例えば、土地登記簿謄本、土地売買契約書、土地売買契約書の写し、証書、固定資産台帳証明書、土地等に対する権限を有する証明書等
解除要件を備えていることを確認できる書類	
実現の確実性に係る書類	
利害関係者の意見のうち直接利害関係者の同意書	土捨場用地の使用承諾を含む。

5　標準処理期間

(1) 農林水産大臣の権限に係る保安林の指定の解除

ア　国有保安林（国有林野、国庫帰属森林又は官行造林地）

　国有林野の管理経営に関する法律（昭和26年法律第246号）第2条に規定する国有林野（以下「国有林野」という。）、相続等により取得した土地所有権の国庫への帰属に関する法律（令和3年法律第25号）第12条第1項の規定により農林水産大臣が管理する土地のうち主に森林として利用されているもの（以下「国庫帰属森林」という。）又は旧公有林野等官行造林法（大正9年法律第7号）第1条の契約に係る森林、原野その他の土地（以下「官行造林地」という。）についての保安林の指定の解除については、森林管理局長等が関係書類を受理してから森林管理局長が農林水産大臣に上申するまでの標準処理期間は60日以内とし、農林水産大臣が森林管理局長から上申書類を受理してから都道府県知事への解除予定通知を施行するまでの標準処理期間は90日以内とする。また、都道府県知事が農林水産大臣から解除予定通知を受理してから解除予定告示を行うまでの標準処理期間は14日以内に定めるようお願いする。

イ　国有保安林（ア以外の国有林）又は民有保安林（重要流域内に存する1～3号民有保安林）

　ア以外の国有保安林又は法第25条第1項第1号から第3号までに掲げる目的を達成するために指定された民有保安林のうち、重要流域内に存するものについての保安林の指定の解除については、都道府県知事が申請書類を受理してから農林水産大臣に進達するまでの標準処理期間は60日以内に定めるようお願いする。農林水産大臣が都道府県知事から進達書類を受理してから都道府県知事への解除予定通知を施行するまでの標準処理期間は90日以内とする。また、都道府県知事が農林水産大臣から解除予定通知を受理してから解除予定告示を行うまでの標

準処理期間は14日以内に定めるようお願いする。
(2) 都道府県知事の権限に係る保安林の指定の解除
　ア　農林水産大臣協議を必要とする民有保安林
　　　法第26条の2第4項の規定による協議を必要とする民有保安林の指定の解除については、都道府県知事が申請書類を受理してから農林水産大臣に協議書を提出するまでの標準処理期間は90日以内に定めるようお願いする。農林水産大臣が都道府県知事から協議書を受理してから都道府県知事に協議結果通知を施行するまでの標準処理期間は60日以内（同項第1号に該当するもの（同項第2号に該当するものを除く。）にあっては、30日以内とする。また、都道府県知事が農林水産大臣から協議結果通知を受理してから解除予定告示を行うまでの標準処理期間は14日以内に定めるようお願いする。
　イ　民有保安林（ア以外）
　　　ア以外の民有保安林の指定の解除については、都道府県知事が申請書類を受理してから解除予定告示を行うまでの標準処理期間は90日以内に定めるようお願いする。
(3) 標準処理期間に算入しない期間
　　次に掲げる期間については、標準処理期間に算入しないものとする。
　ア　保安林の指定の解除の申請等をした者が、都道府県又は林野庁（森林管理局、森林管理署若しくはその支署又は森林管理事務所（以下「森林管理局等」という。）を含む。）の指示により関係書類等の補正に要した期間
　イ　(1)のアの保安林の指定の解除について、森林管理局長からの意見照会に対し、当該保安林の所在地を管轄する都道府県知事が回答に要した期間

6　森林管理局長が行う転用を目的とした保安林の指定の解除の手続
(1) 森林管理局長が行う転用を目的とした保安林の指定の解除の手続については、1から4までを準用するほか、「森林管理局長が行う保安林及び保安施設地区の指定、解除等の手続について」（昭和45年8月8日付け45林野治第1552号林野庁長官通知）によるものとする。
(2) 森林管理局長が、国有林野の管理経営に関する法律第2条第2項に規定する国有林野事業以外の用に供する転用のための保安林の指定の解除に当たって、農林水産大臣に所要の書類を上申する場合にあっては、国有林野及び国庫帰属森林の貸付け等に係る書類及び利害関係者の意見のうち土地所有者の同意書の添付を要しないものとする。

7　都道府県と森林管理局及び森林管理署との連絡体制の強化
　　事業者又は申請者（以下「事業者等」という。）から都道府県に対し、転用しようとする区域が民有保安林と国有保安林にまたがる事案に係る事前相談又は保安林解除申請（以下「事前相談等」という。）があった場合には、都道府県の担当者は、森林管理局等の相談窓口や申請窓口（以下「相談窓口等」という。）を事業者等に教示するとともに、森林管理局等に対して事前相談等があった旨を連絡するものとする。また、事業者等から森林管理局等に対し同様の事案に係る事前相談があった場合には、森林管理局等の担当者は、都道府県の相談窓口等を事業者等に教示するとともに、都道府県に対して事前相談があった旨を連絡するものとする。
　　また、事案の処理に当たっては、都道府県と森林管理局等の処理状況や結果に齟齬をきたすことがないよう、双方の間で密に連絡を取り合うものとする。

様式1　事前相談申出書
様式2　事前相談整理票
様式3　保安林解除申請に係る対応状況整理票
別　表　申請書類一覧
別　紙　転用に係る保安林解除の進達書類等の編さん順序
参考1　農林水産大臣の権限に係る保安林の指定の解除手続図と標準処理期間
参考2　都道府県知事の権限に係る保安林の指定の解除手続図と標準処理期間

様式1

事 前 相 談 申 出 書

提出日：　　　年　月　日

相 談 者	住　所：
	氏　名：
	連絡先：
事 業 者	住　所：
	氏　名：
保 安 林 の 所 在 場 所	市　　　　町 　　　　　　　　　大字　　　　字　　　　番地 　　　郡　　　　村
保 安 林 の 森 林 所 有 者	国（　　　　）　都道府県　市町村　法人（　　　　　） 個人（　　名）　財産区、　共有等（　　　　名）
事 業 計 画 区 域 面 積	ha　うち　　　　　　　　　　　　　　ha 　　　　　　　　　　　　保安林面積
転 用 の 目 的	
関 係 法 令 の 許 認 可 状 況	
対 象 項 目	□解除の要件について　　　□級地区分　　□用地事情 　　　　　　　　　　　　　□面積　　□実現の確実性 　　　　　　　　　　　　　□利害関係者の意見 　　　　　　　　　　　　　□代替施設、残置森林について □申請書類の作成について □その他（　　　　　　　　　　　　　　　　　　　　）
相 談 内 容	 （必要により継紙等を使用）
添 付 書 類	□位置図　　　□事業計画図　　　□その他（　　　　　）

※　各項目は、現時点における事業計画の具体化の程度に応じて可能な範囲で記載し、必要により図面等の参考書類を添付すること。

様式2

事 前 相 談 整 理 簿

No.

相　　談　　者	
事　　業　　者	
所　　在　　地	
保　安　林　種	
事 業 区 域 面 積	（うち保安林面積　　　）
転 用 の 目 的	
他 法 令 と の 関 係	

対　応　状　況

相 談 年 月 日	相 談 内 容	回 答 年 月 日	回 答 内 容

様式3

保 安 林 解 除 申 請 に 係 る 対 応 状 況 整 理 票

書 類 の 到 達 日		終 了 年 月 日	
事 業 者			
所 在 地			
保 安 林 種			
事 業 区 域 面 積	ha	解 除 予 定 面 積	ha
転 用 の 目 的			
他 法 令 と の 関 係			

補 正 指 示 等 の 状 況

指 示 等 年 月 日	指 示 等 内 容	対 応 年 月 日	対 応 状 況

別表

申請書類一覧

書類等の名称		留意事項	通知本文上、簡素化等が可能な場合	関係法令等
保安林解除申請書				法第27条、規則第48条第1項柱書き、様式告示12
保安林解除図		原則として実測図とすること。		規則第48条第1項第1号、様式告示12
事業計画書関係				規則第48条第2項第1号
	事業等に要する資金等に関する書類		4の(6)の場合、添付は要しない。	処理基準第2の2の(1)のウの(オ)及び(カ) 基本通知第2の2の(1)のエの(ア)のe及びf
	事業計画図	・転用区域、関連区域を明示し、凡例を明示した事業施設の配置を明示すること。 ・事業施設及び代替施設の配置は、同一の図面に表示して差し支えない。 ・残置又は造成する森林の配置が明確に判断可能であるもの		処理基準第2の2の(1)のウ柱書き 基本通知第2の2の(1)のエの(ア)柱書き
	現況写真	全景及び部分とし、保安林区域及び解除予定区域を明示し、撮影方向を記入すること。	4の(1)の場合は、全景の写真のみとする。	基本通知第2の2の(2)で準用する同通知第1の3の(2)のイの(ウ)
	縦横断面図		・それぞれの標準的切土及び盛土の断面を同一の図面に表示した標準断面部（法面の高さ、土質別の勾配等を表示した断面図をいう。）とする。 ・4の(6)の場合、添付は要しない。	処理基準第2の2の(1)のウ柱書き 基本通知第2の2の(1)のエの(ア)柱書き
	土量計算書	切土、盛土及び残土のそれぞれの総量並びにその処理方法についてのみ記載することとして差し支えない。	4の(6)の場合、添付は要しない。	同上
	土捨場位置図		4の(6)の場合、添付は要しない。	同上
	土捨場平面図		4の(6)の場合、添付は要しない。	同上
	土捨場容量計算書	取りまとめ表についてのみ記載することとして差し支えない。	4の(6)の場合、添付は要しない。	同上
	面積計算図			同上
	面積計算書	取りまとめ表についてのみ記載することとして差し支えない。		同上

	工事工程表			処理基準第2の2の(1)のウの(キ) 基本通知第2の2の(1)のエの(ア)の g
代替施設計画書関係				規則第48条第2項第2号
	事業等に要する資金に関する書類		・4の(6)の場合、添付は要しない。	処理基準第2の2の(1)のエの(イ)及び(ウ) 基本通知第2の2の(1)のエの(イ)の b 及び c
	代替施設配置図	・転用区域、関連区域を明示し、凡例を明示した代替施設の配置を明示すること。 ・事業施設及び代替施設の配置は、同一の図面に表示して差し支えない。 ・残置又は造成する森林の配置が明確に判断可能であるもの。		処理基準第2の2の(1)のエ柱書き 基本通知第2の2の(1)のエの(イ)柱書き
	代替施設安定計算書	取りまとめ表（箇所毎に因子、計算値、安全率等及び公式を記載すること。）についてのみ記載することとして差し支えない。	4の(6)の場合、添付は要しない。	同上
	排水施設平面図		4の(6)の場合、添付は要しない。	同上
	排水施設流量計算書	取りまとめ表（箇所毎に因子、計算値、安全率等及び公式を記載すること。）についてのみ記載することとして差し支えない。	4の(6)の場合、添付は要しない。	同上
	流出土砂貯留施設平面図		4の(6)の場合、添付は要しない。	同上
	流出土砂貯留施設計算書	取りまとめ表（箇所毎に因子、計算値、安全率等及び公式を記載すること。）についてのみ記載することとして差し支えない。	4の(6)の場合、添付は要しない。	同上
	洪水調節施設等平面図			同上
	洪水調節施設等計算書	取りまとめ表（箇所毎に因子、計算値、安全率等及び公式を記載すること。）についてのみ記載することとして差し支えない。		同上
	集水区域図		4の(6)の場合、添付は要しない。	同上
	構造図	土工定規図を含む。	4の(6)の場合、添付は要しない。	同上
	工事工程表			処理基準第2の2の(1)のエの(エ) 基本通知第2の2の(1)のエの(イ)の d

許認可に係る申請の状況を記載した書類又は許認可等証明書の写し		・申請に係る事業又は代替施設の設置について許認可を必要とする場合に限る。 ・環境アセスメントの実施状況も含む。		規則第48条第2項第3号 処理基準第2の2の(1)のオ 基本通知第2の2の(1)のエの(ウ)
申請者に関する書類				法第27条第1項規則第48条第1項第2号及び第2項第4号
	(法人) 法人登記事項証明書			規則第48条第2項第4号
	(法人でない団体) 代表者の氏名並びに規約その他当該団体の組織及び運営に関する定めを記載した書類	(添付例) ・定款 ・営業報告書		規則第48条第2項第4号
	(個人) ・住民票の写し ・個人番号カード（表面）の写し ・上記に類するものであって氏名及び住所を証する書類	いずれか一つを添付		規則第48条第2項第4号
	直接利害関係者の証書	(添付例) ・土地登記簿謄本 ・土地売買契約書 ・固定資産台帳証明 ・土地等に対する権限を有する証書 等	4の(6)の場合、添付は要しない。	規則第48条第1項第2号 処理基準第2の2の(1)のイで準用する第1の3の(1)のイ 基本通知第2の2の(1)のウで準用する第1の3の(1)のウ
資力及び信用があることを証する書類				規則第48条第2項第5号
	資金計画書		事業計画書及び代替施設計画書に記載する場合は、当該計画書の提出をもって代替することができる。	基本通知第2の2の(1)のエの(オ)のa
	資金の調達について証する書類	自己資金により調達する場合は、預金残高証明書融資により調達する場合は、融資証明書 等	・4の(3)の場合、添付は要しない。 ・事業計画書及び代替施設計画書に記載する場合は、当該計画書の提出をもって代替することができる。	基本通知第2の2の(1)のエの(オ)のb
	法人の財務状況や経営状況を確認できる書類	(添付例) ・貸借対照表 ・損益計算書		基本通知第2の2の(1)のエの(オ)のc

	納税証明書		基本通知第2の2の(1)のエの(オ)のd
	事業経歴書	必要に応じ、一定の期間を定め、その期間内の経歴とすることができる。	基本通知第2の2の(1)のエの(オ)のe
	融資決定が転用を目的とした保安林の指定の解除後となる場合等当該書類が提出困難な場合に提出する書類	・代替施設の設置等に係る部分の資金の調達に係る預金残高証明書等 ・上記が困難な場合、申請時に金融機関から事業者への関心表明書を提出させ、代替施設の設置等の着手前に融資証明書の提出 等	基本通知第2の2の(1)のエの(オ)のf
必要な能力があることを証する書類			様式告示12処理基準第2の2の(1)のク 基本通知第2の2の(1)のオ
	建設業法許可書（土木工事業）		基本通知第2の2の(1)のオの(ア)
	事業経歴書	必要に応じ、一定の期間を定め、その期間内の経歴とすることができる。	基本通知第2の2の(1)のオの(イ)
	預金残高証明書		基本通知第2の2の(1)のオの(ウ)
	納税証明書		基本通知第2の2の(1)のオの(エ)
	事業実施体制を示す書類	職員数、主な役員・技術者名等	基本通知第2の2の(1)のオの(オ)
	規則第48条第2項第1号及び第2号の事業又は施設の設置に係る施行実績を示す書類	・監督処分及び行政指導があった場合は、その対応状況も含む。 ・必要に応じ、一定の期間を定め、その期間内の実績とすることができる。	基本通知第2の2の(1)のオの(カ)
	申請時点で施行者が決定していない場合等当該書類を提出することが困難な場合に提出する書類	申請時に施行者の決定方法や時期、求める施行能力を記載した書類を提出させ、代替施設の設置等の着手前に正規の確認書類を提出することについての確約書の提出 等	基本通知第2の2の(1)のオの(キ)
解除要件を備えていることを確認できる書類			処理基準第2の1の(3) 基本通知第2の2の(1)のカ
	級地区分に係る書類	当該地の傾斜度を測定した図面等	処理基準第2の1の(3)のアの(ア)、イの①の(ア)、②の(ア) 基本通知第2の2の(1)のカの(ア)

用地事情に係る書類	・転用に係る事業について具体的に示されている公的土地利用計画（法定外の計画を含む。） ・必要に応じて、転用に係る事業が当該計画に適合することを当該計画の策定者が認める書類 ・その土地以外に適地を求めることができないことを示す書類		処理基準第2の1の(3)のアの(イ)、イの①の(イ)、②の(イ) 基本通知第2の2の(1)のカの(イ)
面積に係る書類	・転用に係る土地の面積が、必要最小限度である根拠を示す書類 ・転用に係る事業が他の法令や技術基準等に基づく必要がある場合は、当該法令等	事業計画書により確認できる場合は、添付を要しない。	処理基準第2の1の(3)のアの(ウ)、イの①の(ウ)、②の(ウ) 基本通知第2の2の(1)のカの(ウ)
実現の確実性に係る書類	・当該保安林の土地の登記事項証明書、所有権、地上権、貸借権その他の権利を証する書類 ・当該保安林と併せて使用する土地がある場合、当該土地に関する上記書類	4の(6)の場合、添付は要しない。	処理基準第2の1の(3)のアの(エ)、イの①の(エ)、②の(エ) 基本通知第2の2の(1)のカの(エ)
利害関係者の意見	・市町村長の同意を得たことを証する書類又は意向を把握することのできる書類 ・直接利害関係者の範囲を示す図面等 ・直接利害関係者の同意を得たことを証する書類又は意向を把握することのできる書類（土捨場用地の使用承諾を含む。） ・直接利害関係者が多数に及ぶ場合や所有者が不明な場合等は、説明会を開催した上で、地区の代表者等の同意等を証する書類の添付で代替することもできる。	・4の(2)の場合、添付は要しない。 ・同(5)の場合、市町村長の同意等の添付は要しない。 ・同(6)の場合、直接利害関係者の同意等の添付は要しない。	処理基準第2の1の(3)のアの(オ)、イの②の(オ) 基本通知第2の2の(1)のカの(オ)

注意事項
1 書類の調製が難しい場合については、適宜担当者に確認すること。
2 関係法令等の呼称は次のとおりとする。
　法　　　：森林法（昭和26年法律第249号）
　規則　　：森林法施行規則（昭和26年農林省令第54号）
　様式告示：森林法施行規則の規定に基づき、申請書等の様式を定める件（昭和37年農林省告示第851号）
　処理基準：森林法に基づく保安林及び保安施設地区関係事務に係る処理基準について（平成12年4月27日付け12林野治第790号農林水産事務次官依命通知）
　基本通知：保安林及び保安施設地区の指定、解除等の取扱いについて（昭和45年6月2日付け45林野治第921号林野庁長官通知）

別紙　転用に係る保安林解除の進達書類等の編さん順序

編さん順序	書類等の名称	留意事項	関係法令等
1	進達書（保安林解除申請書）		法第27条
2	知事意見書		法第27条 様式通知第1の1
3	保安林解除調書その他必要な書類	(1) 様式通知の様式5-2「事業計画の概要」のその他欄に事業量を記載すること。 (2) その他必要な書類とは、森林審議会の答申書等とする。	処理基準第2の2の(2)で準用する第1の3の(2) 基本通知第2の2の(2)で準用する第1の3の(2) 様式通知第1の3
4	位置図	保安林解除申請書の箇所の周辺10,000ヘクタール程度にある保安林の種類別に区域を明示すること。	規則第48条第1項第1号 処理基準第2の2の(2)で準用する第1の3の(2) 基本通知第2の2の(2)で準用する第1の3の(2) 様式通知第2の3
5	保安林解除調査地図		処理基準第2の2の(2)で準用する第1の3の(2) 基本通知第2の2の(2)で準用する第1の3の(2) 様式通知第2の3
6	保安林解除申請書		規則第48条第1項柱書き 様式告示12
7	保安林解除図	原則として実測図とすること。	規則第48条第1項第1号 様式告示12 基本通知第2の2の(1)のイ
8	事業計画書	(1) 図面は、原則として縮尺1/1,000～1/5,000で等高線が入ったものを使用すること。 (2) 事業計画図には、保安林解除申請等の区域を明示すること。 (3) 図面袋には在中の図面の種類、枚数等を記入すること。	規則第48条第2項第1号 処理基準第2の2の(1)のウ 基本通知第2の2の(1)のエの(ｱ)
9	代替施設計画書	(1) 図面は、原則として縮尺1/1,000～1/5,000で等高線が入ったものを使用すること。 (2) 代替施設計画図には、保安林解除申請等の区域を明示すること。 (3) 図面袋には在中の図面の種類、枚数等を記入すること。	規則第48条第2項第2号 処理基準第2の2の(1)のエ 基本通知第2の2の(1)のエの(ｲ)
10	許認可関係書類		規則第48条第2項第3号 処理基準第2の2の(1)のオ 基本通知第2の2の(1)のエの(ｳ)
11	申請者に関する書類		規則第48条第1項第2号及び第2項第4号 処理基準第2の2の(1)のイ、カ 基本通知第2の2の(1)のウ、エの(ｴ)

12	資力及び信用があることを証する書類		規則第48条第2項第5号 処理基準第2の2の(1)のキ 基本通知第2の2の(1)のエの(オ)
13	必要な能力があることを証する書類		様式告示12 処理基準第2の2の(1)のク 基本通知第2の2の(1)のオ
14	解除要件を備えていることを確認できる書類		基本通知第2の2の(1)のカ

注意事項
1　用紙の大きさは、原則として、日本産業規格Ａ４判とすること。
2　関係法令等欄の略称は次のとおりとする。
　　法　　　：森林法（昭和26年法律第249号）
　　規則　　：森林法施行規則（昭和26年農林省令第54号）
　　様式告示：森林法施行規則の規定に基づき、申請書等の様式を定める件（昭和37年農林省告示第851号）
　　処理基準：森林法に基づく保安林及び保安施設地区関係事務に係る処理基準について（平成12年4月27日付け12林野治第790号農林水産事務次官依命通知）
　　基本通知：保安林及び保安施設地区の指定、解除等の取扱いについて（昭和45年6月2日付け45林野治第921号林野庁長官通知）
　　様式通知：保安林指定調書等の様式について（令和5年3月23日付け4林野治第2041号林野庁長官通知）

(参考1) 農林水産大臣の権限に係る保安林の指定の解除手続図と標準処理期間

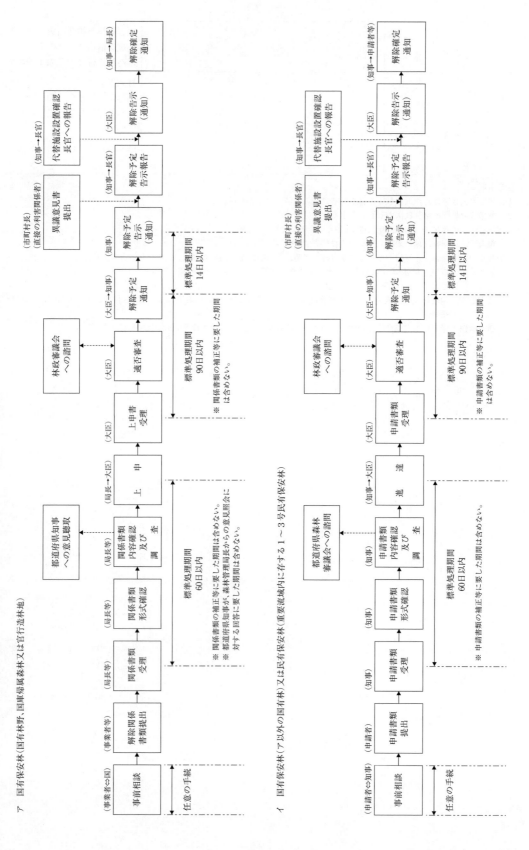

(参考2) 都道府県知事の権限に係る保安林の指定の解除手続図と標準処理期間

ア 農林水産大臣協議を必要とする民有保安林

```
(事業者⇔知事)      (申請者)      (知事)        (知事)           (知事)           (知事)         (知事)        (大臣)         (大臣)         (大臣→知事)     (知事)                      (知事)           (知事→申請者等)
 事前相談    →  解除申請  →  申請書類  →  申請書類  →  申請書類内容  →  適合審査  →  協議書  →  協議書  →  内容審査  →  協議結果  →  解除予定告示  →        →  解除告示  →  解除確定
             書類提出      受理        形式確認      確認及び調査                    提出        受理                    通知        (通知)                            通知
                                                    ↕                                                                                                    ↑
                                              都道府県森林                                                                                          代替施設
                                              審議会への諮問                                                                                        設置確認
                                                                                                                          (市町村長)
                                                                                                                    (直接の利害関係者)
                                                                                                                     異議意見書提出
```

任意の手続 |← 標準処理期間 90日以内 →| |← 標準処理期間 60日以内 →| |← 標準処理期間 14日以内 →|

※ 関係書類の補正等に要した期間は含めない。
※ 申請書類の補正等に要した期間は含まない。
※ 法第26条の2第4項第1号のみに該当するものについては30日以内

イ ア以外の民有保安林

```
(申請者⇔知事)  (申請者)      (知事)        (知事)           (知事)           (知事)         (知事)                      (知事)           (知事→申請者等)
 事前相談  →  申請書類  →  申請書類  →  申請書類  →  申請書類内容  →  適否審査  →  解除予定告示  →        →  解除告示  →  解除確定通知
             提出        受理        形式確認      確認及び調査                    (通知)                      
                                      ↕                                                              ↑
                                都道府県森林                                                    代替施設
                                審議会への諮問                                                  設置確認
                                                                        (市町村長)
                                                                  (直接の利害関係者)
                                                                   異議意見書提出
```

任意の手続 |← 標準処理期間 90日以内 →|

※ 関係書類の補正等に要した期間は含めない。

— 297 —

関 係 通 知

(林地開発許可)

関係通知

林地開発許可

開発行為の許可制に関する事務の取扱いについて

> 平成14年3月29日付け13林整治第2396号
> 農林水産事務次官から各都道府県知事・各森林管理局（分局）長宛て
> 最終改正：令和4年11月15日付け4林整治第1187号

　この度、地方自治法（昭和22年法律第67号）第245条の4の規定による技術的助言として、別紙のとおり、開発行為の許可制に関する事務の取扱いに係る留意事項が定められ、平成14年4月1日から適用することとされたので、御了知の上、その適正かつ円滑な実施につき特段の御配慮をお願いする。

　なお、下記の通知は、廃止することとされ、下記の7に掲げる通知の一部が別紙2の新旧対照表のとおり改正されたので、御留意願いたい。

　おって、貴管下の市町村その他関係者への周知方よろしくお願いしたい。

　以上、命により通知する。

記

1　「森林施業の合理化に関する基準の運用について」（昭和43年8月6日付け43林野計第304号農林事務次官依命通知）
2　「森林法及び森林組合合併助成法の一部を改正する法律の公布施行について」（昭和49年5月30日付け49林野企第41号農林事務次官依命通知）
3　「森林法及び森林組合合併助成法の一部を改正する法律の施行について」（開発行為の許可制及び伐採の届出制関係）（昭和49年10月31日付け49林野企第82号農林事務次官依命通知）
4　「森林法及び分収造林特別措置法の一部を改正する法律の施行について」（市町村森林整備計画制度関係）（昭和58年10月1日付け58林野計第468号農林水産事務次官依命通知）
5　「森林法等の一部を改正する法律の施行について」（森林法等の一部を改正する法律の施行に伴う森林計画制度の改善等について）（平成3年7月25日付け3林野企第88号農林水産事務次官依命通知）
6　「森林法等の一部を改正する法律の施行について」（平成10年11月13日付け10林野企第112号農林水産事務次官依命通知）
7　「木材の安定供給の確保に関する特別措置法の施行について」（平成8年11月1日付け8林野流第105号農林水産事務次官依命通知）

別紙

開発行為の許可制に関する事務の取扱いについて

第1 開発行為の許可対象（森林法第10条の2第1項関係事項）
1 対象となる森林

　開発行為の許可制の対象となる森林は、森林法（昭和26年法律第249号。以下「法」という。）第5条の規定によりたてられた地域森林計画の対象民有林（公有林を含む。）であるが、このうち法第25条又は法第25条の2の規定により指定された保安林並びに法第41条の規定により指定された保安施設地区の区域内及び海岸法（昭和31年法律第101号）第3条の規定により指定された海岸保全区域内の森林は対象外とされている。

2 対象となる開発行為

　都道府県知事の許可を必要とする開発行為は、「土石又は樹根の採掘、開墾その他の土地の形質を変更する行為で、森林の土地の自然的条件、その行為の態様等を勘案して政令で定める規模をこえるもの」である。「森林の土地の自然的条件、その行為の態様等を勘案して政令で定める規模」は、森林法施行令（昭和26年政令第276号。以下「令」という。）第2条の3において、「法第10条の2第1項の政令で定める規模は、次の各号に掲げる行為の区分に応じ、それぞれ当該各号に定める規模とする。」と定められ、同条各号において、開発行為の目的別に規模が定められているが、これは、開発行為の目的に応じて、森林の有する公益的機能の維持に相当の影響を与えるものを規制するとともに、通常の管理行為又はこれに類する軽易な行為は許可不要とする趣旨で定められたものである。

(1) 同条各号の「土地の面積」は、開発行為の許可制の対象となる森林において実際に形質を変更する土地の面積であって、同条第1号の「道路の新設又は改築」にあっても単に路面の面積だけでなく法面等の面積を含むものである。

　なお、形質を変更する土地の周辺部に残置される森林の面積又は開発行為の許可制の対象外の土地における形質を変更する土地の面積は、規模の算定には含まれない。

(2) 同条第1号の「専ら道路の新設又は改築を目的とする行為」には、一体とした開発行為のうちに道路の新設又は改築以外を目的とする土地の形質の変更は含まない。

(3) 同条第1号の「路肩部分又は屈曲部又は待避所として必要な拡幅部分」のうち、「路肩部分」は路端から車道寄りの0.5メートルの幅の道路の部分をいい、「屈曲部又は待避所として必要な拡幅部分」はそれぞれの機能を維持するため必要最小限度のものをいう。

(4) 同条第2号の「太陽光発電設備の設置を目的とする行為」は、太陽光を電気に変換する設備の設置を目的とするものであって、当該設備に付帯する設備の設置を目的とするものを含む。

(5) 地域森林計画においては、法第5条第2項第11号の「森林の土地の保全に関する事項」を定めることとされており、法第8条において地域森林計画に従って森林の土地の使用又は収益をすることを旨としなければならないとされていることから、開発行為の許可を要しないものについても地域森林計画に従い森林の土地の保全に留意した適正な利用が確保されるよう周知するものとする。

3 対象となる開発行為の一体性

　開発行為の規模は、開発行為の許可制の対象となる森林における土地の形質を変更する行為で、実施主体、実施時期又は実施箇所の相異にかかわらず一体性を有するものの規模をいい、総合的に判断する。

4 対象外の開発行為

(1) 「国又は地方公共団体が行なう場合」は、開発行為の許可制は適用されない（法第10条の2第1項第1号）。

　国及び地方公共団体（国又は地方公共団体とみなされる法人を含む。）の行う開発行為が許可制の適用対象外とされている理由は、制度運用の当事者又は行政組織を通じ制度趣旨等が貫徹されるためである。

　なお、独立行政法人都市再生機構（独立行政法人都市再生機構法（平成15年法律第100号。以下「機構法」という。）附則第12条第1項第1号又は第2号の業務（同号の業務にあっては、公的資金による住宅及び宅地の供

給体制の整備のための公営住宅法等の一部を改正する法律（平成17年法律第78号）第3条の規定による改正前の機構法第11条第2項第1号又は第2号の業務に限る。）として行う場合に限る。）、国立研究開発法人森林研究・整備機構及び独立行政法人水資源機構並びに地方住宅供給公社、地方道路公社及び土地開発公社は、法第10条の2第1項第1号の国又は地方公共団体とみなされる。

(2) 「火災、風水害その他の非常災害のために必要な応急措置として行なう場合」は、開発行為の許可制は適用されない（法第10条の2第1項第2号）。

　　これは、いわば緊急避難的な必要性に対応するものとして定められたものである。伐採及び伐採後の造林の届出制及び保安林制度のように事後届出制が定められていないのは、政令で定められた規模を超えて非常災害のために必要な応急措置として行う場合は、都道府県において当然知り得ると考えられるからであるが、必要な応急措置として行われた後において法第10条の2第2項各号に該当するような事態の発生をみることのないように適切な事後措置がとられるように周知することが望ましい。

(3) 「森林の土地の保全に著しい支障を及ぼすおそれが少なく、かつ、公益性が高いと認められる事業で農林水産省令で定めるものの施行として行なう場合」は、開発行為の許可制は適用されない（法第10条の2第1項第3号）。

　　この事業は、森林法施行規則（昭和26年農林省令第54号。以下「規則」という。）第5条に定められたとおりである。

(4) (1)及び(3)の場合であっても法第10条の2第2項及び第3項の規定の趣旨に沿って開発行為が行われなければならない。

　　国及び国とみなされる法人が開発行為を行おうとするときは、本制度の趣旨に即して行われるよう、あらかじめ都道府県知事と連絡調整するものとする。

　　都道府県が開発行為を行うに当たっては、都道府県の林務部局と事業実施担当部局との間で連絡調整を密接に行うものとする。

　　都道府県以外の地方公共団体及び当該地方公共団体とみなされる法人が開発行為を行おうとするときは、あらかじめ都道府県知事と連絡調整をするよう周知するとともに、許可基準の内容等を提示し、それらが事業主体となる事案については、民間事業体の模範となるよう、許可基準に則った適正な事業実施計画とすることについて連絡調整を密接に行うものとする。

　　また、規則第5条の事業を実施しようとするときにあっても、当該事業を実施しようとする者が、あらかじめ都道府県知事と連絡調整をするものとする。

第2　開発行為の許可基準等（森林法第10条の2第2項及び第3項関係事項）

1　開発行為の許可基準

(1) 法第10条の2第2項において「都道府県知事は、法第10条の2第1項の許可の申請があつた場合において、同条第2項各号のいずれにも該当しないと認めるときは、これを許可しなければならない」こととされているが、これは同項各号のいずれかに該当すると認められる場合に限り許可しないという趣旨である。

　　具体的には、次のような許可基準が定められている。

ア　「当該開発行為をする森林の現に有する土地に関する災害の防止の機能からみて、当該開発行為により当該森林の周辺の地域において土砂の流出又は崩壊その他の災害を発生させるおそれがあること」（法第10条の2第2項第1号）

　　これは、開発行為をする森林の植生、地形、地質、土壌、湧水の状態等から土地に関する災害の防止の機能を把握し、土地の形質を変更する行為の態様、防災施設の設置計画の内容等から周辺の地域において土砂の流出又は崩壊その他の災害を発生させるおそれの有無を判断する趣旨である。

　　「その他の災害」としては、土砂の流出又崩壊の原因となる洪水、いっ水のほか、飛砂、落石、なだれ等が考えられる。

　　「当該森林の周辺の地域」と規定されているが、周辺の地域に影響が及ぶことを防止する観点から、開発行

為の実施地区内における防災措置についても、審査を行うことが望ましい。
　イ 「当該開発行為をする森林の現に有する水害の防止の機能からみて、当該開発行為により当該機能に依存する地域における水害を発生させるおそれがあること」（法第10条の２第２項第１号の２）
　　これは、開発行為をする森林の植生、地質及び土壌の状態並びに流域の地形、流域の土地利用の実態、流域の河川の状況、流域の過去の雨量、流域における過去の水害の発生状況等から水害の防止の機能を把握し、土地の形質を変更する行為の態様、防災施設の設置計画の内容等から森林の有する水害の防止の機能に依存する地域において水害を発生させるおそれの有無を判断する趣旨である。
　ウ 「当該開発行為をする森林の現に有する水源のかん養の機能からみて、当該開発行為により当該機能に依存する地域における水の確保に著しい支障を及ぼすおそれがあること」（法第10条の２第２項第２号）
　　これは、開発行為をする森林の植生、土壌の状態、周辺地域における水利用の実態及び開発行為をする森林へ水利用を依存する程度等から水源かん養機能を把握し、貯水池、導水路等の設置計画の内容等から水源のかん養機能に依存する地域の水の確保に著しい支障を及ぼすおそれの有無を判断する趣旨である。
　エ 「当該開発行為をする森林の現に有する環境の保全の機能からみて、当該開発行為により当該森林の周辺の地域における環境を著しく悪化させるおそれがあること」（法第10条の２第３項第３号）
　　これは、開発行為をする森林の樹種、林相、周辺における土地利用の実態等から自然環境及び生活環境の保全の機能を把握し、森林によって確保されてきた環境の保全の機能は森林以外のものによって代替されることが困難であることが多いことにかんがみ、開発行為の目的、様態等に応じて残置管理する森林の割合等からみて、周辺の地域における環境を著しく悪化させるおそれの有無を判断する趣旨である。
(2) 法第10条の２第２項の許可基準の配慮規定として同条第３項において「前項各号の規定の適用につき同項各号に規定する森林の機能を判断するに当たっては、森林の保続培養及び森林生産力の増進に留意しなければならない」旨規定されている。

　これは、開発行為を許可基準に照らして審査する場合、災害の防止、水源のかん養及び環境の保全のそれぞれの公益的機能からみて行うことになっているが、これら森林の現に有する公益的機能を判断するに当たっては、これらの機能は、森林として利用されてきたことにより確保されてきたものであって、森林資源の整備充実を通じてより高度に発揮されることになることに留意すべきであるという趣旨である。

２　開発行為の許可に係る申請
　規則第４条において、開発行為の許可を受けようとする者は、申請書に必要な書類を添え、都道府県知事に提出しなければならないとされているが、許可を受けた開発行為について計画変更を行う場合は、再度これと同様の手続を経ることが必要である。

３　開発行為に係る審査及び完了確認
(1) 都道府県知事は、開発行為の許可の申請があった場合には、原則として現地調査を行うことにより当該開発行為が与える影響を適確に審査するものとする。
(2) 都道府県知事は、許可した開発行為が申請書及び添付書類の記載内容並びに許可に付した条件に従って行われているか否かにつき開発行為の施行中において必要に応じ調査を行うとともに、その開発行為の施行後において速やかに完了確認を行うものとする。また、緑化等の措置後から効果を発揮するまでに時間を要する措置については、その効果が発揮されないおそれがある場合、一定期間その状況を調査した上で完了確認を行うことができる。

第３　許可に付する条件（森林法第10条の２第４項及び第５項関係事項）

　法第10条の２第４項において「法第10条の２第１項の許可には、条件を附することができる」こととされているが、その内容は、法第10条の２第５項において「森林の現に有する公益的機能を維持するために必要最小限度のものに限り、かつ、その許可を受けた者に不当な義務を課することとなるものであつてはならない」と定められている。

　条件として付する事項は具体的事案に即して判断されることとなるが、開発行為の施行中において防災等のため適切な措置をとること、当該開発行為を中止し又は廃止する場合に開発行為によって損なわれた森林の機能を回復する

ために必要な措置をとること、本制度の適正な施行を確保するために必要な事項を届け出ること等であり、許可に当たって具体的かつ明確に付するものとする。

第4　都道府県森林審議会及び関係市町村長の意見（森林法第10条の2第6項関係事項）

　都道府県知事は、開発行為の許可をしようとするときは、都道府県森林審議会及び関係市町村長の意見を聴かなければならないこととされているが、これは、開発行為に伴う当該森林の有する公益的機能の低下がどのような影響を及ぼすかの技術的、専門的判断を適正に行うとともに、地域住民の意向を十分に反映した適正な判断を行うためである。

第5　監督処分（森林法第10条の3関係事項）

　法第10条の3において「森林の有する公益的機能を維持するため必要があると認めるとき」に監督処分を行うことができることとされているが、これは、違反行為に起因して法第10条の2第2項各号に該当するような事態の発生を防止する趣旨であり、その必要性については、具体的事案に即して判断するものとする。

　監督処分を行う必要があると認められる場合は、速やかに対処することが必要であり、また「復旧に必要な行為」とは原形に復旧することのほか造林その他の措置により当該森林が従前有していた公益的機能を復旧することを含むものであり、復旧に必要な行為の命令に当たっては、命令の内容及び期間を具体的かつ明確に定めて行うものとする。

　なお、復旧に必要な行為の命令については、行政代執行法（昭和23年第43号）による代執行ができる。

第6　その他

1. 本制度の運営に際しては、開発行為の施行に係る事業による土地利用が、地域における公的な各種土地利用計画に即した合理的なものである等地域の健全な発展に支障を及ぼすことのないものとなるように十分配意することが望ましい。
2. 開発行為の許可制の対象となる森林は、都道府県知事がたてる地域森林計画の対象となる民有林（保安林等を除く。）であり、その対象面積は広大なものとなる一方、審査の観点も災害の防止等地域社会にとって極めて重要な事項に関するものであることから、事務の執行体制を整備するとともに、地域住民等関係者に対し、本制度について周知することが望ましい。
3. 地域森林計画において林産物の搬出方法を特定する必要があるものとして定められている森林及び市町村森林整備計画において公益的機能別施業森林区域（法第5条第2項第6号に規定する公益的機能別施業森林区域をいう。）内に存する森林における開発行為は、法第10条の2第2項各号に掲げる機能の発揮の観点からも、当該森林に期待される機能に応じ、森林の現に有する公益的機能を維持するために必要な対策が措置されていることを確認することが望ましい。

開発行為の許可基準等の運用について

　　　　　　　　　　　　　　　　　　令和4年11月15日付け4林整治第1188号
　　　　　　　　　　　　　　　　　　林野庁長官から各都道府県知事・各森林管理局長宛て

　この度、「開発行為の許可制に関する事務の取扱いについて」(平成14年3月29日付け13林整治第2396号農林水産事務次官依命通知)の改正に伴い、その許可基準等の運用を別紙のとおり定め、令和5年4月1日から適用することとしたので、御了知の上、その適正かつ円滑な実施につき特段の御配慮をお願いする。
　これに伴い下記に掲げる通知を令和5年4月1日付けで廃止するので、御留意願いたい。
　また、貴管下の市町村その他関係者への周知方よろしくお願いしたい。

　　　　　　　　　　　　　　　　　記

1　開発行為の許可の申請書に添付する位置図、区域図、及び計画書について
　　(昭和49年10月31日付け49林野治第2522号林野庁長官通知)
2　開発行為の許可と他の制度による許認可との調整等について
　　(昭和49年10月31日付け49林野治第2523号林野庁長官通知)
3　林地開発許可事務実施要領の制定について
　　(昭和49年12月17日付け49林野治第2705号林野庁長官通知)
4　開発行為の許可基準の運用細則について
　　(平成14年5月8日付け14林野治第25号林野庁長官通知)
5　太陽光発電施設の設置を目的とした開発行為の許可基準の運用細則について
　　(令和元年12月24日付け元林整治第686号林野庁長官通知)

別紙

開発行為の許可基準等の運用について

「開発行為の許可制に関する事務の取扱いについて」（平成14年3月29日付け13林整治第2396号農林水産事務次官依命通知。以下「事務取扱」という。）の運用に当たって、開発行為の許可は、許可の申請書及び添付書類の記載事項が次に掲げる第1から第6までの要件を満たすか否かにつき審査して行うほか、許可に伴う事務については次に掲げる第7から第11までに基づき適正かつ円滑に実施するものとする。

第1　手続上の要件（規則第4条関係）
　　　申請の手続については、森林法施行規則第4条（昭和26年農林省令第54号。以下「規則」という。）に基づく申請書及び添付書類の内容が次に掲げる要件に適合していることを確認するものとする。
1　開発行為に関する計画の内容が具体的であり、許可を受けた後遅滞なく申請に係る開発行為を行うことが明らかであること。
　　位置図、区域図及び計画書として必要な記載事項は、別記1のとおりとすること。ただし、開発行為の目的、態様等に応じて計画書として必要な事項を追加し又は不要な事項を省略することができるものとすること。
2　開発行為に係る森林につき開発行為の施行の妨げとなる権利を有する者の相当数の同意を得ていることが明らかであること。
　　「相当数の同意」とは、開発行為に係る森林につき開発行為の妨げとなる権利を有するすべての者の3分の2以上の者から同意を得ており、その他の者についても同意を得ることができると認められる場合を指すものとする。
3　開発行為又は開発行為に係る事業の実施について他の行政庁の免許、許可、認可その他の処分を必要とする場合には、当該処分がなされているかの確認又は当該申請に係る申請の状況の確認ができること。また、行政庁の処分以外に、環境影響評価法（平成9年法律第81号）又は地方公共団体の条例等に基づく環境影響評価手続の対象となる場合には、その手続の状況の確認もできること。
4　申請者に開発行為を行うために必要な資力及び信用があることが明らかであること。防災施設の整備に必要な資金の手当が可能であることや事業体としての信用があることを確認するものとする。具体的な内容については、別記1によること。ただし、開発行為の目的、態様等に応じて必要な書類を追加し、又は他の書類により資力及び信用を確認できる場合には当該書類の添付をもって代替できるものとする。
　　また、融資決定が開発行為の許可後となる場合等当該書類を提出することが困難な場合には、次に掲げる方法等により確認するものとする。
(1)　防災施設の設置の先行実施を徹底させる観点から、防災施設の設置に係る部分の資金の調達について別途預金残高証明書等により確認する。
(2)　上記が困難な場合には、申請時に、事業者の資金計画書に加え、金融機関から事業者への関心表明書を提出させ、着手前に融資証明書を提出することを許可条件に付す。
5　「森林法施行規則の規定に基づき、申請書等の様式を定める件」（昭和37年農林省告示第851号。以下「様式告示」という。）の様式1中注意事項3において、「開発行為の施行体制の欄には、開発行為の施行者を記載するとともに、防災措置を講ずるために必要な能力があることを証する書類を添付すること」としているが、これは、開発行為の許可申請に当たって申請者と施行者が異なる場合に、施行者による防災措置の確実な実施を担保する観点から、防災措置を講ずるために必要な能力があることを証する書類を確認するためである。具体的な内容については、別記1によること。ただし、開発行為の目的、態様等に応じて必要な書類を追加し、又は他の書類により防災措置を講ずるために必要な能力を確認できる場合には当該書類の添付をもって代替できるものとする。
　　また、資力及び信用と同様、申請時点で防災施設の施行者が決定していない場合等当該書類を提出することが困難な場合には、申請時に施行者の決定方法や時期、求める施行能力について記載した書類を提出させるとともに、着手前までに正規の確認書類を提出することについて確約書を提出させ、許可条件に付す等の方法により確認する

ものとすること。
6 別記1に掲げる書類のほか、開発行為の目的、態様等に応じて都道府県知事が必要と認める書類を添付するものとする。

第2 災害を発生させるおそれに関する事項（森林法第10条の2第2項第1号関係）
1 土砂の移動量
　開発行為が原則として現地形に沿って行われること及び開発行為による土砂の移動量が必要最小限度であることが明らかであること。
　スキー場の滑走コースの造成は、その利用形態からみて土砂の移動が周辺に及ぼす影響が比較的大きいと認められるため、その造成に係る切土量は1ヘクタール当たりおおむね1,000立方メートル以下とすること。なお、滑走コースは傾斜地を利用するものであることから、切土を行う区域はスキーヤーの安全性の確保等やむを得ないと認められる場合に限るものとし、土砂の移動量を極力縮減するよう事業者に対し指導するものとすること。
　また、ゴルフ場の造成に係る切土量、盛土量はそれぞれ18ホール当たりおおむね200万立方メートル以下とすること。
2 切土、盛土又は捨土
　切土、盛土又は捨土を行う場合には、その工法が法面の安定を確保するものであること及び捨土が適切な箇所で行われること並びに切土、盛土又は捨土を行った後に法面を生ずるときはその法面の勾配が地質、土質、法面の高さからみて崩壊のおそれのないものであり、かつ、必要に応じて小段又は排水施設の設置その他の措置が適切に講ぜられることが明らかであること。技術的細則は、次に掲げるとおりとする。
　(1) 工法等は、次によるものであること。
　　ア 切土は、原則として階段状に行う等法面の安定が確保されるものであること。
　　イ 盛土は、必要に応じて水平層にして順次盛り上げ、十分締め固めが行われるものであること。
　　ウ 土石の落下による下斜面等の荒廃を防止する必要がある場合には、柵工の実施等の措置が講ぜられていること。
　　エ 大規模な切土又は盛土を行う場合には、融雪、豪雨等により災害が生ずるおそれのないように工事時期、工法等について適切に配慮されていること。
　(2) 切土は、次によるものであること。
　　ア 法面の勾配は、地質、土質、切土高、気象及び近傍にある既往の法面の状態等を勘案して、現地に適合した安定なものであること。
　　イ 土砂の切土高が10メートルを超える場合には、原則として、高さ5メートルないし10メートルごとに小段を設置するほか、必要に応じ排水施設を設置する等崩壊防止の措置が講ぜられていること。
　　ウ 切土を行った後の地盤に滑りやすい土質の層がある場合には、その地盤にすべりが生じないように杭打ちその他の措置が講ぜられていること。
　(3) 盛土は、次によるものであること。
　　ア 法面の勾配は、盛土材料、盛土高、地形、気象及び近傍にある既往の法面の状態等を勘案して、現地に適合した安全なものであること。
　　イ 一層の仕上がり厚は、30センチメートル以下とし、その層ごとに締め固めを行うとともに、必要に応じて雨水その他の地表水又は地下水を排除するための排水施設の設置等の措置が講ぜられていること。
　　ウ 盛土高が5メートルを超える場合には、原則として5メートルごとに小段を設置するほか、必要に応じて排水施設を設置する等崩壊防止の措置が講ぜられていること。
　　エ 盛土がすべり、ゆるみ、沈下し、又は崩壊するおそれがある場合には、盛土を行う前の地盤の段切り、地盤の土の入れ替え、埋設工の施行、排水施設の設置等の措置が講ぜられていること。
　(4) 捨土は、次によるものであること。
　　ア 捨土は、土捨場を設置し、土砂の流出防止措置を講じて行われるものであること。この場合における土捨場

の位置は、急傾斜地、湧水の生じている箇所等を避け、人家又は公共施設との位置関係を考慮の上設定されているものであること。

 イ 法面の勾配の設定、締固めの方法、小段の設置、排水施設の設置等は、盛土に準じて行われ、土砂の流出のおそれがないものであること。

3 法面崩壊防止の措置

 切土、盛土又は捨土を行った後の法面の勾配が2によることが困難である場合若しくは適当でない場合又は周辺の土地利用の実態からみて必要がある場合には、擁壁の設置その他の法面崩壊防止の措置が適切に講ぜられることが明らかであること。技術的細則は、次に掲げるとおりとする。

(1) 「周辺の土地利用の実態からみて必要がある場合」とは、人家、学校、道路等に近接し、かつ、次のア又はイに該当する場合をいう。ただし、土質試験等に基づき地盤の安定計算をした結果、法面の安定を保つために擁壁等の設置が必要でないと認められる場合には、これに該当しない。

 ア 切土により生ずる法面の勾配が30度より急で、かつ、高さが2メートルを超える場合ただし、硬岩盤である場合又は次の(ア)若しくは(イ)のいずれかに該当する場合はこの限りではない。

  (ア) 土質が表1の左欄に掲げるものに該当し、かつ、土質に応じた法面の勾配が同表中欄の角度以下のもの。

  (イ) 土質が表1の左欄に掲げるものに該当し、かつ、土質に応じた法面の勾配が同表中欄の角度を超え、同表右欄の角度以下のもので、その高さが5メートル以下のもの。この場合において、(ア)に該当する法面の部分により上下に分離された法面があるときは、(ア)に該当する法面の部分は存在せず、その上下の法面は連続しているものとみなす。

表1

土質	擁壁等を要しない勾配の上限	擁壁等を要する勾配の下限
軟岩（風化の著しいものを除く。）	60度	80度
風化の著しい岩	40度	50度
砂利、真砂土、関東ローム、硬質粘土、その他これに類するもの	35度	45度

 イ 盛土により生ずる法面の勾配が30度より急で、かつ、高さが1メートルを超える場合

(2) 擁壁の構造は、次によるものであること。

 ア 土圧、水圧及び自重（以下「土圧等」という。）によって擁壁が破壊されないこと。

 イ 土圧等によって擁壁が転倒しないこと。この場合において、安全率は1.5以上であること。

 ウ 土圧等によって擁壁が滑動しないこと。この場合において、安全率は1.5以上であること。

 エ 土圧等によって擁壁が沈下しないこと。

 オ 擁壁には、その裏面の排水を良くするため、適正な水抜穴が設けられていること。

4 法面保護の措置

 切土、盛土又は捨土を行った後の法面が雨水、渓流等により浸食されるおそれがある場合には、法面保護の措置が講ぜられることが明らかであること。技術的細則は次に掲げるとおりとする。

(1) 植生による保護（実播工、伏工、筋工、植栽工等）を原則とし、植生による保護が適さない場合又は植生による保護だけでは法面の侵食を防止できない場合には、人工材料による適切な保護（吹付工、張工、法枠工、柵工、網工等）が行われるものであること。工種は、土質、気象条件等を考慮して決定され、適期に施行されるものであること。

(2) 表面水、湧水、渓流等により法面が侵食され又は崩壊するおそれがある場合には、排水施設又は擁壁の設置等の措置が講ぜられるものであること。この場合における擁壁の構造は、3の(2)によるものであること。

5 土砂流出防止の措置

開発行為に伴い相当量の土砂が流出する等の下流地域に災害が発生するおそれがある区域が事業区域（開発行為をしようとする森林又は緑地その他の区域をいう。以下同じ。）に含まれる場合には、開発行為に先行して十分な容量及び構造を有するえん堤等の設置、森林の残置等の措置が適切に講ぜられることが明らかであること。技術的細則は次に掲げるとおりとする。

(1) えん堤等の容量は、次のア及びイにより算定された開発行為に係る土地の区域からの流出土砂量を貯砂し得るものであること。

 ア　開発行為の施行期間中における流出土砂量は、開発行為に係る土地の区域1ヘクタール当たり1年間に、特に目立った表面侵食のおそれが見られない場合では200立方メートル、脆弱な土壌で全面的に侵食のおそれが高い場合では600立方メートル、それ以外の場合では400立方メートルとするなど、地形、地質、気象等を考慮の上適切に定められたものであること。

 イ　開発行為の終了後において、地形、地被状態等からみて、地表が安定するまでの期間に相当量の土砂の流出が想定される場合には、別途積算するものであること。

(2) えん堤等の設置箇所は、極力土砂の流出地点に近接した位置であること。

(3) えん堤等の構造は、「治山技術基準」（昭和46年3月13日付け46林野治第648号林野庁長官通達）によるものであること。

(4) 「災害が発生するおそれがある区域」については表2に掲げる区域を含む土地の範囲とし、その考え方については、災害の特性を踏まえ、次のア及びイを目安に現地の荒廃状況に応じて整理すること。なお、表2に掲げる区域以外であっても、同様のおそれがある区域については「災害が発生するおそれがある区域」に含めることができる。

 ア　山腹崩壊や急傾斜地の崩壊、地すべりに関する区域については、土砂災害警戒区域等における土砂災害防止対策の推進に関する法律（平成12年法律第57号。以下「土砂災害防止法」という。）の土砂災害警戒区域の考え方を基本とすること。

 イ　土石流に関する区域については、土石流の発生の危険性が認められる渓流を含む流域全体を基本とすること。ただし、土石流が発生した場合において、地形の状況により明らかに土石流が到達しないと認められる土地の区域を除く。

表2

区域の名称	根拠とする法令等
砂防指定地	砂防法
急傾斜地崩壊危険区域	急傾斜地の崩壊による災害の防止に関する法律
地すべり防止区域	地すべり等防止法
土砂災害警戒区域	土砂災害防止法
災害危険区域	建築基準法
山腹崩壊危険地区	山地災害危険地区調査要領
地すべり危険地区	
崩壊土砂流出危険地区	

(5) なだれ危険箇所点検調査要領に基づくなだれ危険箇所に係る森林を事業区域に含む場合についても、開発区域に先行して周囲へのなだれ防止措置について検討し、必要な措置を講じること。

(6) 上記の検討結果を整理し、必要な措置の内容について別記1の計画書に必要な事項を記載すること。

6　排水施設

雨水等を適切に排水しなければ災害が発生するおそれがある場合には、十分な能力及び構造を有する排水施設が設けられることが明らかであること。技術的細則は次に掲げるとおりとする。

(1) 排水施設の断面は、次によるものであること。

ア 排水施設の断面は、計画流量の排水が可能になるように余裕をみて定められていること。この場合、計画流量は次の（ア）及び（イ）により、流量は原則としてマニング式により求められていること。
（ア） 排水施設の計画に用いる雨水流出量は、原則として次式により算出されていること。ただし、降雨量と流出量の関係が別途高い精度で求められている場合には、単位図法等によって算出することができる。

$$Q = \frac{1}{360} \cdot f \cdot r \cdot A$$

Q：雨水流出量（m³/sec）
f：流出係数
r：設計雨量強度（mm/hour）
A：集水区域面積（ha）

（イ） 前式の適用に当たっては、次によるものであること。
a 流出係数は、表3を参考にして定められていること。浸透能は、地形、地質、土壌等の条件によって決定されるものであるが、表3の区分の適用については、おおむね、山岳地は浸透能小、丘陵地は浸透能中、平地は浸透能大として差し支えない。
b 設計雨量強度は、cによる単位時間内の10年確率で想定される雨量強度とされていること。ただし、人家等の人命に関わる保全対象が事業区域に隣接している場合など排水施設の周囲にいっ水した際に保全対象に大きな被害を及ぼすことが見込まれる場合については、20年確率で想定される雨量強度を用いるほか、水防法（昭和24年法律第193号）第15条第1項第4号のロ又は土砂災害防止法第8条第1項第4号でいう要配慮者利用施設等の災害発生時の避難に特別の配慮が必要となるような重要な保全対象がある場合は、30年確率で想定される雨量強度を用いること。
c 単位時間は、到達時間を勘案して定めた表4を参考として用いられていること。

表3

地表状態＼区分	浸透能小	浸透能中	浸透能大
林　　　地	0.6〜0.7	0.5〜0.6	0.3〜0.5
草　　　地	0.7〜0.8	0.6〜0.7	0.4〜0.6
耕　　　地	—	0.7〜0.8	0.5〜0.7
裸　　　地	1.0	0.9〜1.0	0.8〜0.9

表4

流　域　面　積	単　位　時　間
50ヘクタール以下	10分
100ヘクタール以下	20分
500ヘクタール以下	30分

イ 雨水のほか土砂等の流入が見込まれる場合又は排水施設の設置箇所からみていっ水による影響の大きい場合にあっては、排水施設の断面は、必要に応じてアに定めるものより一定程度大きく定められていること。
ウ 洪水調節池の下流に位置する排水施設については、洪水調節池からの許容放流量を安全に流下させることができる断面とすること。
(2) 排水施設の構造等は、次によるものであること。
ア 排水施設は、立地条件等を勘案して、その目的及び必要性に応じた堅固で耐久力を有する構造であり、漏水が最小限度となるよう措置されていること。
イ 排水施設のうち暗渠である構造の部分には、維持管理上必要なます又はマンホールの設置等の措置が講ぜられていること。

ウ　放流によって地盤が洗掘されるおそれがある場合には、水叩きの設置その他の措置が適切に講ぜられていること。
　　エ　排水施設は、排水量が少なく土砂の流出又は崩壊を発生させるおそれがない場合を除き、排水を河川等まで導くように計画されていること。
　　　　ただし、河川等に排水を導く場合には、増加した流水が河川等の管理に及ぼす影響を考慮するため、当該河川等の管理者の同意を得ているものであること。特に、用水路等を経由して河川等に排水を導く場合には、当該施設の管理者の同意に加え、当該施設が接続する下流の河川等において安全に流下できるよう併せて当該河川等の管理者の同意を得ているものであること。
　　　　なお、「同意」については、他の排水施設を経由して河川等に排水を導き河川等の管理に著しい影響を及ぼすこととなる場合にあっては、関係する河川等の管理者の同意を必要とする趣旨であり、その取得について審査する際には、都道府県と関係行政庁が別記2に基づき調整することとする。
7　洪水調節池等の設置等
　　下流の流下能力を超える水量が排水されることにより災害が発生するおそれがある場合には、洪水調節池等の設置その他の措置が適切に講ぜられることが明らかであること。技術的細則は次に掲げるとおりとする。
(1)　洪水調節容量は、下流における流下能力を考慮の上、30年確率で想定される雨量強度における開発中及び開発後のピーク流量を開発前のピーク流量以下にまで調節できるものであることを基本とする。
　　　ただし、排水を導く河川等の管理者との協議において必要と認められる場合には、50年確率で想定される雨量強度における開発中及び開発後のピーク流量を開発前のピーク流量以下にまで調節できるものとすることができる。
　　　また、開発行為の施行期間中における洪水調節池の堆砂量を見込む場合にあって、開発行為に係る土地の区域1ヘクタール当たり1年間に、特に目立った表面侵食のおそれが見られないときには200立方メートル、脆弱な土壌で全面的に侵食のおそれが高いときには600立方メートル、それ以外のときには400立方メートルとするなど、流域の地形、地質、土地利用の状況、気象等に応じて必要な堆砂量とすること。
　　　なお、「下流における流下能力を考慮の上」とは、開発行為の施行前において既に3年確率で想定される雨量強度におけるピーク流量が下流における流下能力を超えるか否かを調査の上、必要があれば、この流下能力を超える流量も調節できる容量とする趣旨である。
(2)　余水吐の能力は、コンクリートダムにあっては200年確率で想定される雨量強度におけるピーク流量の1.2倍以上、フィルダムにあってはコンクリートダムの余水吐の能力の1.2倍以上のものであること。
　　　ただし、200年確率で想定される雨量強度を用いることが計算技法上不適当であり、都道府県ごとの状況も踏まえ、100年確率で想定される雨量強度を用いても災害が発生するおそれがないと認められる場合には、100年確率で想定される雨量強度を用いることができる。
(3)　洪水調節の方式は、原則として自然放流方式であること。やむを得ず浸透型施設として整備する場合については、尾根部や原地形が傾斜地である箇所、地すべり地形である箇所又は盛土を行った箇所等浸透した雨水が土砂の流出・崩壊を助長するおそれがある箇所には設置しないこと。
(4)　用水路等を経由して河川等に排水を導く場合であって、洪水調節池を設置するよりも用水路等の断面を拡大することが効率的なときには、当該用水路等の管理者の同意を得た上で、開発者の負担で用水路等の断面を大きくすることをもって洪水調節池の設置に代えることができる。
(5)　第3の規定に基づく洪水調節池等の設置を併せて行う必要がある場合、同時に森林法（昭和26年法律第249号。以下「法」という。）第10条の2第2項第1号及び同項第1号の2のそれぞれの技術的細則を満たすよう設置すること。
8　静砂垣等の設置等
　　飛砂、落石、なだれ等の災害が発生するおそれがある場合には、静砂垣、落石又はなだれ防止柵の設置その他の措置が適切に講ぜられることが明らかであること。
9　設計雨量強度における降雨量変化倍率の適用

排水施設の断面、洪水調節容量及び余水吐の能力の設計に適用する雨量強度については、6の(1)、7の(1)及び(2)によるほか、開発行為を行う流域の河川整備基本方針において、降雨量の設定に当たって気候変動を踏まえた降雨量変化倍率を採用している場合には、適用する雨量強度に当該降雨量変化倍率を用いることができる。

10　仮設防災施設の設置等

　　開発行為の施行に当たって、災害の防止のために必要なえん堤、排水施設、洪水調節池等について仮設の防災施設を設置する場合は、全体の施行工程において具体的な箇所及び施行時期を明らかにするとともに、仮設の防災施設の設計は本設のものに準じて行うこと。

11　防災施設の維持管理

　　開発行為の完了後においても整備した排水施設や洪水調節池等が十分に機能を発揮できるよう土砂の撤去や豪雨時の巡視等の完了後の維持管理方法について明らかにすること。

第3　水害を発生させるおそれに関する事項（森林法第10条の2第2項第1号の2関係）

　開発行為をする森林の現に有する水害の防止の機能に依存する地域において、当該開発行為に伴い増加するピーク流量を安全に流下させることができないことにより水害が発生するおそれがある場合には、洪水調節池の設置その他の措置が適切に講ぜられることが明らかであること。技術的細則は次に掲げるとおりとするほか、設置に当たっての計画例については別記3を参考とされたい。

1　洪水調節容量は、当該開発行為をする森林の下流において当該開発行為に伴いピーク流量が増加することにより当該下流においてピーク流量を安全に流下させることができない地点が生ずる場合には、当該地点での30年確率で想定される雨量強度及び当該地点において安全に流下させることができるピーク流量に対応する雨量強度における開発中及び開発後のピーク流量を開発前のピーク流量以下までに調節できるものであること。

　　ただし、排水を導く河川等の管理者との協議において必要と認められる場合には、50年確率で想定される雨量強度における開発中及び開発後のピーク流量を開発前のピーク流量以下にまで調節できるものとすることができる。

　　また、開発行為の施行期間中における洪水調節池の堆砂量を見込む場合にあっては、第2の7の(1)によるものであること。

　　なお、安全に流下させることができない地点が生じない場合には、第2の7の(1)によるものであること。

2　当該開発行為に伴いピーク流量が増加するか否かの判断は、当該下流のうち当該開発行為に伴うピーク流量の増加率が原則として1％以上の範囲内とし、「ピーク流量を安全に流下させることができない地点」とは、当該開発行為をする森林の下流の流下能力からして、30年確率（排水を導く河川等の管理者との協議において必要と認められる場合には50年確率を用いることができる。）で想定される雨量強度におけるピーク流量を流下させることができない地点のうち、原則として当該開発行為による影響を最も強く受ける地点とする。

　　ただし、当該地点の選定に当たっては、当該地点の河川等の管理者の同意を得ているものであること。なお、「同意」については、下流における水害の発生するおそれの有無について、より専門的な知見を有する河川等の管理者の同意を必要とする趣旨であり、その同意の取得について審査する際には、都道府県と関係行政庁が別記2に基づき調整することとする。

3　余水吐の能力は、第2の7の(2)によるものであること。

4　洪水調節の方式は、第2の7の(3)によるものであること。

5　用水路等を経由して河川等に排水を導く場合であって、洪水調節池を設置するよりも用水路等の断面を拡大することが効率的なときには、当該用水路等の管理者の同意を得た上で、開発者の負担で用水路等の断面を大きくすることをもって洪水調節池の設置に代えることができること。

6　第2の規定に基づく洪水調節池等の設置を併せて行う必要がある場合には、法第10条の2第2項第1号及び同項第1号の2のそれぞれの技術的細則を満たすよう設置すること。

7　洪水調節容量及び余水吐の能力の設計に適用する雨量強度については、1によるほか、開発行為を行う流域の河川整備基本計画において、降雨量の設定に当たって気候変動を踏まえた地域区分ごとの降雨量変化倍率を採用している場合には、洪水調節容量の計算に当該降雨量変化倍率を用いることができる。

8 開発行為の施行に当たって、水害の防止のために必要な洪水調節池等について仮設の防災施設を設置する場合は、全体の施行工程において具体的な箇所及び施行時期を明らかにするとともに、仮設の防災施設の設計は本設のものに準じて行うこと。
9 開発行為の完了後においても整備した洪水調節池等が十分に機能を発揮できるよう土砂の撤去や豪雨時の巡視等の完了後の維持管理方法について明らかにすること。

第4 水の確保に著しい支障を及ぼすおそれに関する事項（森林法第10条の2第2項第2号関係）
 1 貯水池等の設置等
   他に適地がない等によりやむを得ず飲用水、かんがい用水等の水源として依存している森林を開発行為の対象とする場合で、周辺における水利用の実態等からみて必要な水量を確保するため必要があるときには、貯水池又は導水路の設置その他の措置が適切に講ぜられることが明らかであること。
   導水路の設置その他の措置が講ぜられる場合には、取水する水源に係る河川管理者等の同意を得ている等水源地域における水利用に支障を及ぼすおそれのないものであること。
 2 沈砂池の設置等
   周辺における水利用の実態等からみて土砂の流出による水質の悪化を防止する必要がある場合には、沈砂池の設置、森林の残置その他の措置が適切に講ぜられることが明らかであること。

第5 環境を著しく悪化させるおそれに関する事項（森林法第10条の2第2項第3号関係）
 1 森林又は緑地の残置又は造成
   開発行為をしようとする森林の区域（開発行為に係る土地の区域及び当該土地に介在し又は隣接して残置することとなる森林又は緑地で開発行為に係る事業に密接に関連する区域をいう。以下同じ。）に開発行為に係る事業の目的、態様、周辺における土地利用の実態等に応じ相当面積の残置し、若しくは造成する森林又は緑地（以下「残置森林等」という。）の配置が適切に行われることが明らかであること。残置森林等の考え方は次に掲げるとおりとする。
  (1) 相当面積の残置森林等の配置については、森林又は緑地を現況のまま保全することを原則とし、やむを得ず一時的に土地の形質を変更する必要がある場合には、可及的速やかに伐採前の植生に回復を図ることを原則として森林又は緑地が造成されるものであること。
    森林の配置については、森林を残置することを原則とし、極力基準を上回る林帯幅で適正に配置されるよう事業者に対し指導するとともに、森林の造成は、土地の形質を変更することがやむを得ないと認められる箇所に限って適用する等その運用については厳正を期するものとすること。
    この場合において、残置森林等の面積の事業区域内の森林面積に対する割合は、別記4の「事業区域内において残置し、若しくは造成する森林又は緑地」の割合によること。
    また、残置森林等は、別記4の「森林の配置等」により開発行為の規模及び地形に応じて、事業区域内の周辺部及び施設等の間に適切に配置されていること。
    なお、別記4に掲げる開発行為の目的以外の開発行為については、その目的、態様、社会的経済的必要性、対象となる土地の自然的条件等に応じ、別記4に準じて適切に措置されていること。
  (2) 造成する森林については、必要に応じ植物の成育に適するよう表土の復元、客土等の措置を講じ、森林機能が早期に回復、発揮されるよう、地域の自然的条件に適する原則として樹高1メートル以上の高木性樹木を、表5を標準として均等に分布するよう植栽すること。
    なお、住宅団地、宿泊施設等の間、ゴルフ場のホール間等で修景効果を併せ期待する森林を造成する場合には、できるだけ大きな樹木を植栽するよう努めるものとし、樹種の特性、土壌条件等を勘案し、植栽する樹木の規格に応じ1ヘクタール当たり500本～1ヘクタール当たり1,000本の範囲で植栽本数を定めることとして差し支えないものとすること。

表5

樹　高	植栽本数（1ヘクタール当たり）
1メートル	2,000本
2メートル	1,500本
3メートル	1,000本

(3) 道路の新設若しくは改築又は畑地等の造成の場合であって、その土地利用の実態からみて森林を残置し又は造成することが困難又は不適当であると認められるときは、森林の残置又は造成が行われないこととして差し支えない。

2　騒音、粉じん等の著しい影響の緩和、風害等から周辺の植生の保全等

騒音、粉じん等の著しい影響の緩和、風害等から周辺の植生の保全等の必要がある場合には、開発行為をしようとする森林の区域内の適切な箇所に必要な森林の残置又は必要に応じた造成が行われることが明らかであること。

「周辺の植生の保全等」には、貴重な動植物の保護を含むものとする。また、「必要に応じた造成」とは、必要に応じて複層林を造成する等安定した群落を造成することを含むものとする。

3　景観の維持

景観の維持に著しい支障を及ぼすことのないように適切な配慮がなされており、特に市街地、主要道路等から景観を維持する必要がある場合には、開発行為により生ずる法面を極力縮小するとともに、可能な限り法面の緑化を図り、また、開発行為に係る事業により設置される施設の周辺に森林を残置し若しくは造成し又は木竹を植栽する等の適切な措置が講ぜられることが明らかであること。

特に土砂の採取、道路の開設等の開発行為について景観の維持上問題を生じている事例が見受けられるので、開発行為の対象地（土捨場を含む）の選定、法面の縮小又は緑化、森林の残置又は造成、木竹の植栽等の措置につき慎重に審査し指導すること。

4　残置森林等の維持管理

残置森林等が善良に維持管理されることが明らかであること。残置森林等については、申請者が権原を有していることを原則とし、地方公共団体との間で残置森林等の維持管理につき協定が締結されていることが望ましいが、この場合において、開発行為をしようとする森林の区域内に残置又は造成した森林については、原則として将来にわたり保全に努めるものとし保安林制度等の適切な運用によりその保全又は形成に努めること。

また、事業区域内に残置し又は造成した森林については、地域森林計画の対象とすることを原則とする。さらに、市町村に対しては、残置し又は造成した森林が市町村森林整備計画において適切な公益的機能別施業森林区域に設定されるよう指導するとともに、事業者に対しては、市町村等との維持管理協定等の締結、除間伐等の保育、疎林地への植栽等適切な施業の実施等について指導するものとする。また、残置し又は造成した森林の立地条件、保全上の特性等を踏まえ、必要に応じて保健保安林等の指定を進めるとともに、都市緑地部局、環境部局等の関係部局とも連携し、残置森林等の保全又は形成に資する関係制度の活用についても検討するものとする。

さらに、残置森林率等の基準は、施設の増設、改良を行う場合にも適用されるものであり、事業者から施設の増設等に係る開発許可の申請があった場合は、残置森林等の面積等が基準を下回らないと認められるものに限って許可を行うものとする。

なお、別荘地の造成等開発行為の完了後に売却・分譲等が予定される開発における残置森林等については、分譲後もその機能が維持されるよう適切に管理すべきことを売買契約に当たって明記するなどの指導を行うものとする。

第6　太陽光発電設備の設置を目的とする開発行為について

太陽光発電設備の設置を目的とする開発行為の許可については、第1から第5までの各要件及び別記5に掲げる要件を満たすか否かにつき審査して行うものとすること。

第7　開発行為の一体性
1　事務取扱第1の3に定められた開発行為の一体性に係る総合的な判断については、次に掲げる場合を目安に、それぞれの一体性の個々の状況に応じて判断するものとする。
　(1)　実施主体の一体性
　　　個々の箇所の行為者の名称などの外形が異なる場合であっても、開発行為を行う会社間の資本や雇用等の経営状況のつながり、開発後の運営主体や施設等の管理者、同一森林所有者等による計画性等から同一の事業者が関わる開発行為と捉えられる場合
　(2)　実施時期の一体性
　　　時期の重複又は連続があるなど個々の開発行為の時期（発電設備の場合は、個々の設備の整備時期や送電網への接続時期）からみて一連と捉えられる計画性がある場合
　(3)　実施箇所の一体性
　　　個々の事業で必要な工事用道路や排水施設等の設備が共用されている場合（共用を前提として整備することを計画している場合を含む。）や局所的な集水区域内で排水系統を同じくする場合
2　太陽光発電等の再生可能エネルギー発電設備の設置を目的とする開発の一体性の判断に当たっては、再生可能エネルギー電気の利用の促進に関する特別措置法（平成23年法律第108号）に基づく再生可能エネルギー発電事業計画の認定情報を活用すること。

第8　開発行為に係る完了確認等
1　事務取扱第2の3に定められた「緑化等の措置後から効果を発揮するまでに時間を要する措置については、その効果が発揮されないおそれがある場合、一定期間その状況を調査した上で完了確認を行うことができる」について、緑化等の表土の侵食防止を目的とした措置は、植生が定着しないことが見込まれる場合には、緑化等の措置後、継続的に経過観察を行った上で完了確認を行うことができる。この場合、緑化等の措置後1年経過した時点の植生状態を植被率等により成績判定するとともに、その後少なくとも1年間の経過観察を行い、定着状況を確認した上で、完了確認を行うことが望ましい。
　成績判定や経過観察の結果、植生が定着していないと判断される場合には、都道府県知事は必要に応じて事業者に対し再度緑化等の措置を指導すること。
2　上記のほか、防災施設の設置を先行させることとし、主要な防災施設が設置されてから都道府県が部分確認を行うまでの間は他の開発行為を行わないよう指導すること。
　こうした防災施設の先行設置と効率的な施行を両立する観点から、防災施設の設置完了時の確認だけでなく、排水系統を同じくする流域を複数含むような大規模開発については小流域等の区域ごと、暗渠のような埋設する施設については視認できる期間中に部分確認するなど開発行為の施行状況に応じた部分確認や施行状況の定期報告について指導すること。
3　土石等の採掘等の一時的な転用を目的としている開発行為を除き、原則として完了確認したときをもって地域森林計画の対象森林から除外するものとすること。

第9　許可の条件（森林法第10条の2第4項及び第5項関係）
　許可に当たって付す条件は、事務取扱第3によるほか、別記6の例により具体的案件に即したものとする。この条件は、法第10条の2第5項の趣旨を十分に踏まえたものとすること。

第10　関係市町村長の意見（森林法第10条の2第6項関係）
　事務取扱第4の関係市町村長の意見については、関係市町村長が開発行為に対し具体的な意見を提出できるよう円滑に意見聴取できる仕組みを構築する観点から、意見聴取は、都道府県知事から申請書類等を関係市町村長に送付した上で、別記様式を参考に関係市町村長からの意見を聴取し、当該意見への対応状況を申請者に提出させ、市町村長から法第10条の2第2項各号に関する具体的な懸念が表明されている場合等には必要に応じ、当該対応状況について

都道府県又は申請者が関係市町村長へ説明することにより実施すること。

なお、関係市町村長への意見聴取に当たっては、当該市町村長が事業計画の内容を精査できるよう十分な期間を設けるよう配慮するものとする。

第11 その他
1 配慮事項

申請書の審査に当たっては、次に掲げる事項について確認すること。

(1) 開発行為に係る土地の面積の規模

開発行為に係る土地の面積が、当該開発行為の目的実現のため必要最小限度の面積であること（法令等によって面積につき基準が定められている場合には、これを参酌して決められたものであること）が明らかであること。

(2) 全体計画との関連

開発行為の計画が大規模であり長期にわたるものの一部についての許可の申請である場合には、全体計画との関連が明らかであること。

(3) 原状回復等の事後措置

開発行為により森林を他の土地利用に一時的に供する場合には、利用後における原状回復等の事後措置が適切に行われることが明らかであること。「原状回復等の事後措置」とは、開発行為が行われる以前の原状に回復することに固執することではなく、造林の実施等を含めて従前の効用を回復するための措置をいう。

(4) 周辺の地域の森林施業への配慮

開発行為が周辺の地域の森林施業に著しい支障を及ぼすおそれがないように適切な配慮がなされていること。例えば、開発行為により道路が分断される場合には、代替道路の設置計画が明らかであり、開発行為の対象箇所の奥地における森林施業に支障を及ぼすことのないように配置されていること等が該当する。

(5) 周辺の地域における住民の生活及び産業活動への配慮

開発行為に係る事業の目的に即して土地利用が行われることによって周辺の地域における住民の生活及び産業活動に相当の悪影響を及ぼすことのないように適切な配慮がなされること。例えば、地域住民の生活への影響の関連でみて開発行為に係る事業の実施に伴い地域住民の生活環境の保全を図る必要がある場合には、申請者が関係地方公共団体等と環境の保全に関する協定を締結していること等が該当する。

2 関係行政庁との調整等

開発行為については他法令の許認可と並行して申請される場合があることを踏まえ、都道府県は、第1の3により他法令の申請状況を明らかにさせるとともに、これから申請者が許認可の申請等を行うことを把握した場合には、当該許認可を市町村が所管している場合には市町村の関係部局との間で情報共有を行うほか、国又は都道府県が所管している場合には都道府県の関係部局との間で情報共有を行うとともに、都道府県関係部局を通じ国の機関との間で情報共有を行うものとする。このほか、行政事務の効率的な執行のため、都道府県は、別記2に基づき他の制度による許認可と調整すること。

また、第2の5の(4)に定める災害が発生するおそれがある区域が事業区域に含まれる場合には、都道府県は、当該区域において実施する措置の内容等について、上記に準じ関係行政庁との間で情報共有を行うこと。

別記1

開発行為の許可の申請書に添付する書類について

　規則第4条第1号に規定する開発行為に係る森林の位置図及び区域図、同条第2号に規定する開発行為に関する計画書、同条第6号に規定する開発行為を行うために必要な資力及び信用があることを証する書類並びに様式告示の様式1中注意事項3に記載する防災措置を講ずるために必要な能力があることを証する書類として必要な事項は、以下のとおりとする。

1　位置図
　　位置図は、開発行為に係る森林の位置を明示した縮尺5万分の1以上の地形図とする。
2　区域図
　　区域図は、①開発行為をしようとする森林の区域及び開発行為に係る森林の土地の区域、②それらの区域を明示するに必要な範囲内において都道府県界、市町村界、市町村の区域内の町又は字の境界並びに③それらの区域に係る土地の地番及び形状を明示した縮尺5千分の1以上の図面とする。
3　計画書
　　計画書の内容は次に掲げるとおりとする。
　(1)　開発行為に係る事業又は施設の名称
　(2)　開発行為をしようとする森林の面積
　(3)　現況図（地形、林況、開発行為をしようとする森林の周辺の人家又は公共施設の位置を示す図面）
　(4)　流域現況図（流域の地形、土地利用の実態、河川の状況（河川の位置、開発に伴い増加するピーク流量を安全に流下させることができない地点の位置等）等を示す図面）
　(5)　利用計画図（切土、盛土、捨土等行為の形態別の施行区域の位置、法面の位置、施設又は工作物の種類毎の位置及び残置し又は造成する森林又は緑地の区域を示す図面）
　(6)　法面の断面図（法面の高さ、勾配、土質、施行前の地盤面及び法面保護の方法を示す図面）並びに切土、盛土又は捨土の工法及び土量
　(7)　防災施設等設計図（擁壁、えん堤、排水路、導水路、貯水池、洪水調節池等の構造を示す図面）及び設計根拠（仮設の施設を設置する場合は、その内容についても記述すること。）
　(8)　建築物等の概要図
　(9)　残置する森林又は緑地の地番及び面積、造成する森林又は緑地の面積、植栽樹種、植栽本数等並びにそれらの維持管理方法（残置し又は造成する森林又は緑地についての権原の取得状況を証する書類、地方公共団体等との間における保全に関する協定等を添付すること。）
　(10)　一時的利用の場合には、利用後の原状回復方法
　(11)　開発行為の施行工程（仮設の施設を設置する場合は、その内容についても記述すること。）
　(12)　開発行為に係る事業の全体計画の概要及び期別計画の概要
　(13)　防災施設の維持管理方法（開発完了後の維持管理方法についても記載すること。）
　(14)　その他参考となる事項
4　資力及び信用があることを証する書類
　　資力及び信用の確認に当たっては、次に掲げる申請者に関する書類を添付することとする。
　(1)　資金計画書（計画書に記載する場合は、計画書の提出をもって代えることができる。）
　(2)　資金の調達について証する書類（自己資金により調達する場合は預金残高証明、融資により調達する場合は融資証明書等、資金の調達方法に応じ添付する。）
　(3)　貸借対照表、損益計算書等の法人の財務状況や経営状況を確認できる資料
　(4)　納税証明書

(5) 事業経歴書（必要に応じ、一定の期間を定めその期間内の経歴とすることができる。）
(6) 法人の登記事項証明書
(7) 定款（法人の場合）
(8) 住民票等（個人の場合）
5　防災措置を講ずるために必要な能力があることを証する書類
　　防災措置を講ずるために必要な能力の確認に当たっては、次に掲げる林地開発許可申請書の「開発行為の施行体制」に記載した施行者のうち防災施設の設置に関わる者に関する書類を添付することとする。
(1) 建設業法許可書（土木工事業）
(2) 事業経歴書（必要に応じ、一定の期間を定めその期間内の経歴とすることができる。）
(3) 預金残高証明書
(4) 納税証明書
(5) 事業実施体制を示す書類（職員数、主な役員・技術者名等）
(6) 林地開発に係る施工実績を示す書類（監督処分及び行政指導があった場合は、その対応状況を含む。必要に応じ、一定の期間を定めその期間内の実績とすることができる。）

別記2

開発行為の許可と他の制度による許認可との調整等について

　法第10条の2に規定する開発行為の許可(以下別記2において「開発許可」という。)と他の制度による許認可との調整等については、以下のとおり措置されるよう配意されたい。

1　開発許可の運用は、自然公園法(昭和32年法律第161号)による国立公園等の区域並びに自然環境保全法(昭和47年法律第85号)による原生自然環境保全地域、自然環境保全地域及び都道府県自然環境保全地域に係る許可の運用と十分連絡調整を図って行うこと。

2　開発許可と都市計画法(昭和43年法律第100号)第29条、古都における歴史的風土の保存に関する特別措置法(昭和41年法律第1号)第8条第1項又は都市緑地法(昭和48年法律第72号)第14条第1項の規定による許可に当たっては、都道府県の林務部局と都市計画部局(都市計画法又は都市緑地法による許可権者が都道府県知事以外の者である場合にあっては、当該許可権者)とは、あらかじめ十分連絡調整をすること。
　この場合において、都市計画法第34条第10号イに掲げる開発行為については、開発審査会に附議する前に速やかに調整を図るものとすること。
　また、都市緑地法第8条に規定する届出等と開発許可との適正な運用を期するため、都道府県の林務部局と都市計画部局とは、相互の連絡体制を整備するよう十分連絡調整すること。

3　法第10条の3の規定による処分と都市計画法第81条第1項の規定による処分に当たっては、相互に十分連絡調整をとって行うものとすること。

4　開発許可の申請が、河川法(昭和39年法律第167号)第18条若しくは第20条、砂防法(明治30年法律第29号)第8条、急傾斜地の崩壊による災害の防止に関する法律(昭和44年法律第57号)第10条又は地すべり等防止法(昭和33年法律第30号)第14条の規定による処分に係る場合にあっては、これらの法律を所管する行政庁又は担当部局とあらかじめ十分連絡調整すること。
　また、開発行為により洪水調節池等を設置し、河川に排水する場合にあっては、あらかじめ河川管理者と十分連絡調整すること。

5　法第10条の2第2項の規定に基づく開発行為の許可を行おうとする場合においては、事前に十分な時間的余裕をもって関係河川管理者(指定区間については都道府県知事とする。)に通知し、同項第1号の2に係る要件について河川管理者(指定区間については都道府県知事とする。)との協議が整った後でなければ当該許可は行わないこと。
　なお、この場合、国土交通省は、このことをもって開発許可手続きの遅延を招くことのないよう迅速な処理に努めるよう河川管理者を指導することとされているので念のため申し添える。

6　法第10条の2第2項第1号の2に規定する「水害」には、土砂の流出又は崩壊に関連するもの(特に土砂の流出又は崩壊に起因する洪水並びに土石流、泥流、地すべり、がけ崩れ、雪崩及びこれらに伴う洪水により生ずる災害)が含まれないこと、同号が創設されたことによって、「当該開発行為をする森林」及び「当該機能に依存する地域」における河川局所管事業の実施及び砂防指定地、地すべり防止区域又は急傾斜地崩壊危険区域の指定が何ら影響されることはないこと、並びに同号が創設されたことによって、地すべり等防止法第51条第1項第2号に規定する「保安林に準ずべき森林」の範囲が従来と何ら変わるものでないこと。

7　都市計画法に基づく都市計画事業として行う開発行為及び土地区画整理法(昭和29年法律第119号)に基づく土地区画整理事業として行う開発行為について、都市計画法第59条第4項並びに土地区画整理法第4条第1項及び第14条第1項の規定による認可を行うに当たっては、都道府県の都市計画部局はあらかじめ林務部局と十分連絡調整を行うこととすること。

8　開発許可の申請に係る事業の計画区域内に農地法(昭和27年法律第229号)第4条又は第5条の規定により転用が制限される土地が含まれる場合には、開発許可又は転用許可に関する処分に当たって、都道府県の林務部局と農地担当部局(農地法のこれらの規定による許可権者が農林水産大臣である場合には、地方農政局(沖縄にあっては沖縄総

合事務局、北海道にあっては農村振興局））とは、あらかじめ十分連絡調整を図ること。
9　法第10条の３の規定による処分又は農地法第51条の規定による処分をするに当たっては、相互に十分連絡調整をとって行うものとすること。
10　開発許可と農業振興地域の整備に関する法律（昭和44年法律第58号）第15条の２の規定による許可に当たっては都道府県の林務部局と同法の担当部局とはあらかじめ十分連絡調整を図ること。
11　法第10条の３の規定による処分又は農業振興地域の整備に関する法律第15条の３の規定による処分をするに当たっては、相互に十分連絡調整をとって行うこと。
12　開発許可の申請が鉱業権者又は租鉱権者から鉱業権又は租鉱権の実施としてあった場合には、できる限り鉱物資源の有効利用を図る趣旨で処理するものとし、不許可その他の制限を行うに当たっては、あらかじめ、所轄経済産業局長に協議し、意見を整えた上で処分を行うこと。
13　開発許可をする際には、その度にその旨を都道府県公安委員会に通知すること。

別記3

洪水調節池等の設置に係る計画例

　法第10条の2第2項第1号の2に規定する水害の防止に係る許可基準について、洪水調節池等を設置する場合の計画例は以下のとおりとする。
　なお、以下は参考例であって、各都道府県の実情に応じて計画することを妨げるものではない。

1　当該開発行為に伴いピーク流量を安全に流下させることができない地点の選定
(1)　当該開発行為をする森林の下流において、30年確率（排水を導く河川等の管理者との協議において必要と認められる場合には50年確率を用いることができる。以下同じ。）で想定される雨量強度における開発中及び開発後のピーク流量を流下させることができない地点を選定する。
　　　ピーク流量の算定に当たっては、当該地域において適合度の高い算式を用いることとし、適当な算式がない場合にはラショナル式を用いる。
(2)　(1)の地点のうち、開発中及び開発後の30年確率で想定される雨量強度における無調節のピーク流量（$Q'i30$）が開発前のピーク流量（$Qoi30$）に対して1％以上増加する地点iを選定する。
　　　ただし、当該ピーク流量の増加率が1％未満であっても、当該河川等の管理者が安全に流下させることができないと判断した場合は、その地点も選定する。
(3)　(2)の地点が生じない場合には、法第10条の2第2項第1号の2の規定による洪水調節池等の設置は不要となる。
　　　なお、(2)の地点が生じない場合であっても、同項第1号の要件に照らしてピーク流量を調節することが必要な場合には、別紙第2の7の基準によって洪水調節池等を設置することが必要である。

2　当該開発行為による影響を最も強く受ける地点の選定
(1)　1の(2)で選定した各地点について、それぞれ開発前の30年確率で想定される雨量強度におけるピーク流量（$Qoi30$）を超えない洪水調節池等からの放流量（$qi30$）を算定する。
　　　洪水調節池等からの放流量（$qi30$）の算定に当たっては、当該地域において適合度の高い算式を用いる。
　　　例えば、以下の算式が考えられる。

$$qi30 = Qoi30 \times \frac{a \times fo}{Ai \times Foi}$$

　　　ここに、Ai：選定した各地点の集水面積（ha）
　　　　　　Foi：選定した各地点の集水区域の開発前の流出係数
　　　　　　a：洪水調節池等の集水区域の面積（ha）
　　　　　　fo：洪水調節池等の集水区域の開発前の流出係数

(2)　(1)で算出した各地点の洪水調節池等からの放流量（$qi30$）が最小となる地点（j）を「当該開発行為による影響を最も強く受ける地点」（以下「当該地点」という。）として選定する。
　　　ただし、1の(2)で求めた各地点の中で、地点（j）に比べ流下能力が著しく小さい地点（k）が存在する場合（地点（j）においてnj年確率で想定される雨量強度におけるピーク流量を流下させることができ、地点kにおいてnk年確率で想定される雨量強度におけるピーク流量を流下させることができるときに、両地点の確率年が$nj > nk$となる場合）又は当該河川等の管理者が必要であると判断した場合には、その地点（k）も当該地点として選定する。
　　　いずれの場合であっても、当該地点の選定に当たっては、当該地点の河川等の管理者の同意を得ることが必要である。

3 当該開発行為による影響を最も強く受ける地点における許容放流量の決定
(1) 2の(2)で選定した当該地点の当該洪水調節池等からの放流量（$qi30$）を30年確率で想定される雨量強度に対する洪水調節池等からの許容放流量（$qpc30$）として決定する。
(2) 当該地点が地点（j）の場合、地点（j）における開発前のnj（当該地点が地点（k）の場合にはnkとする。以下同じ。）年確率で想定される雨量強度におけるピーク流量（$Qonj$）をもとに、当該洪水調節池等からの放流量（$qjnj$）を算定し、これを$n(=nj)$年確率で想定される雨量強度に対する洪水調節池等からの許容放流量（$qpcn$）として決定する。

nj 年確率で想定される雨量強度における当該洪水調節池等からの放流量（$qjnj$）の算定に当たっては、2と同様に、当該地域において適合度の高い算式を用いる。

例えば、以下の算式が考えられる。

$$qjnj = Qojnj \times \frac{a \times fo}{Aj \times Foj}$$

ここに、Aj：地点jの集水面積（ha）
Foj：地点jの集水区域の開発前の流出係数
a：洪水調節池等の集水区域の面積（ha）
fo：洪水調節池等の集水区域の開発前の流出係数

4 洪水調節池等の容量の決定

洪水調節池等の容量を、洪水調節池等の集水区域における30年及びn年のそれぞれの確率で想定される雨量強度における開発中及び開発後のピーク流量（$q30$及びqn）を30年及びn年のそれぞれの確率で想定される雨量強度に対する洪水調節池等からの許容放流量（$qpc30$及び$qpcn$）に調節できる容量に決定する。

洪水調節池等の容量の計算は、簡便法（確率降雨強度曲線の特性を応用して必要調節容量を簡便に求める方法）、厳密計算法（洪水調節池の諸元を仮定し、シミュレーションを繰り返し、洪水調節容量を求める方法）その他の適切な方法により行う。

n 年確率で想定される雨量強度も考慮するのは、30年確率で想定される雨量強度における開発中及び開発後のピーク流量を調節できる洪水調節池等を設置した場合であっても、その設計内容によってはn年確率で想定される雨量強度における開発中及び開発後のピーク流量を調節できない場合が想定されるためである。

なお、30年及びn年確率で想定される雨量強度における開発中及び開発後のピーク流量を調節できる洪水調節池等を設置することにより、n年から30年までの間の頻度で発生する雨量強度におけるピーク流量については概ね調節できると考えて差し支えない。

別記4

主な開発行為の目的別の事業区域内の残置森林等の割合及び森林の配置等

開発行為の目的	事業区域内において残置し、若しくは造成する森林又は緑地の割合	森林の配置等
別荘地の造成	残置森林率はおおむね60パーセント以上とする。	1　原則として周辺部に幅おおむね30メートル以上の残置森林又は造成森林を配置する。 2　1区画の面積はおおむね1,000平方メートル以上とし、建物敷等の面積はおおむね30パーセント以下とする。
スキー場の造成	残置森林率はおおむね60パーセント以上とする。	1　原則として周辺部に幅おおむね30メートル以上の残置森林又は造成森林を配置する。 2　滑走コースの幅はおおむね50メートル以下とし、複数の滑走コースを並列して設置する場合はその間の中央部に幅おおむね100メートル以上の残置森林を配置する。 3　滑走コースの上、下部に設けるゲレンデ等は1箇所当たりおおむね5ヘクタール以下とする。また、ゲレンデ等と駐車場との間には幅おおむね30メートル以上の残置森林又は造成森林を配置する。
ゴルフ場の造成	森林率はおおむね50パーセント（残置森林率おおむね40パーセント）以上とする。	1　原則として周辺部に幅おおむね30メートル以上の残置森林又は造成森林（残置森林は原則としておおむね20メートル以上）を配置する。 2　ホール間に幅おおむね30メートル以上の残置森林又は造成森林（残置森林はおおむね20メートル以上）を配置する。
宿泊施設、レジャー施設の設置	森林率はおおむね50パーセント（残置森林率おおむね40パーセント）以上とする。	1　原則として周辺部に幅おおむね30メートル以上の残置森林又は造成森林を配置する。 2　建物敷の面積は事業区域の面積のおおむね40パーセント以下とし、事業区域内に複数の宿泊施設を設置する場合は極力分散させるものとする。 3　レジャー施設の開発行為に係る1箇所当たりの面積はおおむね5ヘクタール以下とし、事業区域内にこれを複数設置する場合は、その間に幅おおむね30メートル以上の残置森林又は造成森林を配置する。
工場、事業場の設置	森林率はおおむね25パーセント以上とする。	1　事業区域内の開発行為に係る森林の面積が20ヘクタール以上の場合は原則として周辺部に幅おおむね30メートル以上の残置森林又は造成森林を配置する。これ以外の場合にあっても極力周辺部に森林を配置する。 2　開発行為に係る1箇所当たりの面積はおおむね20ヘクタール以下とし、事業区域内にこれを複数造成する場合は、その間に幅おおむね30メートル以上の残置森林又は造成森林を配置する。
住宅団地の造成	森林率はおおむね20パーセント以上。（緑地を含む）	1　事業区域内の開発行為に係る森林の面積が20ヘクタール以上の場合は原則として周辺部に幅おおむね30メートル以上の残置森林又は造成森林・緑地を配置する。これ以外の場合にあっても極力周辺部に森林・緑地を配置する。 2　開発行為に係る1箇所当たりの面積はおおむね20ヘクタール以下とし、事業区域内にこれを複数造成する場合は、その間に幅おおむね30メートル以上の残置森林又は造成森林・緑地を配置する。
土石等の採掘		1　原則として周辺部に幅おおむね30メートル以上の残置森林又は造成森林を配置する。 2　採掘跡地は必要に応じ埋め戻しを行い、緑化及び植栽する。また、法面は可能な限り緑化し小段平坦部には必要に応じ客土等を行い植栽する。

(注)　1　「残置森林率」とは、残置森林（残置する森林）のうち若齢林（15年生以下の森林）を除いた面積の事業区域内の森林の面積に対する割合をいう。これは森林を残置することの趣旨からして森林機能が十全に発揮されるにいたらないものを同等に取扱うことが適切でないことによるものである。

2 「森林率」とは、事業区域内の森林の面積に対する残置森林及び造成森林（植栽により造成する森林であって硬岩切土面等の確実な成林が見込まれない箇所を除く。）の面積の割合をいう。この場合、森林以外の土地に造林する場合も算定の対象として差し支えないが、土壌条件、植栽方法、本数等からして林叢状態を呈していないと見込まれるものは対象としないものとする。
3 「残置し、若しくは造成する森林又は緑地の割合」は、森林の有する公益的機能が森林として利用されてきたことにより確保されてきたことを考慮の上、法第10条の2第2項第3号に関する基準の一つとして決められたものであり、その割合を示す数値は標準的なもので、「おおむね」は、その2割の許容範囲を示しており、適用は個別具体的事案に即して判断されることとなるが、工場又は事業場にあっては20パーセントを下回らないものでなければならないという趣旨である。
4 「開発行為の目的」について
 (1) 「別荘地」とは、保養等非日常的な用途に供する家屋等を集団的に設置しようとする土地を指すものとする。
 (2) 「ゴルフ場」とは、地方税法等によるゴルフ場の定義以外の施設であっても、利用形態等が通常のゴルフ場と認められる場合は、これに含め取扱うものとする。
 (3) 「宿泊施設」とは、ホテル、旅館、民宿、ペンション、保養所等専ら宿泊の用に供する施設及びその付帯施設を指すものとする。なお、リゾートマンション、コンドミニアム等所有者等が複数となる建築物等もこれに含め取扱うものとする。
 (4) 「レジャー施設」とは、総合運動公園、遊園地、動・植物園、サファリパーク、レジャーランド等の体験娯楽施設その他の観光、保養等の用に供する施設を指すものとする。
 (5) 「工場、事業場」とは、製造、加工処理、流通等産業活動に係る施設を指すものとする。
 (6) 上記表に掲げる以外の開発行為の目的のうち、学校教育施設、病院、廃棄物処理施設等は工場・事業場の基準を、ゴルフ練習場はゴルフ場と一体のものを除き宿泊施設・レジャー施設の基準をそれぞれ適用するものとする。また、企業等の福利厚生施設については、その施設の用途に係る開発行為の目的の基準を適用するものとする。
 (7) 1事業区域内に異なる開発行為の目的に区分される複数の施設が設置される場合には、それぞれの施設ごとに区域区分を行い、それぞれの開発行為の目的別の基準を適用するものとする。
   この場合、残置森林又は造成森林（住宅団地の造成の場合は緑地も含む。以下同じ。）は区分された区域ごとにそれぞれ配置することが望ましいが、施設の配置計画等からみてやむを得ないと認められる場合には、施設の区域界におおむね30メートルの残置森林又は造成森林を配置するものとする。
5 レジャー施設及び工場・事業場の設置については、1箇所当たりの面積がそれぞれおおむね5ヘクタール以下、おおむね20ヘクタール以下とされているが、施設の性格上施設の機能を確保することが著しく困難と認められる場合には、その必要の限度においてそれぞれ5ヘクタール、20ヘクタールを超えて設置することもやむを得ないものとする。
6 工場・事業場の設置及び住宅団地の造成に係る「1箇所当たりの面積」とは、当該施設又はその集団を設置するための開発行為に係る土地の区域面積を指すものとする。
7 住宅団地の造成に係る「緑地」については、土壌条件、植栽方法、本数等からして林叢状態を呈していないと見込まれる土地についても対象とすることができ、当面、次に掲げるものを含めることとして差し支えない。
 (1) 公園・緑地・広場
 (2) 隣棟間緑地、コモン・ガーデン
 (3) 緑地帯、緑道
 (4) 法面緑地
 (5) その他上記に類するもの
8 「ゲレンデ等」とは、滑走コースの上、下部のスキーヤーの滞留場所であり、リフト乗降場、レストハウス等の施設用地を含む区域をいう。

別記5

太陽光発電設備の設置を目的とする開発行為の許可基準等の運用について

森林法施行令(昭和26年政令第276号)第2条の3に規定する開発行為の許可対象となる開発行為の規模のうち、太陽光発電設備の設置を目的とする行為については、切土又は盛土をほとんど行わなくても現地形に沿った設置が可能であるなど、他の目的に係る開発行為とは異なる特殊性が見受けられる。これを踏まえ、当該目的に係る開発行為の許可に当たって、次に掲げる事項に基づき適正かつ円滑に実施すること。

なお、法第10条の2第1項に規定する許可を要しない規模の開発についても、次に掲げる事項を踏まえ、森林の土地の適切な利用が確保されるよう周知することが望ましい。

第1 事業終了後の措置について

　　林地開発許可において、太陽光発電事業終了後の土地利用の計画が立てられており、太陽光発電事業終了後に開発区域について原状回復等の事後措置を行うこととしている場合は、当該許可を行う際に、植栽等、設備撤去後に必要な措置を講ずることについて、申請者に対して指導するものとするとともに、土地所有者との間で締結する当該土地使用に関する契約に、太陽光発電事業終了後、原状回復等する旨を盛り込むことを申請者に対して促すものとする。

　　以上の措置は、太陽光発電設備に係る開発区域が太陽光発電事業終了後に原状回復等したときに、当該区域の地域森林計画対象森林への再編入を検討することをあらかじめ考慮して行うものとする。

第2 災害を発生させるおそれに関する事項

1　自然斜面への設置について

　　別紙第2の1の規定に基づき、開発行為が原則として現地形に沿って行われること及び開発行為による土砂の移動量が必要最小限度であることが明らかであることを原則とした上で、太陽光発電設備を自然斜面に設置する区域の平均傾斜度が30度以上である場合には、土砂の流出又は崩壊その他の災害防止の観点から、可能な限り森林土壌を残した上で、擁壁又は排水施設等の防災施設を確実に設置することとする。ただし、太陽光発電設備を設置する自然斜面の森林土壌に、崩壊の危険性の高い不安定な層がある場合は、その層を排除した上で、擁壁、排水施設等の防災施設を確実に設置することとする。

　　なお、自然斜面の平均傾斜度が30度未満である場合でも、土砂の流出又は崩壊その他の災害防止の観点から、必要に応じて、排水施設等の適切な防災施設を設置することとする。

2　排水施設の断面及び構造等について

　　太陽光パネルの表面が平滑で一定の斜度があり、雨水が集まりやすいなどの太陽光発電施設の特性を踏まえ、太陽光パネルから直接地表に落下する雨水等の影響を考慮する必要があることから、雨水等の排水施設の断面及び構造等については、次のとおりとする。

(1) 排水施設の断面について

　　地表が太陽光パネル等の不浸透性の材料で覆われる箇所については、別紙表3によらず、次の表を参考にして定められていること。浸透能は、地形、地質、土壌等の条件によって決定されるものであるが、おおむね、山岳地は浸透能小、丘陵地は浸透能中、平地は浸透能大として差し支えない。

地表状態＼区分	浸透能小	浸透能中	浸透能大
太陽光パネル等	1.0	0.9〜1.0	0.9

(2) 排水施設の構造等について

　　排水施設の構造等については、別紙第2の6の(2)の規定に基づくほか、表面流を安全に下流へ流下させるための排水施設の設置等の対策が適切に講ぜられていることとする。また、表面侵食に対しては、地表を流下する表

面流を分散させるために必要な柵工、筋工等の措置が適切に講ぜられていること及び地表を保護するために必要な伏工等による植生の導入や物理的な被覆の措置が適切に講ぜられていることとする。

第3 残置し、若しくは造成する森林又は緑地について

　開発行為をしようとする森林の区域に残置し、若しくは造成する森林又は緑地の面積の、事業区域内の森林面積に対する割合及び森林の配置等は、開発行為の目的が太陽光発電設備の設置である場合は、別記4によらず、次の表のとおりとする。

開発行為の目的	事業区域内において残置し、若しくは造成する森林又は緑地の割合	森林の配置等
太陽光発電設備の設置	森林率はおおむね25パーセント（残置森林率はおおむね15パーセント）以上とする。	1　原則として周辺部に残置森林を配置することとし、事業区域内の開発行為に係る森林の面積が20ヘクタール以上の場合は原則として周辺部におおむね幅30メートル以上の残置森林又は造成森林（おおむね30メートル以上の幅のうち一部又は全部は残置森林）を配置することとする。また、りょう線の一体性を維持するため、尾根部については、原則として残置森林を配置する。 2　開発行為に係る1箇所当たりの面積はおおむね20ヘクタール以下とし、事業区域内にこれを複数造成する場合は、その間に幅おおむね30メートル以上の残置森林又は造成森林を配置する。

　なお、別紙第5の4において、残置森林又は造成森林は、善良に維持管理されることが明らかであることを許可基準としていることから、当該林地開発許可を審査する際、林地開発許可後に採光を確保すること等を目的として残置森林又は造成森林を過度に伐採することがないよう、あらかじめ、樹高や造成後の樹木の成長を考慮した残置森林又は造成森林及び太陽光パネルの配置計画とするよう、申請者に併せて指導することとする。

第4　その他配慮事項

　このほか、次に掲げる事項について配慮することとする。

1　住民説明会の実施等について

　太陽光発電設備の設置を目的とする開発行為については、防災や景観の観点から、地域住民が懸念する事案があることから、申請者は、林地開発許可の申請の前に住民説明会の実施等地域住民の理解を得るための取組を実施することが望ましい。

　特に、採光を確保する目的で事業区域に隣接する森林の伐採を要求する申請者と地域住民との間でトラブルが発生する事案があることから、申請者は、採光の問題も含め、長期間にわたる太陽光発電事業期間中に発生する可能性のある問題への対応について、住民説明等を通じて地域住民と十分に話し合うことが望ましい。

　このため、当該林地開発許可の審査に当たり、以上の取組の実施状況について確認することとする。

2　景観への配慮について

　太陽光発電設備の設置を目的とする開発行為をしようとする森林の区域が、市街地、主要道路等からの良好な景観の維持に相当の悪影響を及ぼす位置にあり、かつ、設置される施設の周辺に森林を残置し又は造成する措置を適切に講じたとしてもなお更に景観の維持のため十分な配慮が求められる場合にあっては、申請者が太陽光パネルやフレーム等について地域の景観になじむ色彩等にするよう配慮することが望ましい。

　このため、当該林地開発許可の審査に当たり、必要に応じて、設置する施設の色彩等を含め、景観に配慮した施行に努めるよう申請者に促すこととする。

3 地域の合意形成等を目的とした制度との連携について
　太陽光発電を含む再生可能エネルギー発電設備の設置に当たっては、農林漁業の健全な発展と調和のとれた再生可能エネルギー電気の促進に関する法律（平成25年法律第81号）や、地球温暖化対策の推進に関する法律（平成10年法律第117号）において、林地開発許可制度を含めた法令手続の特例と併せて、地域での計画策定と事業実施に当たって協議会での合意形成の促進が措置されている。
　このため、太陽光発電設備の設置を目的とする林地開発に係る許可申請の相談が都道府県林務部局にあった際には、これらの枠組みを活用し協議会等を通じて地域との合意形成を図るよう、必要に応じて申請者に促すこととする。

別記6

開発行為の許可に当たって付する条件例について

　法第10条の2第4項及び第5項の規定の運用については、事務取扱の別紙第3のとおりであるが、開発行為の許可に当たっては、次に掲げる例により具体的案件に即した条件を付すること。

1　必須条件例
　　次に掲げる条件に従って開発行為が行われない場合には、この許可を取り消すことがある。
(1)　開発行為は、申請書及び添付図書の内容に従って行うこと。
(2)　都道府県職員が開発行為の施行状況に関する調査を行う場合には、これを拒否しないこと。
(3)　開発行為を完了したときは、遅滞なく都道府県知事に届け出ること。また、都道府県職員が施行結果に関する確認を行う場合には、これを拒否しないこと。
(4)　開発行為を中止し又は廃止したときは、遅滞なく都道府県知事に届け出るほか、都道府県知事の指示に従い防災措置を講ずるとともに、都道府県職員が実施結果につき確認を行う場合には、これを拒否しないこと。
(5)　開発行為に係る土地の権利の譲渡を行うときは、あらかじめ都道府県知事に届け出ること。
(6)　開発行為の計画を変更するときは、許可の変更申請を行うこと。
(7)　開発行為の施行中に災害が発生した場合には、適切な措置を講ずるとともに、遅滞なく都道府県知事に届け出ること。
(8)　えん堤、洪水調節池、沈砂池等の防災施設の設置を先行することとし、主要な防災施設の設置が完了し、都道府県職員が確認を行うまでの間は他の開発行為を施行しないこと。
(9)　配置計画の関係上、防災施設の一部を開発目的に係る工作物等と並行して施行する場合であっても、周辺地域の安全性が確保できるよう本設のものと同程度の機能をもつ仮設の防災施設を適切な箇所に設置するなど、施行地全体の安全性を担保すること。
(10)　排水施設、洪水調節池、沈砂池等の機能維持のため、開発行為の施行中に当該施設に堆積した土砂の撤去等の適切な維持管理を行うこと。
(11)　開発行為の状況に応じ、施行中埋設する工作物については視認できる期間中に確認を受けるとともに、施行状況については定期報告を行うこと。

2　案件に応じた条件例
(1)　6か月毎に開発行為の施行状況について都道府県知事に報告書を提出すること。
(2)　切土、盛土又は捨土は、下流に対する安全を確認した上で行うこと。
(3)　切土、盛土又は捨土は、強雨時、台風襲来時又は融雪時には行わないこと。
　　また、強雨時、台風襲来時又は融雪時には施行途中の切土、盛土又は捨土が流出し又は崩壊しないように流出及び崩壊の防止措置を講ずること。
(4)　切土を行った後の地盤にすべりやすい土質の層がある場合には、その地盤にすべりが生じないよう、杭打ちを行うこと。
(5)　法面上又は法肩付近の不安定な岩塊、土塊、樹根等は除去すること。
(6)　法面の緑化作業は、4月末までに行うこと。
(7)　利用後は、スギを1ヘクタール当たり3,000本以上植栽すること。
(8)　付替道路の設置は、2月末までに完成すること。
(9)　資力及び信用を証する書類について、申請時に、事業者の資金計画書及び金融機関からの関心表明書等を提出した場合、着手前に融資証明書を提出すること。
(10)　防災措置を講ずるために必要な能力があることを証する書類について、申請時に、開発行為に着手する前に必

要な書類を提出することを誓約する書類等を提出した場合、着手前に必要な書類を提出すること。
(11) その他

別記様式

林地開発行為に関する意見書

年　月　日

都道府県知事　殿

市町村長

　年　月　日付けで照会のあった下記の林地開発行為について、森林法第10条の２第６項の規定に基づき、別添のとおり意見を提出します。

記

１．申請者の住所及び氏名

２．開発行為に係る森林の所在場所

３．開発行為の目的

以上

別添

開発行為に関する意見

１．当該開発行為により土砂の流出又は崩壊その他の災害を発生させるおそれに関する事項（森林法第10条の２第２項第１号関連）

２．当該開発行為により水害を発生させるおそれに関する事項（森林法第10条の２第２項第１号の２関連）

３．当該開発行為により水の確保に著しい支障を及ぼすおそれに関する事項（森林法第10条の２第２項第２号関連）

４．当該開発行為により環境を著しく悪化させるおそれに関する事項（森林法第10条の２第２項第３号関連）

（注意事項）　１．必要に応じて参考資料を添付すること。
　　　　　　　２．１～４以外の事項について意見がある場合には、意見の趣旨を明らかにして参考資料として添付すること。

開発行為を伴う国有林野事業の実施上の取扱いについて

> 昭和49年10月31日付け49林野計第483号
> 林野庁長官から各営林局長宛て
> 最終改正：令和5年4月20日付け4林国経第120号

　国民生活の安定及び地域社会の健全な発展にとって森林の果たす役割が重要となっていることにかんがみ、森林の有する多角的機能の高度発揮を図る観点から、森林の土地の適正な利用を確保するため、「森林法及び森林組合合併助成法の一部を改正する法律（昭和49年法律第39号）」により開発行為の許可制が導入されることとなった。

　開発行為の許可制においては、森林法（昭和26年法律第249号）第5条の規定に基づく地域森林計画の対象となっている民有林（森林法第25条又は第25条の2の規定により指定された保安林並びに森林法第41条の規定により指定された保安施設地区の区域内及び海岸法（昭和31年法律第101号）第3条の規定により指定された海岸保全区域内の森林を除く。）について、昭和49年10月31日以降開発行為をしようとする者は、森林法第10条の2第1項の規定により都道府県知事の許可を受けなければならないことになっている。

　国有林については、国の管理権限に基づいて適正な管理経営が確保され、開発行為の許可制の趣旨が徹底され得ることから、開発行為の許可制の対象森林にはされていない。

　以上の趣旨にかんがみ、今後の国有林野事業の実施に伴う開発行為については、民有林における場合の模範となり得るよう本制度の趣旨に沿って行うものとし、特に下記事項に留意の上適切に措置し遺憾のないようにされたい。

記

1　国有林野（相続等により取得した土地所有権の国庫への帰属に関する法律（令和3年法律第25号）第12条第1項の規定により農林水産大臣が管理する土地のうち主に森林として利用されているものを含む。以下同じ。）内において国自ら開発行為を伴う事業を行う場合は開発行為の許可制の趣旨に沿って実施することは言うまでもなく、国以外の者に開発行為の実施を目的として貸付、使用をさせる場合又は国以外の者に開発行為を前提とした事業を目的として譲渡をする場合にも開発許可制の趣旨に沿って条件を付する等必要な措置を講じるものとし、いやしくも森林法の施行につき指導監督の責務を有する林野庁として批判を受けることのないよう十分配慮するものとする。

2　特に開発行為を伴う各種事業の計画の作成及びその承認に当たっては民有林に係る都道府県知事に対する次に掲げる通達（都道府県森林審議会及び関係市町村長の意見聴取に係る規定を除く。）に準じて取り扱うものとする。
　また、開発行為を伴う国有林野事業を実施する場合、国有林野内において国以外の者に開発行為の実施を目的とした貸付、使用をさせる場合又は国以外の者に開発行為を前提とした事業を目的として譲渡をする場合には、当該開発行為を行おうとする森林の土地を管轄する市町村の長及び当該開発行為によって直接影響を受けると見込まれる市町村の長の意見を聴くなどにより、関係市町村長の意向を把握するものとする。
　(1)　開発行為の許可制に関する事務の取扱いについて（平成14年3月29日付け13林整治第2396号農林水産事務次官依命通知）
　(2)　開発行為の許可基準等の運用について（令和4年11月15日付け4林整治第1188号林野庁長官通知）
　(3)　宅地造成事業に係る開発行為の審査等について（昭和49年10月31日付け49林野治第2524号林野庁長官通達）

3　国有林野内の開発行為で他省庁実施に係るもの又は法令等に基づくものについては事前に関係省庁と密接な連携を図り、その制度の趣旨に沿って調整を図るものとする。

4　民有林内において開発行為を伴う国有林野事業を実施しようとする場合は、この制度の趣旨に沿い、事前に都道府

県と連絡調整を行い、適正な事業の実施を図るものとする。

5　開発行為を伴う国有林野の管理処分について国有林野管理審議会の意見を聴く場合には、民有林における開発許可の要件からみた当該開発行為の妥当性について審議するものとする。

盛土規制法関係

盛土規制法関係

宅地造成及び特定盛土等規制法

昭和36年11月7日　法律第191号
最終改正：令和4年6月17日　法律第 68号

第一章　総則

（目的）

第一条　この法律は、宅地造成、特定盛土等又は土石の堆積に伴う崖崩れ又は土砂の流出による災害の防止のため必要な規制を行うことにより、国民の生命及び財産の保護を図り、もつて公共の福祉に寄与することを目的とする。

（定義）

第二条　この法律において、次の各号に掲げる用語の意義は、当該各号に定めるところによる。
一　宅地農地、採草放牧地及び森林（以下この条、第二十一条第四項及び第四十条第四項において「農地等」という。）並びに道路、公園、河川その他政令で定める公共の用に供する施設の用に供されている土地（以下「公共施設用地」という。）以外の土地をいう。
二　宅地造成宅地以外の土地を宅地にするために行う盛土その他の土地の形質の変更で政令で定めるものをいう。
三　特定盛土等宅地又は農地等において行う盛土その他の土地の形質の変更で、当該宅地又は農地等に隣接し、又は近接する宅地において災害を発生させるおそれが大きいものとして政令で定めるものをいう。
四　土石の堆積宅地又は農地等において行う土石の堆積で政令で定めるもの（一定期間の経過後に当該土石を除却するものに限る。）をいう。
五　災害崖崩れ又は土砂の流出による災害をいう。
六　設計その者の責任において、設計図書（宅地造成、特定盛土等又は土石の堆積に関する工事を実施するために必要な図面（現寸図その他これに類するものを除く。）及び仕様書をいう。第五十五条第二項において同じ。）を作成することをいう。
七　工事主宅地造成、特定盛土等若しくは土石の堆積に関する工事の請負契約の注文者又は請負契約によらないで自らその工事をする者をいう。
八　工事施行者宅地造成、特定盛土等若しくは土石の堆積に関する工事の請負人又は請負契約によらないで自らその工事をする者をいう。
九　造成宅地宅地造成又は特定盛土等（宅地において行うものに限る。）に関する工事が施行された宅地をいう。

第二章　基本方針及び基礎調査

（基本方針）

第三条　主務大臣は、宅地造成、特定盛土等又は土石の堆積に伴う災害の防止に関する基本的な方針（以下「基本方針」という。）を定めなければならない。

2　基本方針においては、次に掲げる事項について定めるものとする。
一　この法律に基づき行われる宅地造成、特定盛土等又は土石の堆積に伴う災害の防止に関する基本的な事項
二　次条第一項の基礎調査の実施について指針となるべき事項
三　第十条第一項の規定による宅地造成等工事規制区域の指定、第二十六条第一項の規定による特定盛土等規制区域の指定及び第四十五条第一項の規定による造成宅地防災区域の指定について指針となるべき事項
四　前三号に掲げるもののほか、宅地造成、特定盛土等又は土石の堆積に伴う災害の防止に関する重要事項

3　主務大臣は、基本方針を定めるときは、あらかじめ、関係行政機関の長に協議するとともに、社会資本整備審議会、食料・農業・農村政策審議会及び林政審議会の意見を聴かなければならない。

4　主務大臣は、基本方針を定めたときは、遅滞なく、これを公表しなければならない。

5　前二項の規定は、基本方針の変更について準用する。

（基礎調査）

第四条　都道府県（地方自治法（昭和二十二年法律第六十七号）第二百五十二条の十九第一項の指定都市（以下この項、次条第一項、第十五条第一項及び第三十四条第一項において「指定都市」という。）又は同法第二百五十二条の二十二第一項の中核市（以下この項、次条第一項、第十五条第一項及び第三十四条第一項において「中核市」という。）の区域内の土地については、それぞれ指定都市又は中核市。第十五条第一項及び第三十四条第一項を除き、以下同じ。）は、基本方針に基づき、おおむね五年ごとに、第十条第一項の規定による宅地造成等工事規制区域の指定、第二十六条第一項の規定による特定盛土等規制区域の指定及び第四十五条第一項の規定による造成宅地防災区域の指定その他この法律に基づき行われる宅地造成、特定盛土等又は土石の堆積に伴う災害の防止のための対策に必要な基礎調査として、宅地造成、特定盛土等又は土石の堆積に伴う崖崩れ又は土砂の流出のおそれがある土地に関する地形、地質の状況その他主務省令で定める事項に関する調査（以下「基礎調査」という。）を行うものとする。

2　都道府県は、基礎調査の結果を、主務省令で定めるところにより、関係市町村長（特別区の長を含む。以下同じ。）に通知するとともに、公表しなければならない。

（基礎調査のための土地の立入り等）

第五条　都道府県知事（指定都市又は中核市の区域内の土地については、それぞれ指定都市又は中核市の長。第五十条を除き、以下同じ。）は、基礎調査のために他人の占有する土地に立ち入つて測量又は調査を行う必要があるときは、その必要の限度において、他人の占有する土地に、自ら立ち入り、又はその命じた者若しくは委任した者に立ち入らせることができる。

2　前項の規定により他人の占有する土地に立ち入ろうとする者は、立ち入ろうとする日の三日前までに、その旨を当該土地の占有者に通知しなければならない。

3　第一項の規定により建築物が存し、又は垣、柵その他の工作物で囲まれた他人の占有する土地に立ち入るときは、その立ち入る者は、立入りの際、あらかじめ、その旨を当該土地の占有者に告げなければならない。

4　日出前及び日没後においては、土地の占有者の承諾があつた場合を除き、前項に規定する土地に立ち入つてはならない。

5　土地の占有者は、正当な理由がない限り、第一項の規定による立入りを拒み、又は妨げてはならない。

（基礎調査のための障害物の伐除及び土地の試掘等）

第六条　前条第一項の規定により他人の占有する土地に立ち入つて測量又は調査を行う者は、その測量又は調査を行うに当たり、やむを得ない必要があつて、障害となる植物若しくは垣、柵その他の工作物（以下この条、次条第二項及び第五十八条第二号において「障害物」という。）を伐除しようとする場合又は当該土地に試掘若しくはボーリング若しくはこれに伴う障害物の伐除（以下この条、次条第二項及び同号において「試掘等」という。）を行おうとする場合において、当該障害物又は当該土地の所有者及び占有者の同意を得ることができないときは、当該障害物の所在地を管轄する市町村長の許可を受けて当該障害物を伐除し、又は当該土地の所在地を管轄する都道府県知事の許可を受けて当該土地に試掘等を行うことができる。この場合において、市町村長が許可を与えるときは障害物の所有者及び占有者に、都道府県知事が許可を与えるときは土地又は障害物の所有者及び占有者に、あらかじめ、意見を述べる機会を与えなければならない。

2　前項の規定により障害物を伐除しようとする者又は土地に試掘等を行おうとする者は、伐除しようとする日又は試掘等を行おうとする日の三日前までに、その旨を当該障害物又は当該土地若しくは障害物の所有者及び占有者に通知しなければならない。

3　第一項の規定により障害物を伐除しようとする場合（土地の試掘又はボーリングに伴う障害物の伐除をしようとする場合を除く。）において、当該障害物の所有者及び占有者がその場所にいないためその同意を得ることが困難であり、かつ、その現状を著しく損傷しないときは、都道府県知事又はその命じた者若しくは委任した者は、前二項の規

定にかかわらず、当該障害物の所在地を管轄する市町村長の許可を受けて、直ちに、当該障害物を伐除することができる。この場合においては、当該障害物を伐除した後、遅滞なく、その旨をその所有者及び占有者に通知しなければならない。

（証明書等の携帯）
第七条　第五条第一項の規定により他人の占有する土地に立ち入ろうとする者は、その身分を示す証明書を携帯しなければならない。
2　前条第一項の規定により障害物を伐除しようとする者又は土地に試掘等を行おうとする者は、その身分を示す証明書及び市町村長又は都道府県知事の許可証を携帯しなければならない。
3　前二項に規定する証明書又は許可証は、関係人の請求があつたときは、これを提示しなければならない。

（土地の立入り等に伴う損失の補償）
第八条　都道府県は、第五条第一項又は第六条第一項若しくは第三項の規定による行為により他人に損失を与えたときは、その損失を受けた者に対して、通常生ずべき損失を補償しなければならない。
2　前項の規定による損失の補償については、都道府県と損失を受けた者とが協議しなければならない。
3　前項の規定による協議が成立しないときは、都道府県又は損失を受けた者は、政令で定めるところにより、収用委員会に土地収用法（昭和二十六年法律第二百十九号）第九十四条第二項の規定による裁決を申請することができる。

（基礎調査に要する費用の補助）
第九条　国は、都道府県に対し、予算の範囲内において、都道府県の行う基礎調査に要する費用の一部を補助することができる。

　　　第三章　宅地造成等工事規制区域
第十条　都道府県知事は、基本方針に基づき、かつ、基礎調査の結果を踏まえ、宅地造成、特定盛土等又は土石の堆積（以下この章及び次章において「宅地造成等」という。）に伴い災害が生ずるおそれが大きい市街地若しくは市街地となろうとする土地の区域又は集落の区域（これらの区域に隣接し、又は近接する土地の区域を含む。第五項及び第二十六条第一項において「市街地等区域」という。）であつて、宅地造成等に関する工事について規制を行う必要があるものを、宅地造成等工事規制区域として指定することができる。
2　都道府県知事は、前項の規定により宅地造成等工事規制区域を指定しようとするときは、関係市町村長の意見を聴かなければならない。
3　第一項の指定は、この法律の目的を達成するため必要な最小限度のものでなければならない。
4　都道府県知事は、第一項の指定をするときは、主務省令で定めるところにより、当該宅地造成等工事規制区域を公示するとともに、その旨を関係市町村長に通知しなければならない。
5　市町村長は、宅地造成等に伴い市街地等区域において災害が生ずるおそれが大きいため第一項の指定をする必要があると認めるときは、その旨を都道府県知事に申し出ることができる。
6　第一項の指定は、第四項の公示によつてその効力を生ずる。

　　　第四章　宅地造成等工事規制区域内における宅地造成等に関する工事等の規制
　（住民への周知）
第十一条　工事主は、次条第一項の許可の申請をするときは、あらかじめ、主務省令で定めるところにより、宅地造成等に関する工事の施行に係る土地の周辺地域の住民に対し、説明会の開催その他の当該宅地造成等に関する工事の内容を周知させるため必要な措置を講じなければならない。

　（宅地造成等に関する工事の許可）

第十二条　宅地造成等工事規制区域内において行われる宅地造成等に関する工事については、工事主は、当該工事に着手する前に、主務省令で定めるところにより、都道府県知事の許可を受けなければならない。ただし、宅地造成等に伴う災害の発生のおそれがないと認められるものとして政令で定める工事については、この限りでない。
2　都道府県知事は、前項の許可の申請が次に掲げる基準に適合しないと認めるとき、又はその申請の手続がこの法律若しくはこの法律に基づく命令の規定に違反していると認めるときは、同項の許可をしてはならない。
　一　当該申請に係る宅地造成等に関する工事の計画が次条の規定に適合するものであること。
　二　工事主に当該宅地造成等に関する工事を行うために必要な資力及び信用があること。
　三　工事施行者に当該宅地造成等に関する工事を完成するために必要な能力があること。
　四　当該宅地造成等に関する工事（土地区画整理法（昭和二十九年法律第百十九号）第二条第一項に規定する土地区画整理事業その他の公共施設の整備又は土地利用の増進を図るための事業として政令で定めるものの施行に伴うものを除く。）をしようとする土地の区域内の土地について所有権、地上権、質権、賃借権、使用貸借による権利又はその他の使用及び収益を目的とする権利を有する者の全ての同意を得ていること。
3　都道府県知事は、第一項の許可に、工事の施行に伴う災害を防止するため必要な条件を付することができる。
4　都道府県知事は、第一項の許可をしたときは、速やかに、主務省令で定めるところにより、工事主の氏名又は名称、宅地造成等に関する工事が施行される土地の所在地その他主務省令で定める事項を公表するとともに、関係市町村長に通知しなければならない。

（宅地造成等に関する工事の技術的基準等）
第十三条　宅地造成等工事規制区域内において行われる宅地造成等に関する工事（前条第一項ただし書に規定する工事を除く。第二十一条第一項において同じ。）は、政令（その政令で都道府県の規則に委任した事項に関しては、その規則を含む。）で定める技術的基準に従い、擁壁、排水施設その他の政令で定める施設（以下「擁壁等」という。）の設置その他宅地造成等に伴う災害を防止するため必要な措置が講ぜられたものでなければならない。
2　前項の規定により講ずべきものとされる措置のうち政令（同項の政令で都道府県の規則に委任した事項に関しては、その規則を含む。）で定めるものの工事は、政令で定める資格を有する者の設計によらなければならない。

（許可証の交付又は不許可の通知）
第十四条　都道府県知事は、第十二条第一項の許可の申請があつたときは、遅滞なく、許可又は不許可の処分をしなければならない。
2　都道府県知事は、前項の申請をした者に、同項の許可の処分をしたときは許可証を交付し、同項の不許可の処分をしたときは文書をもつてその旨を通知しなければならない。
3　宅地造成等に関する工事は、前項の許可証の交付を受けた後でなければ、することができない。
4　第二項の許可証の様式は、主務省令で定める。

（許可の特例）
第十五条　国又は都道府県、指定都市若しくは中核市が宅地造成等工事規制区域内において行う宅地造成等に関する工事については、これらの者と都道府県知事との協議が成立することをもつて第十二条第一項の許可があつたものとみなす。
2　宅地造成等工事規制区域内において行われる宅地造成又は特定盛土等について当該宅地造成等工事規制区域の指定後に都市計画法（昭和四十三年法律第百号）第二十九条第一項又は第二項の許可を受けたときは、当該宅地造成又は特定盛土等に関する工事については、第十二条第一項の許可を受けたものとみなす。

（変更の許可等）
第十六条　第十二条第一項の許可を受けた者は、当該許可に係る宅地造成等に関する工事の計画の変更をしようとするときは、主務省令で定めるところにより、都道府県知事の許可を受けなければならない。ただし、主務省令で定める

軽微な変更をしようとするときは、この限りでない。

2　第十二条第一項の許可を受けた者は、前項ただし書の主務省令で定める軽微な変更をしたときは、遅滞なく、その旨を都道府県知事に届け出なければならない。

3　第十二条第二項から第四項まで、第十三条、第十四条及び前条第一項の規定は、第一項の許可について準用する。

4　第一項又は第二項の場合における次条から第十九条までの規定の適用については、第一項の許可又は第二項の規定による届出に係る変更後の内容を第十二条第一項の許可の内容とみなす。

5　前条第二項の規定により第十二条第一項の許可を受けたものとみなされた宅地造成又は特定盛土等に関する工事に係る都市計画法第三十五条の二第一項の許可又は同条第三項の規定による届出は、当該工事に係る第一項の許可又は第二項の規定による届出とみなす。

（完了検査等）

第十七条　宅地造成又は特定盛土等に関する工事について第十二条第一項の許可を受けた者は、当該許可に係る工事を完了したときは、主務省令で定める期間内に、主務省令で定めるところにより、その工事が第十三条第一項の規定に適合しているかどうかについて、都道府県知事の検査を申請しなければならない。

2　都道府県知事は、前項の検査の結果、工事が第十三条第一項の規定に適合していると認めた場合においては、主務省令で定める様式の検査済証を第十二条第一項の許可を受けた者に交付しなければならない。

3　第十五条第二項の規定により第十二条第一項の許可を受けたものとみなされた宅地造成又は特定盛土等に関する工事に係る都市計画法第三十六条第一項の規定による届出又は同条第二項の規定により交付された検査済証は、当該工事に係る第一項の規定による申請又は前項の規定により交付された検査済証とみなす。

4　土石の堆積に関する工事について第十二条第一項の許可を受けた者は、当該許可に係る工事（堆積した全ての土石を除却するものに限る。）を完了したときは、主務省令で定める期間内に、主務省令で定めるところにより、堆積されていた全ての土石の除却が行われたかどうかについて、都道府県知事の確認を申請しなければならない。

5　都道府県知事は、前項の確認の結果、堆積されていた全ての土石が除却されたと認めた場合においては、主務省令で定める様式の確認済証を第十二条第一項の許可を受けた者に交付しなければならない。

（中間検査）

第十八条　第十二条第一項の許可を受けた者は、当該許可に係る宅地造成又は特定盛土等（政令で定める規模のものに限る。）に関する工事が政令で定める工程（以下この条において「特定工程」という。）を含む場合において、当該特定工程に係る工事を終えたときは、その都度主務省令で定める期間内に、主務省令で定めるところにより、都道府県知事の検査を申請しなければならない。

2　都道府県知事は、前項の検査の結果、当該特定工程に係る工事が第十三条第一項の規定に適合していると認めた場合においては、主務省令で定める様式の当該特定工程に係る中間検査合格証を第十二条第一項の許可を受けた者に交付しなければならない。

3　特定工程ごとに政令で定める当該特定工程後の工程に係る工事は、前項の規定による当該特定工程に係る中間検査合格証の交付を受けた後でなければ、することができない。

4　都道府県は、第一項の検査について、宅地造成又は特定盛土等に伴う災害を防止するために必要があると認める場合においては、同項の政令で定める宅地造成若しくは特定盛土等の規模を当該規模未満で条例で定める規模とし、又は特定工程（当該特定工程後の前項に規定する工程を含む。）として条例で定める工程を追加することができる。

5　都道府県知事は、第一項の検査において第十三条第一項の規定に適合することを認められた特定工程に係る工事については、前条第一項の検査において当該工事に係る部分の検査をすることを要しない。

（定期の報告）

第十九条　第十二条第一項の許可（政令で定める規模の宅地造成等に関する工事に係るものに限る。）を受けた者は、主務省令で定めるところにより、主務省令で定める期間ごとに、当該許可に係る宅地造成等に関する工事の実施の状

況その他主務省令で定める事項を都道府県知事に報告しなければならない。
2　都道府県は、前項の報告について、宅地造成等に伴う災害を防止するために必要があると認める場合においては、同項の政令で定める宅地造成等の規模を当該規模未満で条例で定める規模とし、同項の主務省令で定める期間を当該期間より短い期間で条例で定める期間とし、又は同項の主務省令で定める事項に条例で必要な事項を付加することができる。

（監督処分）
第二十条　都道府県知事は、偽りその他不正な手段により第十二条第一項若しくは第十六条第一項の許可を受けた者又はその許可に付した条件に違反した者に対して、その許可を取り消すことができる。
2　都道府県知事は、宅地造成等工事規制区域内において行われている宅地造成等に関する次に掲げる工事については、当該工事主又は当該工事の請負人（請負工事の下請人を含む。）若しくは現場管理者（第四項から第六項までにおいて「工事主等」という。）に対して、当該工事の施行の停止を命じ、又は相当の猶予期限を付けて、擁壁等の設置その他宅地造成等に伴う災害の防止のため必要な措置（以下この条において「災害防止措置」という。）をとることを命ずることができる。
　一　第十二条第一項又は第十六条第一項の規定に違反して第十二条第一項又は第十六条第一項の許可を受けないで施行する工事
　二　第十二条第三項（第十六条第三項において準用する場合を含む。）の規定により許可に付した条件に違反する工事
　三　第十三条第一項の規定に適合していない工事
　四　第十八条第一項の規定に違反して同項の検査を申請しないで施行する工事
3　都道府県知事は、宅地造成等工事規制区域内の次に掲げる土地については、当該土地の所有者、管理者若しくは占有者又は当該工事主（第五項第一号及び第二号並びに第六項において「土地所有者等」という。）に対して、当該土地の使用を禁止し、若しくは制限し、又は相当の猶予期限を付けて、災害防止措置をとることを命ずることができる。
　一　第十二条第一項又は第十六条第一項の規定に違反して第十二条第一項又は第十六条第一項の許可を受けないで宅地造成等に関する工事が施行された土地
　二　第十七条第一項の規定に違反して同項の検査を申請せず、又は同項の検査の結果工事が第十三条第一項の規定に適合していないと認められた土地
　三　第十七条第四項の規定に違反して同項の確認を申請せず、又は同項の確認の結果堆積されていた全ての土石が除却されていないと認められた土地
　四　第十八条第一項の規定に違反して同項の検査を申請しないで宅地造成又は特定盛土等に関する工事が施行された土地
4　都道府県知事は、第二項の規定により工事の施行の停止を命じようとする場合において、緊急の必要により弁明の機会の付与を行うことができないときは、同項に規定する工事に該当することが明らかな場合に限り、弁明の機会の付与を行わないで、工事主等に対して、当該工事の施行の停止を命ずることができる。この場合において、当該工事主等が当該工事の現場にいないときは、当該工事に従事する者に対して、当該工事に係る作業の停止を命ずることができる。
5　都道府県知事は、次の各号のいずれかに該当すると認めるときは、自ら災害防止措置の全部又は一部を講ずることができる。この場合において、第二号に該当すると認めるときは、相当の期限を定めて、当該災害防止措置を講ずべき旨及びその期限までに当該災害防止措置を講じないときは自ら当該災害防止措置を講じ、当該災害防止措置に要した費用を徴収することがある旨を、あらかじめ、公告しなければならない。
　一　第二項又は第三項の規定により災害防止措置を講ずべきことを命ぜられた工事主等又は土地所有者等が、当該命令に係る期限までに当該命令に係る措置を講じないとき、講じても十分でないとき、又は講ずる見込みがないとき。

二　第二項又は第三項の規定により災害防止措置を講ずべきことを命じようとする場合において、過失がなくて当該災害防止措置を命ずべき工事主等又は土地所有者等を確知することができないとき。

三　緊急に災害防止措置を講ずる必要がある場合において、第二項又は第三項の規定により災害防止措置を講ずべきことを命ずるいとまがないとき。

6　都道府県知事は、前項の規定により同項の災害防止措置の全部又は一部を講じたときは、当該災害防止措置に要した費用について、主務省令で定めるところにより、当該工事主等又は土地所有者等に負担させることができる。

7　前項の規定により負担させる費用の徴収については、行政代執行法（昭和二十三年法律第四十三号）第五条及び第六条の規定を準用する。

（工事等の届出）

第二十一条　宅地造成等工事規制区域の指定の際、当該宅地造成等工事規制区域内において行われている宅地造成等に関する工事の工事主は、その指定があつた日から二十一日以内に、主務省令で定めるところにより、当該工事について都道府県知事に届け出なければならない。

2　都道府県知事は、前項の規定による届出を受理したときは、速やかに、主務省令で定めるところにより、工事主の氏名又は名称、宅地造成等に関する工事が施行される土地の所在地その他主務省令で定める事項を公表するとともに、関係市町村長に通知しなければならない。

3　宅地造成等工事規制区域内の土地（公共施設用地を除く。以下この章において同じ。）において、擁壁等に関する工事その他の工事で政令で定めるものを行おうとする者（第十二条第一項若しくは第十六条第一項の許可を受け、又は同条第二項の規定による届出をした者を除く。）は、その工事に着手する日の十四日前までに、主務省令で定めるところにより、その旨を都道府県知事に届け出なければならない。

4　宅地造成等工事規制区域内において、公共施設用地を宅地又は農地等に転用した者（第十二条第一項若しくは第十六条第一項の許可を受け、又は同条第二項の規定による届出をした者を除く。）は、その転用した日から十四日以内に、主務省令で定めるところにより、その旨を都道府県知事に届け出なければならない。

（土地の保全等）

第二十二条　宅地造成等工事規制区域内の土地の所有者、管理者又は占有者は、宅地造成等（宅地造成等工事規制区域の指定前に行われたものを含む。次項及び次条第一項において同じ。）に伴う災害が生じないよう、その土地を常時安全な状態に維持するように努めなければならない。

2　都道府県知事は、宅地造成等工事規制区域内の土地について、宅地造成等に伴う災害の防止のため必要があると認める場合においては、その土地の所有者、管理者、占有者、工事主又は工事施行者に対し、擁壁等の設置又は改造その他宅地造成等に伴う災害の防止のため必要な措置をとることを勧告することができる。

（改善命令）

第二十三条　都道府県知事は、宅地造成等工事規制区域内の土地で、宅地造成若しくは特定盛土等に伴う災害の防止のため必要な擁壁等が設置されておらず、若しくは極めて不完全であり、又は土石の堆積に伴う災害の防止のため必要な措置がとられておらず、若しくは極めて不十分であるために、これを放置するときは、宅地造成等に伴う災害の発生のおそれが大きいと認められるものがある場合においては、その災害の防止のため必要であり、かつ、土地の利用状況その他の状況からみて相当であると認められる限度において、当該宅地造成等工事規制区域内の土地又は擁壁等の所有者、管理者又は占有者（次項において「土地所有者等」という。）に対して、相当の猶予期限を付けて、擁壁等の設置若しくは改造、地形若しくは盛土の改良又は土石の除却のための工事を行うことを命ずることができる。

2　前項の場合において、土地所有者等以外の者の宅地造成等に関する不完全な工事その他の行為によつて同項の災害の発生のおそれが生じたことが明らかであり、その行為をした者（その行為が隣地における土地の形質の変更又は土石の堆積であるときは、その土地の所有者を含む。以下この項において同じ。）に前項の工事の全部又は一部を行わせることが相当であると認められ、かつ、これを行わせることについて当該土地所有者等に異議がないときは、都道

府県知事は、その行為をした者に対して、同項の工事の全部又は一部を行うことを命ずることができる。
3　第二十条第五項から第七項までの規定は、前二項の場合について準用する。

（立入検査）
第二十四条　都道府県知事は、第十二条第一項、第十六条第一項、第十七条第一項若しくは第四項、第十八条第一項、第二十条第一項から第四項まで又は前条第一項若しくは第二項の規定による権限を行うために必要な限度において、その職員に、当該土地に立ち入り、当該土地又は当該土地において行われている宅地造成等に関する工事の状況を検査させることができる。
2　第七条第一項及び第三項の規定は、前項の場合について準用する。
3　第一項の規定による立入検査の権限は、犯罪捜査のために認められたものと解してはならない。

（報告の徴取）
第二十五条　都道府県知事は、宅地造成等工事規制区域内の土地の所有者、管理者又は占有者に対して、当該土地又は当該土地において行われている工事の状況について報告を求めることができる。

第五章　特定盛土等規制区域
第二十六条　都道府県知事は、基本方針に基づき、かつ、基礎調査の結果を踏まえ、宅地造成等工事規制区域以外の土地の区域であつて、土地の傾斜度、渓流の位置その他の自然的条件及び周辺地域における土地利用の状況その他の社会的条件からみて、当該区域内の土地において特定盛土等又は土石の堆積が行われた場合には、これに伴う災害により市街地等区域その他の区域の居住者その他の者（第五項及び第四十五条第一項において「居住者等」という。）の生命又は身体に危害を生ずるおそれが特に大きいと認められる区域を、特定盛土等規制区域として指定することができる。
2　都道府県知事は、前項の規定により特定盛土等規制区域を指定しようとするときは、関係市町村長の意見を聴かなければならない。
3　第一項の指定は、この法律の目的を達成するため必要な最小限度のものでなければならない。
4　都道府県知事は、第一項の指定をするときは、主務省令で定めるところにより、当該特定盛土等規制区域を公示するとともに、その旨を関係市町村長に通知しなければならない。
5　市町村長は、特定盛土等又は土石の堆積に伴う災害により当該市町村の区域の居住者等の生命又は身体に危害を生ずるおそれが特に大きいため第一項の指定をする必要があると認めるときは、その旨を都道府県知事に申し出ることができる。
6　第一項の指定は、第四項の公示によつてその効力を生ずる。

第六章　特定盛土等規制区域内における特定盛土等又は土石の堆積に関する工事等の規制
（特定盛土等又は土石の堆積に関する工事の届出等）
第二十七条　特定盛土等規制区域内において行われる特定盛土等又は土石の堆積に関する工事については、工事主は、当該工事に着手する日の三十日前までに、主務省令で定めるところにより、当該工事の計画を都道府県知事に届け出なければならない。ただし、特定盛土等又は土石の堆積に伴う災害の発生のおそれがないと認められるものとして政令で定める工事については、この限りでない。
2　都道府県知事は、前項の規定による届出を受理したときは、速やかに、主務省令で定めるところにより、工事主の氏名又は名称、特定盛土等又は土石の堆積に関する工事が施行される土地の所在地その他主務省令で定める事項を公表するとともに、関係市町村長に通知しなければならない。
3　都道府県知事は、第一項の規定による届出があつた場合において、当該届出に係る工事の計画について当該特定盛土等又は土石の堆積に伴う災害の防止のため必要があると認めるときは、当該届出を受理した日から三十日以内に限り、当該届出をした者に対し、当該工事の計画の変更その他必要な措置をとるべきことを勧告することができる。

4　都道府県知事は、前項の規定による勧告を受けた者が、正当な理由がなくて当該勧告に係る措置をとらなかつたときは、その者に対し、相当の期限を定めて、当該勧告に係る措置をとるべきことを命ずることができる。
5　特定盛土等規制区域内において行われる特定盛土等について都市計画法第二十九条第一項又は第二項の許可の申請をしたときは、当該特定盛土等に関する工事については、第一項の規定による届出をしたものとみなす。

　（変更の届出等）
第二十八条　前条第一項の規定による届出をした者は、当該届出に係る特定盛土等又は土石の堆積に関する工事の計画の変更（主務省令で定める軽微な変更を除く。）をしようとするときは、当該変更後の工事に着手する日の三十日前までに、主務省令で定めるところにより、当該変更後の工事の計画を都道府県知事に届け出なければならない。
2　前条第五項の規定により同条第一項の規定による届出をしたものとみなされた特定盛土等に関する工事に係る都市計画法第三十五条の二第一項の許可の申請は、当該工事に係る前項の規定による届出とみなす。
3　前条第二項から第四項までの規定は、第一項の規定による届出について準用する。

　（住民への周知）
第二十九条　工事主は、次条第一項の許可の申請をするときは、あらかじめ、主務省令で定めるところにより、特定盛土等又は土石の堆積に関する工事の施行に係る土地の周辺地域の住民に対し、説明会の開催その他の当該特定盛土等又は土石の堆積に関する工事の内容を周知させるため必要な措置を講じなければならない。

　（特定盛土等又は土石の堆積に関する工事の許可）
第三十条　特定盛土等規制区域内において行われる特定盛土等又は土石の堆積（大規模な崖崩れ又は土砂の流出を生じさせるおそれが大きいものとして政令で定める規模のものに限る。以下この条から第三十九条まで及び第五十五条第一項第二号において同じ。）に関する工事については、工事主は、当該工事に着手する前に、主務省令で定めるところにより、都道府県知事の許可を受けなければならない。ただし、特定盛土等又は土石の堆積に伴う災害の発生のおそれがないと認められるものとして政令で定める工事については、この限りでない。
2　都道府県知事は、前項の許可の申請が次に掲げる基準に適合しないと認めるとき、又はその申請の手続がこの法律若しくはこの法律に基づく命令の規定に違反していると認めるときは、同項の許可をしてはならない。
　一　当該申請に係る特定盛土等又は土石の堆積に関する工事の計画が次条の規定に適合するものであること。
　二　工事主に当該特定盛土等又は土石の堆積に関する工事を行うために必要な資力及び信用があること。
　三　工事施行者に当該特定盛土等又は土石の堆積に関する工事を完成するために必要な能力があること。
　四　当該特定盛土等又は土石の堆積に関する工事（土地区画整理法第二条第一項に規定する土地区画整理事業その他の公共施設の整備又は土地利用の増進を図るための事業として政令で定めるものの施行に伴うものを除く。）をしようとする土地の区域内の土地について所有権、地上権、質権、賃借権、使用貸借による権利又はその他の使用及び収益を目的とする権利を有する者の全ての同意を得ていること。
3　都道府県知事は、第一項の許可に、工事の施行に伴う災害を防止するため必要な条件を付することができる。
4　都道府県知事は、第一項の許可をしたときは、速やかに、主務省令で定めるところにより、工事主の氏名又は名称、特定盛土等又は土石の堆積に関する工事が施行される土地の所在地その他主務省令で定める事項を公表するとともに、関係市町村長に通知しなければならない。
5　第一項の許可を受けた者は、当該許可に係る工事については、第二十七条第一項の規定による届出をすることを要しない。

　（特定盛土等又は土石の堆積に関する工事の技術的基準等）
第三十一条　特定盛土等規制区域内において行われる特定盛土等又は土石の堆積に関する工事（前条第一項ただし書に規定する工事を除く。第四十条第一項において同じ。）は、政令（その政令で都道府県の規則に委任した事項に関しては、その規則を含む。）で定める技術的基準に従い、擁壁等の設置その他特定盛土等又は土石の堆積に伴う災害を

防止するため必要な措置が講ぜられたものでなければならない。
2　前項の規定により講ずべきものとされる措置のうち政令（同項の政令で都道府県の規則に委任した事項に関しては、その規則を含む。）で定めるものの工事は、政令で定める資格を有する者の設計によらなければならない。

（条例で定める特定盛土等又は土石の堆積の規模）
第三十二条　都道府県は、第三十条第一項の許可について、特定盛土等又は土石の堆積に伴う災害を防止するために必要があると認める場合においては、同項の政令で定める特定盛土等又は土石の堆積の規模を当該規模未満で条例で定める規模とすることができる。

（許可証の交付又は不許可の通知）
第三十三条　都道府県知事は、第三十条第一項の許可の申請があつたときは、遅滞なく、許可又は不許可の処分をしなければならない。
2　都道府県知事は、前項の申請をした者に、同項の許可の処分をしたときは許可証を交付し、同項の不許可の処分をしたときは文書をもつてその旨を通知しなければならない。
3　特定盛土等又は土石の堆積に関する工事は、前項の許可証の交付を受けた後でなければ、することができない。
4　第二項の許可証の様式は、主務省令で定める。

（許可の特例）
第三十四条　国又は都道府県、指定都市若しくは中核市が特定盛土等規制区域内において行う特定盛土等又は土石の堆積に関する工事については、これらの者と都道府県知事との協議が成立することをもつて第三十条第一項の許可があつたものとみなす。
2　特定盛土等規制区域内において行われる特定盛土等について当該特定盛土等規制区域の指定後に都市計画法第二十九条第一項又は第二項の許可を受けたときは、当該特定盛土等に関する工事については、第三十条第一項の許可を受けたものとみなす。

（変更の許可等）
第三十五条　第三十条第一項の許可を受けた者は、当該許可に係る特定盛土等又は土石の堆積に関する工事の計画の変更をしようとするときは、主務省令で定めるところにより、都道府県知事の許可を受けなければならない。ただし、主務省令で定める軽微な変更をしようとするときは、この限りでない。
2　第三十条第一項の許可を受けた者は、前項ただし書の主務省令で定める軽微な変更をしたときは、遅滞なく、その旨を都道府県知事に届け出なければならない。
3　第三十条第二項から第四項まで、第三十一条から第三十三条まで及び前条第一項の規定は、第一項の許可について準用する。
4　第一項又は第二項の場合における次条から第三十八条までの規定の適用については、第一項の許可又は第二項の規定による届出に係る変更後の内容を第三十条第一項の許可の内容とみなす。
5　前条第二項の規定により第三十条第一項の許可を受けたものとみなされた特定盛土等に関する工事に係る都市計画法第三十五条の二第一項の許可又は同条第三項の規定による届出は、当該工事に係る第一項の許可又は第二項の規定による届出とみなす。

（完了検査等）
第三十六条　特定盛土等に関する工事について第三十条第一項の許可を受けた者は、当該許可に係る工事を完了したときは、主務省令で定める期間内に、主務省令で定めるところにより、その工事が第三十一条第一項の規定に適合しているかどうかについて、都道府県知事の検査を申請しなければならない。
2　都道府県知事は、前項の検査の結果、工事が第三十一条第一項の規定に適合していると認めた場合においては、主

務省令で定める様式の検査済証を第三十条第一項の許可を受けた者に交付しなければならない。
3　第三十四条第二項の規定により第三十条第一項の許可を受けたものとみなされた特定盛土等に関する工事に係る都市計画法第三十六条第一項の規定による届出又は同条第二項の規定により交付された検査済証は、当該工事に係る第一項の規定による申請又は前項の規定により交付された検査済証とみなす。
4　土石の堆積に関する工事について第三十条第一項の許可を受けた者は、当該許可に係る工事（堆積した全ての土石を除却するものに限る。）を完了したときは、主務省令で定める期間内に、主務省令で定めるところにより、堆積されていた全ての土石の除却が行われたかどうかについて、都道府県知事の確認を申請しなければならない。
5　都道府県知事は、前項の確認の結果、堆積されていた全ての土石が除却されたと認めた場合においては、主務省令で定める様式の確認済証を第三十条第一項の許可を受けた者に交付しなければならない。

（中間検査）
第三十七条　第三十条第一項の許可を受けた者は、当該許可に係る特定盛土等（政令で定める規模のものに限る。）に関する工事が政令で定める工程（以下この条において「特定工程」という。）を含む場合において、当該特定工程に係る工事を終えたときは、その都度主務省令で定める期間内に、主務省令で定めるところにより、都道府県知事の検査を申請しなければならない。
2　都道府県知事は、前項の検査の結果、当該特定工程に係る工事が第三十一条第一項の規定に適合していると認めた場合においては、主務省令で定める様式の当該特定工程に係る中間検査合格証を第三十条第一項の許可を受けた者に交付しなければならない。
3　特定工程ごとに政令で定める当該特定工程後の工程に係る工事は、前項の規定による当該特定工程に係る中間検査合格証の交付を受けた後でなければ、することができない。
4　都道府県は、第一項の検査について、特定盛土等に伴う災害を防止するために必要があると認める場合においては、同項の政令で定める特定盛土等の規模を当該規模未満で条例で定める規模とし、又は特定工程（当該特定工程後の前項に規定する工程を含む。）として条例で定める工程を追加することができる。
5　都道府県知事は、第一項の検査において第三十一条第一項の規定に適合することを認められた特定工程に係る工事については、前条第一項の検査において当該工事に係る部分の検査をすることを要しない。

（定期の報告）
第三十八条　第三十条第一項の許可（政令で定める規模の特定盛土等又は土石の堆積に関する工事に係るものに限る。）を受けた者は、主務省令で定めるところにより、主務省令で定める期間ごとに、当該許可に係る特定盛土等又は土石の堆積に関する工事の実施の状況その他主務省令で定める事項を都道府県知事に報告しなければならない。
2　都道府県は、前項の報告について、特定盛土等又は土石の堆積に伴う災害を防止するために必要があると認める場合においては、同項の政令で定める特定盛土等若しくは土石の堆積の規模を当該規模未満で条例で定める規模とし、同項の主務省令で定める期間を当該期間より短い期間で条例で定める期間とし、又は同項の主務省令で定める事項に条例で必要な事項を付加することができる。

（監督処分）
第三十九条　都道府県知事は、偽りその他不正な手段により第三十条第一項若しくは第三十五条第一項の許可を受けた者又はその許可に付した条件に違反した者に対して、その許可を取り消すことができる。
2　都道府県知事は、特定盛土等規制区域内において行われている特定盛土等又は土石の堆積に関する次に掲げる工事については、当該工事主又は当該工事の請負人（請負工事の下請人を含む。）若しくは現場管理者（第四項から第六項までにおいて「工事主等」という。）に対して、当該工事の施行の停止を命じ、又は相当の猶予期限を付けて、擁壁等の設置その他特定盛土等若しくは土石の堆積に伴う災害の防止のため必要な措置（以下この条において「災害防止措置」という。）をとることを命ずることができる。
　一　第三十条第一項又は第三十五条第一項の規定に違反して第三十条第一項又は第三十五条第一項の許可を受けない

で施行する工事
　二　第三十条第三項（第三十五条第三項において準用する場合を含む。）の規定により許可に付した条件に違反する工事
　三　第三十一条第一項の規定に適合していない工事
　四　第三十七条第一項の規定に違反して同項の検査を申請しないで施行する工事
3　都道府県知事は、特定盛土等規制区域内の次に掲げる土地については、当該土地の所有者、管理者若しくは占有者又は当該工事主（第五項第一号及び第二号並びに第六項において「土地所有者等」という。）に対して、当該土地の使用を禁止し、若しくは制限し、又は相当の猶予期限を付けて、災害防止措置をとることを命ずることができる。
　一　第三十条第一項又は第三十五条第一項の規定に違反して第三十条第一項又は第三十五条第一項の許可を受けないで特定盛土等又は土石の堆積に関する工事が施行された土地
　二　第三十六条第一項の規定に違反して同項の検査を申請せず、又は同項の検査の結果工事が第三十一条第一項の規定に適合していないと認められた土地
　三　第三十六条第四項の規定に違反して同項の確認を申請せず、又は同項の確認の結果堆積されていた全ての土石が除却されていないと認められた土地
　四　第三十七条第一項の規定に違反して同項の検査を申請しないで特定盛土等に関する工事が施行された土地
4　都道府県知事は、第二項の規定により工事の施行の停止を命じようとする場合において、緊急の必要により弁明の機会の付与を行うことができないときは、同項に規定する工事に該当することが明らかな場合に限り、弁明の機会の付与を行わないで、工事主等に対して、当該工事の施行の停止を命ずることができる。この場合において、当該工事主等が当該工事の現場にいないときは、当該工事に従事する者に対して、当該工事に係る作業の停止を命ずることができる。
5　都道府県知事は、次の各号のいずれかに該当すると認めるときは、自ら災害防止措置の全部又は一部を講ずることができる。この場合において、第二号に該当すると認めるときは、相当の期限を定めて、当該災害防止措置を講ずべき旨及びその期限までに当該災害防止措置を講じないときは自ら当該災害防止措置を講じ、当該災害防止措置に要した費用を徴収することがある旨を、あらかじめ、公告しなければならない。
　一　第二項又は第三項の規定により災害防止措置を講ずべきことを命ぜられた工事主等又は土地所有者等が、当該命令に係る期限までに当該命令に係る措置を講じないとき、講じても十分でないとき、又は講ずる見込みがないとき。
　二　第二項又は第三項の規定により災害防止措置を講ずべきことを命じようとする場合において、過失がなくて当該災害防止措置を命ずべき工事主等又は土地所有者等を確知することができないとき。
　三　緊急に災害防止措置を講ずる必要がある場合において、第二項又は第三項の規定により災害防止措置を講ずべきことを命ずるいとまがないとき。
6　都道府県知事は、前項の規定により同項の災害防止措置の全部又は一部を講じたときは、当該災害防止措置に要した費用について、主務省令で定めるところにより、当該工事主等又は土地所有者等に負担させることができる。
7　前項の規定により負担させる費用の徴収については、行政代執行法第五条及び第六条の規定を準用する。

（工事等の届出）
第四十条　特定盛土等規制区域の指定の際、当該特定盛土等規制区域内において行われている特定盛土等又は土石の堆積に関する工事の工事主は、その指定があつた日から二十一日以内に、主務省令で定めるところにより、当該工事について都道府県知事に届け出なければならない。
2　都道府県知事は、前項の規定による届出を受理したときは、速やかに、主務省令で定めるところにより、工事主の氏名又は名称、特定盛土等又は土石の堆積に関する工事が施行される土地の所在地その他主務省令で定める事項を公表するとともに、関係市町村長に通知しなければならない。
3　特定盛土等規制区域内の土地（公共施設用地を除く。以下この章において同じ。）において、擁壁等に関する工事その他の工事で政令で定めるものを行おうとする者（第三十条第一項若しくは第三十五条第一項の許可を受け、又は

第二十七条第一項、第二十八条第一項若しくは第三十五条第二項の規定による届出をした者を除く。）は、その工事に着手する日の十四日前までに、主務省令で定めるところにより、その旨を都道府県知事に届け出なければならない。

4　特定盛土等規制区域内において、公共施設用地を宅地又は農地等に転用した者（第三十条第一項若しくは第三十五条第一項の許可を受け、又は第二十七条第一項、第二十八条第一項若しくは第三十五条第二項の規定による届出をした者を除く。）は、その転用した日から十四日以内に、主務省令で定めるところにより、その旨を都道府県知事に届け出なければならない。

（土地の保全等）

第四十一条　特定盛土等規制区域内の土地の所有者、管理者又は占有者は、特定盛土等又は土石の堆積（特定盛土等規制区域の指定前に行われたものを含む。次項及び次条第一項において同じ。）に伴う災害が生じないよう、その土地を常時安全な状態に維持するように努めなければならない。

2　都道府県知事は、特定盛土等規制区域内の土地について、特定盛土等又は土石の堆積に伴う災害の防止のため必要があると認める場合においては、その土地の所有者、管理者、占有者、工事主又は工事施行者に対し、擁壁等の設置又は改造その他特定盛土等又は土石の堆積に伴う災害の防止のため必要な措置をとることを勧告することができる。

（改善命令）

第四十二条　都道府県知事は、特定盛土等規制区域内の土地で、特定盛土等に伴う災害の防止のため必要な擁壁等が設置されておらず、若しくは極めて不完全であり、又は土石の堆積に伴う災害の防止のため必要な措置がとられておらず、若しくは極めて不十分であるために、これを放置するときは、特定盛土等又は土石の堆積に伴う災害の発生のおそれが大きいと認められるものがある場合においては、その災害の防止のため必要であり、かつ、土地の利用状況その他の状況からみて相当であると認められる限度において、当該特定盛土等規制区域内の土地又は擁壁等の所有者、管理者又は占有者（次項において「土地所有者等」という。）に対して、相当の猶予期限を付けて、擁壁等の設置若しくは改造、地形若しくは盛土の改良又は土石の除却のための工事を行うことを命ずることができる。

2　前項の場合において、土地所有者等以外の者の特定盛土等又は土石の堆積に関する不完全な工事その他の行為によつて同項の災害の発生のおそれが生じたことが明らかであり、その行為をした者（その行為が隣地における土地の形質の変更又は土石の堆積であるときは、その土地の所有者を含む。以下この項において同じ。）に前項の工事の全部又は一部を行わせることが相当であると認められ、かつ、これを行わせることについて当該土地所有者等に異議がないときは、都道府県知事は、その行為をした者に対して、同項の工事の全部又は一部を行うことを命ずることができる。

3　第三十九条第五項から第七項までの規定は、前二項の場合について準用する。

（立入検査）

第四十三条　都道府県知事は、第二十七条第四項（第二十八条第三項において準用する場合を含む。）、第三十条第一項、第三十五条第一項、第三十六条第一項若しくは第四項、第三十七条第一項、第三十九条第一項から第四項まで又は前条第一項若しくは第二項の規定による権限を行うために必要な限度において、その職員に、当該土地に立ち入り、当該土地又は当該土地において行われている特定盛土等若しくは土石の堆積に関する工事の状況を検査させることができる。

2　第七条第一項及び第三項の規定は、前項の場合について準用する。

3　第一項の規定による立入検査の権限は、犯罪捜査のために認められたものと解してはならない。

（報告の徴取）

第四十四条　都道府県知事は、特定盛土等規制区域内の土地の所有者、管理者又は占有者に対して、当該土地又は当該土地において行われている工事の状況について報告を求めることができる。

第七章　造成宅地防災区域

第四十五条　都道府県知事は、基本方針に基づき、かつ、基礎調査の結果を踏まえ、この法律の目的を達成するために必要があると認めるときは、宅地造成又は特定盛土等（宅地において行うものに限る。第四十七条第二項において同じ。）に伴う災害で相当数の居住者等に危害を生ずるものの発生のおそれが大きい一団の造成宅地（これに附帯する道路その他の土地を含み、宅地造成等工事規制区域内の土地を除く。）の区域であつて政令で定める基準に該当するものを、造成宅地防災区域として指定することができる。

2　都道府県知事は、擁壁等の設置又は改造その他前項の災害の防止のため必要な措置を講ずることにより、造成宅地防災区域の全部又は一部について同項の指定の事由がなくなつたと認めるときは、当該造成宅地防災区域の全部又は一部について同項の指定を解除するものとする。

3　第十条第二項から第六項までの規定は、第一項の規定による指定及び前項の規定による指定の解除について準用する。

第八章　造成宅地防災区域内における災害の防止のための措置

（災害の防止のための措置）

第四十六条　造成宅地防災区域内の造成宅地の所有者、管理者又は占有者は、前条第一項の災害が生じないよう、その造成宅地について擁壁等の設置又は改造その他必要な措置を講ずるように努めなければならない。

2　都道府県知事は、造成宅地防災区域内の造成宅地について、前条第一項の災害の防止のため必要があると認める場合においては、その造成宅地の所有者、管理者又は占有者に対し、擁壁等の設置又は改造その他同項の災害の防止のため必要な措置をとることを勧告することができる。

（改善命令）

第四十七条　都道府県知事は、造成宅地防災区域内の造成宅地で、第四十五条第一項の災害の防止のため必要な擁壁等が設置されておらず、又は極めて不完全であるために、これを放置するときは、同項の災害の発生のおそれが大きいと認められるものがある場合においては、その災害の防止のため必要であり、かつ、土地の利用状況その他の状況からみて相当であると認められる限度において、当該造成宅地又は擁壁等の所有者、管理者又は占有者（次項において「造成宅地所有者等」という。）に対して、相当の猶予期限を付けて、擁壁等の設置若しくは改造又は地形若しくは盛土の改良のための工事を行うことを命ずることができる。

2　前項の場合において、造成宅地所有者等以外の者の宅地造成又は特定盛土等に関する不完全な工事その他の行為によつて第四十五条第一項の災害の発生のおそれが生じたことが明らかであり、その行為をした者（その行為が隣地における土地の形質の変更であるときは、その土地の所有者を含む。以下この項において同じ。）に前項の工事の全部又は一部を行わせることが相当であると認められ、かつ、これを行わせることについて当該造成宅地所有者等に異議がないときは、都道府県知事は、その行為をした者に対して、同項の工事の全部又は一部を行うことを命ずることができる。

3　第二十条第五項から第七項までの規定は、前二項の場合について準用する。

（準用）

第四十八条　第二十四条の規定は都道府県知事が前条第一項又は第二項の規定による権限を行うため必要がある場合について、第二十五条の規定は造成宅地防災区域内における造成宅地の所有者、管理者又は占有者について準用する。

第九章　雑則

（標識の掲示）

第四十九条　第十二条第一項若しくは第三十条第一項の許可を受けた工事主又は第二十七条第一項の規定による届出をした工事主は、当該許可又は届出に係る土地の見やすい場所に、主務省令で定めるところにより、氏名又は名称その他の主務省令で定める事項を記載した標識を掲げなければならない。

（市町村長の意見の申出）

第五十条　市町村長は、宅地造成等工事規制区域、特定盛土等規制区域及び造成宅地防災区域内における宅地造成、特定盛土等又は土石の堆積に伴う災害の防止に関し、都道府県知事に意見を申し出ることができる。

（緊急時の指示）

第五十一条　主務大臣は、宅地造成、特定盛土等又は土石の堆積に伴う災害が発生し、又は発生するおそれがあると認められる場合において、当該災害を防止し、又は軽減するため緊急の必要があると認められるときは、都道府県知事に対し、この法律の規定により都道府県知事が行う事務のうち政令で定めるものに関し、必要な指示をすることができる。

（都道府県への援助）

第五十二条　主務大臣は、第十条第一項の規定による宅地造成等工事規制区域の指定、第二十六条第一項の規定による特定盛土等規制区域の指定及び第四十五条第一項の規定による造成宅地防災区域の指定その他この法律に基づく都道府県が行う事務が適正かつ円滑に行われるよう、都道府県に対する必要な助言、情報の提供その他の援助を行うよう努めなければならない。

（主務大臣等）

第五十三条　この法律における主務大臣は、国土交通大臣及び農林水産大臣とする。

2　この法律における主務省令は、主務大臣が共同で発する命令とする。

（政令への委任）

第五十四条　この法律に特に定めるもののほか、この法律によりなすべき公告の方法その他この法律の実施のため必要な事項は、政令で定める。

　　　第十章　罰則

第五十五条　次の各号のいずれかに該当する場合には、当該違反行為をした者は、三年以下の懲役又は千万円以下の罰金に処する。

一　第十二条第一項又は第十六条第一項の規定に違反して、宅地造成、特定盛土等又は土石の堆積に関する工事をしたとき。

二　第三十条第一項又は第三十五条第一項の規定に違反して、特定盛土等又は土石の堆積に関する工事をしたとき。

三　偽りその他不正な手段により、第十二条第一項、第十六条第一項、第三十条第一項又は第三十五条第一項の許可を受けたとき。

四　第二十条第二項から第四項まで又は第三十九条第二項から第四項までの規定による命令に違反したとき。

2　第十三条第一項又は第三十一条第一項の規定に違反して宅地造成、特定盛土等又は土石の堆積に関する工事の設計をした場合において、当該工事が施行されたときは、当該違反行為をした当該工事の設計をした者（設計図書を用いないで当該工事を施行し、又は設計図書に従わないで当該工事を施行したときは、当該工事施行者（当該工事施行者が法人である場合にあつては、その代表者）又はその代理人、使用人その他の従業者（次項において「工事施行者等」という。））は、三年以下の懲役又は千万円以下の罰金に処する。

3　前項に規定する違反があつた場合において、その違反が工事主（当該工事主が法人である場合にあつては、その代表者）又はその代理人、使用人その他の従業者（以下この項において「工事主等」という。）の故意によるものであるときは、当該設計をした者又は工事施行者等を罰するほか、当該工事主等に対して前項の刑を科する。

第五十六条　次の各号のいずれかに該当する場合には、当該違反行為をした者は、一年以下の懲役又は三百万円以下の罰金に処する。

一　第十七条第一項若しくは第四項、第十八条第一項、第三十六条第一項若しくは第四項又は第三十七条第一項の規定による申請をせず、又は虚偽の申請をしたとき。
二　第十九条第一項又は第三十八条第一項の規定による報告をせず、又は虚偽の報告をしたとき。
三　第二十三条第一項若しくは第二項、第二十七条第四項（第二十八条第三項において準用する場合を含む。）、第四十二条第一項若しくは第二項又は第四十七条第一項若しくは第二項の規定による命令に違反したとき。
四　第二十四条第一項（第四十八条において準用する場合を含む。）又は第四十三条第一項の規定による検査を拒み、妨げ、又は忌避したとき。

第五十七条　第二十七条第一項又は第二十八条第一項の規定による届出をしないでこれらの規定に規定する工事を行い、又は虚偽の届出をしたときは、当該違反行為をした者は、一年以下の懲役又は百万円以下の罰金に処する。

第五十八条　次の各号のいずれかに該当する場合には、当該違反行為をした者は、六月以下の懲役又は三十万円以下の罰金に処する。
一　第五条第一項の規定による土地の立入りを拒み、又は妨げたとき。
二　第六条第一項に規定する場合において、市町村長の許可を受けないで障害物を伐除したとき、又は都道府県知事の許可を受けないで土地に試掘等を行つたとき。
三　第二十一条第一項若しくは第四項又は第四十条第一項若しくは第四項の規定による届出をせず、又は虚偽の届出をしたとき。
四　第二十一条第三項又は第四十条第三項の規定による届出をしないでこれらの規定に規定する工事を行い、又は虚偽の届出をしたとき。
五　第二十五条（第四十八条において準用する場合を含む。）又は第四十四条の規定による報告をせず、又は虚偽の報告をしたとき。

第五十九条　第四十九条の規定に違反したときは、当該違反行為をした者は、五十万円以下の罰金に処する。

第六十条　法人の代表者又は法人若しくは人の代理人、使用人その他の従業者が、その法人又は人の業務又は財産に関し、次の各号に掲げる規定の違反行為をしたときは、行為者を罰するほか、その法人に対して当該各号に定める罰金刑を、その人に対して各本条の罰金刑を科する。
一　第五十五条三億円以下の罰金刑
二　第五十六条第三号一億円以下の罰金刑
三　第五十六条第一号、第二号若しくは第四号又は前三条各本条の罰金刑

第六十一条　第十六条第二項又は第三十五条第二項の規定に違反して、届出をせず、又は虚偽の届出をした者は、三十万円以下の過料に処する。

　　　附　則　抄
（施行期日）
1　この法律は、公布の日から起算して三月をこえない範囲内において政令で定める日から施行する。

宅地造成及び特定盛土等規制法施行令（抄）

昭和37年2月1日　政令第16号
最終改正：令和4年12月23日　政令第393号

　　　第一章　総則
　（定義等）
第一条　この政令において、「崖」とは地表面が水平面に対し三十度を超える角度をなす土地で硬岩盤（風化の著しいものを除く。）以外のものをいい、「崖面」とはその地表面をいう。
2　崖面の水平面に対する角度を崖の勾配とする。
3　小段その他の崖以外の土地によつて上下に分離された崖がある場合において、下層の崖面の下端を含み、かつ、水平面に対し三十度の角度をなす面の上方に上層の崖面の下端があるときは、その上下の崖は一体のものとみなす。
4　擁壁の前面の上端と下端（擁壁の前面の下部が地盤面と接する部分をいう。以下この項において同じ。）とを含む面の水平面に対する角度を擁壁の勾配とし、その上端と下端との垂直距離を擁壁の高さとする。

　（公共の用に供する施設）
第二条　宅地造成及び特定盛土等規制法（昭和三十六年法律第百九十一号。以下「法」という。）第二条第一号の政令で定める公共の用に供する施設は、砂防設備、地すべり防止施設、海岸保全施設、津波防護施設、港湾施設、漁港施設、飛行場、航空保安施設、鉄道、軌道、索道又は無軌条電車の用に供する施設その他これらに準ずる施設で主務省令で定めるもの及び国又は地方公共団体が管理する学校、運動場、墓地その他の施設で主務省令で定めるものとする。

　（宅地造成及び特定盛土等）
第三条　法第二条第二号及び第三号の政令で定める土地の形質の変更は、次に掲げるものとする。
　一　盛土であつて、当該盛土をした土地の部分に高さが一メートルを超える崖を生ずることとなるもの
　二　切土であつて、当該切土をした土地の部分に高さが二メートルを超える崖を生ずることとなるもの
　三　盛土と切土とを同時にする場合において、当該盛土及び切土をした土地の部分に高さが二メートルを超える崖を生ずることとなるときにおける当該盛土及び切土（前二号に該当する盛土又は切土を除く。）
　四　第一号又は前号に該当しない盛土であつて、高さが二メートルを超えるもの
　五　前各号のいずれにも該当しない盛土又は切土であつて、当該盛土又は切土をする土地の面積が五百平方メートルを超えるもの

　（土石の堆積）
第四条　法第二条第四号の政令で定める土石の堆積は、次に掲げるものとする。
　一　高さが二メートルを超える土石の堆積
　二　前号に該当しない土石の堆積であつて、当該土石の堆積を行う土地の面積が五百平方メートルを超えるもの

　　　第二章　宅地造成等工事規制区域内における宅地造成等に関する工事の規制
　（宅地造成等に伴う災害の発生のおそれがないと認められる工事等）
第五条　法第十二条第一項ただし書の政令で定める工事は、次に掲げるものとする。
　一　鉱山保安法（昭和二十四年法律第七十号）第十三条第一項の規定による届出をした者が行う当該届出に係る工事又は同法第三十六条、第三十七条、第三十九条第一項若しくは第四十八条第一項若しくは第二項の規定による産業保安監督部長若しくは鉱務監督官の命令を受けた者が行う当該命令の実施に係る工事

二　鉱業法（昭和二十五年法律第二百八十九号）第六十三条第一項の規定による届出をし、又は同条第二項（同法第八十七条において準用する場合を含む。）若しくは同法第六十三条の二第一項若しくは第二項の規定による認可を受けた者（同法第六十三条の三の規定により同法第六十三条の二第一項又は第二項の規定により施業案の認可を受けたとみなされた者を含む。）が行う当該届出又は認可に係る施業案の実施に係る工事

三　採石法（昭和二十五年法律第二百九十一号）第三十三条若しくは第三十三条の五第一項の規定による認可を受けた者が行う当該認可に係る工事又は同法第三十三条の十三若しくは第三十三条の十七の規定による命令を受けた者が行う当該命令の実施に係る工事

四　砂利採取法（昭和四十三年法律第七十四号）第十六条若しくは第二十条第一項の規定による認可を受けた者が行う当該認可に係る工事又は同法第二十三条の規定による都道府県知事若しくは河川管理者の命令を受けた者が行う当該命令の実施に係る工事

五　前各号に掲げる工事と同等以上に宅地造成等に伴う災害の発生のおそれがないと認められる工事として主務省令で定めるもの

2　法第十二条第二項第四号（法第十六条第三項において準用する場合を含む。）の政令で定める事業は、次に掲げるものとする。

一　土地区画整理法（昭和二十九年法律第百十九号）第二条第一項に規定する土地区画整理事業

二　土地収用法（昭和二十六年法律第二百十九号）第二十六条第一項の規定による告示（他の法律の規定による告示又は公告で同項の規定による告示とみなされるものを含む。）に係る事業

三　都市再開発法（昭和四十四年法律第三十八号）第二条第一号に規定する第一種市街地再開発事業

四　大都市地域における住宅及び住宅地の供給の促進に関する特別措置法（昭和五十年法律第六十七号）第二条第四号に規定する住宅街区整備事業

五　密集市街地における防災街区の整備の促進に関する法律（平成九年法律第四十九号）第二条第五号に規定する防災街区整備事業

六　所有者不明土地の利用の円滑化等に関する特別措置法（平成三十年法律第四十九号）第二条第三項に規定する地域福利増進事業のうち同法第十九条第一項に規定する使用権設定土地において行うもの

　　附　則　抄

（施行期日）

1　この政令は、宅地造成等規制法の一部を改正する法律の施行の日（令和5年5月26日）から施行する。

宅地造成及び特定盛土等規制法施行規則（抄）

> 昭和37年2月1日　建設省令第16号
> 最終改正：令和5年3月31日　農林水産省令・国土交通省令第3号

（公共の用に供する施設）

第一条　宅地造成及び特定盛土等規制法施行令（昭和三十七年政令第十六号。以下「令」という。）第二条の主務省令で定める砂防設備、地すべり防止施設、海岸保全施設、津波防護施設、港湾施設、漁港施設、飛行場、航空保安施設、鉄道、軌道、索道又は無軌条電車の用に供する施設その他これらに準ずる施設は、雨水貯留浸透施設、農業用ため池及び防衛施設周辺の生活環境の整備等に関する法律（昭和四十九年法律第百一号）第二条第二項に規定する防衛施設とする。

2　令第二条の主務省令で定める国又は地方公共団体が管理する施設は、学校、運動場、緑地、広場、墓地、廃棄物処理施設、水道、下水道、営農飲雑用水施設、水産飲雑用水施設、農業集落排水施設、漁業集落排水施設、林地荒廃防止施設及び急傾斜地崩壊防止施設とする。

（宅地造成等に伴う災害の発生のおそれがないと認められる工事）

第八条　令第五条第一項第五号の主務省令で定める工事は、次に掲げるものとする。

一　土地改良法（昭和二十四年法律第百九十五号）第二条第二項に規定する土地改良事業、同法第十五条第二項に規定する事業又は土地改良事業に準ずる事業に係る工事

二　火薬類取締法（昭和二十五年法律第百四十九号）第三条若しくは第十条第一項の許可を受け、若しくは同条第二項の規定による届出をした者が行う火薬類の製造施設の設置に係る工事、同法第十二条第一項の許可を受け、若しくは同条第二項の規定による届出をした者が行う当該許可若しくは届出に係る工事又は同法第二十七条第一項の許可を受けた者が行う当該許可に係る工事

三　家畜伝染病予防法（昭和二十六年法律第百六十六号）第二十一条第一項若しくは第四項（同法第四十六条第一項の規定により読み替えて適用する場合を含む。）の規定による家畜の死体の埋却に係る工事又は同法第二十三条第一項若しくは第三項（同法第四十六条第一項の規定により読み替えて適用する場合を含む。）の規定による家畜伝染病の病原体により汚染し、若しくは汚染したおそれがある物品の埋却に係る工事

四　廃棄物の処理及び清掃に関する法律（昭和四十五年法律第百三十七号）第七条第六項若しくは第十四条第六項の許可を受けた者若しくは市町村の委託（非常災害時における市町村から委託を受けた者による委託を含む。）を受けて一般廃棄物の処分を業として行う者が行う当該許可若しくは委託に係る工事又は同法第八条第一項、第九条第一項、第十五条第一項若しくは第十五条の二の六第一項の許可を受けた者が行う当該許可に係る工事

五　土壌汚染対策法（平成十四年法律第五十三号）第十六条第一項の規定による届出をした者が行う当該届出に係る工事又は同法第二十二条第一項若しくは第二十三条第一項の許可を受けた者が行う当該許可に係る工事

六　平成二十三年三月十一日に発生した東北地方太平洋沖地震に伴う原子力発電所の事故により放出された放射性物質による環境の汚染への対処に関する特別措置法（平成二十三年法律第百十号）第十五条若しくは第十九条の規定による廃棄物の保管若しくは処分、第十七条第二項（同法第十八条第五項において準用する場合を含む。）の規定による廃棄物の保管、同法第三十条第一項若しくは第三十八条第一項の規定による除去土壌の保管若しくは処分又は同法第三十一条第一項若しくは第三十九条第一項の規定による除去土壌等の保管に係る工事

七　森林の施業を実施するために必要な作業路網の整備に関する工事

八　国若しくは地方公共団体又は次に掲げる法人が非常災害のために必要な応急措置として行う工事

　イ　地方住宅供給公社

　ロ　土地開発公社

　ハ　日本下水道事業団

ニ　独立行政法人鉄道建設・運輸施設整備支援機構
　　ホ　独立行政法人水資源機構
　　ヘ　独立行政法人都市再生機構
九　宅地造成又は特定盛土等（令第三条第五号の盛土又は切土に限る。）に関する工事のうち、高さが二メートル以下であつて、盛土又は切土をする前後の地盤面の標高の差が三十センチメートル（都道府県が規則で別に定める場合にあつては、その値）を超えない盛土又は切土をするもの
十　次に掲げる土石の堆積に関する工事
　　イ　令第四条第一号の土石の堆積であつて、土石の堆積を行う土地の面積が三百平方メートルを超えないもの
　　ロ　令第四条第二号の土石の堆積であつて、土石の堆積を行う土地の地盤面の標高と堆積した土石の表面の標高との差が三十センチメートル（都道府県が規則で別に定める場合にあつては、その値）を超えないもの
　　ハ　工事の施行に付随して行われる土石の堆積であつて、当該工事に使用する土石又は当該工事で発生した土石を当該工事の現場又はその付近に堆積するもの

　　　附　則
この省令は、宅地造成等規制法の一部を改正する法律の施行の日（令和5年5月26日）から施行する。

宅地造成、特定盛土等又は土石の堆積に伴う災害の防止に関する基本的な方針

令和五年五月二十九日農林水産省、国土交通省告示第五号

宅地造成及び特定盛土等規制法（昭和三十六年法律第百九十一号）第三条第一項の規定に基づき、宅地造成、特定盛土等又は土石の堆積に伴う災害の防止に関する基本的な方針を次のように定めたので、同条第四項の規定に基づき告示する。

目次
一　宅地造成及び特定盛土等規制法に基づき行われる宅地造成、特定盛土等又は土石の堆積に伴う災害の防止に関する基本的な事項
　1　宅地造成、特定盛土等又は土石の堆積に伴う災害の防止に関する基本的な方針の位置付け
　2　盛土等に伴う災害の防止の考え方
　（1）法に基づく盛土等に伴う災害の防止に向けた措置
　（2）法施行体制・能力の強化
　（3）不法・危険盛土等への対応
二　基礎調査の実施について指針となるべき事項
　1　基礎調査の実施に当たっての基本的考え方
　2　宅地造成等工事規制区域の指定及び特定盛土等規制区域の指定のために必要な調査
　（1）宅地造成等工事規制区域の指定及び特定盛土等規制区域の指定のために必要な調査の実施に当たっての基本的考え方
　（2）宅地造成等工事規制区域の指定のために必要な調査
　（3）特定盛土等規制区域の指定のために必要な調査
　（4）調査の結果の通知及び公表
　（5）規制区域の指定後の調査の実施
　3　造成宅地防災区域の指定のために必要な調査
　（1）造成宅地防災区域の指定のために必要な調査の実施に当たっての基本的考え方
　（2）造成宅地防災区域の指定のために必要な調査
　（3）調査の結果の通知及び公表
　4　盛土等に伴う災害の防止のための調査
　（1）盛土等に伴う災害の防止のための調査の位置付け
　（2）盛土等に伴う災害の防止のために必要な調査
　（3）調査の結果の通知及び公表
三　宅地造成等工事規制区域の指定、特定盛土等規制区域の指定及び造成宅地防災区域の指定について指針となるべき事項
　1　宅地造成等工事規制区域の指定及び特定盛土等規制区域の指定について指針となるべき事項
　（1）宅地造成等工事規制区域の指定及び特定盛土等規制区域の指定
　（2）宅地造成等工事規制区域及び特定盛土等規制区域指定後の対応
　2　造成宅地防災区域の指定について指針となるべき事項
　（1）造成宅地防災区域の指定
　（2）造成宅地防災区域指定後の対応
四　その他宅地造成、特定盛土等又は土石の堆積に伴う災害の防止に関する重要事項
　1　建設工事から発生する土の搬出先の明確化等
　（1）元請業者による建設発生土の搬出先の明確化等

（2）公共工事の発注者による建設発生土の搬出先の明確化等
（3）建設発生土の更なる有効利用に向けた取組
2　廃棄物混じり盛土の発生防止等
（1）マニフェスト管理等の強化
（2）関連事業者の法令遵守体制の強化
（3）廃棄物混じり盛土等への対処体制の確立
3　盛土等の土壌汚染等に係る対応
4　太陽光発電に係る対応

一 宅地造成及び特定盛土等規制法に基づき行われる宅地造成、特定盛土等又は土石の堆積に伴う災害の防止に関する基本的な事項

1 宅地造成、特定盛土等又は土石の堆積に伴う災害の防止に関する基本的な方針の位置付け

　令和三年七月に静岡県熱海市において発生した土石流災害では、多くの尊い生命や財産が失われ、上流部の盛土が崩落したことが被害の甚大化につながったとされている。このほか、全国各地で人為的に行われる違法な盛土や不適切な工法の盛土の崩落による人的・物的被害が確認されており、宅地造成、特定盛土等又は土石の堆積（以下「盛土等」という。）に伴う災害の防止は喫緊の課題となっている。今回の災害を教訓として、盛土等に伴う災害の防止に向けた対応にしっかりと取り組まなければならない。

　盛土等に伴う災害の防止のため、地方公共団体による対応が十分なものとなるよう、広域的な対応の観点から、国による関与が不可欠である。なお、盛土等に伴う災害の防止については、宅地、農地、森林等の土地利用行政、廃棄物行政等、多くの行政分野に及ぶことから、関係府省による緊密な連携の下、取り組む必要がある。

　また、地方公共団体が果たすべき役割として、災害危険性の高い盛土等が把握された場合は、住民への周知等が重要となるほか、安全性を確保するための一刻も早い対策が求められる。加えて、現場における強固な法施行体制の構築のほか、公共工事の発注者、すなわち建設発生土の発生原因者の立場としても、適切な対応が求められる。その際、広域自治体である都道府県と、基礎自治体である市町村とが、適切な役割分担の下、緊密に連携し対処していくことが重要である。

　さらに、建設発生土の管理を行う建設業者、運送業者、廃棄物処理業者等をはじめとした、盛土等に関連する民間事業者についても、違法な盛土や不適切な工法の盛土の発生責任の一端を担っているとの意識の下、より一層の取組が求められる。

　このように、盛土等に関連する主体は、公共から民間まで多岐にわたり、また、盛土等に伴う災害の防止のための対応策は、土地利用規制や廃棄物規制等の多くの行政分野に及ぶものであるため、関係者一人一人が社会的な役割と責任を果たしていくとともに、行政分野間で相互に連携しながら取組を進めていくことが効果的である。このため、国においては、盛土等に伴う災害の防止に関して、国土全体に渡る総括的な考え方を示すとともに、関連する対応策を総覧できる基本的な方針を策定し、その方針の下で、地方公共団体が円滑に対応できるようにすることが重要である。

　この基本的な方針は、このような認識の下、盛土等に伴う災害の防止を図るために必要な事項を定めるものである。

2 盛土等に伴う災害の防止の考え方

　盛土等に伴う災害の防止に当たっては、従来、土地利用規制に関する各法律により開発を規制していたが、各法律の目的の限界等から、盛土等の規制が必ずしも十分でないエリアが存在していた。

　また、地方公共団体で定める盛土等の規制に関する条例（以下「盛土等条例」という。）についても、規制内容に地域差があったため、結果として、規制の弱い地域に危険な盛土等が行われていたと考えられる。

　このような状況を踏まえ、盛土等による災害から国民の生命又は身体を守るため、従来の宅地造成等規制法（昭和三十六年法律第百九十一号）の法律名を「宅地造成及び特定盛土等規制法」（昭和三十六年法律第百九十一号。以下「法」という。）に改正し、宅地、農地、森林等の土地の用途にかかわらず、危険な盛土等を全国一律の基準で包括的に規制することとした。

　法に基づく規制を実効性のあるものとするためには、国及び地方公共団体において、法を施行するために必要な組織体制の構築や連携の強化を図ることにより、法施行体制・能力を強化し、違法性又は危険性のある盛土等（以下「不法・危険盛土等」という。）への対応を含め、盛土等に伴う災害の防止のために万全を期すことが重要である。

　このため、国においては、地方公共団体による法の運用が円滑かつ適切に行われるよう、必要なガイドラインの整備や技術的な支援等を行うものとする。

（1）法に基づく盛土等に伴う災害の防止に向けた措置

①隙間のない規制

　都道府県知事（指定都市又は中核市の区域内の土地については、それぞれ指定都市又は中核市の長。以下同じ。）

が、宅地、農地、森林等の土地の用途にかかわらず、盛土等により人家等に被害を及ぼしうる区域を規制区域として指定し、当該規制区域内で行われる盛土等を都道府県知事の許可の対象とするとともに、宅地造成の際に行われる盛土や切土だけでなく、単なる土捨て行為や土石の一時的な堆積についても規制の対象としている。

また、都道府県（指定都市又は中核市の区域内の土地については、それぞれ指定都市又は中核市。以下同じ。）が盛土等に伴う災害発生のリスクを正確に把握し、規制区域の指定や盛土等に伴う災害の防止のために必要な対策を的確かつ迅速に遂行できるよう、定期的に、包括的な基礎調査を行うこととしている。

具体的な基礎調査の実施方法や規制区域の指定に当たっての考え方については、二及び三を参照されたい。

②盛土等の安全性の確保

盛土等を行うエリアの地形、地質等に応じて、災害の防止のために必要な許可基準として、工事の技術的基準、工事主の資力及び信用、工事施行者の能力及び土地の所有者等の同意を定めるとともに、当該許可基準に沿って安全対策が行われているかどうかを確認するため、工事の施行状況の定期報告、工事施行中の中間検査及び工事完了時の完了検査等を実施することとしている。

法所管部局は、許可の申請又は届出を受けた場合にあっては、他の土地利用規制担当部局等と連携し相互に盛土等の情報を共有すること等により、不法・危険盛土等が行われることがないよう留意すべきである。

国においては、都道府県において法に基づく許可や検査等が適正かつ円滑に行われるよう、具体的な運用に関するガイドラインを整備するものとする。

また、盛土等を行うに当たり、安全かつ適正な工事が円滑に行われるよう、工事主は、盛土等の許可の申請をするときは、あらかじめ周辺地域の住民に対して、説明会の開催等により、工事の内容の事前周知を行うこととしている。その際、工事施行中における粉塵の飛散防止対策や工事車両の通行に関する配慮等、工事に関して住民から出された要望等を踏まえ、周辺環境に十分配慮した工事を行うことが求められるほか、工事主の資力及び信用や工事施行者の能力があることはもとより、盛土等の設計や工事の施行管理等についても、必要な知見を有する者により行うことが求められる。

さらに、盛土等の規制については、都道府県の条例又は規則により、工事の技術的基準の強化のほか、定期報告の頻度や内容、中間検査の対象項目等の上乗せができることとしており、都道府県が必要と認める場合は、地域の実情に応じた措置を講じるものとする。

③責任の所在の明確化

都道府県知事が指定した規制区域内の土地の所有者、管理者又は占有者（以下「土地所有者等」という。）は、盛土等（規制区域の指定前に行われたものを含む。）に伴う災害が生じないよう、その土地を常時安全な状態に維持する努力義務を有することを明確化するとともに、災害の防止のため必要なときは、土地所有者等以外の原因行為者に対しても、勧告や改善命令ができることとしている。

国及び地方公共団体は、盛土等が行われる土地所有者等に土地の保全等に関する努力義務が生じることのほか、盛土等を行った結果、不動産登記簿に記載されている地目が現況と異なる場合においては、不動産登記法（平成十六年法律第百二十三号）に基づき土地の所有者において地目を現況に応じて適切に変更する必要があることについて、災害の防止や土地の適切な管理の観点から、継続的に普及啓発を行うことが重要である。

一方で、土地所有者等においては、自らが所有等する土地に盛土等を行った場合には、その盛土等により周辺の人家等に危害が生じることのないよう、定期的に盛土等の変状の有無を確認する等、適切に維持保全することが求められるほか、第三者によって同意なく盛土等が行われることのないよう、適切に管理することが求められる。

法所管部局は、不法・危険盛土等が把握された場合は、他の土地利用規制担当部局とも連携し、いたずらに行政指導を繰り返すことなく、行為者、土地所有者等への行政処分を適切に行うことが重要である。

④実効性のある罰則の措置

無許可行為、技術的基準違反、命令違反等に対する懲役刑及び罰金刑について、条例による罰則の上限より高い水準

に強化(最大で懲役三年以下又は罰金千万円以下)している。また、法人に対しても抑止力として十分機能するよう、法人重科を措置(最大で罰金三億円以下)している。

法所管部局は、不法・危険盛土等に係る行為者、土地所有者等が行政処分に従わない場合は、他の土地利用規制担当部局や警察とも連携し、刑事告発も含めた対応を検討することが重要である。

(2) 法施行体制・能力の強化
①法の施行に必要な組織体制の構築

盛土等に伴う災害の防止を図るためには、各関係制度を所管する関係部局間で緊密に連携することが重要であることから、国においては、関係府省連絡会議を継続して開催する等体制を充実するとともに、制度を運用する地方公共団体の課題に関係府省で連携して対応するものとする。

また、地方公共団体においては、法所管部局の法施行体制を確立するとともに、従来の宅地造成担当部局、農地担当部局、森林担当部局、盛土等条例担当部局等の土地利用規制担当部局が、法所管部局のもと、それぞれ主体的に法の運用に関与し、廃棄物規制担当部局、環境担当部局、警察等の関係部局と連携しつつ、既存法令等による対応も含め、総力を挙げて盛土等の安全対策に取り組むことが重要である。

特に、法に基づく規制区域内の土地で許可を受けないで盛土等が行われた場合や、許可を受けたものの申請と異なる盛土等が行われた場合等、不法・危険盛土等に対する対処体制を確立する必要がある。

このため、必要に応じて、法所管部局、土地利用規制担当部局、廃棄物規制担当部局、環境担当部局、警察等の関係部局による定期的な連絡会議の開催や人事交流等、連携がより一層効果的になる取組を行うことが求められる。

その際、従来の宅地造成等規制法所管部局との関係に留意しつつ、規制当局としての専門性・中立性の確保、都市計画法(昭和四十三年法律第百号)、農地法(昭和二十七年法律第二百二十九号)、森林法(昭和二十六年法律第二百四十九号)、廃棄物の処理及び清掃に関する法律(昭和四十五年法律第百三十七号。以下「廃棄物処理法」という。)、盛土等条例等の関係部局との緊密な連携体制の確保等にも留意すべきである。

さらに、農地法、森林法、砂防法(明治三十年法律第二十九号)等の関係法令に基づく許認可等に際しては、許認可等権者において法に基づく許可の状況を確認する等、関係法令と一体的に運用することが重要である。

国においては、地方公共団体に対して、こうした連携体制の確保等のために必要な情報提供や助言を行う等、早期の施行体制の確立を促すものとする。

②国土交通省及び農林水産省の連携及び役割

法の施行に当たっては、宅地、農地、森林等の土地の用途にかかわらず、国土交通省及び農林水産省が連携して対応する。具体的には、国土交通省は主に宅地に関する見地から、農林水産省は主に農地、森林等に関する見地から、それぞれにおいて蓄積された知見を合わせ、規制区域の指定基準や技術的基準の策定、安全対策の確保等、両省が一体となって必要な対応を行うことにより、盛土等に伴う災害の防止に効果的に取り組むものとする。

(3) 不法・危険盛土等への対応

過去の盛土の崩落事例では、法令に基づく改善命令等が行われたケースが必ずしも多くないことから、制度の運用に当たっては、ノウハウの共有や体制等を考慮していく必要がある。

そこで、国においては、地方公共団体による不法・危険盛土等への対処が適切に行われるよう、違法性や危険性のある盛土等を発見した際の違法性や危険性等に関する現認方法や、その後の対応のために必要な法的手続、安全対策等について、ガイドラインを整備するものとする。

また、衛星データ等の活用も含めた平素からの監視や違反行為の早期発見、関係機関での情報共有や違法行為を行った行為者等に対する迅速な行政処分等、不法・危険盛土等に対処するために必要な対策を講じることにより、法制度の実効性を確保することが重要である。

さらに、行政の法施行体制・能力の強化のみならず、住民、地域の建設関連事業者等も含め、地域一体となった不法・危険盛土等への監視体制を整えていくことも必要である。併せて、盛土等の行為や土砂の運搬等に関連する事業者

への対応を強化することが重要である。
　加えて、近年増加が懸念される所有者不明土地においても不法・危険盛土等が発生しないよう、関係機関が連携し適切な措置を講じることが必要である。

①不法・危険盛土等を把握しやすい体制や環境の整備
　法に基づく許可を受けた盛土等については、都道府県知事による許可地一覧の公表や、工事現場等における許可を受けた旨の標識の掲示を行うものとする。
　地方公共団体において、地域の住民や関係市町村長（特別区の長を含む。以下同じ。）が不法・危険盛土等を認識しやすい環境を整備するとともに、ワンストップの相談窓口を整備する等、通報しやすい環境を整備することが重要である。その際、地域の住民も必要な情報を確認できるよう、都道府県知事による許可地一覧の公表方法は、インターネットの利用を基本とする。
　また、地方公共団体の関係部局間において、入手した不法・危険盛土等に関する通報情報を共有することで、当該盛土等の早期発見に努めるべきである。
　さらに、都道府県（指定都市又は中核市を除く。）が法の施行権限を有する地域においても、地域の実情に精通する市町村との間で盛土等に関する情報を共有するとともに、農地法、森林法、砂防法等関係法令を所管する地方公共団体のほか、必要な場合は国の機関も含め、不法・危険盛土等の対応について緊密に連携することが重要である。
　加えて、法所管部局における現場検査やパトロール等により、盛土等に廃棄物が混入する事案や土壌汚染が疑われる事案が確認された場合、関係部局へ速やかに情報を共有し、関係部局が連携して対応することが重要である。
　このほか、法所管部局と他の関係部局との連携による定期的なパトロールの実施も効果的であると考えられる。

②危険な盛土箇所に関する対策
イ　基本的な考え方
　災害危険性の高い盛土等が把握された場合には、盛土の崩落等により人家等への影響が懸念されることから、安全性を確保するための対策を早期に実施する必要がある。
　このような安全対策は、行為者等による是正措置が基本であるため、法所管部局と他の土地利用規制担当部局、廃棄物規制担当部局等が連携し、地方公共団体から行為者等に対し、速やかに是正指導を行うべきである。
　他方、これまでの実例を踏まえると、行為者等が是正指導に従わない場合、又は存在しない、特定できない場合等、対策が円滑に進捗しないケースが見受けられる。また、行為者等による是正のみでは、対策までに大幅な時間を要し、安全確保に必要な対策を十分かつ機動的に実施できないことも懸念される。
　このため、災害危険性の高い盛土等については、行為者等による是正措置のみならず、対策の緊急性等を踏まえながら、地方公共団体による対策も含め、実施する必要がある。国においては、こうした地方公共団体による安全対策に対し、必要に応じ長期間に渡り継続的な支援を行うものとする。
　また、安全対策が完了するまでの間、現地における監視体制の充実や緊急時の通報体制の構築等により、盛土の崩落等による被害を未然に防止・軽減する取組を行うことも重要である。
　さらに、不法・危険盛土等への対応については、行政代執行等難しい判断が求められる場合もあることから、必要に応じて、有識者等から意見を聴くことも考えられる。

ロ　行為者等に対する法令上の措置の徹底
　法令上の手続が適切にとられていない盛土等については、地方公共団体より行為者等に対し、撤去等の必要な是正措置をとるよう速やかに指導を行う必要がある。特に、災害危険性の高い盛土等については、優先して重点的に指導することが求められる。行為者等がこれに応じず、法令等に基づく行政処分等の対象となる場合は、躊躇なくこれを行い、厳正に対処するべきである。
　また、行為者等が行政処分等に応じない場合や、行為者等が確知できない場合で、法令等に基づき、土地所有者等に対して行政処分等が可能な場合は、地方公共団体より土地所有者等に対しても、必要な是正措置をとるよう指導する必

要がある。当該者がこれに応じない場合は、躊躇なく行政処分等を行うべきである。

さらに、廃棄物が混入されている盛土等であった場合は、廃棄物規制担当部局より、行為者等に対し速やかに行政指導を行った上で、対象となる場合は躊躇なく廃棄物処理法に基づく措置命令等を行い、厳正に対処するべきである。また、不法投棄を行った者のみならず、これを知りつつ土地を提供等した土地所有者等も行政処分等の対象となり得ることから、事実関係を精査の上、厳正に対処する必要がある。

ハ　危険箇所対策等

災害危険性の高い盛土等については、人家等への影響、災害履歴や地質等の現場状況に応じた危険箇所対策等を講じることが重要である。具体的には、一時的に崩落等の被害を回避するための土嚢設置等の応急対策、測量・ボーリング・監視等の詳細調査、土砂の撤去・擁壁・堰堤の設置等の抜本的な危険箇所対策等を行うことが考えられる。

災害危険性の高い盛土等を対象に、法令等に基づく行政処分等を行ってもなお行為者等による是正が困難であることが想定される場合、地方公共団体が行為者等に代わり、行政代執行による手続をとることを基本（緊急の場合には一部の手続を経ないで代執行をすることを含む。）とし、速やかに危険箇所対策を行っていく必要がある。

また、地方公共団体が実施する応急対策や詳細調査、危険箇所対策については、国から地方公共団体に対し、行政代執行を含めた積極的対応を支援するものとする。

ニ　危険箇所対策が完了するまでの間の措置

災害危険性の高い盛土等については、地方公共団体において速やかにその内容を公表し、住民に周知等を図ることが望ましい。加えて、緊急の通報体制の構築等により盛土の変状等の異常が発生した際や台風の接近等で大雨による土砂災害の発生が予想される場合に、近隣の住民の迅速な避難につなげる情報を発信する等、行政と住民の情報共有による被害の防止を図ることも重要である。把握された盛土等の情報を踏まえ、市町村の地域防災計画や避難情報の発令基準等の見直しの検討が必要となった場合には、都道府県（指定都市又は中核市を除く。）の関係部局が連携し、市町村への適切な助言や支援を行うことが望ましい。

また、撤去等の措置により盛土等の安全性が確保できるまでの間は、必要に応じ、監視カメラや定点観測等による現地状況の監視を行うことが重要であり、国による支援制度を活用することも考えられる。

地方公共団体においては、撤去等の措置を実施する部局の対応のみではなく、危機管理担当部局や被害を生じるおそれがある公共施設の管理者、警察や消防等関係者が連携して対応することが重要である。

③関連事業者への対応

建設業法（昭和二十四年法律第百号）においては、建設業者が建設業法以外の法令に違反し、建設業者として不適当と認められる場合、国土交通大臣又は都道府県知事（指定都市又は中核市の長を除く。）は、当該建設業者に対して必要な指示及び営業の停止を命じることができる。建設業者が法に違反した場合についても、建設業法による処分の具体的基準である「建設業者の不正行為等に対する監督処分の基準」に基づき必要な処分を行う。

建設現場等から土砂を搬出するトラック運送事業者については、搬出先が法に基づく許可等を受けているかどうか確認するよう周知するとともに、過積載による運行を行った場合には、当該事業者を貨物自動車運送事業法（平成元年法律第八十三号）に基づき必要な処分を行う。また、土砂を運搬する当該運行に使用された車両に不正改造が認められた場合には、当該車両の使用者に対し、道路運送車両法（昭和二十六年法律第百八十五号）に基づき必要な処分を行う。

廃棄物処理法においては、廃棄物処理業者が廃棄物処理法以外の法令に違反し、廃棄物処理業者として廃棄物の適正な処理を確保することができないと認められる場合、当該廃棄物処理業者に対して事業の停止を命ずることができる。廃棄物処理業者が法や貨物自動車運送事業法に違反した場合についても、適切に対処するものとする。

二　基礎調査の実施について指針となるべき事項

1　基礎調査の実施に当たっての基本的考え方

基礎調査は、法に基づく盛土等に伴う災害の防止のための対策を講ずるに当たって不可欠な調査であり、都道府県

は、速やかに基礎調査に着手するとともに、おおむね五年ごとに調査を行うことが必要である。そして、国においては、都道府県が基礎調査を計画的に実施できるよう、財政面、技術面等の支援を行うものとする。

また、都道府県は、調査を実施するに当たっては、盛土等に伴う災害関連情報を有する国及び地域開発の動向等をより詳細に把握する市町村の関係部局と緊密に連携する必要がある。

なお、調査に当たっては、難しい判断が求められる場合も想定されるため、必要に応じて、地盤工学等に精通する有識者等から意見を聴くことも考えられる。

2 宅地造成等工事規制区域の指定及び特定盛土等規制区域の指定のために必要な調査
（1）宅地造成等工事規制区域の指定及び特定盛土等規制区域の指定のために必要な調査の実施に当たっての基本的考え方

宅地造成等工事規制区域及び特定盛土等規制区域は、当該区域内で新たに行われる盛土等に関する工事の規制や、既存盛土等に対する是正命令等を行うことにより盛土等に伴う災害から人命を守るために都道府県知事が指定するものである。

このため、都道府県は、盛土等に伴う災害から人命を守るため、速やかに当該区域の指定のために必要な調査を実施する必要がある。

なお、調査の実施に当たっては、既存の区域や土地利用情報、地形データのほか、既往の調査結果等を活用することを基本とし、必要に応じて現地調査を実施する。また、地域の地形・地質や土地利用、盛土等に関する情報を有する市町村と情報の共有を図る等、連携して調査を実施する。さらに、隣接する都道府県とも、行政区域の境界における区域指定等について互いに整合がとれるよう調整する等、連携して調査を実施するよう努めるものとする。

（2）宅地造成等工事規制区域の指定のために必要な調査

宅地造成等工事規制区域は、市街地や集落等、人家等がまとまって存在し、盛土等が行われれば人家等に危害を及ぼしうるエリアについて、これらに隣接・近接する区域も含めて指定するものである。

宅地造成等工事規制区域の指定のために必要な調査として、以下に掲げるものを行う。

①市街地等区域の抽出

盛土等に伴う災害から人命を守るために保全する必要がある対象として、市街地若しくは市街地となろうとする土地の区域又は集落の区域を抽出する。さらに、これらの区域に隣接・近接する土地の区域で、当該区域における盛土等が崩落した場合に隣接・近接する市街地や集落等の人家等に危害を及ぼすおそれのある区域について、地形等を踏まえて抽出する。

②盛土等に伴う災害が発生する蓋然性のない区域の除外

①で抽出した区域のうち、盛土等に伴う災害が発生する蓋然性のない区域を除外する。区域の除外に当たっては、既存盛土等の分布状況や、今後の盛土等が行われる可能性、盛土等に伴う災害の発生状況等を踏まえ、災害を引き起こすような盛土等が行われる蓋然性の有無を判断する。

③宅地造成等工事規制区域の候補区域の設定

①、②により抽出された区域をもとに、宅地造成等工事規制区域の候補区域を設定する。区域の設定に当たっては、規制区域界が明瞭に判断できる諸条件を勘案して境界を設定する。

（3）特定盛土等規制区域の指定のために必要な調査

特定盛土等規制区域は、市街地や集落等からは離れているものの、地形等の条件から、盛土等が行われれば人家等に危害を及ぼしうるエリア等について指定するものである。

特定盛土等規制区域の指定のために必要な調査として、以下に掲げるものを行う。

①盛土等に伴う災害により居住者等の生命又は身体に危害を生ずるおそれが特に大きいと認められる区域の抽出

　盛土等に伴う災害により居住者等の生命又は身体に危害を生ずるおそれが特に大きいと認められる区域を抽出する。具体的には、盛土等が崩落した場合に、流出した土砂が土石流となって渓流等を流下し、盛土等に伴う災害から人命を守るために保全する必要がある人家等に危害を及ぼすおそれのある渓流等の上流域等について、地形等を踏まえて抽出するほか、土砂災害発生の危険性を有する区域や過去に大災害が発生した区域等を抽出する。

②盛土等に伴う災害が発生する蓋然性のない区域の除外

　①で抽出した区域のうち、盛土等に伴う災害が発生する蓋然性のない区域を除外する。区域の除外に当たっては、既存盛土等の分布状況や、今後の盛土等が行われる可能性、盛土等に伴う災害の発生状況等を踏まえ、災害を引き起こすような盛土等が行われる蓋然性の有無を判断する。

③特定盛土等規制区域の候補区域の設定

　①、②により抽出された区域をもとに、特定盛土等規制区域の候補区域を設定する。区域の設定に当たっては、宅地造成等工事規制区域と重複する区域を除外するとともに、規制区域界が明瞭に判断できる諸条件を勘案して境界を設定する。

（4）調査の結果の通知及び公表

　（2）及び（3）の調査実施後、都道府県（指定都市又は中核市を除く。）は、速やかに関係市町村長に対し、調査の結果を通知する。具体的には、調査の結果及びその概要を記載した書面を送付して行う。

　また、都道府県は、宅地造成等工事規制区域及び特定盛土等規制区域の候補区域の範囲を示した図面を公表する。その公表方法は、インターネットの利用によることを基本とする。

（5）規制区域の指定後の調査の実施

　規制区域の指定後は、おおむね五年ごとに、土地利用状況等を確認し、変化が認められた場合は、規制区域の見直しの必要性を検討する。なお、土地利用状況等が変化し、規制区域を指定していないエリアにおいて、新たな規制区域の指定を検討する必要が生じた場合は、速やかに調査を行うものとする。

3　造成宅地防災区域の指定のために必要な調査

（1）造成宅地防災区域の指定のために必要な調査の実施に当たっての基本的考え方

　造成宅地防災区域は、宅地造成等工事規制区域内の土地以外で、宅地造成又は特定盛土等（宅地において行うものに限る。）に伴う災害で相当数の居住者等に危害を生ずるものの発生のおそれが大きい一団の造成宅地（これに附帯する道路その他の土地を含む。）を都道府県知事が指定し、指定された造成宅地に対して災害の防止措置の勧告や改善命令等を行うことにより、災害の発生の防止を図るものである。

　造成宅地防災区域に指定される可能性のある造成宅地については、指定の必要性について調査を行い、指定が必要な場合には、速やかに造成宅地防災区域を指定し、災害を防止する必要がある。

（2）造成宅地防災区域の指定のために必要な調査

　造成宅地防災区域指定の対象となる造成宅地は、地震時に滑動崩落のおそれのある大規模盛土造成地や、災害等により、地盤の滑動、擁壁の沈下、崖の崩落等の被害が生じている宅地である。

　造成宅地防災区域の指定のために必要な調査として、以下に掲げるものを行う。

①造成宅地防災区域に指定すべき大規模盛土造成地に関する調査

　宅地造成等工事規制区域外にある大規模盛土造成地について、「4　盛土等に伴う災害の防止のための調査」に基づき、分布調査や、安全性把握調査の優先度評価、安全性把握調査を行い、造成宅地防災区域の指定の必要性を検討す

る。

②造成宅地防災区域に指定すべき被災宅地に関する調査
　宅地造成等工事規制区域外で、災害等により、地盤の滑動、擁壁の沈下、崖の崩落等の被害が生じている宅地がある場合は、現地調査等を行い、造成宅地防災区域の指定の必要性を検討する。

（3）調査の結果の通知及び公表
　調査実施後、都道府県（指定都市又は中核市を除く。）は、速やかに関係市町村長に対し、調査の結果を通知する。具体的には、調査の結果及びその概要を記載した書面を送付して行う。
　また、都道府県は、造成宅地防災区域に指定すべき区域の範囲を示した図面を公表する。その公表方法は、インターネットの利用によることを基本とする。

4　盛土等に伴う災害の防止のための調査
（1）盛土等に伴う災害の防止のための調査の位置付け
　盛土等に伴う災害を防止するため、宅地造成等工事規制区域及び特定盛土等規制区域内にある既存盛土等で、災害が発生するおそれのあるものについては、勧告や改善命令等を行い、安全対策を実施することが求められる。このため、都道府県は、既存盛土等の分布や安全性について調査を実施することが必要である。その際、関係市町村や土地所有者等が実施した調査結果を活用することも考えられる。

（2）盛土等に伴う災害の防止のために必要な調査
　盛土等に伴う災害を防止するため、既存盛土等に関する調査として、以下に掲げるものを行う。なお、区域指定前に行われた盛土等の調査の対象時期は、地域における盛土等の造成工事や災害発生の状況、机上調査に必要な基礎資料の状況等を勘案して計画するものとし、調査の対象となる盛土等の規模は規制区域内の許可又は届出の必要な盛土等とする。

①既存盛土等分布調査
　規制区域内の盛土等について、地形データ・空中写真・衛星データ等の時点比較による机上調査、大規模盛土造成地の調査等の既存の調査結果、法令の許可等の結果、現地確認等により得られた情報により、分布状況を把握する。把握された盛土等については、一覧表や位置図に整理する。

②応急対策の必要性判断
　把握された盛土等について、現地確認により盛土等の安定性を損なう著しい変状の有無等を確認し、応急対策の必要性を判断する。盛土等に著しい変状がある場合は、応急対策の実施対象とする。

③安全性把握調査の優先度評価
　把握された盛土等について、盛土等のタイプや人家等との距離、地形・地質等の条件から盛土等の有するリスク評価を行うとともに、現地調査により盛土等の変状の有無等を確認し、盛土等の安全対策に関する優先度評価を行う。

④安全性把握調査
　優先度評価の結果、詳細な調査が必要と判断された盛土等のうち必要なものについて、安全性把握調査として地盤調査や安定計算を実施し、対策の必要性を判断する。

⑤経過観察
　優先度評価で経過観察に区分された盛土等や、安全性把握調査の完了していない盛土等について、状況の変化や変状

の発生等について現地確認等による経過観察を行う。

(3) 調査の結果の通知及び公表

調査実施後、都道府県（指定都市又は中核市を除く。）は、速やかに関係市町村長に対し、調査の結果を通知する。具体的には、調査の結果及びその概要を記載した書面を送付して行う。

また、都道府県は、盛土等の土地の所在地を示した図面を公表する。その公表方法は、インターネットの利用によることを基本とする。

三 宅地造成等工事規制区域の指定、特定盛土等規制区域の指定及び造成宅地防災区域の指定について指針となるべき事項

1 宅地造成等工事規制区域の指定及び特定盛土等規制区域の指定について指針となるべき事項

(1) 宅地造成等工事規制区域の指定及び特定盛土等規制区域の指定

都道府県知事は、基礎調査の結果を踏まえた上で、宅地造成等工事規制区域の指定及び特定盛土等規制区域の指定を行う。これら規制区域の指定は、盛土等に伴う災害から人命を守る上で基礎となるものであり、基礎調査により規制区域として指定が必要と認められた土地の区域については、可及的速やかに指定を行うことが重要である。また、盛土等に伴う災害から人命を守るため、リスクのあるエリアは、できる限り広く、規制区域に指定することが重要である。

なお、規制区域の指定については、人家等に危害を及ぼしうる区域は網羅的に指定されることが重要であり、一括して指定されることが望ましいが、地形等の条件から、盛土等が行われた場合に特に危険性の高い区域においては、地域の実情に応じ、都道府県知事の判断において、先行して規制区域に指定することも考えられる。

都道府県知事（指定都市又は中核市の長を除く。）は、規制区域を指定しようとするときは、関係市町村長の意見を聴かなければならない。また、関係市町村長は、規制区域を指定する必要があると認めるときは、その旨を都道府県知事（指定都市又は中核市の長を除く。）に申し出ることができる。規制区域を指定するときは、当該規制区域を公示するとともに、その旨を関係市町村長に通知する。

このほか、都道府県知事及び関係市町村長は、土地所有者、事業者等に法目的や規制区域における規制内容等も併せて周知することが効果的である。さらに、規制区域における住民からの通報等の協力が得られるよう、必要に応じて説明会、広報誌への掲載等による広報等について積極的な対応を図ることが望ましい。

(2) 宅地造成等工事規制区域及び特定盛土等規制区域指定後の対応

宅地造成等工事規制区域及び特定盛土等規制区域の指定後、都道府県知事は、規制区域について、インターネットの利用による公表、都道府県の出先機関等での閲覧等を行い、事業者や住民等に対し、周知を徹底することが重要である。

また、都道府県知事は、土地利用状況の変化等により、新たに規制区域の見直しが必要となったときには、(1)の指定の際と同様の考え方により、これらの状況の変化に合わせた対応を図ることが望ましい。

なお、関係市町村長においても、土地利用状況の変化等により、新たに規制区域の指定が必要となったときには、速やかに都道府県知事（指定都市又は中核市を除く。）に申し出ることが望ましい。

2 造成宅地防災区域の指定について指針となるべき事項

(1) 造成宅地防災区域の指定

都道府県知事は、基礎調査の結果を踏まえた上で、造成宅地防災区域の指定を行う。造成宅地防災区域の指定は、宅地造成又は特定盛土等（宅地において行うものに限る。）に伴う災害で相当数の居住者等に危害を生ずるものの発生のおそれが大きい一団の造成宅地（これに附帯する道路その他の土地を含む。）における災害の発生の防止を図るものであり、基礎調査により造成宅地防災区域として指定が必要と認められた土地の区域については、可及的速やかに指定を行うことが重要である。

都道府県知事（指定都市又は中核市の長を除く。）は、造成宅地防災区域を指定しようとするときは、関係市町村長

の意見を聴く。また、造成宅地防災区域を指定するときは、当該区域を公示するとともに、その旨を関係市町村長に通知する。

なお、造成宅地防災区域の指定に当たっては、都道府県知事及び関係市町村長は、区域住民の協力が得られるよう、必要に応じて説明会、広報誌への掲載等による広報等について積極的な対応を図ることが望ましい。

(2) 造成宅地防災区域指定後の対応

造成宅地防災区域指定後、都道府県は、当該区域内の宅地所有者に宅地の安全性向上を促すとともに、宅地所有者と共同して宅地耐震対策を実施する。

また、都道府県知事は、必要な災害防止措置を講ずることにより、造成宅地防災区域の全部又は一部について指定の事由がなくなったと認めるときは、当該造成宅地防災区域の全部又は一部について指定を解除する。

四 その他宅地造成、特定盛土等又は土石の堆積に伴う災害の防止に関する重要事項
1 建設工事から発生する土の搬出先の明確化等

建設工事から発生する土のうち、廃棄物が混じっていないもの（廃棄物と分別後のものも含む。）は、水等と同様のどこにでもある自然由来のものであり、生活環境の保全上の支障を生じかねない廃棄物とは異なり、それ自体が生活環境の保全や公衆衛生上の支障を生じるものではなく、崩落等の安全性に配慮して、適切に活用あるいは自然に還していくべきものであり、資源の有効な利用の促進に関する法律（平成三年法律第四十八号。以下「資源有効利用促進法」という。）等において再生資源としての利用促進が特に必要なものである。

このため、このような自然由来のものである土自体を、廃棄物と同一視して同様の規制の下に置くことは、経済活動に対して過度な規制となるおそれがあり適当ではないが、不法・危険盛土等の発生を防止し、建設発生土の適正利用等を徹底する観点から、法と連携した建設発生土の発生側での取組等として、建設発生土の搬出先の明確化等を図るものとする。

建設発生土の搬出先の明確化等を行うに当たっては、専門的知見を持ち建設工事の施工全般に責任を持つ元請業者側による取組と、その元請業者に建設工事を注文する発注者側、特に公共工事の発注者側による取組とを、一体的に行うことが重要である。

また、発注者側における取組については、まずは国が率先して取り組むことはもとより、地方公共団体や民間発注者についても、これまで以上に積極的な役割を果たすことが求められる。

さらに、建設工事の施工に当たり、できるだけ建設発生土の発生を抑制するよう、設計・工法の改善や場内利用の促進を図ることが必要である。

加えて、法の今後の施行状況等を踏まえ、盛土等に関する工事に携わる優良な事業者が評価される仕組みについて検討するものとする。

法の実効性を高め、盛土等に伴う災害の防止を促進するためには、盛土等の行為に関する出口規制と併せて、建設発生土の搬入及び搬出の実態を把握し、必要な対策を講ずることが必要である。

国においては、建設現場等における建設発生土の搬入及び搬出について、定期的に実態把握を行うことが必要である。また、工事の発注段階で建設発生土の搬出先を指定する等の指定利用等を進め、指定された受入地に係る運搬費・処分費の適切な計上を徹底し、法に基づく盛土等の許可地等に適正な運搬費や処分費が支払われるようにすることを通じて、受入地の確保を進めることが必要である。さらに、ストックヤードに搬入された建設発生土の適正な処理を確保することの重要性に鑑み、法による厳格な出口規制と併せて、国はストックヤード運営事業者登録制度を新たに設け、ストックヤード運営事業者の健全な発達と建設発生土の再生利用の促進及び適正な処分の促進を図るものとする。

(1) 元請業者による建設発生土の搬出先の明確化等

元請業者による建設発生土の搬出先の明確化に当たっては、搬出先の適正確保と資源としての有効活用を一体的に図っていくことが、建設発生土の不適正処理の防止に効果的であることから、資源有効利用促進法等に基づく再生資源利用促進の仕組みを活用し、建設発生土を一定規模以上搬出する建設工事について搬出先の明確化を図るものとする。

具体的には、建設発生土の搬出先が適正であり、また、当該搬出先に実際に搬出されたことを事後的にも確認できるよう、元請業者は、再生資源利用促進計画の作成に際して、搬出先における法に基づく許可等の有無の確認や、搬出時に搬出先から交付される土砂受領書の確認をするものとし、同計画に記載した搬出先から更に搬出された場合には原則として最終搬出先を記録するものとする。さらに、国による資源有効利用促進法に基づく立入検査や勧告・命令のほか、元請業者による再生資源利用促進計画の建設現場への掲示、ストックヤード運営事業者登録制度の創設等を通じて建設発生土の不法・危険盛土等への悪用防止と適正な利用の徹底を図るものとする。
　また、汚染された土壌の搬出防止を図るため、元請業者が再生資源利用促進計画を作成する際に、発注者等が行った土壌汚染対策法（平成十四年法律第五十三号）上の手続結果を元請業者が確認し、搬出の可否を確認するものとする。
　さらに、元請業者による適正な搬出先の選定に資するよう、法に基づく盛土等の許可地一覧表について、元請業者等へ周知を行う必要がある。
　発注者は建設工事の注文者として、自らの工事から発生する土砂とその適正処理について関心を持ち、必要な費用等を適切に負担することが求められる。
　このため、発注者は、建設発生土の適正な処理が行えるよう、契約締結時における適切な費用負担や、予期せぬ費用増が生じた場合には追加負担について元請業者と適切に協議することが求められる。
　また、発注者が自らの建設工事から発生する土砂とその搬出先等について情報を得て、必要に応じてその変更等を求めることができるよう、元請業者は再生資源利用促進計画の建設現場への掲示に先立ち、その内容を発注者に報告・説明するものとする。
　さらに、継続的に大規模な建設工事を発注している民間発注者については、公共工事の発注者と同様に、指定利用等の取組の実施や、それが困難な場合でも元請業者により適正処理が行われることを確認する等、建設発生土の適正処理にこれまで以上の積極的な役割を果たすことが期待されるところであり、とりわけ公益性の高い事業を行っている会社等は率先して取り組むことが求められる。

（2）公共工事の発注者による建設発生土の搬出先の明確化等

　公共工事においては、発注者が行政主体であることから、指定利用等の取組を徹底していくことが重要である。公共工事のうち国が発注する工事においては、従前より指定利用等を適用しており、ほぼ全ての工事で指定利用等が図られている。引き続き、指定利用等の実施について全省庁で取組を徹底する必要がある。
　一方、地方公共団体が発注する工事では、指定利用等の適用は一定程度進んでいるものの、国と比較すると、なお改善の余地がある。今般、盛土問題が地方公共団体共通の課題となっていることを踏まえ、地方公共団体各々が自らの問題として、建設発生土の有効利用等について主体的かつ積極的に取り組んでいくことが強く求められており、地方公共団体は自らの発注工事において指定利用等の原則実施を目指すことが重要である。
　また、指定利用等の促進に当たっては、発注者が工事の発注段階で建設発生土の運搬費・処分費を適切に計上する等、現場の関係者が円滑に対応できるような環境を整え、実効性を確保していくことが必要である。地方公共団体が発注する公共工事については、各地方ブロックにおける副産物対策協議会を活用して、国から、指定利用等の徹底や、それに伴う適切な処理費の負担等について周知を行うことも重要である。
　国においては、公共工事における指定利用等の実施状況について、定期的にフォローアップを実施するとともに、フォローアップの状況等を踏まえ、その結果を公表する等、地方公共団体における指定利用等が促進される方策を推進すべきである。

（3）建設発生土の更なる有効利用に向けた取組
①建設発生土の工事間利用の促進

　建設発生土を工事間で有効利用することは、建設発生土の需要を拡大し、不法・危険盛土等の発生の防止を図る上でも重要である。
　このため、一定規模以上の土砂の搬入を行う建設工事の施工に際し、元請業者が再生資源利用計画を作成し、他工事等からの建設発生土の更なる有効利用を図るものとする。

また、各地方協議会等において、建設発生土の需給状況や、法に基づく盛土等の許可地一覧等について情報を共有し、工事間の利用調整を行う等、建設発生土の更なる有効利用を促進するための取組を講じることが重要である。
　さらに、公共工事間はもとより、官民の工事間利用を促進するため、公共工事、民間工事におけるマッチングシステムを積極的に活用するよう、国から各地方協議会等を通じて、地方公共団体や建設業団体、民間発注者に対して継続的に依頼を行う。また、工事間利用等の好事例について共有することが望ましい。
　国においては、必要に応じ、工期・土質等の異なる工事との利用調整のため、自らの事業用地等に一時的に建設発生土を保管する等の取組を行っている。地方公共団体が発注する公共工事においても、工期・土質等の異なる工事間での利用のため、自らも同様の取組を行う必要がある。

②事業の計画・設計段階からの取組の推進
　公共工事、特に国が発注する公共工事においては、建設発生土の発生抑制や有効利用の取組推進等、事業の計画・設計段階から必要な対策を検討するよう率先して取り組むことが重要である。

2　廃棄物混じり盛土の発生防止等
　廃棄物が混じっている土については、建設現場等において土と廃棄物をできるだけ分別した上で、分別された廃棄物については、廃棄物処理法に基づき、適切な処理を行う必要がある。
　廃棄物の処理については、既に厳格に規制されているところではあるが、廃棄物が混じった盛土の発生を防止するためには、建設現場等における遵守体制をさらに強化することが不可欠である。
　また、これらの取組を行ってもなお廃棄物が混じった盛土が発生した場合における早期発見及び迅速な行政処分等を可能とするための対処体制を確立することも重要である。

（1）マニフェスト管理等の強化
　建設現場への立入調査時に、排出事業者（元請業者）のマニフェスト交付を確認すること等により、産業廃棄物の適正処理を確保することが重要である。
　産業廃棄物の不法投棄は、ピーク時の平成十年代前半に比べ大幅に減少しているが、令和三年度においても新たに年間百七件、総量三・七万トンの不法投棄が判明している。また、投棄件数の七割以上、投棄量の八割以上が建設系廃棄物であることから、建設工事における電子マニフェストの利用を促進することにより、産業廃棄物の不適正処理を防止することが求められる。

（2）関連事業者の法令遵守体制の強化
①建設現場パトロールの実施
　建設現場における廃棄物混じり土の分別促進・適正処理の徹底を図るため、地方公共団体の建設リサイクル担当部局、環境担当部局、労働基準監督署が連携して建設現場パトロールを実施する。
　具体的には、「廃棄物混じり土」や「土壌汚染対策法の手続結果の確認」も確認対象とし、建設現場パトロールにおいて法令遵守の指導や法令違反の疑いが発見された場合には関係部局へ通報等を行うことが重要である。また、建築確認担当部局とも連携した現場の選定により建設現場パトロールの効果的な実施を図っていくことや、いわゆる抜き打ちによる確認も重要である。

②廃棄物処理法に違反した関連事業者への対応等
　廃棄物混じり土の適正処理の徹底を図るため、建設業許可の更新時や建設業法に基づく立入検査の機会、建設工事に係る資材の再資源化等に関する法律（平成十二年法律第百四号）に基づく届出の機会を捉え、建設業許可行政庁及び地方公共団体の建設リサイクル担当部局は、廃棄物混じり土の適正処理等について関係者に注意喚起を行う必要がある。また、建設業法においては、建設業者が建設業法以外の法令に違反し、建設業者として不適当と認められる場合、国土交通大臣又は都道府県知事（指定都市又は中核市の長を除く。）は、当該建設業者に対して必要な指示及び営業の停止

を命じることができる。建設業者が廃棄物処理法に違反した場合についても、処分の具体的基準である「建設業者の不正行為等に対する監督処分の基準」に基づき必要な処分を行う。

③関係部局間における優良事例・対策の共有

廃棄物の不適正処理事案への対応について、廃棄物規制担当部局と警察が密接に連携してきた経験を踏まえ、警察との連携等に関する優良事例を収集し、不法・危険盛土等の対応に当たっても参考にできるよう、法所管部局にも共有するものとする。

また、地方公共団体の廃棄物規制担当部局、土壌汚染担当部局及び法所管部局に対して、廃棄物混じり盛土事案への対応のポイントを共有すること等により、廃棄物混じり盛土の発生防止及び適切な対応を図ることが重要である。

(3) 廃棄物混じり盛土等への対処体制の確立

地方公共団体の関係部局間において、入手した不法・危険盛土等に関する通報情報を共有することで、不法・危険盛土等の早期発見に努めるよう促すとともに、関係法令に基づく行政処分等の迅速化と警察への告発等について周知徹底し、対処体制の確立を促すものとする。

産業廃棄物の不法投棄等事案に対する支援事業、及び国民からの通報等で盛土関係事案の情報を入手した場合は、法所管部局へ情報提供を行う等、連携体制を確立することも重要である。

3 盛土等の土壌汚染等に係る対応

盛土等の土壌汚染等対策については、まず、土壌汚染対策法に基づく調査や、土地所有者等による自主的な調査等の情報を幅広く活用して、汚染された土壌が盛土等に不適切に利用されることを防ぐことが重要であり、法所管部局が土壌汚染等担当部局と連携し、情報共有等を図ることが不可欠である。

また、上記の調査の結果、盛土等の一部に汚染があることが判明した場合や改良材等に起因する土壌汚染の懸念が生じた場合に、土壌汚染対策法に基づく報告徴収・立入検査の実施や、状況に応じた調査命令の発出による早期の状況把握に努めるよう、国から地方公共団体に対し促すものとする。地方公共団体は、土壌汚染対策法に基づく区域指定等を行い、必要に応じて地下水等経由の摂取や直接摂取による人への影響を防止する合理的な措置をとることが重要である。

加えて、汚染された土壌の適切な管理を確保するため、国においては、地方公共団体を通じ、区域指定の申請制度の活用を土地所有者等に対して促すとともに、土壌汚染対策法に基づく区域指定がなされていない地域から汚染された土壌を搬出・処理する場合であっても、土壌汚染対策法の規定に準じて適切に取り扱うよう、発注者等に対して促すものとする。

4 太陽光発電に係る対応

法に基づく規制区域内において、太陽光発電設備の設置に当たって一定規模以上の盛土等を行う場合は、あらかじめ同法に基づく許可等が必要となる。法所管部局においては、関係する土地利用規制担当部局等と情報を共有しつつ、適切に対応することが必要である。

また、再生可能エネルギー電気の利用の促進に関する特別措置法(平成二十三年法律第百八号。以下「再エネ特措法」という。)では、再生可能エネルギー発電事業計画を認定する際の基準の一つとして、関係法令遵守が位置付けられており、法や森林法、農地法等の関係法令に違反した場合には、関係府省・地方公共団体間で違反情報等の共有を図るとともに、再エネ特措法の規定に基づき、速やかに違反の解消を促すべく、関係者間で連携して厳格に対処するものとする。また、太陽光発電設備の特性を考慮した関係法令の運用のあり方等を踏まえ、必要な場合には、運用の見直し等の検討を行うものとする。

さらに、国においては、再エネ特措法に基づく認定設備と盛土可能性箇所データ等を重ね合わせた情報の提供や、地方公共団体を集めた連絡会等の活用により、地方公共団体との連携を強化するものとする。

加えて、地球温暖化対策の推進に関する法律の一部を改正する法律(令和三年法律第五十四号)により、市町村は、

地域の脱炭素化を促進する施策の一つとして、再生可能エネルギーを活用した事業（地域脱炭素化促進事業）の対象となる促進区域を定めるよう努めることとされている。促進区域設定の検討に当たっては、土砂災害の防止の観点から規制されているエリアについて、近年の土砂災害等の懸念を踏まえつつ、関係法令等を考慮し、土地の安定性を含む環境保全や自然災害に起因したリスク回避等の観点から適正な配慮が確保されるよう所要の検討を行うことが必要である。

発電用太陽電池設備に関する技術基準を定める省令（令和三年経済産業省令第二十九号）で定める発電設備の技術基準については、具体的な技術仕様に関するガイドラインが策定されており、これを設置者に適切に遵守させるため周知を徹底するとともに、地域における土砂災害警戒区域等の災害により被害を受ける懸念が高いエリア等に立地する太陽光発電設備への再エネ特措法に基づく調査（約五千件）を踏まえ、災害リスクが高い設備について、優先的かつ機動的に電気事業法（昭和三十九年法律第百七十号）に基づく立入検査を実施し、その結果の活用を含め関係府省との連携を強化する。

　　附　則　（令和五年五月二十九日農林水産省、国土交通省告示第五号）　抄

この告示は、公布の日から施行する。

国官参宅第12号
5農振第650号
5林整治第244号
令和5年5月26日

都道府県・指定都市・中核市
盛土規制担当部局長　殿

国土交通省都市局長
（公印省略）
農林水産省農村振興局長
（公印省略）
林野庁長官
（公印省略）

宅地造成及び特定盛土等規制法の施行に当たっての留意事項について（技術的助言）（抄）

　宅地造成等規制法の一部を改正する法律（令和4年法律第55号）による宅地造成等規制法（昭和36年法律第191号）の改正については、宅地造成等規制法の一部を改正する法律の施行に伴う関係政令の整備に関する政令（令和4年政令第393号）及び宅地造成等規制法施行規則及び畜舎等の建築等及び利用の特例に関する法律施行規則の一部を改正する省令（令和5年農林水産省・国土交通省令第3号）とともに本日5月26日より施行されます。

　これらの施行に当たって、別紙のとおり留意事項をまとめましたので、下記の法改正の趣旨及び特に留意すべき事項を踏まえ、基礎調査実施要領（規制区域指定編）等（別添1～8）と併せて留意の上、適切な運用をお願いいたします。

　また、都道府県におかれましては、管内の関係市町村に対し、本通知の内容を周知していただきますようお願いいたします。

　なお、本通知は、地方自治法（昭和22年法律第67号）第245条の4第1項の規定に基づく技術的助言であることを申し添えます。

記

1．法改正の趣旨
　令和3年7月に静岡県熱海市において発生した土石流災害では、多くの貴い生命や財産が失われ、上流部の盛土が崩落したことが被害の甚大化につながったとされている。このほか、全国各地で人為的に行われる違法な盛土や不適切な工法の盛土の崩落による人的・物的被害が確認されており、盛土等に伴う災害の防止は喫緊の課題となっている。
　同様の被害が二度と繰り返されることがないよう、盛土等による災害から国民の生命を守るため、従来の宅地造成等規制法の法律名が「宅地造成及び特定盛土等規制法」（以下「本法」という。）に改正され、宅地、農地、森林等の土地の用途や盛土等の目的にかかわらず、危険な盛土等を全国一律の基準で包括的に規制することとしたものである。本法に基づく、盛土等に伴う災害の防止に向けた措置の概要は、次に掲げるとおりである。

（1）危険な盛土等を規制するため、都道府県知事等が、宅地、農地、森林等の土地の用途にかかわらず、盛土等により人家等に被害を及ぼしうる区域を規制区域として指定できることとし、宅地造成のみならず農地・森林の造成や土石の一時的な堆積も含め、規制区域内で行われる盛土等を許可の対象とすること。

（2）盛土等の安全性を確保するため、盛土等を行うエリアの地形・地質等に応じて、災害防止のために必要な許可基準を設定し、工事の計画を事前に審査するとともに、施行状況の定期報告、施行中の中間検査及び工事完了時の完了検査を実施し、許可基準に沿った安全対策の実施を確認すること。
（3）工事完了後においても継続的に盛土等の安全性を担保するため、盛土等が行われた土地について、土地所有者等が常時安全な状態に維持する責務を有することを明確化し、災害防止のため必要なときは、都道府県知事等が土地所有者等や原因行為者に対して是正措置等の命令を行うことを可能とすること。
（4）違反行為に対する罰則が抑止力として十分に機能するよう、無許可での行為や命令への違反等について、行為者及び法人に対する罰則を大幅に強化すること。

２．特に留意すべき事項
　本法の運用に当たっては、特に次に掲げる事項に留意いただき、本法に基づく規制が実効性のあるものとなるよう対応されたい。
（1）法施行体制・能力の強化
　　盛土等に伴う災害の防止を図るため、各関係制度を所管する関係部局間で緊密に連携することとし、法所管部局の法施行体制を確立するとともに、従来の宅地造成担当部局、農地担当部局、森林担当部局、盛土等に関する条例担当部局等の土地利用規制担当部局がそれぞれ主体的に本法の運用に関与し、廃棄物規制担当部局、環境担当部局、警察等の関係部局と連携しつつ、総力を挙げて盛土等の安全対策に取り組むこと。

（2）不法・危険盛土等への対応
　　違法性や危険性のある盛土等を発見した際の違法性や危険性等に関する現認方法や、その後の対応のために必要な法的手続、安全対策等に関するガイドラインを踏まえ、躊躇なく厳正に行政処分を実施することにより、不法・危険盛土等への対処を適切に行うこと。

（3）規制区域の指定
　　規制区域の指定は、盛土等に伴う災害から人命を守る上で基礎となるものであり、基礎調査により規制区域として指定が必要と認められた土地の区域については、可及的速やかに指定を行うこと。また、盛土等に伴う災害から人命を守るため、リスクのあるエリアは、できる限り広く、規制区域に指定すること。

（添付一覧）
　別紙　：宅地造成及び特定盛土等規制法の施行に当たっての留意事項について
　別添１：基礎調査実施要領（規制区域指定編）
　別添２：基礎調査実施要領（既存盛土等調査編）
　別添３：盛土等の安全対策推進ガイドライン
　別添４：不法・危険盛土等への対処方策ガイドライン
　別添５：盛土等防災マニュアル
　別添６：宅地擁壁の復旧技術マニュアル
　別添７：宅地造成及び特定盛土等規制法に基づく造成宅地防災区域指定要領
　別添８：宅地開発に伴い設置させる浸透施設等設置技術指針

※以下、別紙のみ掲載。別添１から８については省略。

別紙

宅地造成及び特定盛土等規制法の施行に当たっての留意事項について

令和5年5月26日制定

第1　総括的事項

　　宅地造成及び特定盛土等規制法（昭和36年法律第191号。以下「本法」という。）に基づき、宅地造成等工事規制区域及び特定盛土等規制区域（以下「規制区域」という。）において行われる宅地造成、特定盛土等又は土石の堆積（以下「盛土等」という。）に関する工事については、その許可、監督及び検査を慎重かつ厳正に行い、また、造成宅地防災区域内の宅地において、災害防止のため必要な措置が確実に講じられるよう適切な指導、助言を行うことにより、盛土等に伴う災害の防止に遺憾なきを期すべきである。

第2　本法における用語の定義等

1．盛土のタイプ（平地盛土、腹付け盛土及び谷埋め盛土）の定義

　　本法の規制対象となる宅地造成及び特定盛土等は、いずれも一定の土地における盛土又は切土による土地の形質の変更を指すが、このうち盛土については、盛土のタイプにより崖崩れや土砂の流出に伴う災害を防止するために必要な措置が異なることを踏まえ、各種の許可手続等において、次に掲げるとおり適切に盛土の分類を行った上で基準への適合性等を判断すること。

　（1）勾配1/10以下の平坦地において行われる盛土で、谷埋め盛土に該当しないものを「平地盛土」とする。

　（2）勾配1/10超の傾斜地盤上において行われる盛土で、谷埋め盛土に該当しないものを「腹付け盛土」とする。

　（3）谷や沢を埋め立てて行う盛土を「谷埋め盛土」とする。

2．土石の定義

　　本法における「土石」とは、土砂若しくは岩石又はこれらの混合物を指すものとする。

　（1）「土砂」

　　　　「土石」のうち「土砂」とは、次の①から⑤までのいずれかに該当するものをいう。

　①　地盤を構成する材料のうち、粒径75ミリメートル未満の礫、砂、シルト及び粘土（以下「土」という。）

　②　地盤を構成する材料のうち、粒径75ミリメートル以上のもの（以下「石」という。）を破砕すること等により土と同等の性状にしたもの

　③　地盤を構成する材料のうち、土に植物遺骸等が分解されること等により生じた有機物が混入したもの

　④　土にセメント、石灰若しくはこれらを主材とした改良材、吸水効果を有する有機材料又は無機材料等の土質性状を改良する材料その他の性状改良材を混合等したもの

　⑤　建設廃棄物等の建設副産物（資源の有効な利用の促進に関する法律（平成3年法律第48号。以下「資源有効利用促進法」という。）第2条第2項に規定する副産物のうち建設工事に伴うもの）を土と同等の性状にしたもの

　（2）「岩石」

　　　　「土石」のうち「岩石」とは、石のほか、建設副産物を石と同等の性状にしたものをいう。

3．土石の堆積の定義

　　本法における「土石の堆積」とは、土石を積み重ねたものをいう。なお、次に掲げるものについては、本法の規制対象とならないものと解される。

　（1）試験、検査等のための試料の堆積

（2）屋根及び壁で囲まれた空間その他の閉鎖された場所における土石の堆積
（3）岩石のみを堆積する土石の堆積であって勾配が30度以下のもの
（4）主として土石に該当しない商品又は製品を製造する工場等の敷地内において堆積された、商品又は製品の原材料となる土石の堆積

なお、主たる商品又は製品が土石に該当する土質改良プラント等の工場等については、敷地内において商品又は製品の原材料となる土石を堆積する場合や、商品又は製品である土石を堆積する場合のいずれについても、本法の規制対象となるものと解される。

4．公共施設の取扱い

本法においては、公共の用に供する施設（以下「公共施設」という。）の用に供されている土地（以下「公共施設用地」という。）については規制対象外としており、本法のほか、宅地造成及び特定盛土等規制法施行令（昭和37年政令第16号。以下「政令」という。）及び宅地造成及び特定盛土等規制法施行規則（昭和37年建設省令第3号。以下「省令」という。）において公共施設の範囲を規定している。また、公共施設用地は、現に公共施設が存在する土地に加え、公共施設の用に供されることが決定している土地を含むものと解される。

また、公共施設のうち、公園については都市公園法（昭和31年法律第79号）による公園のほか、国又は地方公共団体が管理する公園や自然公園法（昭和32年法律第161号）第10条第1項及び第2項並びに第16条第1項及び第2項に基づき公園事業として国又は地方公共団体が執行する施設を含むものと解される。

なお、公共施設に係る工事で発生した残土や公共施設に係る工事で使用する土砂等により公共施設用地外で盛土等を行う工事は、本法の規制対象となることに留意が必要である。

5．本法の規制の対象とならない行為

本法においては、盛土等を規制対象としているところであるが、一方で、土地利用のために土地の形質を維持する行為については、災害の危険性を増大させないことから、本法の規制の対象とならないものと解される。これらに該当する行為として、通常の営農行為の範疇にある耕起等や、グラウンド等の施設を維持するための土砂の敷き均し等が挙げられる。

特に、通常の営農行為については、以下の内容に留意されたい。
（1）農地及び採草放牧地において行われる通常の営農行為（通常の生産活動並びにほ場管理のための耕起、代かき、整地、畝立、けい畔の新設、補修及び除去、表土の補充であってその前後の土地の地盤面の標高差が省令第8条第10号ロを踏まえて都道府県等（都道府県、地方自治法（昭和22年法律第67号）第252条の19第1項の指定都市（以下「指定都市」という。）及び同法第252条の22第1項の中核市（以下「中核市」という。）をいう。以下同じ。）が定める値を超えないもの、暗きょ排水の新設及び改修等）は、本法に規定する土地の形質の変更に該当しない行為であると考えられ、本法の規制対象とならないものと解される。
（2）一方、本法に規定する土地の形質の変更に該当する場合、例えば、ほ場の大区画化・均平、田畑転換や農業用施設用地の整備等（土地改良事業等により行う場合を除く。）の工事は、本法の規制対象となりうる。
（3）また、農地及び採草放牧地において行われる行為が通常の営農行為の範疇に含まれるか否かについては、農地担当部局が、農業委員会の意見を聞く等により地域の実情や実態を踏まえて判断されたい。

第3　基礎調査

基礎調査は、本法第4条に基づく、盛土等に伴う災害の防止のための対策を講ずるに当たっての不可欠な調査であり、都道府県等は、速やかに基礎調査に着手するとともに、おおむね5年ごとに調査を行い、規制区域の見直しの必要性を検討すること。

また、規制区域内にある既存の盛土等で、災害が発生するおそれのあるものについては、勧告・命令等を行い、安全対策を実施することが求められるため、都道府県等は、既存の盛土等の分布や安全性について調査を実施すること。

基礎調査の実施に当たっては、「基礎調査実施要領（規制区域指定編）」（別添１）、「基礎調査実施要領（既存盛土等調査編）」（別添２）及び「盛土等の安全対策推進ガイドライン」（別添３）を参考とされたい。また、盛土等の実施状況その他の地域の状況を勘案し、必要に応じて都道府県等の管内を分割して段階的に実施する等、円滑な調査の推進に努められたい。

　なお、地域の地形・地質や土地利用、盛土等に関する情報の収集に当たっては、地域の実情を把握している市町村（特別区を含む。以下同じ。）や、関係法令等の許可情報等を有している関係部局（農地法（昭和27年法律第229号）、森林法（昭和26年法律４第249号）、盛土等に関する条例等を所管する都道府県や市町村の部局のほか、農地等の利用の最適化を推進している農業委員会や、国有林を管理している森林管理局等）と連携して行うことが適当である。

第４　規制区域内の工事等の規制について

１．規制区域の指定

（１）適正な規制区域の指定の促進等

　規制区域については、盛土等に伴う災害から人命を守る上で基礎となるものであり、適正に規制区域の指定を行い、盛土等に伴う災害の防止に万全を期すべきである。

　なお、規制区域の指定に当たっては、「基礎調査実施要領（規制区域指定編）」（別添１）の８章以降を参考とされたい。

（２）関係市町村との調整

　規制区域の指定を行う際には、基礎調査の実施後、速やかに、関係市町村長（特別区の長を含む。以下同じ。）に基礎調査の結果を通知するとともに、関係市町村長の意見聴取を行うことが必要である。

２．住民への周知

（１）工事について住民への周知を行う範囲

　本法第11条及び第29条に規定する工事の施行に係る土地の周辺地域の住民に対する工事内容の周知のために必要な措置として説明会の開催、書面配布等を行う場合の範囲については、別表１に示す考え方の例や盛土等に関する条例等の関連する既存制度において定めている範囲等も参考に、盛土等の規模や地形等から判断される影響の想定される範囲とすることが望ましい。また、都道府県等は、開発事業者等に対して範囲設定の考え方を許可基準等において示すなど、事前に明示することが望ましい。

（２）周知する工事の具体的内容

　本法第11条及び第29条に規定する住民周知の際に周知する工事の具体的な内容は、周知の方法によらず別表２の内容を含むこととし、都道府県等は工事主に対し、住民周知を適切な方法で行うよう指導することが望ましい。

３．盛土等に関する工事の許可

（１）規制区域内において行われる盛土等に関する工事に係る許可に際しては、「盛土等防災マニュアル」（別添５）及び「宅地開発に伴い設置される浸透施設等設置技術指針」（別添８）を参考とし、慎重かつ厳正に審査等を行い災害の防止に遺憾なきを期すべきである。その上で、許可基準を満たす場合には速やかに許可をすることが望ましい。また、工事中の災害の防止を図るため、条件を付す場合には、特に「10．許可時に付す条件等について」に示す内容に留意しつつ、できる限り具体的な内容とすることが望ましい。

（２）本法第12条及び第30条に規定する許可の申請については、省令で様式を規定しているところであるが、各種手続においては申請書類の記載内容について次に掲げる事項に留意して審査等を行うこと。

　① 宅地造成又は特定盛土等について

　　（イ）土地の所在地及び地番（代表地点の緯度経度）

　　　都道府県等は、許可の際に、宅地造成又は特定盛土等を行う土地について、その位置図を公表すること

としているところである。このため、申請時に、土地の所在地及び地番に併せて、土地の代表地点の緯度経度を求めることとしている。緯度経度は、位置を正確に表すため、秒について小数第一位まで記載を求めること。

(ロ) 工事着手前の土地利用状況及び工事完了後の土地利用

宅地造成又は特定盛土等のどちらに該当するかを判別するため、工事前後の土地利用について宅地、農地又は公共施設用地のうち該当するものの記載を求めること。加えて、計画されている擁壁等の施設が適切なものであることを確認するため、工事完了後の土地利用については、建築物等の建築の有無等の具体的な内容まで記載を求めること。

(ハ) 土地の地形

渓流等（山間部における河川の流水が継続して存する土地その他の宅地造成又は特定盛土等に伴い災害が生ずるおそれが特に大きいものをいう。以下同じ。）において高さ15メートルを超える盛土を行う場合には安定が保持されることを確かめる必要があるため、盛土のタイプによらず、盛土を実施する土地が渓流等に該当するかを申請時に明示することとしている。

渓流等に該当する土地については省令で規定しており、具体的には、地形図等を用いて判読された渓床勾配10度以上の一連の谷地形であり、その底部の中心線からの距離が25メートル以内の範囲を基本とするが、都道府県等は現地の状況に応じて渓流等の範囲を変更することも可能である。

なお、都道府県等は、開発事業者等に対して範囲設定の考え方を許可基準等に明示する必要がある。

② 土石の堆積について

(イ) 土地の所在地及び地番（代表地点の緯度経度）

都道府県等は、許可の際に、土石の堆積を行う土地について、その位置図を公表することとしているところである。このため、申請時に、土地の所在地及び地番に併せて、土地の代表地点の緯度経度を求めることとしている。緯度経度は、位置を正確に表すため、秒について小数第一位まで記載を求めること。

(ロ) 工事の目的

土石の堆積については、土石の出入りを頻繁に行うものや、一過性のもの等の多様な形態が想定されることから、申請時に工事の目的を把握することとしている。目的の記載に当たっては、特定の工事に付随し期間が限定されるものか、特定の工事に付随せず一定期間運営するものか等について具体的な記載を求めること。土石の堆積が特定の工事に付随する場合には、その工事の期間についても記載を求めること。

(ハ) 工程の概要

土石の堆積がその目的に照らして適切な工程であることを確認する観点から、工程の概要として、年間の搬入・搬出量等の記載を求めること。

(ニ) 土石の堆積の期間

土石の堆積は、本法第2条第4号において、一定期間の経過後に当該土石を除却するものと規定されている。本来除却されるべき土石が放置され、危険な盛土等となることを避けるため、土石の堆積の期間は一定の期間に限定する必要がある。土石の堆積に関する工事の工程の概要等を踏まえ、申請された土石の堆積の期間が適切であることを確認することとなるが、本法第4条第1項において基礎調査をおおむね5年ごとに行うことと規定していることを踏まえ、土石の堆積に関する工事の許可が申請された場合には、許可の際に工事の期間が5年以内であることを確認することが考えられる。また、許可期間を超える土石の堆積については、「5．変更の許可について」を参照の上、変更手続を行うよう指導するなど適切に対応されたい。

(3) 本法第12条第2項第2号又は第30条第2項第2号に規定する工事主の資力及び信用の有無の判断は、提出された資金計画に基づいて行うほか、必要に応じて過去の事業実績等を勘案して行うこととする。特に資金計画については、処分収入等が過当に見積もられていないか留意することが望ましい。都道府県等においては、省令で定める資金計画書、法人の登記簿謄本（個人申請の場合は住民票等）のほか、次に掲げる資料等の提出を求めること等により、適切に判断されたい。

① 申請者が法人である場合
　（イ）発行済株式総数の100分の5以上の株式を有する株主又は出資の額の100分の5以上の額に相当する出資をしている者があるときは、次に掲げる書類
　　（a）これらの者の住民票の写し若しくは個人番号カードの写し又はこれらに類するものであって氏名及び住所を証する書類
　　（b）当該株主の有する株式の数又は当該出資をしている者のなした出資の金額が確認できる書類
　（ロ）直前3年の各事業年度における貸借対照表、損益計算書、株主資本等変動計算書、個別注記表並びに法人税の納付すべき額及び納付済額を証する書類
　（ハ）当該法人の事業経歴書
　（ニ）次の各号のいずれにも該当しないことを誓約する書類
　　（a）破産手続開始の決定を受けて復権を得ない者
　　（b）本法又は本法に基づく処分に違反し、罰金以上の刑に処せられ、その執行を終わり、又は執行を受けることがなくなった日から5年を経過しない者（都道府県知事等（都道府県知事、指定都市の長及び中核市の長。以下同じ。）が必要と認める場合は、他の法律又は当該他の法律に基づく処分の違反をした者を含む。）
　　（c）本法第12条、第16条、第30条又は第35条の許可を取り消され、その取消しの日から5年を経過しない者（当該許可を取り消された者が法人である場合においては、当該取消しの処分に係る行政手続法（平成5年法律第88号）第15条の規定による通知があった日前60日以内に当該法人の役員であった者で当該取消しの日から5年を経過しないものを含む。）
　　（d）その業務に関し不正又は不誠実な行為をするおそれがあると認めるに足りる相当の理由がある者
② 申請者が個人である場合
　（イ）資産に関する調書並びに直前3年の所得税の納付すべき額及び納付済額を証する書類
　（ロ）次の各号のいずれにも該当しないことを誓約する書類
　　（a）破産手続開始の決定を受けて復権を得ない者
　　（b）本法又は本法に基づく処分に違反し、罰金以上の刑に処せられ、その執行を終わり、又は執行を受けることがなくなった日から5年を経過しない者（都道府県知事等が必要と認める場合は、他の法律又は当該他の法律に基づく処分の違反をした者を含む。）
　　（c）本法第12条、第16条、第30条又は第35条の許可を取り消され、その取消しの日から5年を経過しない者（当該許可を取り消された者が法人である場合においては、当該取消しの処分に係る行政手続法第15条の規定による通知があった日前60日以内に当該法人の役員であった者で当該取消しの日から5年を経過しないものを含む。）
　　（d）その業務に関し不正又は不誠実な行為をするおそれがあると認めるに足りる相当の理由がある者
　本法第12条第2項第3号及び第30条第2項第3号に規定する工事施行者の能力の有無の判断は、当該工事の難易度、過去の事業実績等を勘案して行うことが望ましい。都道府県等においては、法人の登記簿謄本、事業経歴書及び建設業の許可証明書の提出を求めること等により、適切に判断されたい。
（4）本法第12条第2項第4号及び第30条第2項第4号に規定する同意の取得については、当該土地の権利を有する者が国又は地方公共団体等の公共機関の場合には、申請者が土地の貸付け等に関する協議を開始している旨の当該公共機関の交付する証明を添付することで差し支えない。ただし、許可の際には、当該公共機関と土地の貸付け等に係る契約締結等を行った後、速やかにそのことがわかる書類等の写しの提出を求めることとする。
（5）本法第12条第4項又は第30条第4項に規定する許可をしたときの必要事項の公表については、許可後速やかに行い、完了検査の検査済証交付までの工事期間中は公表するものとするが、工事完了後についても、基礎調査の結果として盛土等の土地の所在地情報の公表に引き継がれるまでの期間については、継続して公表してお

くことが望ましい。
（６）盛土等に関する工事の許可に係る事務の処理期間は、次に掲げる期間が事務の迅速な処理の観点から適切であることを踏まえ、適切な標準処理期間の設定を行われたい。
① 宅地造成及び特定盛土等については、原則として申請のあった日から30日以内
② 土石の堆積については、原則として申請のあった日から14日以内

　ここで、一律の標準処理期間を定めることが困難な場合は、盛土等に関する工事の規模、内容等に応じた期間を定めること等により、適切に期間を定めることも可能である。また、都道府県の条例等により、申請について市町村を経由するものとしている場合においては、当該経由機関における経由事務に係る標準処理期間を定めるよう努められたい。

　なお、標準処理期間は、あくまで標準的な処理期間であり、申請に対する処分が当該期間を徒過したことをもって、直ちに不作為の違法となるものではないので、この旨を十分了知の上、適切な標準処理期間を設定されたい。

（７）擁壁の透水層については、擁壁の裏面で水抜き穴の周辺その他必要な場所には砂利その他の資材を用いて透水層を設ける旨規定されているが、「砂利その他の資材」として石油系素材を用いた「透水マット」の使用についても、その特性に応じた適正な使用方法であれば、認めても差し支えない。

（８）政令第17条の規定により認定を受けた擁壁については、認定時に付された条件等を確認するなど適切に審査すべきである。

　なお、胴込めにコンクリートを用いて充填するコンクリートブロック練積み造擁壁については、昭和40年6月14日建設省告示第1485号（以下「昭和40年告示」という。）において仕様規定として明示されているところであるが、審査に当たっては、以下の点に留意することが望ましい。

① 胴込めにコンクリートを用いて充填するコンクリートブロック練積み造擁壁が昭和40年告示の各号に適合するものであるかどうかについては、本法第12条第1項又は第30条第1項の規定による許可の際に許可権者は慎重に審査すること。
② 胴込めにコンクリートを用いて充填するコンクリートブロック練積み造擁壁とは、昭和40年告示の別表に規定する控え長さ一杯までコンクリートを充填し、胴込めに用いたコンクリートが連続して一体の構造となる擁壁であること。
③ 昭和40年告示第3号のコンクリートブロックの重量は、胴込めコンクリートを充填せずに、当該コンクリートブロックを積み上げたと仮定した場合の壁面一平方メートル当たりの重量であること。
④ 昭和40年告示第4号の使用実績は施工が終了し1年を経過した当該特殊擁壁の施工実績が施工件数で50件以上かつ擁壁前面の面積で1万平方メートル以上あり、倒壊等の重大な支障を生じたことがないこと。
⑤ 昭和40年告示第5号の壁体の曲げ強度はコンクリートブロック3×3個以上を組み合わせ、縦横の長さがともに2メートル以上かつ表面積が5平方メートル以上の試験体3体以上について試験しその結果によること。
⑥ 昭和40年告示第6号の載荷重は、擁壁の上端からの水平距離が擁壁の高さ以内の部分の載荷重とすること。

（９）本法第15条第1項若しくは第34条第1項で規定する許可があったものとみなす工事又は第15条第2項若しくは第34条第2項で規定する許可を受けたものとみなす工事のうち、規模要件を満たすものについては中間検査及び定期報告の対象となる。

　特に、都市計画法（昭和43年法律第100号）第29条第1項又は第2項の許可を受けた工事については、本法の許可を受けたものとみなされることから、都市計画法の開発許可を所掌する部局と本法を所掌する部局の間で工事に関する情報を共有するなど十分連携し、中間検査等の円滑な実施を図られたい。また、工事主に対して、それぞれの法に規定する手続の差異等を適切に伝達されたい。

4．許可不要工事
（1）盛土等に関する工事のうち、当該工事に伴う災害の発生のおそれがないものについては許可を不要としており、政令・省令においてこの範囲を規定している。政令第5条第1項第1号から4号までに規定する工事、省令第8条第1号に規定する工事（土地改良事業に準ずる事業に係る工事を除く。）及び省令第8条第2号から第6号までに規定する工事は、災害の発生を防止するために当該工事の実施に当たって従うべき一定の基準や行為制限が設けられているものについて、許可を不要としたものである。
　　また、特にその取扱いに留意が必要な工事について、以下に示すので参考とされたい。

① 省令第8条第1号に規定する「土地改良事業に準ずる事業」とは、土地改良法（昭和24年法律第195号）の手続には基づかないものの、同法第2条第2項に規定する土地改良事業と同等の工事を行う事業であり、国の補助事業のほか、都道府県、市町村、土地改良区等が単独で実施する事業の一部も該当すると解される。
　　なお、「土地改良事業に準ずる事業」は、盛土等の施工に際して土地改良事業の実施に当たって用いられる「土地改良事業計画設計基準」等の技術基準に基づき、適切に設計及び施工が行われることが必要であり、また、該当する国、都道府県、市町村、土地改良区等が定める要綱・要領等にその旨を明記することが必要となると解される。

② 省令第8条第7号に規定する「森林の施業を実施するために必要な作業路網の整備に関する工事」とは、森林の施業を実施するために必要な作業路網の整備に関する工事に付随する盛土等が該当する。これらの盛土等については、国が定める森林作業道作設指針（平成22年11月17日付け22林整整第656号林野庁長官通知）等に即して一定の安全基準を満たすように行われることや、市町村森林整備計画に作業路網等の施設整備に関する事項が記載され、森林所有者等にその遵守義務を課していること等から、盛土等に伴う災害の防止が十分に図られ、一定の安定性が担保されるものと解される。

③ 省令第8条第9号に規定する「宅地造成又は特定盛土等（令第三条第五号の盛土又は切土に限る。）に関する工事のうち、高さが二メートル以下であつて、盛土又は切土をする前後の地盤面の標高の差が三十センチメートル（都道府県が規則で別に定める場合にあつては、その値）を超えない盛土又は切土をするもの」及び省令第8条第10号ロに規定する「令第四条第二号の土石の堆積であつて、土石の堆積を行う土地の地盤面の標高と堆積した土石の表面の標高との差が三十センチメートル（都道府県が規則で別に定める場合にあつては、その値）を超えないもの」についての具体的な運用については、事前に都道府県等において明示することが望ましい。

④ 省令第8条第10号ハに規定する「工事の施行に付随して行われる土石の堆積であつて、当該工事に使用する土石又は当該工事で発生した土石を当該工事の現場又はその付近に堆積するもの」の範囲等については、次に掲げる事項を踏まえて判断することが望ましい。

　（イ）「工事の施行に付随して行われる土石の堆積」とは、主となる本体工事があった上で、当該工事に使用する土石や当該工事から発生した土石を当該工事現場やその付近に一時的に堆積する場合の土石の堆積で、本体工事に係る主任技術者（建設業法（昭和24年法律第100号）第26条第1項に規定する主任技術者をいう。以下同じ。）等が本体工事の管理と併せて一体的に管理するものを指す。

　（ロ）「工事に使用する土石」とは、工事で行う盛土や埋立等の恒久物に用いる土石を指すが、これに加え、工事用道路等の仮設構造物を構築するために用いるものを含む。

　（ハ）「工事の現場」とは、工事が行われている土地を指す。なお、請負契約を伴う工事にあっては、請負契約図書、工事施工計画書その他の書類に工事の現場として位置付けられた土地（本体の工事が行われている土地から離れた土地を含む。）については、工事の現場として取り扱う。

　（ニ）「工事の現場の付近」とは、本体工事に係る主任技術者等が本体の工事現場と一体的な安全管理が可能な範囲として、容易に状況を把握し到達できる工事現場の隣地や隣地に類する土地が該当する。

　（ホ）土石の堆積については「3．盛土等に関する工事の許可」に期間の考え方を示しているところであるが、工事の施行に付随して行われる土石の堆積についてはこれにかかわらず、本体工事の期間中については許可不要とした上で、土石の搬出先となる残土処理場や流用先の工事との関係等によりやむを得ず本体

工事期間後も土石の堆積を継続するものについては、引き続き許可不要と解される。

（ヘ）工事の現場の付近における土石の堆積や、やむを得ず本体工事期間後も継続する土石の堆積については、許可不要となる条件に合致することを客観的に確認できる必要があることから、都道府県等においては、本体工事現場の管理者等に、管理体制等を記した誓約書の提出や同様の内容を記した看板の掲示等の対応を求めることが考えられる。また、これらの確認方法については、事前に都道府県等において明示することが望ましい。

（2）許可不要となった盛土等についても、規制対象の場合には、土地所有者等に対して土地の保全努力義務が課せられ、危険な場合には改善命令等の対象となる。このため、都道府県等においては、住民からの通報やパトロール等により、危険性の疑いのある盛土等を発見した場合には、報告徴取や立入検査等により現状を把握し、危険な場合には改善命令等を実施すること。

5．変更の許可について

本法第16条及び第35条に規定する変更の許可を行う場合においては、第12条に規定する工事の着手時の許可の手続を準用することを基本とするが、次に掲げる事項は特に留意が必要であるため、手続において適切に確認されたい。

（1）土石の堆積について、工事着手時の許可における工事の期間の考え方を「3．盛土等に関する工事の許可」に示しているところであるが、変更の許可をする場合においては、工事着手以降の土砂の搬入・搬出量を確認すること等により、土石の堆積として引き続き取り扱うことが適当であることを確認した上で、工事の期間が変更の許可の日から5年以内であることを改めて確認することが考えられる。

（2）工事の計画の変更は、省令第7条に規定する申請書への記載事項及び設置する施設に係る変更を指すものであるから、地権者の変更による同意の取得状況の変化その他の本法第12条第2項第2号から第4号まで又は第30条第2項第2号から第4号までに規定する内容の変更については、変更の許可を要さない。

6．完了検査・中間検査・定期の報告について

都道府県等は、許可をした盛土等に関する工事について、適切に完了検査、中間検査及び定期の報告を実施する必要がある。これらの実施に当たっては「盛土等防災マニュアル」（別添5）を参照されたい。

都道府県等は、工事主に対する工事完了検査申請の督励、工事中における報告の徴取、必要な中間検査の実施及び是正措置の確認に努めることが望ましい。

また、盛土等に関する工事が全部完了しない場合でも、部分検査が可能であれば、これを積極的に行うようにすることが望ましい。

なお、中間検査及び完了検査については、立会によることを基本としているが、立会が困難な場合には、必要な検査項目を満足することを前提に、書類又は写真の確認により行うことや、遠隔での臨場によることも考えられる。都道府県等においては、工事の内容や工事が行われている土地の状況等を総合的に勘案し、検査方法を適宜判断されたい。

7．工事の届出

本法第21条第1項又は第40条第1項の規定による届出は、区域指定時に行われている盛土等について安全性を確保するとともに、盛土等の計画を的確に把握し許可制度を適切に運用するために重要であることから、届出があった場合において、当該届出の内容が事実と相違すると認めたときは、当該届出者に対し、その旨を文書により連絡することが望ましい。

8．行政処分について

過去の盛土等の崩落事例では、発見が遅れたため崩落を招いた事案、許可を受けずに行われた盛土等又は危険性が認められる盛土等に対して行政指導を繰り返すにとどまっている事案、行為者が行政処分に従わない場合におい

て地方公共団体が行政代執行に躊躇したため崩落を招いた事案等が見られる。

　違法性や危険性が認められる盛土等（以下「不法・危険盛土等」という。）への対応に当たっては、衛星データ等の活用を含めた平素からの監視や不法・危険盛土等の早期発見、発見後の現状把握、行為者等に対する行政処分等を本法担当部局のみならず関係部局等と連携して実施することにより、本法の実効性を確保することが重要である。過去の盛土等の崩落事例に鑑み、不法・危険盛土等に伴う災害を防止するため、違法性や危険性が認められる場合には、行政指導に頼らず、躊躇なく行政処分を実施するための行政の意識改革が重要である。

　このことを踏まえ、行政処分を行う必要がある場合には、次に掲げる事項に留意した上で、「不法・危険盛土等への対処方策ガイドライン」（別添4）を参照して適切に実施されたい。
（1）監督処分について
　　　　本法第20条又は第39条に規定する監督処分を行う必要がある場合には、次に掲げる事項に留意した上で、適切に実施されたい。
　①　許可制度上の違反がある場合（無許可、許可基準違反等）には、速やかに監督処分（許可取消処分、工事施行停止命令、災害防止措置命令等）を行うこと。
　②　監督処分を行う場合には、原則としてその内容に応じて聴聞又は弁明の機会の付与の手続を経る必要がある。しかし、緊急の工事施行停止命令を行う場合、公益上緊急を要する場合又は専ら技術的基準の規定に適合しないことを理由として当該基準に従うことを命ずる災害防止措置命令を行う場合には、弁明の機会の付与の手続を省略することが可能である。
（2）改善命令等について
　　　　本法第22条第2項若しくは第41条第2項に規定する勧告又は第23条若しくは第42条に規定する改善命令を行う必要がある場合には、次に掲げる事項に留意した上で、適切に実施されたい。
　①　許可制度の対象外である盛土等について災害の発生のおそれがある場合には、「盛土等の状況」と「人的被害のおそれ」の双方を勘案し、改善命令を行うこと。
　②　改善命令を行う場合には、原則として弁明の機会の付与の手続を経る必要がある。ただし、公益上緊急を要する場合には、弁明の機会の付与の手続を省略することが可能である。

9．関係機関との連携
（1）指定文化財の現状を変更し、又は保存に影響を及ぼす行為を伴う盛土等に関する工事の許可、勧告若しくは命令又は災害の防止のため必要な措置をとることの勧告若しくは命令をしようとする場合は、あらかじめ、関係機関と連絡調整を図ることが望ましい。
（2）宅地造成に関する工事について許可した場合及び完了検査の検査済証を交付した場合には、管轄の特定行政庁（建築基準法（昭和25年法律第201号）第2条第35号に規定する特定行政庁をいう。以下同じ。）に対してその旨を情報共有するとともに、許可番号等の必要な情報についても共有する仕組みを構築することが望ましい。
（3）建設発生土は、不法・危険盛土等が行われる要因の一つであり、建設発生土の搬出先の明確化等を図り適正利用を徹底することは、不法・危険盛土等の抑制につながるため、資源有効利用促進法担当部局等と連携して取り組む必要がある。このため、資源有効利用促進法担当部局、ストックヤード運営事業者登録担当部局及び建設業許可担当部局に対し、本法を所掌する部局が個別の不法・危険盛土等の事案に係る行政対応をした場合に情報共有を行うことが望ましい。

10．許可時に付す条件等について
　盛土等について許可を行う場合、都道府県知事等は工事の施行に伴う災害を防止するため必要な条件を付することが可能であるほか、都道府県等の規則で、技術的基準を強化し、又は必要な技術的基準を付加することができる。これを踏まえ、都道府県等においては適切な災害を防止するための措置が取られるよう、適切な対応を図られたい。ここで、特に留意が必要な事項について次のとおり整理したので、参考とされたい。

（1）擁壁に代えて崖面崩壊防止施設を設置する場合
① 崖面崩壊防止施設の特性を踏まえた適用性の判断

　　崖面崩壊防止施設は擁壁とは異なる特性を有する施設であり、盛土又は切土をした土地に生じる崖面について地盤の変動、地下水の浸入その他の擁壁の機能を損なう事象が生じるおそれがある場合に、擁壁に代えて設置する施設であることから、以下を踏まえて判断する必要がある。
　（イ）擁壁が設置できる土地においては、崖面崩壊防止施設は設置しないこと。
　（ロ）住宅等の建築物の建築等の、地盤の変動が許容されない利用をする土地においては、崖面崩壊防止施設は設置しないこと。
　（ハ）崖面崩壊防止施設を設置する際は、保全対象との位置関係等に留意が必要であること。
② 崖面崩壊防止施設設置時の留意事項

　　盛土等を行う場合、将来にわたって土地の安全性が確保されることが極めて重要であることから、工事を行う土地及びその周辺の状況から工事完了後に土地利用の変更が想定される場合には、崖面崩壊防止施設を設置しないことが望ましい。

　　しかし、そのような場合においても崖面崩壊防止施設を設置することが計画されている場合には、都道府県等において、いわゆるがけ条例の適用等により建築物の建築を行う際に土地の安全性の確保が図られる状況にあるかを勘案する必要がある。

　　さらに、安全性の確保が図られ難い状況であると判断された場合であって、崖面崩壊防止施設を設置せざるを得ない場合には、都道府県等においては、以下の内容を踏まえ、当該施設を設置する土地について、安全性の確保が図られるようにする必要がある。
　（イ）建築物を建築しようとする者及び建築確認を行う特定行政庁又は指定確認検査機関が、その土地について崖面崩壊防止施設の有無を把握できるよう、都道府県等が盛土等の許可・届出を公表する際には、崖面崩壊防止施設の有無を併せて公表することが重要である。
　（ロ）盛土等に関する工事について許可した場合等に、管轄の特定行政庁に対してその旨を連絡する際には、当該工事における崖面崩壊防止施設の利用の有無を併せて伝えることが望ましい。
　（ハ）工事主から工事完了後の土地の所有者等への当該土地に崖面崩壊防止施設が設置されていることの説明が行われるよう、工事主に対して求めることが重要である。
　（ニ）都道府県等は、崖面崩壊防止施設が設置された土地について、工事完了後も土地利用状況を把握することが必要である。このため、本法第4条に規定する基礎調査や第25条に規定する報告徴取を的確に実施することにより都道府県等が主体的に状況把握に取り組むとともに、崖面崩壊防止施設を設置した土地の利用方法が地盤の変動を許容できないものへ変更される際に都道府県等へ報告すること等を、許可等の際に併せて求めること等により、土地所有者等に対応を求めることが重要である。

（2）土石の堆積において鋼矢板等を設置した際の現地確認

　　土石の堆積は一定期間の経過後に当該土石を除却するものであることから、中間検査の対象となる特定工程を法令において規定していない。しかしながら、省令第32条又は第34条第1項第1号に規定する措置を実施する場合においては、土石の堆積を実施する期間中、当該措置が健全な状態に保たれる必要がある。

　　これを踏まえ、土石の堆積に関する工事の許可の際に、当該措置を行った段階で都道府県等による状況確認を受けるよう求めることが望ましい。

第5　特定盛土等規制区域における留意事項

　　特定盛土等規制区域においては、規模要件を満たす盛土等について許可対象となることに加え、許可対象規模に満たない盛土等についても届出の対象となる。これは、一定の盛土等について届出を求めることにより速やかに把握し、災害の防止のため必要な場合には勧告・命令により早期に是正を求めることで、危険な盛土等を未然に防止することを目的としている。

　　なお、本法第32条の規定に基づき許可対象規模を都道府県等の条例により引き下げることが可能である点に留意

されたい。

　また、特定盛土等規制区域において行われる盛土等に関する工事の変更の届出を受理したときは、その内容が省令第38条に規定する軽微な変更と同等のものである場合、本法第28条第3項において準用する本法第27条第2項の規定による公表は不要であると解される。

第6　造成宅地防災区域の指定等

　造成宅地防災区域は、宅地造成又は特定盛土等に伴う災害で相当数の居住者その他の者に危害を生ずるものの発生のおそれが大きい区域であって宅地造成等工事規制区域ではない土地のうち、政令で定める基準に該当するものについて指定されるものである。宅地造成等工事規制区域の指定後には、当該区域内において勧告等の措置を適切に講ずることができることから、新たに造成宅地防災区域を指定することは基本的にないものと考えられるが、都道府県等においては以下の事項も踏まえ、必要性に鑑みて適切に対応されたい。

（1）区域指定等の考え方等

　造成宅地防災区域を指定する場合には厳正な調査結果に基づき適正な区域指定の促進を図るとともに、宅地所有者等において災害防止のため必要な措置が講じられたことが確認され、指定の事由がなくなったと認められるとき又は宅地造成等工事規制区域に指定されたときは、速やかに当該指定の解除を行う必要がある。なお、指定の解除の判断には、本法第48条において準用する本法第25条に基づき土地所有者等から工事の状況について求めた報告の結果などを参照することが考えられる。

　また、地震時に滑動崩落等のおそれがある大規模盛土造成地については、「盛土等の安全対策推進ガイドライン」（別添3）を参考に変動予測調査を行った上で、造成宅地防災区域の指定又は宅地造成等工事規制区域内における勧告を行う必要がある。なお、造成宅地防災区域の指定を行う場合には、「宅地造成及び特定盛土等規制法に基づく造成宅地防災区域指定要領」（別添7）を参考とされたい。

　また、造成宅地防災区域の指定を行う場合には、あらかじめ関係地方公共団体の建築制限等担当部局と連絡調整を図ることが望ましい。

（2）勧告・命令について

　勧告又は命令を行うに当たっては、勧告又は命令をしようとする措置の内容を具体的に明らかにして行い、かつ、当該措置が的確にとられているか否かの確認を行うべきである。なお、勧告又は命令を行う場合には、あらかじめ特定行政庁と連絡調整を図ることが望ましい。

（3）災害の防止のための措置について

　造成宅地防災区域内の造成宅地について擁壁等の設置又は改造その他必要な措置を講ずる場合には、「盛土等の安全対策推進ガイドライン」（別添3）を参考に実施されたい。

第7　事務の処理に係る権限の委譲

（1）地方自治法第252条の17の2第1項に基づく条例による事務処理の特例

　都道府県知事の権限に属する事務の一部について、都道府県の条例で定めるところにより、市町村が処理することができる制度として、地方自治法第252条の17の2第1項において条例による事務処理の特例が規定されているところである。

　盛土等の安全性の確保のためには、広域自治体である都道府県と、地域の実情に精通する基礎自治体である市町村とが、適切な役割分担の下、緊密に連携し対処していくことが非常に重要である。このため、必要に応じて一部の事務を委任することも含め、本法を施行するために必要な組織体制の構築や連携の強化を図ることについて、都道府県において適切に検討されたい。

（2）都市再生特別措置法第87条の2に基づく権限の委譲

　都市再生特別措置法（平成14年法律第22号）第87条の2において、指定都市及び中核市以外の市町村が居住誘導区域内の区域であって、防災指針に即した宅地における地盤の滑動、崩落又は液状化による被害の防止を促進する事業を行う必要があると認められるもの及び当該事業に関する事項が掲載された立地適正化計画を公

表したときは、当該市町村長は本法第2章から第4章まで、第7章及び第8章の規定に基づく事務（以下「盛土等関係行政事務」という。）を処理することができることと規定されている。

これは、大規模盛土造成地の安全性を確保するに際し、地盤調査等を実施した結果、危険な盛土と判断され市町村が事業主体となって対策を行う場合、円滑に対策工事に着手できるよう、指定都市及び中核市以外の市町村においても主体的な取組ができるようにしたものである。

具体的な手続としては、立地適正化計画を公表した市町村長は都道府県知事と協議することによって、盛土等関係行政事務を新たに処理することができることとなる。

都道府県知事は、市町村長が盛土等関係行政事務を処理する意欲を持ち、都道府県知事との協議を求めた場合には、当該市町村の体制上明らかに盛土等関係行政事務を担えないと判断される等の例外的な場合を除き、原則として市町村が盛土等関係行政事務を担うことが望ましいという点を踏まえ、協議を進められたい。

また、協議の結果、権限を委譲するに当たっては、盛土等関係行政事務の円滑かつ的確な実施のため従来都道府県が行ってきた盛土等関係行政事務の運用に関する考え方の経緯等について、市町村と情報共有を図ることが望ましい。

第8　その他の留意事項
（1）経過措置期間の手続について

本法では、宅地造成等規制法の一部を改正する法律（令和4年法律第55号）附則第2条の経過措置が適用されている間（以下「経過措置期間」という。）に受け付けていた改正前の宅地造成等規制法に基づく申請について、経過措置期間の経過後においても手続が完了していない場合については、当該申請の内容が本法の基準に適合する場合に限り許可をすることとなる。

許可手続を行う際には、この点に留意し、工事主等に適切に情報提供するとともに、手続が経過措置期間中に完了しないことが見込まれる場合には、本法の基準に適合する内容の申請を行うよう工事主に助言を行うなど、事務手続の円滑化に努められたい。

（2）電子情報処理組織を使用する方法による申請等
① 書面等の提出方法

法令の規定に基づき提出を求めている書面等（情報通信技術を活用した行政の推進等に関する法律（平成14年法律第151号）第3条第5項に規定する書面等をいう。以下同じ。）については、同法第6条第1項により電子情報処理組織を使用する方法により提出することが可能とされていることに鑑み、盛土等に関する工事の許可等において工事主に提出を求める書面等についても、同様に取り扱うことが望ましい。

同法第3条第8号に規定する申請等に係る住民票の写し、登記事項証明書等の添付書面等のうち情報通信技術を活用した行政の推進等に関する法律施行令（平成15年政令第27号）第5条の表に掲げる書面等については、同法第11条により同表に掲げる措置により添付書面等の省略を可能としていることに鑑み、本通知及び地方公共団体が独自に要求している添付書面等のうち同表に掲げる添付書面等についても、同様に取り扱うことが望ましい。

また、地方公共団体が行う処分通知等（同法第3条第9号に規定する処分通知等をいう。以下同じ。）については、同法第7条第1項により電子情報処理組織を使用する方法により行うことが可能とされていることから、本通知及び地方公共団体が独自に定める処分通知等についても、同様に取り扱うことが望ましい。

② 協議等の実施方法

本法第8条に基づく土地の立入り等に伴う損失の補償の協議をはじめとする協議等については、対面により実施する方法に限られるものではなく、可能な場合には書面の受渡し、ウェブ会議システムの活用等も想定される。

（3）宅地擁壁が被災した場合等において災害復旧や危険擁壁の改築等を行うに当たっては、宅地擁壁の復旧等に関する基本的な考え方及び工法選定上留意すべき点を整理した「宅地擁壁の復旧技術マニュアル」（別添6）を参考として、審査・指導事務の迅速化を図るとともに安全な宅地の早期復旧の促進に努めることが望まし

い。
（4）経過措置期間中においては、必要に応じ、「宅地造成等規制法の施行にあたっての留意事項について（技術的助言）」（令和2年9月7日付け国都防第1号国土交通省都市局長通知）を参照されたい

別表1　工事について住民への周知を行う範囲として想定される考え方

盛土等の区分	住民への周知を行う範囲として想定される考え方の例	参考図（※について）
①平地盛土 ②切土 ③土石の堆積	○盛土等の境界（法尻）から盛土等の最大高さhに対して水平距離2h以内の範囲（※参考図Lの範囲） ○盛土等を行う土地の隣接地 ○盛土等を行う土地の境界から水平距離数十メートル程度の範囲 ○盛土等を行う土地が属する自治会等の範囲	法尻からの水平距離　L≦2h　盛土高h　地盤勾配1/10未満
腹付け盛土	○盛土のり肩までの高さhに対して盛土のり肩から下方の水平距離5h以内の範囲（※参考図Iの範囲） ○盛土を行う土地の境界から下流方向に水平距離50メートル～数百メートル程度の範囲 ○上記範囲の中にその全部または一部が含まれる自治会等の範囲	のり肩から下方の水平距離 I　I≦5h　のり肩までの高さh
①省令第6条第1項において住民への周知方法を規定する渓流等における高さ15メートルを超える盛土 ②渓流等における盛土（①を除く） ③谷埋め盛土（①及び②を除く） ④腹付け盛土のうち、参考図Iの範囲に渓流等の渓床が存在するもの（①及び②を除く）	○下流の渓床勾配が2度以上の範囲（※参考図） ○上記範囲の中ににその全部または一部が含まれる自治会等の範囲	渓床勾配2度以上の範囲

別表2　周知する工事の具体的内容

区分	項目
宅地造成 又は 特定盛土等	①工事主の氏名又は名称 ②工事が施行される土地の所在地 ③工事施行者の氏名又は名称 ④工事の着手予定日及び完了予定日 ⑤盛土又は切土の高さ ⑥盛土又は切土をする土地の面積 ⑦盛土又は切土の土量 ⑧その他都道府県等が必要と認める事項
土石の堆積	①工事主の氏名又は名称 ②工事が施行される土地の所在地 ③工事施行者の氏名又は名称 ④工事の着手予定日及び完了予定日 ⑤土石の堆積の最大堆積高さ ⑥土石の堆積を行う土地の面積 ⑦土石の堆積の最大堆積土量 ⑧その他都道府県等が必要と認める事項

この図書は、保安林制度に関する理解を促進するため、令和元年度に「保安林制度の手引き」として発刊し、その後、類似の制度として、林地開発許可制度及び盛土規制法関係を加え、令和4年版として発刊してまいりました。
　このたび、その後施行された法令や通知等を反映し、改訂版として発刊することとしたところです。なお、本改訂版は令和6年12月20日現在における関係法令等に基づき編集しています。

令和7年2月28日　第1版第1刷発行

保安林制度の手引き
―令和7年―

編　者	一般財団法人日本森林林業振興会
	〒112-0004
	東京都文京区後楽1-7-12（林友ビル6階）
	TEL 03-3816-2471　　FAX 03-3818-7886
	http://www.center-green.or.jp/
発行所	森と木と人のつながりを考える
	㈱日本林業調査会
	〒160-0822
	東京都新宿区下宮比町2-28 飯田橋ハイタウン204
	TEL 03-6457-8381　　FAX 03-6457-8382
	http://www.j-fic.com/
	J-FIC（ジェイフィック）は、日本林業調査会（JapanForestryInvestigation Committee）の登録商標です。
印刷所	藤原印刷㈱

許可なく転載、複製を禁じます。

©2025 Printed in Japan. Japan Forest Foundation

ISBN978-4-88965-279-6